高职高专"十一五"规划教材

★农林牧渔系列

海水贝类增养殖技术

HAISHUI BEILEI ZENGYANGZHI JISHU

李碧全 主编　　王宏 副主编

化学工业出版社

·北京·

内 容 提 要

本书以海水贝类增养殖的生产活动为主线，介绍了海水贝类增养殖的生物学基本知识与生产操作过程的技术方法。全书共3篇17章，分别阐述了海水增养殖贝类的生物学特性，海水贝类苗种生产的一般技术方法，我国主要海水经济贝类的苗种生产及其增养殖技术方法。各章编有学习目标和复习题，方便学生的学习与巩固。本书还配套编写了海水增养殖贝类生物学的实验指导项目和人工育苗的实习指导，用于指导学生的实践活动。

全书编排合理、脉络清晰，突出高职高专教育的特色。可作为高职高专水产养殖专业的教材，也可作为中职相关专业的教材以及相关行业主管部门和企业管理人员、技术人员的参考书。

图书在版编目（CIP）数据

海水贝类增养殖技术/李碧全主编．—北京：化学工业出版社，2009.8（2024.8重印）
高职高专“十一五”规划教材★农林牧渔系列
ISBN 978-7-122-06251-2

Ⅰ．海… Ⅱ．李… Ⅲ．海水养殖：贝类养殖 Ⅳ．S968.3

中国版本图书馆CIP数据核字（2009）第114854号

责任编辑：梁静丽　李植峰　郭庆睿　　文字编辑：李　瑾
责任校对：徐贞珍　　装帧设计：史利平

出版发行：化学工业出版社（北京市东城区青年湖南街13号　邮政编码100011）
印　　装：北京七彩京通数码快印有限公司
787mm×1092mm　1/16　印张15¾　字数434千字　2024年8月北京第1版第8次印刷

购书咨询：010-64518888　　售后服务：010-64518899
网　　址：http://www.cip.com.cn
凡购买本书，如有缺损质量问题，本社销售中心负责调换。

定　　价：40.00元

"高职高专'十一五'规划教材★农林牧渔系列"建设委员会成员名单

"高职高专'十一五'规划教材★农林牧渔系列"编审委员会成员名单

“高职高专‘十一五’规划教材★农林牧渔系列”
建设单位

（按汉语拼音排列）

安阳工学院
保定职业技术学院
北京城市学院
北京林业大学
北京农业职业学院
本钢工学院
滨州职业学院
长治学院
长治职业技术学院
常德职业技术学院
成都农业科技职业学院
成都市农林科学院园艺研究所
重庆三峡职业学院
重庆水利电力职业技术学院
重庆文理学院
德州职业技术学院
福建农业职业技术学院
抚顺师范高等专科学校
甘肃农业职业技术学院
广东科贸职业学院
广东农工商职业技术学院
广西百色市水产畜牧兽医局
广西大学
广西农业职业技术学院
广西职业技术学院
广州城市职业学院
海南大学应用科技学院
海南师范大学
海南职业技术学院
杭州万向职业技术学院
河北北方学院
河北工程大学
河北交通职业技术学院
河北科技师范学院
河北省现代农业高等职业技术学院
河南科技大学林业职业学院
河南农业大学
河南农业职业学院
河西学院
黑龙江农业工程职业学院
黑龙江农业经济职业学院
黑龙江农业职业技术学院
黑龙江生物科技职业学院
黑龙江畜牧兽医职业学院
呼和浩特职业学院
湖北生物科技职业学院
湖南怀化职业技术学院
湖南环境生物职业技术学院
湖南生物机电职业技术学院
吉林农业科技学院
集宁师范高等专科学校
济宁市高新技术开发区农业局
济宁市教育局
济宁职业技术学院
嘉兴职业技术学院
江苏联合职业技术学院
江苏农林职业技术学院
江苏畜牧兽医职业技术学院
江西生物科技职业学院
金华职业技术学院
晋中职业技术学院
荆楚理工学院
荆州职业技术学院
景德镇高等专科学校
丽水学院
丽水职业技术学院
辽东学院
辽宁科技学院
辽宁农业职业技术学院
辽宁医学院高等职业技术学院
辽宁职业学院
聊城大学
聊城职业技术学院
眉山职业技术学院
南充职业技术学院
盘锦职业技术学院
濮阳职业技术学院
青岛农业大学
青海畜牧兽医职业技术学院
曲靖职业技术学院
日照职业技术学院
三门峡职业技术学院
山东科技职业学院
山东理工职业学院
山东省贸易职工大学
山东省农业管理干部学院
山西林业职业技术学院
商洛学院
商丘师范学院
商丘职业技术学院
深圳职业技术学院
沈阳农业大学
苏州农业职业技术学院
乌兰察布职业学院
温州科技职业学院
厦门海洋职业技术学院
仙桃职业技术学院
咸宁学院
咸宁职业技术学院
信阳农业高等专科学校
延安职业技术学院
杨凌职业技术学院
宜宾职业技术学院
永州职业技术学院
玉溪农业职业技术学院
岳阳职业技术学院
云南农业职业技术学院
云南热带作物职业学院
云南省曲靖农业学校
云南省思茅农业学校
张家口教育学院
漳州职业技术学院
郑州牧业工程高等专科学校
郑州师范高等专科学校
中国农业大学

《海水贝类增养殖技术》编写人员名单

主　　编　李碧全

副主编　王　宏

编　　者　（按姓名汉语拼音排列）

董义超　山东科技职业学院

李碧全　厦门海洋职业技术学院

牛红华　济宁职业技术学院

戚彦翔　广西职业技术学院

王　宏　辽宁医学院

杨章武　福建省水产研究所

翟林香　盘锦职业技术学院

序

当今，我国高等职业教育作为高等教育的一个类型，已经进入到以加强内涵建设，全面提高人才培养质量为主旋律的发展新阶段。各高职高专院校针对区域经济社会的发展与行业进步，积极开展新一轮的教育教学改革。以服务为宗旨，以就业为导向，在人才培养质量工程建设的各个侧面加大投入，不断改革、创新和实践。尤其是在课程体系与教学内容改革上，许多学校都非常关注利用校内、校外两种资源，积极推动校企合作与工学结合，如邀请行业企业参与制定培养方案，按职业要求设置课程体系；校企合作共同开发课程；根据工作过程设计课程内容和改革教学方式；教学过程突出实践性，加大生产性实训比例等，这些工作主动适应了新形势下高素质技能型人才培养的需要，是落实科学发展观，努力办人民满意的高等职业教育的主要举措。教材建设是课程建设的重要内容，也是教学改革的重要物化成果。教育部《关于全面提高高等职业教育教学质量的若干意见》（教高［2006］16号）指出“课程建设与改革是提高教学质量的核心，也是教学改革的重点和难点”，明确要求要“加强教材建设，重点建设好3000种左右国家规划教材，与行业企业共同开发紧密结合生产实际的实训教材，并确保优质教材进课堂。”目前，在农林牧渔类高职院校中，教材建设还存在一些问题，如行业变革较大与课程内容老化的矛盾、能力本位教育与学科型教材供应的矛盾、教学改革加快推进与教材建设严重滞后的矛盾、教材需求多样化与教材供应形式单一的矛盾等。随着经济发展、科技进步和行业对人才培养要求的不断提高，组织编写一批真正遵循职业教育规律和行业生产经营规律、适应职业岗位群的职业能力要求和高素质技能型人才培养的要求、具有创新性和普适性的教材将具有十分重要的意义。

化学工业出版社为中央级综合科技出版社，是国家规划教材的重要出版基地，为我国高等教育的发展做出了积极贡献，曾被新闻出版总署领导评价为“导向正确、管理规范、特色鲜明、效益良好的模范出版社”，2008年荣获首届中国出版政府奖——先进出版单位奖。近年来，化学工业出版社密切关注我国农林牧渔类职业教育的改革和发展，积极开拓教材的出版工作，2007年年底，在原“教育部高等学校高职高专农林牧渔类专业教学指导委员会”有关专家的指导下，化学工业出版社邀请了全国100余所开设农林牧渔类专业的高职高专院校的骨干教师，共同研讨高等职业教育新阶段教学改革中相关专业教材的建设工作，并邀请相关行业企业作为教材建设单位参与建设，共同开发教材。为做好系列教材的组织建设与指导服务工作，化学工业出版社聘请有关专家组建了“高职高专‘十一五’规划教材★农林牧渔系列建设委员会”和“高职高专‘十一五’规划教材★农林牧渔系列编审委员会”，拟在“十一五”期间组织相关院校的一线教师和相关企业的技术人员，在深入调研、整体规划的基础上，编写出版一套适应农林牧渔类相关专业教育的基础课、专业课及相关外延课程教材——“高职高专‘十一五’规划教材★农林牧渔系列”。该套教材将涉及种植、园林园艺、畜牧、兽医、水产、宠物等专业，于2008～2009年陆续出版。

该套教材的建设贯彻了以职业岗位能力培养为中心，以素质教育、创新教育为基础的教育理念，理论知识“必需”、“够用”和“管用”，以常规技术为基础，关键技术为重点，先进技术为导向。此套教材汇集众多农林牧渔类高职高专院校教师的教学经验和教改成果，又得到了相关行业企业专家的指导和积极参与，相信它的出版不仅能较好地满足高职高专农林牧渔类专业的教学需求，而且对促进高职高专专业建设、课程建设与改革、提高教学质量也将起到积极的推动作用。希望有关教师和行业企业技术人员，积极关注并参与教材建设。毕竟，为高职高专农林牧渔类专业教育教学服务，共同开发、建设出一套优质教材是我们共同的责任和义务。

介晓磊

2008年10月

社会经济的发展带动了人们生活水平的提高，近年来人们对海水贝类产品的需求也大幅度增长。进入21世纪，我国海水贝类增养殖业在增养殖的品种、规模、技术方法、生产规范等方面都取得了显著的发展，为保证海水贝类增养殖业的顺利、健康发展，我国仍需在经济贝类种质资源的保护与建设、健康养殖模式的推广、病敌害防治技术的改进与普及、贝类产品质量的提高等方面进一步加强。

水产行业的发展需要高素质技能人才，结合行业的现状与发展趋势，依据我国高职高专海水贝类增殖课程的教学需要，我们在教育部高等学校高职高专动物生产类教学指导委员会专家的指导下编写了本书。本书重点阐述了增养殖海水贝类的生物学特性，海水贝类苗种生产的一般技术方法，以及我国主要海水经济贝类的苗种生产及其增养殖的技术方法，并编配有实验、实习指导项目，便于进行实践活动。本书可作为高职高专、中职水产养殖专业的教材，也可供相关行业主管部门和企业管理人员、技术人员参考。

本书共分3篇17章，由厦门海洋职业技术学院和其他高职高专院校以及科研单位的多位教师合作编写。其中，绪论，第一篇的第二章、第三章，第三篇的第五章、第六章、第七章、第十一章的部分内容由李碧全编写；第一篇的第一章，第三篇的第一章、第二章由王宏编写；第二篇的第一章、第二章、第三章，第三篇的第三章、第八章、第十章由翟林香编写；第三篇的第九章由杨章武编写；实验项目指导和实习项目指导由董义超编写；第三篇的第四章由戚彦翔编写；第三篇的第十一章部分内容由牛红华编写。全书由李碧全统稿。

本书在编写过程中，得到了有关领导和多位同仁的大力支持，在此谨致以衷心的谢意。

限于编者的水平和时间精力，书中不妥之处在所难免，恳请读者予以批评指正。

编者

2009年7月

目
录

第八章　贻贝的养殖

第九章　扇贝的养殖

第十章　珠母贝的养殖与珍珠培育

绪　论

我国海域辽阔，大陆和岛屿海岸线总长度达32000多千米，沿岸10m等深线以内的浅海面积有780多万公顷（1公顷＝10000m^2）；水深10～15m以内的浅海面积有426多万公顷，潮间带面积有200多万公顷，其中可进行增养殖的面积有133多万公顷。而且沿海岛屿、港湾甚多，经济贝类资源非常丰富，具有养殖海水贝类的良好条件。2004年全国海水养殖产量达1316万吨，其中海水贝类养殖产量为1024万吨，占海水养殖总产量的77.82%；2005年、2006年海水贝类养殖产量分别为1068万吨和1114万吨，呈现出逐年增长的趋势。养殖产量较大的贝类主要有牡蛎、蛤类、贻贝和扇贝等。当前，我国水产品总产量约占全球总量的40%，其中水产品养殖产量约占全球养殖产量的2/3，是目前世界上唯一的养殖产量超过捕捞产量的国家；自1990年起，我国水产品总产量年年高居世界首位；优良的海水贝类养殖新品种不断在开发，贝类的苗种生产及增养殖技术也走在了世界的前列。

一、贝类与贝类增养殖技术

1. 贝类的定义

贝类是软体动物的别称，是指成体具有贝壳或即使成体无壳但在发生过程中也有贝壳出现过的、体柔软、不分节或假分节的无脊椎动物。

2. 海水贝类增养殖技术

海水贝类增养殖技术就是依据海水贝类增养殖的生物学原理，采用各种人工生产措施，通过这些措施改善经济海水贝类的生长、繁殖等条件，并对其进行繁殖、培育生产，以获得最大的产量和经济效益。贝类增养殖的生物学包括经济贝类的形态构造、分布、繁殖、生长等规律以及它们与生活环境的相互关系等。

贝类养殖生产过程包括贝类苗种生产阶段和将苗种养至商品贝的养成阶段。据此可将贝类养殖分为半人工养殖和全人工养殖。半人工养殖是一部分生产过程靠自然，一部分过程靠人工的一种养殖方法，即采集自然苗种或进行海区半人工采苗获得苗种进行人工养殖。这种养殖方法简单有效，是目前生产中应用较广的一种方法，例如贻贝、文蛤、缢蛏、褶牡蛎、西施舌、蛤仔等养殖都属于这种类型。全人工养殖是从苗种生产到养成全过程都是在人工控制下进行的，这是一种积极的生产方式，从根本上改变了依靠自然的被动局面，使生产能够按计划地发展，并能获得稳产、高产，例如扇贝、太平洋牡蛎、鲍、方斑东风螺等养殖多属于此种类型。

从养殖环境来区分，贝类养殖可分为潮间带养殖（滩涂养殖）、浅海养殖、蓄水养殖和工厂化养殖等方式。

二、贝类的经济意义

1. 食用

贝类除了掘足纲、无板纲、单板纲和多板纲外，多数种类都可以食用，其味道鲜美，含有丰富的蛋白质、大量的肝糖以及各种维生素和无机盐，且易被消化和吸收，是深受欢迎的副食品，也是重要的外贸出口商品。包括：价廉物美的养殖对象如缢蛏、牡蛎、蛤仔、贻贝、文蛤等和高档食用贝类如西施舌、鲍、方斑东风螺、栉江珧、大竹蛏等；此外还有采捕的食用螺类和捕捞的头足类。

2. 药用

鲍的贝壳在药材上叫石决明，乌贼的内壳叫海螵蛸，宝贝的贝壳叫海巴，珠母贝及其珍珠等都是名贵的药材。现代医药已从蛤类、牡蛎、鲍、凤螺、海蜗牛、乌贼中提制出许多抗病毒物质，例如从硬壳蛤中提取的蛤素，扇贝中提取的凝集素，鲍中提取的鲍灵素Ⅰ和鲍灵素Ⅱ等能够抑制肿瘤及癌细胞的生长。

3. 工业用

贝壳的主要成分是碳酸钙，我国东南沿海地区常用牡蛎、泥蚶等的贝壳作为烧石灰的原料；珍珠层较厚的马蹄螺、珠母贝等可以用来制造纽扣；马蹄蝉和夜光蝾螺的贝壳粉可以作为油漆的调合剂；江瑶、贻贝的足丝曾用作纺织品的原料。某些骨螺、海蜗牛、海兔和乌贼等都曾作为提取紫色和黑色染料的原料。

4. 贝雕工艺

宝贝、法螺、芋螺、凤螺、砗磲、夜光蝾螺、珠母贝和鹦鹉螺等都是人们观赏的对象和贝雕、螺钿的原料。

5. 饲料和采苗器

小型低值贝类如黑偏顶蛤、寻氏肌蛤和河篮蛤还可作为养殖鱼虾的饵料；用贝类贝壳粉和小型贝类饲养家禽和家畜，不仅有利于家禽、家畜骨骼生成，而且可使家禽产蛋量增加、家畜奶质优良；文蛤、牡蛎等贝壳是紫菜壳孢子良好的采苗器。

6. 有害方面

少数贝类如船蛆和海笋因其常钻蚀木材和岩石，所以会对港湾码头建筑和木船等造成一定的破坏。贻贝、牡蛎、不等蛤等能大量附着或固着在船底、浮标和海区养殖设施上，成为污损生物。肉食性螺类和章鱼可以大量侵害经济双壳类；藻食性螺类侵食海藻，成为海藻类养殖的敌害。毛蚶因常携带甲肝病毒而被多个省市禁止销售、食用。织纹螺因摄食有毒的藻类并富集神经麻醉毒素可使食用者中毒。此外，福寿螺体内含有广州管圆线虫，生吃或半生吃带有该虫的福寿螺可使人致病，严重者可致痴呆，甚至死亡。

三、海水贝类增养殖业发展趋势

1. 加快并推行行业质量标准的建设

包括海域功能的划分、养殖准入制度的规范、生产质量标准的制定与监管；同时加大职业道德规范的宣传，有力推动贝类增养殖业的健康发展。

2. 加强海水经济贝类增养殖生物学原理的研究

包括生态、生理等方面的研究，为发展贝类增养殖、促进贝类生长、提高苗种与养成的成活率和产量提供理论依据。

3. 培育、引进与开发养殖新品种

利用科学上的新技术与新手段，掌握其遗传性，培养优良的养殖品种，如牡蛎和扇贝的多倍体培育技术、鲍杂交技术等；引进国外的优良品种已取得了明显的效果，如从美国引进的海湾扇贝，从日本引进的太平洋牡蛎、虾夷扇贝等，已在我国形成了良好的经济效益；方斑东风螺、泥螺、红螺等经过多年的研究开发，近年已在我国逐步走向规模化养殖生产。

4. 加强海区养殖容量的综合调查研究

既要充分利用海区的生产力，增加贝类养殖的产量，又要防止因养殖面积、养殖密度过大，改变局部生态造成产品质量低下、病害频发的不良后果。

5. 推广健康养殖模式

加强贝类病敌害防治的研究工作，减少病害的发生。大力推广健康养殖、生态养殖、无公害养殖生产模式。

6. 加强苗种生产

改进苗种生产方式，充分利用目前的人工育苗设施和对虾养成池等设施设备，推广室内人工育苗和室外土池育苗相结合的生产方式，实现综合育苗、多茬人工育苗，稳步增加苗种产量，为进一步扩大养殖规模、提高经济效益提供有力保障。

7. 改进养殖技术方法和养殖模式

推广浅海养殖、蓄水养殖、陆地工厂化养殖以及虾贝混养、虾贝轮养、贝藻混养、贝藻套养等生产方式，提高单位面积的产量，提高集约化程度以及加工机械化程度。

8. 增殖措施

包括人工种苗放流、改良底质、投放鲍礁、限制保护等措施。

第一篇

贝类增养殖的基础生物学

第一章 贝类的分类

【学习目标】

1. 了解软体动物分类的依据与方法。
2. 能识别贝类的经济种和常见种。

贝类是软体动物（Mollusca）的通称，软体动物门是动物界的第二大门，共约13万种，分布广泛，从寒带、温带到热带，从海洋到河川、湖泊，从平原到高山，到处可见。多数学者将贝类分为7个纲，即无板纲（Aplacophora）、单板纲（Monoplacophora）、多板纲（Polyplacophora）、掘足纲（Scaphopoda）、瓣鳃纲（Lamellibranchia）、腹足纲（Gastropoda）、头足纲（Cephalopoda），其中与贝类增养殖关系密切的种类主要属于瓣鳃纲和腹足纲，尤以海产的种类为主。

第一节 无板纲、单板纲、多板纲、掘足纲

这四个纲全为海产种类，一般无经济价值，其中无板纲、多板纲、单板纲是贝类中原始的种类。

一、无板纲

形态构造原始，成体没有贝壳，形似蠕虫状，腹面中央具腹沟，形态与其他贝类不同。本纲种类很少，全世界共约100种。本纲又分为2个目。

1. 毛皮贝目（Chaetodermoida）

毛皮贝科（Chaetodermoidae） 身体延长，呈蠕虫状。头部由一收缩部与体躯分界，体躯呈圆筒状。口和排泄腔在两端。全身被有角质带棘的外皮，腹面无腹沟。雌雄异体，无交接器。如闪耀毛皮贝（*Chaetoderma nitidulum* Loven）体长可达80mm、宽3mm，生活在20～50m海水深处，分布在挪威、格陵兰北部等北冰洋地区。其他还有矮毛皮贝（*Chaetoderma nanula*）、粗糙毛皮贝（*Chaetoderma attenuata*）、狭毛皮贝（*Chaetoderma scabra*）。

2. 新月贝目（Neomenioida）

新月贝科（Neomenioidae） 分新月贝属（*Neomenia*）如隆线新月贝（*N. carinata* Tullberg），龙女簪属（*Proneomenia*）如游荡龙女簪（*Proneomenia vagans*）和夏威夷龙女簪（*Proneomenia hawaiiensis*）。

无板纲种类如图1-1所示。

二、单板纲

只有一个贝壳，多数为化石种类，1952年后发现8种深海种类，均为新蝶贝属（*Neopilina*），被称为“活化石”，该发现对研究贝类的起源与进化提供了新的依据。

单板纲动物体长0.3～3.0cm，壳帽形，扁平，两侧对称，薄而脆。头部很不发达，无眼，口位于头部的腹面；外套膜位于身体的背面，边缘环绕着整个身体的缘膜；足扁平宽大；外套沟

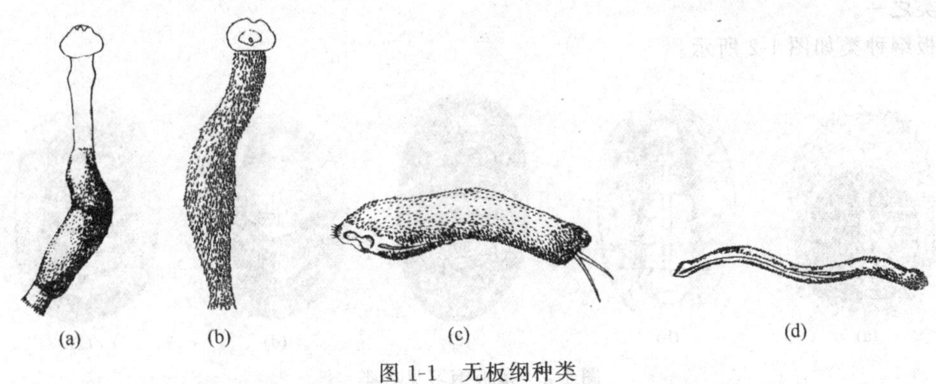

图 1-1　无板纲种类
(a) 粗糙毛皮贝；(b) 矮毛皮贝；(c) 游荡龙女簪；(d) 夏威夷龙女簪

中有 5～6 对单栉鳃；神经系统简单，一对脑神经节、一对侧神经索、一对足神经索。一般雌雄异体，体外受精。

本纲分罩螺目（Tryblidiacea）、帐篷螺目（Scenellacea）和窄套目（Stenothecoidacea）等3目。

罩螺科（Tryblidiidae）如新蝶贝（*N. galatheae*），有一大而两侧对称的贝壳，壳顶向前方和腹方弯曲。头部退化变小，足广阔扁平，口位于足的前方。肛门位于体的后端外套沟中，外套沟有 5 对栉状鳃。

三、多板纲

现生活种类有 600 余种，分布于世界各大洋中，营底栖生活。体椭圆形，背腹扁平，左右对称，口及肛门位于身体的前后端。身体上生有 8 块覆瓦状排列的板状贝壳，故称"多板类"。多板类的外套膜又称"环带"，裸露在贝壳之外围，环带表面有角质层或石灰质的鳞片、骨针或角质毛等。足非常发达，适合于在岩石表面附着。鳃呈羽状，位于足部周围的外套腔中，6～88 对。神经系统由围绕食道的环状神经中枢和由此向后派生的 2 对神经索组成。大多数种类雌雄异体，少数种类雌雄同体。

本纲动物分为鳞侧石鳖目（Lepidopleurida）和石鳖目（Chitonida）。

1. 鳞侧石鳖目

鳞侧石鳖科（Lepidopleuridae），如低粒鳞侧石鳖（*Lepidopleurus assimilis* Thiele）。

2. 石鳖目（Chitonida）

（1）鬃毛石鳖科（Mopaliidae）　如网纹鬃毛石鳖（*Mopalia retifera* Thiele），分布于我国福建以北的沿海潮间带；日本宽板石鳖［*Placiphorella japonica*（Dall）］，见于我国东南沿海潮间带的低潮区。

（2）隐板石鳖科（Cryptoplacidae）　如红条毛肤石鳖［*Acanthochiton rubrolineatus*（Lischke)］，为我国沿海习见的种类之一；眼形隐板石鳖［*Cryptoplax oculata*（Quoy et Gaimard)］，生活在珊瑚礁间，见于我国海南岛南端和西沙群岛。

（3）锉石鳖科（Ischonochitonidae）　如花斑锉石鳖［*Ischnochiton comptus*（Gould)］，是我国沿海习见种类；函馆锉石鳖（*Ischnochiton hakodadensis* Pilsbry），分布于我国的黄海、渤海。

（4）棘带石鳖科（Acanthopleuridae）　如日本花棘石鳖［*Liolophura japonica*（Lischke)］，见于我国东南沿海。

（5）云斑石鳖科（Toniciidae）　如平濑锦石鳖（*Onithochiton hirasei* Pilsbry），见于我国东南沿海。

（6）甲石鳖科（Loricidae）　如朝鲜鳞带石鳖［*Lepidozona coreanica*（Reeve)］，为我国海滨

习见种类之一。

多板纲种类如图 1-2 所示。

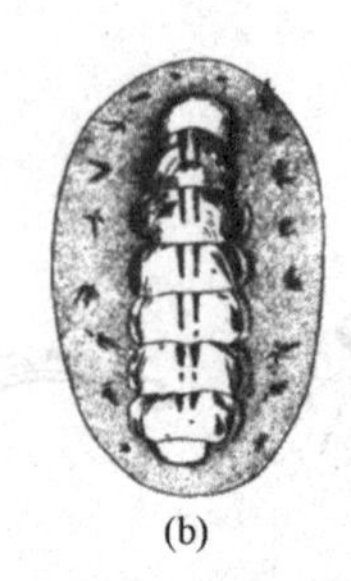

(a) (b) (c) (d) (e)

图 1-2 多板纲习见种类

(a) 日本宽板石鳖；(b) 红条毛肤石鳖；(c) 花斑锉石鳖；(d) 日本花棘石鳖；(e) 平濑锦石鳖

四、掘足纲

本纲动物完全为海产，底栖，足部发达成圆柱状，用来挖掘泥沙，故称"掘足类"。具有长圆锥形而稍弯曲的管状贝壳，故又称"管壳纲"。头部退化成身体前端的一个突起，神经系统主要由脑、侧、脏、足 4 对神经节及其连结的神经组成，结构较简单。无鳃，呼吸由外套膜的内表面兼行。雌雄异体。全世界约有 200 种，分为角贝科（Dentaliidae）和管角贝科（Siphonodentaliidae）。

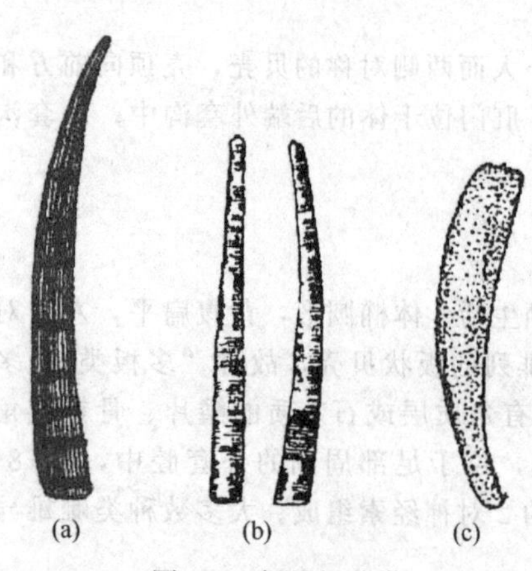

图 1-3 掘足纲种类

(a) 大角贝；(b) 胶州湾角贝；(c) 棒形棱角贝

1. 角贝科

角贝属（*Dentalium*） 贝壳呈象牙状，壳口的直径最大，向后逐渐缩减。足呈圆锥形，具有 2 个翼状侧叶。如大角贝（*Dentalium vernedei* Sowerby）贝壳大，较厚，长 10cm 以上，腹端壳面具纵肋约 40 条。东海和南海有分布，生活于浅海至百余米深处。

角贝属还包括胶州湾角贝（*Dentaliun kiaochowwanense* Tchanget Tsi）、长角贝（*D. longum* Sharp et Pilsbry）、狭缝角贝（*D. stenoschizum* Pilsbry et Sharp）、间肋角贝（*D. intercalatium* Gould）、尖角贝（*D. aciculum* Gould）等，我国沿海均有分布。

2. 管角贝科

棱角贝（*Cadulus* Gould）分布在我国的东海、南海。此外，还有管角贝（*Siphonodentalium* Gould）、棒形棱角贝（*Cadulus clavatus* Gould）。

掘足纲种类如图 1-3 所示。

第二节 瓣 鳃 纲

本纲动物全为水生，多数生活于海中，少数生活于淡水，极少数寄生。身体侧扁，身体左右对称，有两片贝壳，保护柔软的身体，又称双壳类。头不明显，口的位置即代表体的前端，无触角及感官，又称无头类。胃肠间有晶杆，胃中有胃楯。足多呈斧形，适于挖掘泥沙，又称斧足类，少数以壳固着生活的种类则足退化，如牡蛎。鳃 1～2 对，本纲多数种类具有瓣状鳃，故称瓣鳃纲。本纲种类多为雌雄异体，生殖孔开口于鳃上腔，海产种类发生时常有担轮幼虫和面盘幼虫，淡水蚌类则有钩介幼虫。本纲约有15000种。多数学者根据铰合齿的形态、闭壳肌的发达程度和鳃的构造等将本纲分为五个亚纲：

<table>
<tr><td colspan="4">古列齿亚纲(Palaeotaxodonta)</td></tr>
<tr><td colspan="4">胡桃蛤目(Nuculoida)</td></tr>
<tr><td colspan="4">翼形亚纲(Pterimorphia)</td></tr>
<tr><td>蚶目
(Arcoida)</td><td>贻贝目
(Mytiloida)</td><td>珍珠贝目
(Pterioida)</td><td>牡蛎目
(Ostreoida)</td></tr>
<tr><td colspan="4">古异齿亚纲(Palaeoheterodonta)</td></tr>
<tr><td colspan="4">蚌目(Unionoida)</td></tr>
<tr><td colspan="4">异齿亚纲(Helterodonta)</td></tr>
<tr><td colspan="2">帘蛤目(Veneroida)</td><td colspan="2">海螂目(Myoida)</td></tr>
<tr><td colspan="4">异韧带亚纲(Anomalodesmata)</td></tr>
<tr><td colspan="2">笋螂目(Pholadomyoida)</td><td colspan="2">隔鳃目(Septibranchia)</td></tr>
</table>

一、古列齿亚纲

两壳相等，能完全闭合。贝壳表面具有黄绿色壳皮。壳内面多具有珍珠光泽。铰合齿数量多，沿前、后背缘分布。通常具有内、外韧带。前、后闭壳肌相等。鳃呈羽状，足具遮面。成体没有足丝。

本亚纲的主要种类有胡桃蛤目的胡桃蛤总科（Nuculacaea），如胡桃蛤科（Nuculidae）的胡桃蛤（*Nucula* Prashad），蛏螂科（Solenomhyidae）的矩蛏螂［*Acharax johnsoni*（Dall）］等，以及吻状蛤总科（Nuculanacea）吻状蛤科（Nuculanidae）的四肋吻状蛤（*Nuculana forticostata* Xu）。

二、翼形亚纲

壳呈卵形、长方形或圆形，两壳相等或不等。壳顶两侧常具翼状的前、后耳。铰合齿多或退化，前闭壳肌较小或完全消失。多数种类具足丝，无水管，鳃为丝鳃型。

1. 蚶目

蚶总科（Arcacea）贝壳相等或略不相等，前后近等，表面常有带毛壳皮。铰合部具多枚小齿，排成1列。前、后闭壳肌均发达，足部具深沟，常具足丝。心脏在围心腔内，具2支大动脉。鳃呈丝状，鳃叶游离没有叶间联系。生殖孔与肾孔分别开口。侧神经节与脑神经节合一，外套膜游离，无水管。外套痕简单。

① 蚶科（Arcidae）。我国蚶科的种类约有50种左右，常见种类如下。

a. 蚶属（*Arca*）。两壳相等，韧带面宽，腹缘稍凹，形成足丝孔，如舟蚶（*A. navicularis* Bruguiere），用足丝附着生活于浅海岩礁间；魁蚶（*Scapharca broubtonii*），生活于潮间带至水下几十米的浅海或泥沙底，是黄渤海区主要出口贝类之一。

b. 须蚶属（*Barbatia*）。壳顶互相接近，壳表具绒毛状壳皮，足丝孔极狭，足丝片状，如棕蚶（*B. fusca* Bruguiere），附着生活于潮间带中、下区的岩石上。

c. 扭转蚶属（*Trisidos*）。壳呈长方形或长卵圆形，两壳不等，左壳大，扭转或半扭转，如扭转蚶（*T. totuosa* Linnaeus），生活于浅海，我国南海拖网可采到。

d. 粗饰蚶属（*Anadara*）。两壳相等，被绒毛状壳皮，无足丝孔，如古蚶［*A. antiquate*（Linnaeus）］，生活于浅海泥底质海底。

e. 毛蚶属（*Scapharca*）。左壳大于右壳，被有绒毛状壳皮，如毛蚶（*S. subcrenata*

Lischke)，以中国渤海和东海近海较多，生活在内湾浅海低潮线下至水深十多米的泥沙底中。

f. 泥蚶属（*Tegillarca*）。如泥蚶［*T. granosa*（Linnaeus)］，分布于我国南北沿海，是我国传统的养殖贝类；结泥蚶［*T. nodifera*（Martens)］。

g. 细纹蚶属（*Striarca*）。个体小，肋纹细密，如褐蚶（*S. tenebriea* Reeve)，具足丝，营附着生活。

② 帽蚶科（Cucullaeidae)。壳大而坚厚，两壳不等，放射肋细密。韧带面呈梭形。铰合部直，铰合齿变化大。壳内后端具有隔板。如粒帽蚶（*Cucullaea granulosa* Jonas)。

蚶总科种类如图 1-4 所示。

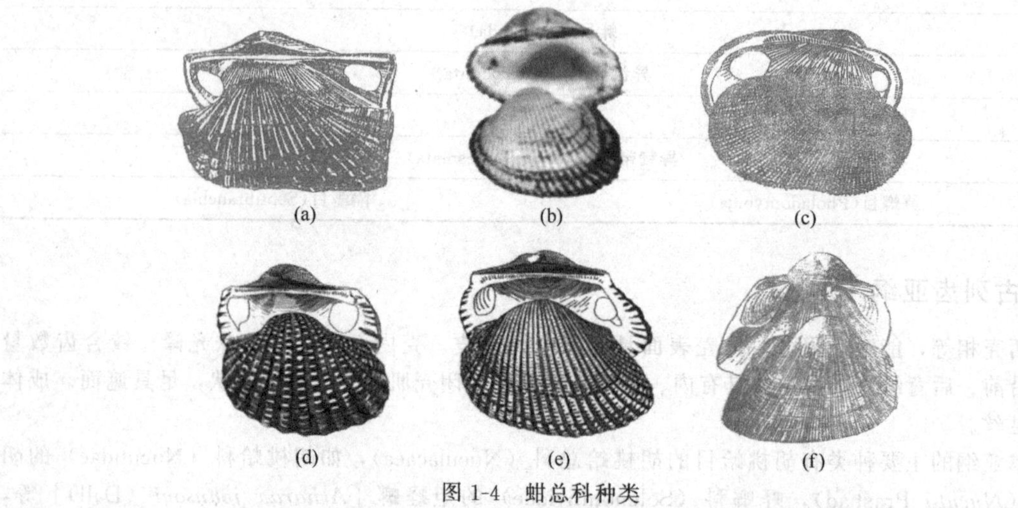

图 1-4　蚶总科种类

(a) 舟蚶；(b) 魁蚶；(c) 棕蚶；(d) 泥蚶；(e) 毛蚶；(f) 粒帽蚶

2. 贻贝目

前闭壳肌较小或完全消失，铰合齿一般退化成小结节，或没有。鳃丝间由纤毛盘联系或由结缔组织联系。

(1) 贻贝总科（Mytilacea）体对称，两壳同形，铰合齿退化，或成结节状小齿。壳皮发达。后闭壳肌巨大，前闭壳肌退化或没有。心脏仅有 1 支大动脉。鳃除有纤毛盘形成鳃丝间联系外，更有鳃叶间联系，无连通之血管。生殖腺扩大而达外套膜中，生殖孔开口于肾外孔之旁，有明显的肛门孔。外套膜有一愈合点。足小，以足丝附着于外物上生活。大多数种类海产，少数淡水产。

(2) 贻贝科（Mytilidae）本科的特征与总科相同。目前我国贻贝科海产的种类，已定名者有 50 余种，常见的种类有：紫贻贝（*Mytilus edulis* Linnaeus)、厚壳贻贝（*M. coruscus* Gould)、翡翠贻贝（*Perna viridis* Linnaeus)、条纹隔贻贝［*Septifer virgatus*（Wiegmann)］、隆起隔贻贝［*S. excusys*（Wiegmann)］、麦氏偏顶蛤（*Modiolus metcalfei* Hanley)、寻氏肌蛤［*Musculus senhousei*（Benson)］、短石蛏（*Lithophaga curta* Lischke）等，见图 1-5。富有经济价值的如紫贻贝、翡翠贻贝、厚壳贻贝和寻氏肌蛤等已进行人工养殖。

3. 珍珠贝目

(1) 珍珠贝总科（Pteriacea）

① 钳蛤科（Isognomonidae)。左右两壳不相等，壳形不甚规则，耳或有或无。铰合部短或特别延长，无齿，韧带常分裂成数个。

丁蛎属（*Malleus*)。壳大，外形纵长或不规则，铰合部直，有的种壳前、后部有翼状耳，1 个韧带沟，如丁蛎［*M. malleus*（Linnaeus)］，以足丝附着在沙滩碎石上生活。

习见的还有单韧穴蛤属（*Vulsella*）的单韧穴蛤［*V. vulsella*（Linnaeus)］；锯齿蛤属（*Cre-*

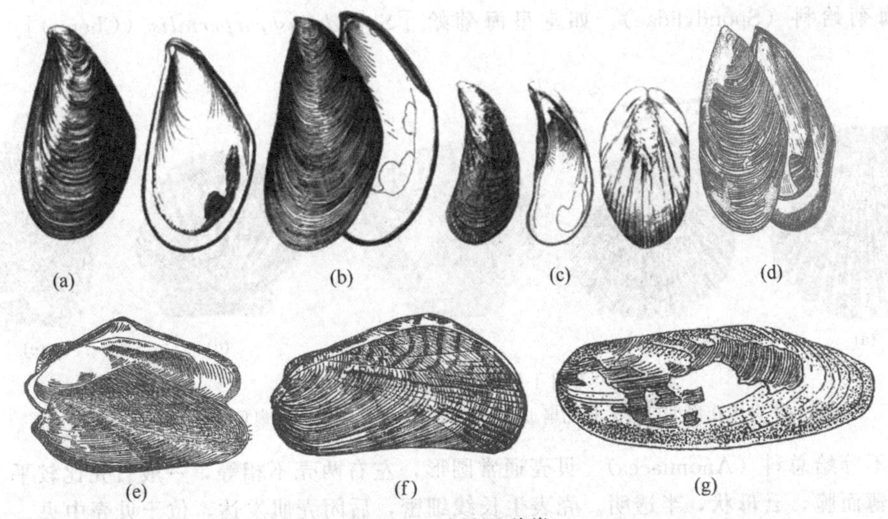

图 1-5 贻贝目种类

(a) 紫贻贝；(b) 翡翠贻贝；(c) 隆起隔贻贝；(d) 厚壳贻贝；
(e) 麦氏偏顶蛤；(f) 寻氏肌蛤；(g) 短石蛏

natula）的黑锯齿蛤（*C. nigrina* Lamarck）；钳蛤属（*Isognomou*）的细肋钳蛤［*I. pernum*（Linnaeus)］。

② 珍珠贝科（Pteriidae)。两壳不等或近相等，左壳稍凸起，右壳较平，通常具有足丝开孔。壳顶前后通常具耳，后耳比前耳大。贝壳表面有鳞片。铰合线直，韧带很长。铰合部在壳顶下面有 1 个或 2 个主齿。闭壳肌痕 1 个，位于贝壳近中央，外套痕简单，鳃叶褶叠，与外套膜愈合。无水管，足舌状，具足丝。

珍珠贝科的种类均分布于热带和亚热带海洋中。珍珠层厚，可以生产珍珠。

本科动物我国已报道的有 17 种，常见种如：马氏珍珠贝［*Pinctada albina*（Lamarck)］，企鹅珍珠贝［*Pteria penguin*（Roding)］，宽珍珠贝［*P. lata*（Gray)］，鸦翅电光蛤［*Electroma ovata*（Quoy)］，条纹翼电光蛤［*Pterelectroma zebra*（Reeve)］等。如图 1-6 所示。

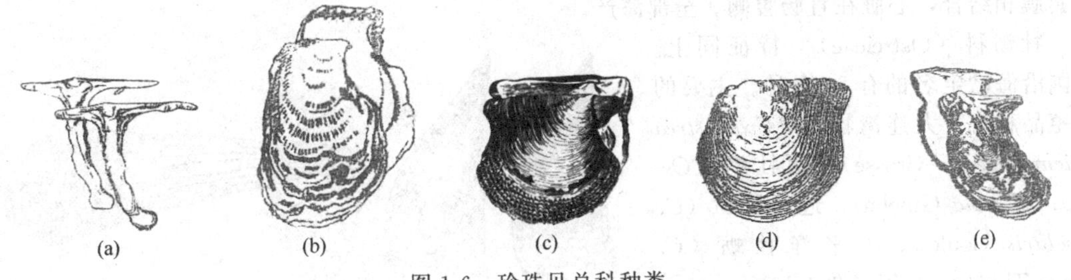

图 1-6 珍珠贝总科种类

(a) 丁蛎；(b) 细肋钳蛤；(c) 马氏珍珠贝；(d) 大珠母贝；(e) 企鹅珍珠贝

(2) 扇贝总科（Pectinacea）

① 扇贝科（Pectinidae)。贝壳呈扇形，壳顶两侧具壳耳，前后耳同形或不同形。背缘直，右壳的背缘超出左壳。背缘具有外韧带；内韧带位于壳顶中央的韧带槽中。外套膜缘游离，边缘有褶皱，外套眼多而发达。闭壳肌痕大。

我国重要的增养殖种类有栉孔扇贝（*Chlamys farreri*）、华贵栉孔扇贝（*Ch. nobilis*）、海湾扇贝（*Argopecten irradians* Lamarck）、虾夷扇贝（*Patinopecten yessoensis* Jay）等。

本科还包括日本日月贝（*Amussium japonica*）、拟海菊蛤（*Pedum spondylioideum* Gmelin）等。

② 海菊蛤科（Spondylidae）。如堂皇海菊蛤［*Spondylus imperialis*（Chenu）］。如图 1-7 所示。

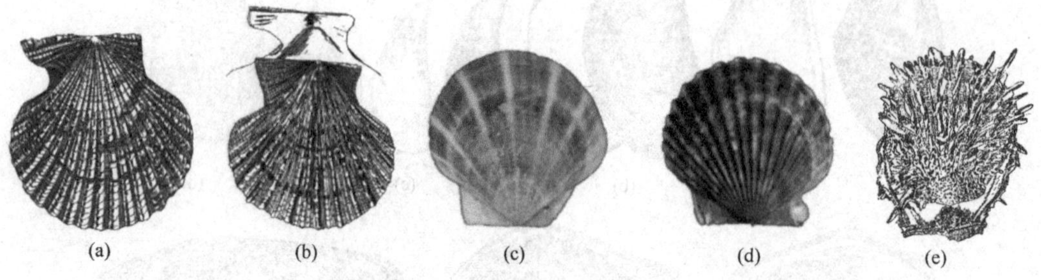

图 1-7 扇贝总科习见种
(a) 华贵栉孔扇贝；(b) 栉孔扇贝；(c) 虾夷扇贝；(d) 海湾扇贝；(e) 堂皇海菊蛤

(3) 不等蛤总科（Anomiacea） 贝壳通常圆形，左右两壳不相等，一般右壳比较平，左壳凸出。壳质薄而脆，云母状，半透明。壳表生长线细密，后闭壳肌发达，位于贝壳中央。

不等蛤科（Anomiidae）。习见的有不等蛤属（*Anomia*）的难解不等蛤（*A. aenigmatica* Chemnitz）、海月属（Placuna）的海月［*Placuna placenta*（Linnaeus）］等，如图 1-8 所示。

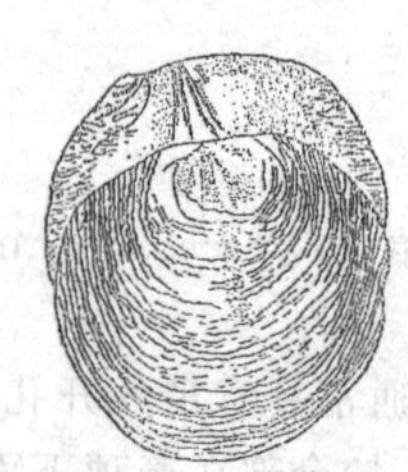

图 1-8 海月

(4) 江珧总科（Pinnacea） 江珧科（Pinnidae）。贝壳大型，两壳等大，壳质薄脆，壳前端尖细，后端宽广，开口。壳表面具有放射肋。肋上有各种形状的小棘。铰合部长，线形，占背缘全长，无铰合齿。前闭壳肌痕小，位于壳顶的下方；后闭壳肌痕大，近于贝壳的中央。足丝毛发状，极其发达。贝壳的珍珠层只存在于前后闭壳肌之间。在其身体的后方、肛门背侧，具有 1 个比较大的腺体，称为“外套腺”。全部海产，栉江珧（*Pinna pectinata* Linnaeus）分布于渤海、黄海、东海和南海；细长裂江珧（*P. attenuata* Reeve）及羽江珧分布在东海和南海。如图 1-9 所示。

4. 牡蛎目

两壳不等，左壳较大，并用来固着在岩石上。铰合齿和前闭壳肌退化。足和足丝均无。鳃与外套膜相结合，心脏在直肠腹侧。全部海产。

牡蛎科（Ostreidae） 特征同上。我国沿海已定名的有 20 余种。主要的养殖品种有：大连湾牡蛎（*Crassostrea talienwhanensis* Crosse）、褶牡蛎（*Ostrea. plicatula* Gmelin）、近江牡蛎（*C. rivularis* Gould）、太平洋牡蛎（*C. gigas* Thunberg）等（图 1-10）。

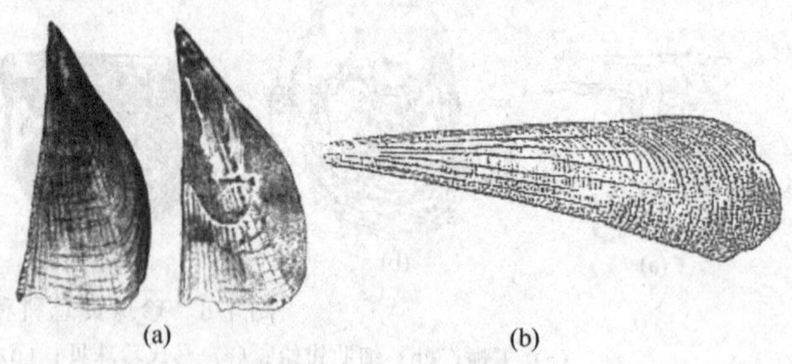

图 1-9 江珧总科种类
(a) 栉江珧；(b) 细长裂江珧

三、古异齿亚纲

铰合齿分裂，或者分成位于壳顶的拟主齿和向后方延伸的长侧齿，或者退化。一般具有前、后闭壳肌痕各 1 个，两者大小接近。鳃构造复杂，鳃丝间和鳃瓣间以血管相连。

本亚纲蚌目有 2 个总科。

(1) 蚌总科（Unionacea） 贝壳形状多变，两壳相等，前后不对称。铰合部常具有拟主齿或铰合齿退化，壳背部有时具发达的翼状部。表面被壳皮。具外韧带。鳃具 1 对或 2 对育儿囊。足长，侧扁。全部淡水产。

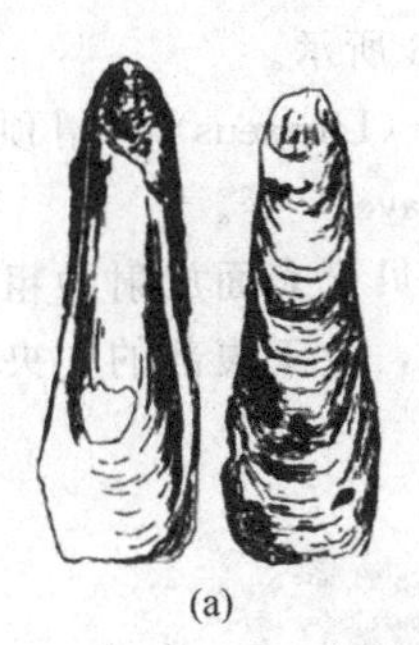

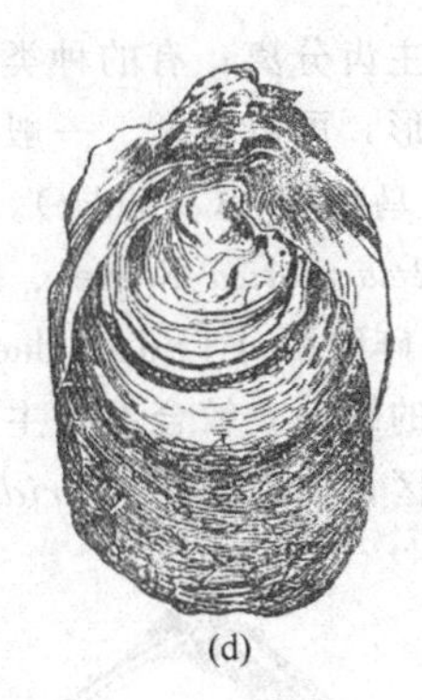

(a) (b) (c) (d)

图 1-10 牡蛎目种类

(a) 太平洋牡蛎；(b) 褶牡蛎；(c) 大连湾牡蛎；(d) 近江牡蛎

① 珍珠蚌科（Margaritanidae）。如珠母珍珠蚌［*Margaritiana dahurica*（Middeneorff）］，为我国淡水育珠贝的优良品种。仅在黑龙江和松花江口有分布。

② 蚌科（Unionidae）。如三角帆蚌（*Hyriopsis cumingii* Lea）、褶纹冠蚌（*Cristarea plicata* Leach）等均为淡水育种贝的优良品种（图 1-11）。

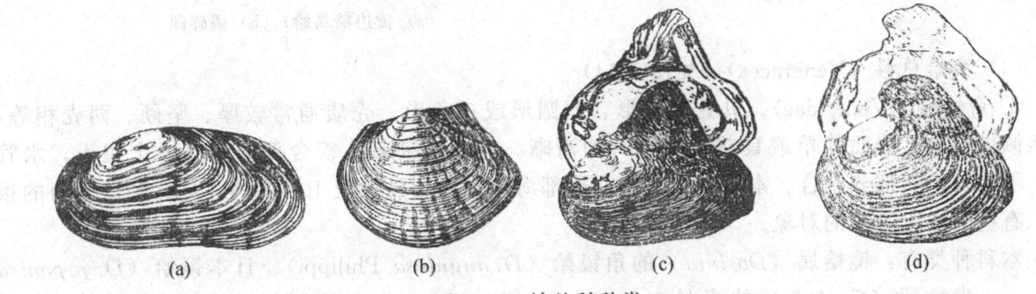

图 1-11 蚌总科种类

(a) 珠母珍珠蚌；(b) 背角无齿蚌；(c) 三角帆蚌；(d) 褶纹冠蚌

(2) 三角蛤总科（Trigoniacea）

三角蛤科（Trigoniidae） 能够用足跳跃，热带海产，如短脊三角蛤（*Trigonia brevicostata* Kitchin）。

四、异齿亚纲

贝壳变化大，形状多样。铰合齿少，或者不存在。一般有前、后闭壳肌各 1 个，两者大小接近。鳃的构造复杂，鳃丝间和鳃瓣间有血管相连。外套膜通常有 1～3 个愈合点，在水流的出入孔处经常形成水管。

1. 帘蛤目

(1) 蚬总科（Corbiculacea） 贝壳三角形或卵圆形，主齿强壮或不发达，一般具有侧齿。外套窦不清楚或没有，水管短或没有。具有外韧带。贝壳外经常具有壳皮。主要生活在淡水或咸淡水中。

蚬科（Corbiculacea）。如河蚬［*Corbicula fluminea*（Miiller）］等，见图 1-12 所示。

本总科还有球蚬科（Sphaeriidae）。

(2) 猿头蛤总科（Chamacea） 左右两壳通常不相等，壳质坚厚，体形不规则。以贝壳固着在岩石上生活。壳顶螺旋，具有 1 枚强大的主齿。具有外韧带。闭壳肌 2 个。足很短，没有足丝、水管和外套窦。

猿头蛤科（Chrmidae）。特征同总科，如敦氏猿头蛤（*Chamadunkeri* Lischke）。

(3) 鸟蛤总科（Cardiacea） 两壳近似相等，贝壳表面具有放射肋。铰合齿常为圆锥形，侧齿短与主齿分离；有的种类铰合齿退化。外套窦有或无。具有外韧带。外套膜边缘具有 3 个孔。足圆锥形，可以伸长。一般没有水管。有 1 个或 2 个闭壳肌。如图 1-13 所示。

① 鸟蛤科（Cardiidae）。本科有黄边糙鸟蛤［*Trachycardium flavum*（Linnaeus）］、滑顶薄壳鸟蛤（*Fulvia mutica* Reeve）、加州扁鸟蛤（*Clinocardium californiense* Deshayes）等。

② 砗磲科（Tridacnidae）。贝壳极大，厚重，两壳不能完全闭合。贝壳表面放射肋粗壮，壳缘有大的缺刻。铰合部有主齿 2 枚，侧齿 1～2 枚。闭壳肌 1 个，极大，位于腹部的中央。产于热带海区，如磷砗磲（*Tridacna squamosa* Lamarck）。

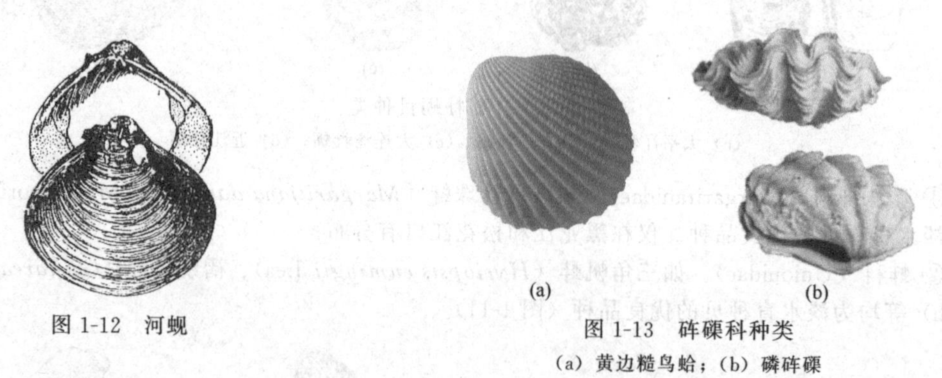
图 1-12 河蚬

图 1-13 砗磲科种类
(a) 黄边糙鸟蛤；(b) 磷砗磲

(4) 帘蛤总科（Veneracea）（见图 1-14）

① 帘蛤科（Veneridae）。贝壳呈圆形、卵圆形或三角形。壳质通常较厚、坚硬。两壳相等，壳顶倾向前方，壳面简单或具花纹。小月面清晰。具有外韧带。铰合部通常有 3 个主齿，水管短，不等长，大部分愈合。本科动物很多，全部海产。我国已发现 100 多种，具有经济价值的很多，有些为人工养殖的对象。

本科种类有：镜蛤属（*Dosinia*）的角镜蛤（*D. angulosa* Philippi）、日本镜蛤（*D. japonica* Reeve）；青蛤属（*Cyclina*）的青蛤（*C. sinensis* Gmelin）；加夫蛤属（*Gafrarium*）的加夫蛤（*G. pectinatum* Linnaeus）；文蛤属（*Meretrix*）的斧文蛤（*M. malarckii* Deshayes）、文蛤（*M. meretrix* Linnaeus）、丽文蛤（*M. lusorea* Rumphius）；巴非蛤属（*Paphia*）的巴非蛤（*P. alapapilionis* Roiding）；蛤仔属（*Ruditapes*）的菲律宾蛤仔（*R. philippinarum* Reeve）、杂

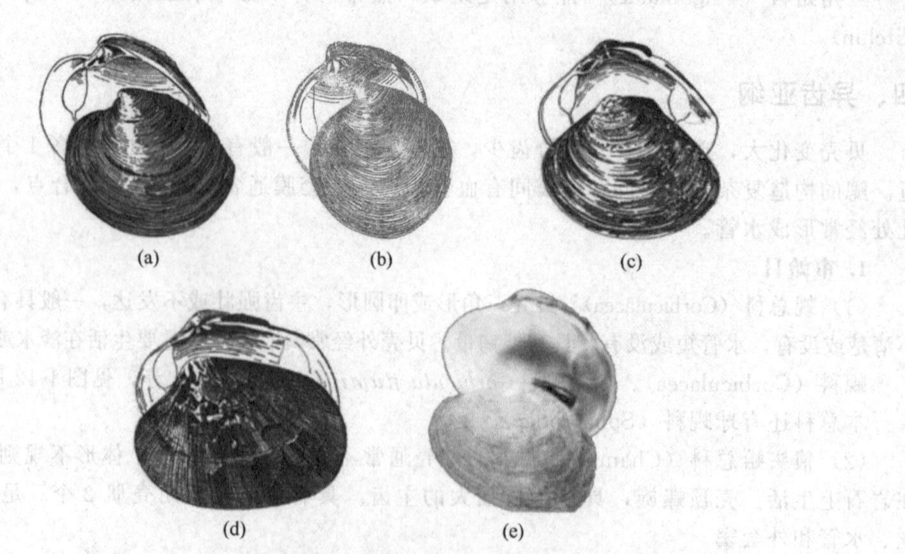
图 1-14 帘蛤总科种类
(a) 日本镜蛤；(b) 青蛤；(c) 文蛤；(d) 杂色蛤仔；(e) 紫石房蛤

色蛤仔（*R. variegata* Sowerby）。

② 住石蛤科（Petricolidae）。如住石蛤（*Petricola divergens* Gmelin），主要分布于海南岛及热带海区，常穿凿岩石及珊瑚礁而居。

（5）蛤蜊总科（Mactracea） 左、右两壳相等，前后对称或不对称，后方有时开口。铰合部有主齿2～3枚，具侧齿。壳面常被薄外皮，韧带在槽中。足大、无足丝。如图1-15所示。

① 中带蛤科（Mesodesmatidae）。如环纹坚石蛤（*Atactodea strien* Gmelin）、锈色朽叶蛤（*Lutraria arcuata* Reeve）等。

② 蛤蜊科（Mactridae）。两壳相等，呈钝三角形，韧带分外韧带和内韧带。主齿1～2个，侧齿不固定。

蛤蜊属（*Mactra*）。如四角蛤蜊（*M. veneriformis*）、西施舌（*M. antiquata* Sengler）、中国蛤蜊（*M. chinensis* Philippi）。西施舌和四角蛤蜊已进行人工养殖。

本科还有獭蛤属（*Lutreria*）如弓獭蛤（*L. arcuata* Reeve）、立蛤属（*Standella*）、异心蛤属（*Heterocaridia*）、脆蛤属（*Raeta*）。

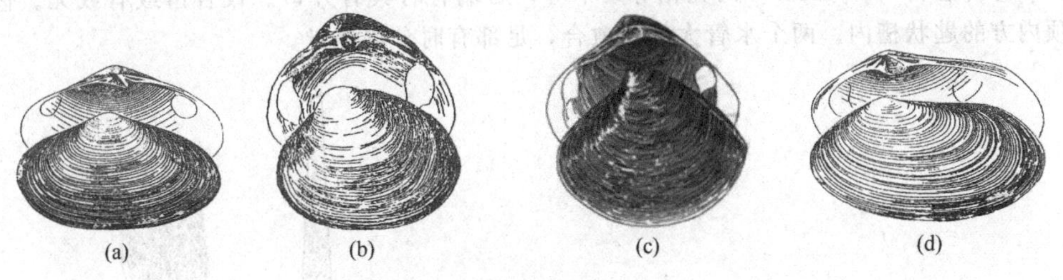

图1-15 蛤蜊总科种类

（a）锈色朽叶蛤；（b）四角蛤蜊；（c）西施舌；（d）弓獭蛤

（6）樱蛤总科（Tellinacea） 左右壳通常相等，铰合齿每个壳最多具有2枚主齿，有时具有侧齿，外套痕清楚，外套窦很深。外套膜有两处愈合。水管发达，且发生分离。两鳃不等，鳃瓣表面光滑。足部长呈侧扁形。如图1-16所示。

① 樱蛤科（Tellinidae）。我国已发现50余种，常见的有：彩虹明樱蛤（*Moerella iridescens* Benson），主要分布于浙江以南沿海，已开展人工繁殖及增养殖研究。还有环肋樱蛤（*Cyclotellina romies* Linnaeus）；异白樱蛤（*Macoma* Marteus）；锉弧樱蛤（*Arcopagia* Linnaeus）。

② 紫云蛤科（Psammobiidae）。生活在稍深的沙滩底质中，故又称为“沙栖蛤科”。有尖紫蛤（*Sanguinolaria acuta* Cai et Zhuang）；总角截蛏（*Solenocurtus divaricatus* Lischke）等。

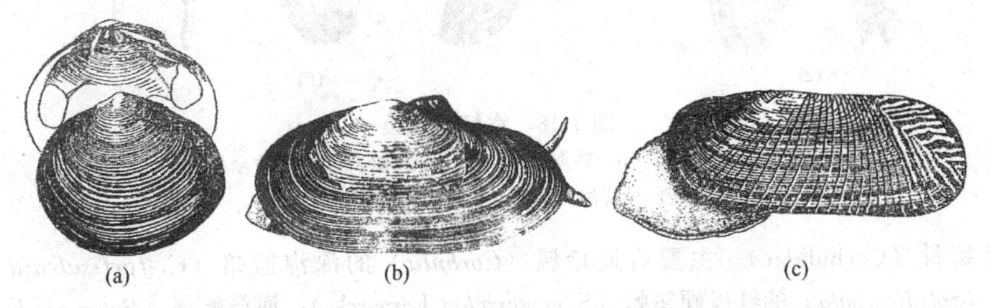

图1-16 樱蛤总科种类

（a）环肋樱蛤；（b）尖紫蛤；（c）总角截蛏

（7）竹蛏总科（Solenacea）（见图1-17）

① 绿螂科（Glaucomyidae）。如中国绿螂（*Glaucomya chinensis* Gray）。

② 竹蛏科（Solenidae）。两壳相等，壳质薄脆。体形呈柱状或长卵形，两端略微开口。壳顶

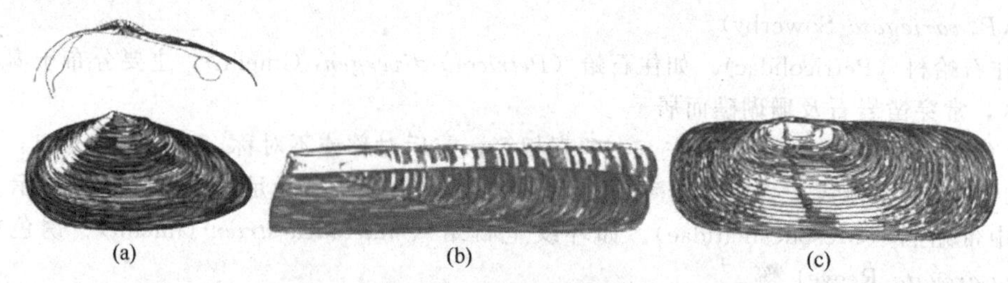

图 1-17 竹蛏总科种类

(a) 中国绿螂；(b) 大竹蛏；(c) 缢蛏

低，韧带在外方。铰合齿多变化。足部强大，呈圆筒状。本科动物经济价值很大，如缢蛏（*Sinonovacula constricta* Lamarck）在我国浙江、福建等省有悠久的养殖历史；习见种还有大竹蛏（*Solen graudis* Dunker）、短竹蛏（*S. dunkerianus* Clessin）、长竹蛏（*S. strictas* Conrad）等。

2. 海螂目（见图 1-18）

（1）海螂总科（Myacea） 两壳相等或不等，后端有时具有开口。铰合齿或有或无。韧带藏于壳顶内方的匙状槽内。两个水管大部分愈合，足部有时分泌足丝。

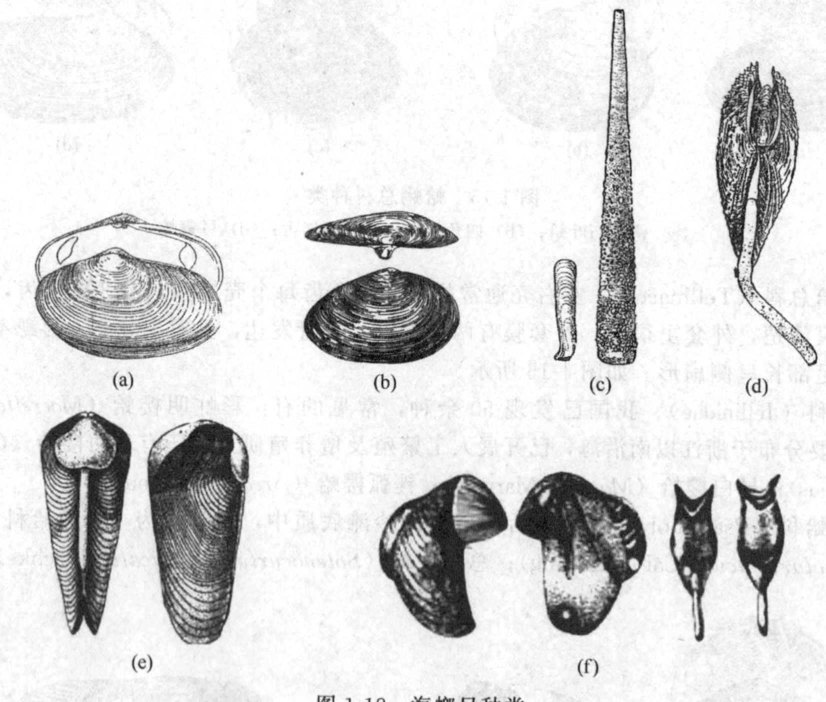

图 1-18 海螂目种类

(a) 红肉河篮蛤；(b) 砂海螂；(c) 大开腹蛤；(d) 大沽全海笋；
(e) 马特海笋；(f) 船蛆的贝壳和铠片

① 篮蛤科（Corbulidae）。主要有篮蛤属（*Corbula*）的深沟篮蛤（*C. fortisulcata* Smith）；硬篮蛤属（*Solidicorbula*）的红齿硬篮蛤（*S. erythrodon* Lamarck）；河篮蛤属（*Potamocorbula*）的红肉河篮蛤（*P. rubromuscula* Zhuang et Cai）。

② 海螂科（Myidae）。砂海螂（*Mya arenaria* Linnaeus）在我国北部沿海有分布，并已开展了繁殖生物学及养殖的研究。

（2）开腹蛤总科（Gastrochaenacea） 壳质薄脆，贝壳前端及腹方开口广大。有时具有副壳，壳与副壳不愈合。完全海产，如开腹蛤科（Gastrochaenidae）的蚕蛹开腹蛤（*Gastrochaena cym-*

bium)。

(3) 凿穴蛤总科(Adesmacea)

① 海笋科(Pholadidae)。贝壳能包被身体，但多少有些开口，壳质薄，背缘反折在壳顶上。具有1枚或数枚石灰质管。铰合部无齿。多数种类海产，少数种类产于咸淡水。穿凿石块或木材，也有穴居在泥沙中。如大沽全海笋[*Barnea davidi*(Deshayes)]、马特海笋(*Martesia striata* Linnaeus)。目前已开展了人工繁育与养殖研究。

② 船蛆科(Teredinidae)。壳小而薄，只能包住身体前端的一部分。壳分成前、中、腹3部分。身体细长，呈蛆状。本鳃大部分在鳃水管内。水管极长，基部愈合，末端分叉，在分叉处有2枚石灰质的铠。大多数种类凿木居住，以红树林为大本营，破坏渔船和海港木材建筑物。仅仅有1种生活在沙滩内。如船蛆(*T. navalis* Linnaeus)、密节铠船蛆(*Bankia saulii* Wright)。

五、异韧带亚纲

两壳经常不相等，壳内面一般具有珍珠光泽。铰合齿缺乏或比较弱。韧带常在壳顶内方的匙状槽中，而且常常具有石灰质小片。一般雌雄同体。

1. 笋螂目

铰合部退化或具有匙状突出的韧带槽，外鳃瓣或多或少退化。如图1-19所示。

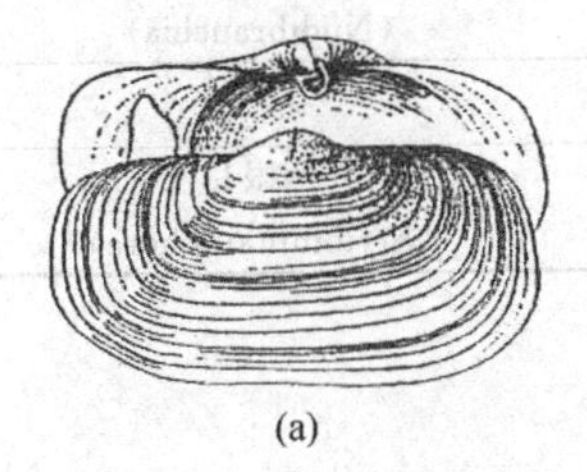
(a)

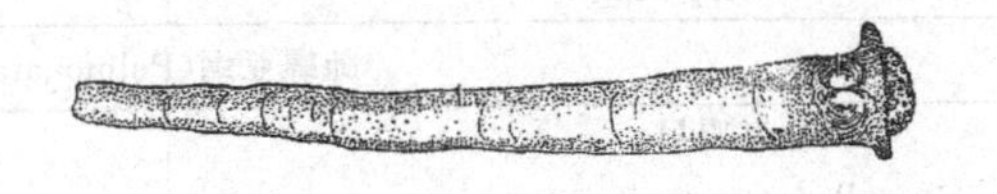
(b)

图1-19 笋螂目种类
(a) 渤海鸭嘴蛤；(b) 环带筒蛎

(1) 帮斗蛤总科(Pandoracea) 贝壳一般呈长方形或半月形，较薄脆。铰合部退化或具有匙状突出的韧带槽。壳外没有副壳。内鳃瓣十分发达，外鳃瓣或多或少退化。主要种类有鸭嘴蛤科(Laternulidae)的渤海鸭嘴蛤(*Laternula marilina* Reeve)和南海鸭嘴蛤(*L. nanhaiensis* Zhuang et Cai)。

(2) 棒蛎总科(Clavagellacea)

棒蛎科(Clavagellidae)。贝壳附着在石灰质管的前背面，石灰质管相当大，末端开口，呈长筒状，如环带筒蛎(*Brechites annulatus* Deshayes)。

2. 隔鳃目

鳃变成一个肌肉横膈膜。

孔螂总科(Poromyacea) 外套膜有3个愈合点，水管长，闭壳肌2个，鳃变成1个肌肉横膈膜，横膈膜上有对称的孔。呼吸时水流通过小孔而进入到隔膜上腔，由其内壁进行呼吸，故名隔鳃类。完全生活在深海，为肉食性种类。如中华孔螂(*Poromya sinica*)。

第三节 腹足纲

腹足纲动物的足部发达，位于身体的腹面，故名“腹足类”。通常有一个螺旋形的贝壳，亦称“螺类”。头部发达，具有一对或两对触角，一对眼。眼生在触角的基部、中间或顶部(有柄)。口腔内的齿舌极其发达，用于摄食、钻孔。足一般用于爬行、游泳，有时借足的收缩而跳跃。雌雄同体或异体，卵生，海产种类经担轮幼虫期和面盘幼虫期，部分淡水种类经钩介幼虫期。水生种类用鳃呼吸，陆生种类用外套膜呼吸，起肺作用。

腹足纲是软体动物门中物种最多的一个纲，约88000余种，分布于海洋、淡水及陆地，以海生最多。地理分布广泛，生活方式多样。从腹足动物整体进化史来看，水生先于陆生，海生又先于淡水生。腹足动物多底栖移游，还可埋栖、孔栖而居。翼足类则在海水表面浮游。

本纲分3个亚纲：

<table>
<tr><td colspan="6">前鳃亚纲(Prosobranchia)和扭神经亚纲(Streptoneura)</td></tr>
<tr><td colspan="2">原始腹足目
(Archaeogastropoda)</td><td colspan="2">中腹足目
(Mesogastropoda)</td><td colspan="2">新腹足目
(Neogaxtropoda)</td></tr>
<tr><td colspan="6">后鳃亚纲(Opisthobranchia)</td></tr>
<tr><td colspan="3">头楯目
(Cephalaspidea)</td><td colspan="3">无楯目
(Anaspidea)</td></tr>
<tr><td colspan="3">被壳翼足目
(Thecosomata)</td><td colspan="3">囊舌目
(Sacoglossa)</td></tr>
<tr><td colspan="3">裸体翼足目
(Gymnosomata)</td><td colspan="3">无壳目
(Acochlidiacea)</td></tr>
<tr><td colspan="3">背楯目
(Notaspidea)</td><td colspan="3">裸鳃目
(Nudibranchia)</td></tr>
<tr><td colspan="6">肺螺亚纲(Pulmonata)</td></tr>
<tr><td colspan="3">基眼目
(Basommatophora)</td><td colspan="3">柄眼目
(Stylommatophora)</td></tr>
</table>

一、前鳃亚纲

亦称扭神经亚纲（Streptoneura）。通常具有贝壳。本鳃简单，一般位于心室的前方，故称为前鳃类。头部仅仅有1对触角。一般雌雄异体。侧脏神经连索左右交叉呈“8”字形，因此又称为“扭神经类”。一般具有厣。本亚纲分为3个目：原始腹足目、中腹足目、新腹足目。

1. 原始腹足目

本鳃呈楯状。大部分种类具有2个心耳。神经系统集中不显著，足神经节呈长索状，左右2个脏神经节彼此远离。具有1个脑下食道神经连索。嗅检器不明显，位于鳃神经上。平衡器中含有许多耳沙。眼的构造简单，开放或形成封闭的眼泡。肾脏1对，开口在乳头状的突起上。生殖腺一般开口在右肾中；但是蜒螺科只有1个左肾，生殖孔独立。吻或水管缺乏，齿舌带上的小齿数目极多。

(1) 对鳃总科（Zeugobranchia） 具有2个本鳃。在贝壳顶端或壳的边缘具有裂缝或孔洞，其位置相当于外套腔中肛门的位置。

① 鲍科（Haliotidae）。贝壳极低，螺旋部退化，螺层很少；体螺层以及壳口极大。贝壳的边缘具有1列小孔。鳃1对，左侧鳃较小。无厣。本科动物广泛分布在温带和热带的海洋中，尤其以热带的种类最为丰富。本科种类如皱纹盘鲍（*Haliotis discus hanni* Ino）、杂色鲍（*H. diversicolor* Reeve）等多种为海水经济养殖种类。如图1-20所示。

② 钥孔蝛科（Fissurellidae）。如中华楯蝛（*Scutus sinenses* Blainville）。

(2) 帽贝总科（Patellacea）或柱舌总科（Docoglossa） 贝壳和内脏囊都为钝圆锥形，没有螺旋部。厣缺乏。眼为开放式的，没有晶状体。齿舌带长，齿式一般为3·1·(2+0+2)·1·3。心脏只有1个心耳。直肠不穿过心脏和围心腔。本鳃1个或缺乏，有的种类具有外套鳃。

① 帽贝科（Patellidae）。没有本鳃，在外套膜和足部之间具有呈环状的外套鳃。如嫁蝛

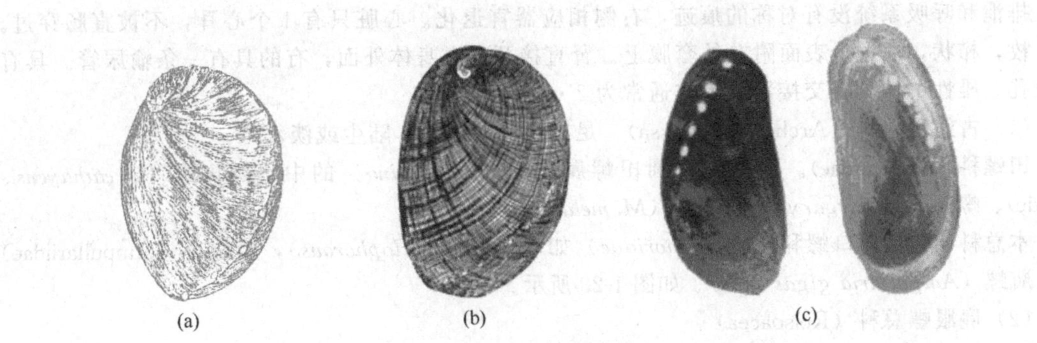
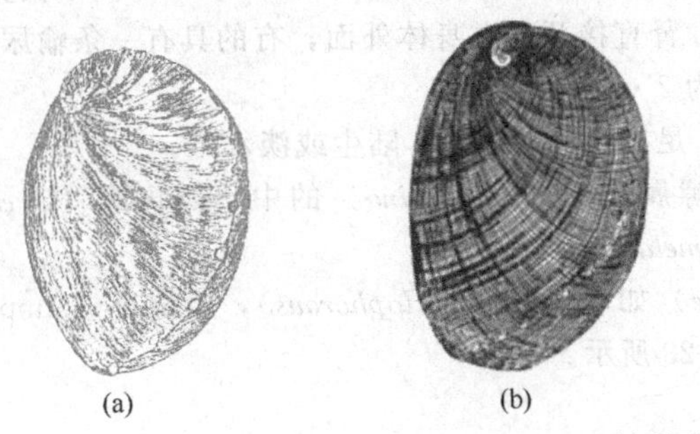

(a) (b) (c)

图 1-20 鲍科种类

(a) 皱纹盘鲍；(b) 杂色鲍；(c) 耳鲍

(*Cellana toreuma* Reeve)。

② 笠贝科（青螺科）(Acmaeidae)。具有 1 个栉形本鳃，外套鳃或有或无。如史氏背尖贝(*Notoacmea schrenckii* Lischke)。如图 1-21 所示。

(3) 马蹄螺总科 (Trochacea)

① 马蹄螺科 (Trochidae)。贝壳呈圆锥形、塔形或球形。壳口完全，呈四角形或圆形。脐的变化很大：有的缺失；有的大而且深；有的被石灰质的胼胝所遮盖；有的由于内唇的加厚而弯曲成漏斗状的假脐。厣角质，圆形，多旋，核位于中央。腭片或有或无，齿式通常为∞・5・1・5・∞。海产种类多，分布广泛，但是以印度洋、太平洋海区的种类最为丰富。如大马蹄螺 (*Trochus niloticus maximus* Koch)。

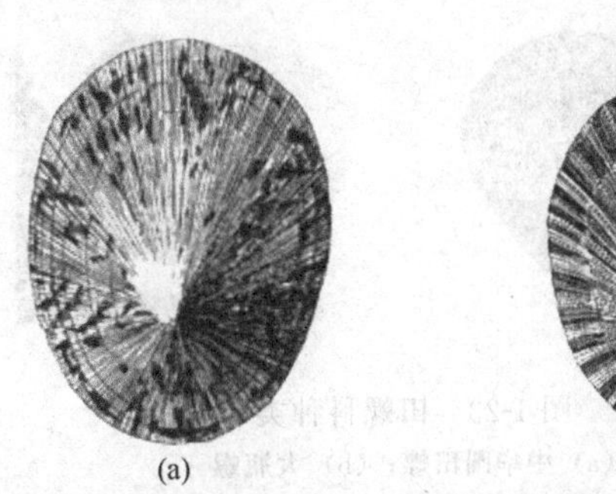

(a) (b)

图 1-21 帽贝总科种类

(a) 嫁蝛；(b) 史氏背尖贝

本科还有锈凹螺 (*Chlorostomum rusticum* Gmelin)、单齿螺 (*Monodonta labio* Linnaeus) 等。

② 蝾螺科 (Turbinidae)。如夜光蝾螺 (*Turbo marmoratus* Linnaeus)、蝾螺 (*T. cornutus* Solander)、粒花冠小月螺 (*Lunella coronat granulata* Gmelin)。

(4) 蜒螺总科 (Neritacea)

蜒螺科 (Neritidae) 螺旋部低，体螺层膨大。壳口半圆形。内唇扩张，边缘平滑或具有小齿。厣石灰质。如渔舟蜒螺 (*Nerita albicilla* Linnaeus)、紫游螺 (*Neritina violacea*) 等。如图 1-22 所示。

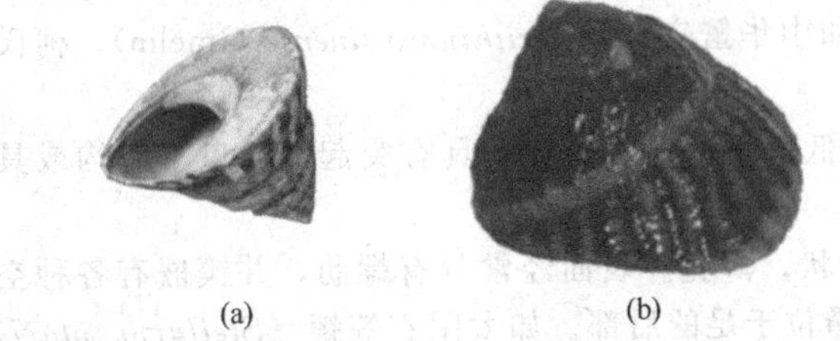

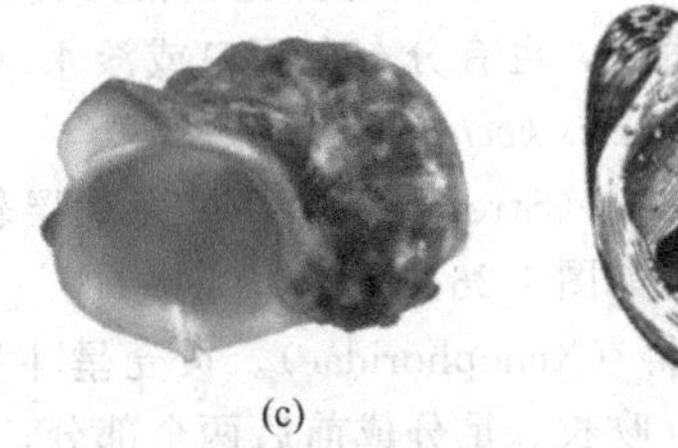

(a) (b) (c) (d)

图 1-22 马蹄螺总科种类

(a) 大马蹄螺；(b) 锈凹螺；(c) 夜光蝾螺；(d) 渔舟蜒螺

2. 中腹足目

神经系统相当集中，除了田螺和瓶螺之外，没有唇神经连索。平衡器 1 个，仅仅有 1 枚耳石。唾液腺位于食道神经节的后方；有些种类则穿过食道神经环。通常没有食道附属腺、吻和水管。排泄和呼吸系统没有对称的痕迹，右侧相应器官退化。心脏只有1个心耳，不被直肠穿过。鳃1枚，栉状，通过全表面附在外套膜上。肾直接开口在身体外面，有的具有一条输尿管。具有生殖孔。雄性个体具有交接器。齿式通常为2·1·1·1·2。

(1) 古纽舌总科（Architaenioglossa） 足神经节呈梯形。陆生或淡水产。

田螺科（Viviparidae）。常见的有圆田螺属（*Cipangopludina*）的中华圆田螺（*C. cathayensis* Heude）、螺狮属（*Margarya*）的螺狮（*M. melanioides* Nevill）。

本总科还包括环口螺科（*Cyclophoridae*）如环口螺（*Cyclophorous*），瓶螺科（Ampullariidae）如大瓶螺（*Ampullaria gigas* Spix）。如图1-23所示。

(2) 麂眼螺总科（Rissoacea）

觿螺科（Hydrobiidae）。如湖北钉螺（*Oncomelania hupensis* Gredler），为日本血吸虫的中间宿主。我国长江流域和浙江、江苏、安徽、江西、湖北、湖南及上海等水域有分布。

本总科还包括拟沼螺科（Assimineidae）如拟沼螺（*Assiminea* sp.），麂眼螺科（Risspidae）如麂眼螺（*Rissoa* sp.），沼螺科（Bithyniidae）纹沼螺（*Parafossarulus striatulus* Benson）等。如图1-24所示。

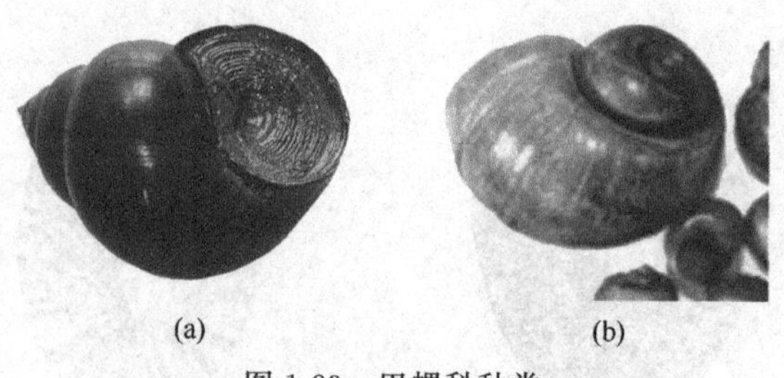

图1-23 田螺科种类

(a) 中华圆田螺；(b) 大瓶螺

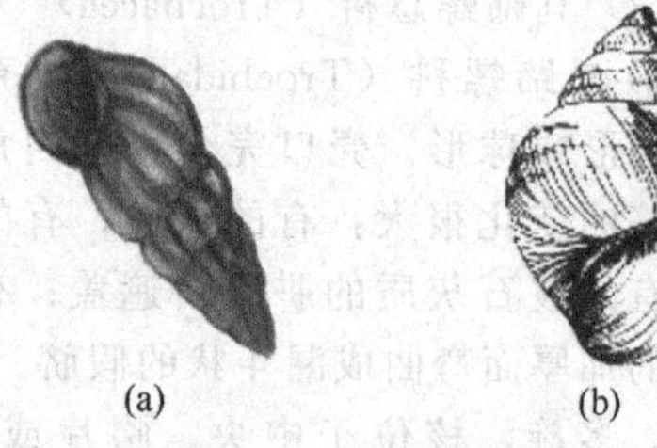

图1-24 麂眼螺总科

(a) 湖北钉螺；(b) 纹沼螺

(3) 蟹守螺总科（Cerithiacea）（见图1-25）

① 锥螺科（Turritellidae）。螺旋部极高，螺层数目多，呈尖锥形。厣角质，核位于中央。没有水管。如笋椎螺（*Turritela terebra* Linnaeus）；棒椎螺（*T. bacillumv* Kiener）。

② 轮螺科（Architectonicidae）。贝壳低矮，呈盘状。脐大而且深，边缘具有锯齿状的缺刻。壳口圆形或四方形。厣石灰质或角质，内面经常有突起。如大轮螺（*Architectonia maximum* Philippi）。

③ 蛇螺科（Vermetidae）。贝壳长管状，呈不规则的卷曲。壳口圆，厣角质。卵生或卵胎生，卵产出后附于管壁上。没有交接器。幼虫在发生期间具有螺旋形贝壳。主要分布于我国的东海和南海。如覆瓦小蛇螺（*Serpulorbis imbricatus* Dunker）。

④ 蟹守螺科（Cerithiidae）。壳长锥形，螺层数多。壳面有肋或结节。壳口有前沟，外唇扩张，厣角质。海产，也有分布在河口或淡水。如中华蟹守螺（*Cerithiumv sinense* Gmelin）、柯氏蟹守螺（*Rhinoclavis kochi* Philippi）。

(4) 凤螺总科（Strombacea） 贝壳螺层较低，唇部通常扩张，具有突起。壳口具有沟或具有比较深的脐。如图1-26所示。

① 衣笠螺科（Xenophoridae）。贝壳呈斗笠状，薄脆。表面经常具有螺肋，并镶嵌有各种空贝壳或小石子。吻长。足分成前后两个部分，厣位于足的后部。如太阳衣笠螺（*Stellaria solaris* Linnaeus）。

② 凤螺科（Strombidae）。贝壳结实，螺旋部低，体螺层膨大。壳口狭长。外唇扩张呈翼状或具有棘状突起。具有前沟，沟的旁边经常具有外唇窦。厣呈柳叶形，边缘常常有锯齿，不能盖住壳口。如水晶凤螺（*Strombus canarium* Linnaeus）、水字螺（*Lambis chiragra* Linnaeus）、蜘蛛螺（*L. lambis* Linnaeus）等。

图 1-25 蟹守螺总科种类

(a) 笋锥螺；(b) 大轮螺；(c) 覆瓦小蛇螺；(d) 中华蟹守螺；(e) 柯氏蟹守螺

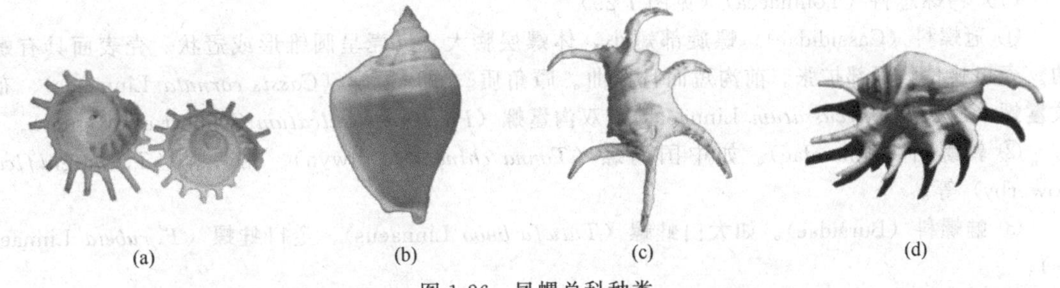

图 1-26 凤螺总科种类

(a) 太阳衣笠螺；(b) 水晶凤螺；(c) 水字螺；(d) 蜘蛛螺

(5) 玉螺总科 (Naticacea)

玉螺科 (Naticidae) 本科动物分布很广，在热、温、寒带各个海区都能发现它们的踪迹。全部是肉食性种类。斑玉螺（*Natica tigrina* Roeding)、扁玉螺（*Neverita didyma* Roeding)；梨形乳头玉螺（*Polynices pyriformis* Recluz）等。如图 1-27 所示。

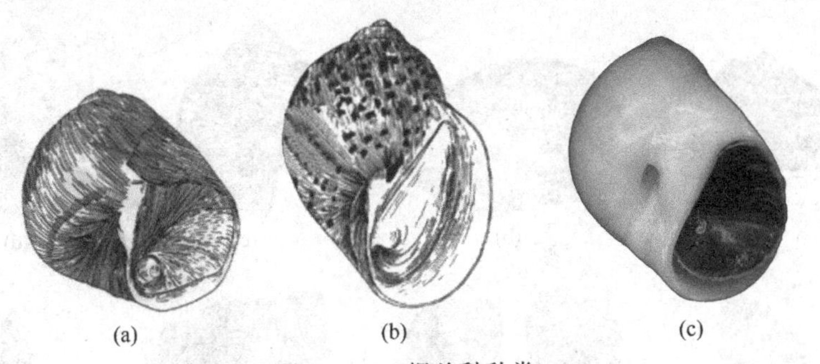

图 1-27 玉螺总科种类

(a) 扁玉螺；(b) 斑玉螺；(c) 梨形乳头玉螺

(6) 宝贝总科 (Cypraeidae) 贝壳坚固，呈卵圆形。表面光滑或具有突起，富有光泽。成年个体的螺旋部极小，一般埋于体螺层中，壳口狭长，唇缘厚，一般具有齿。无厣。吻和水管都比较短。外套膜和足都十分发达，一般具有外触角。生活时外套膜伸展将贝壳包被起来。如图 1-28 所示。

① 宝贝科 (Cypraeidae)。完全生活在海中，分布在热带和亚热带海区，珊瑚礁环境是它们最适宜栖息的场所。

a. 货贝属（*Monetaria*）。如货贝（*M. moneta* Linnaeus)、环纹货贝（*M. annulus* Linnaeus)。

b. 宝贝属（*Cypraea*）。如虎斑宝贝（*C. tigris* Linnaeus)、卵黄宝贝（*C. vitellus* Linnaeus)、

山猫眼宝贝（*C. lynx* Linnaeus）。

② 梭螺科（Ovulidae）。贝壳较大，表面富有瓷光。壳口呈弧形，前后沟都比较短。如卵梭螺（*Amphiperas ovum* Linnaeus）。

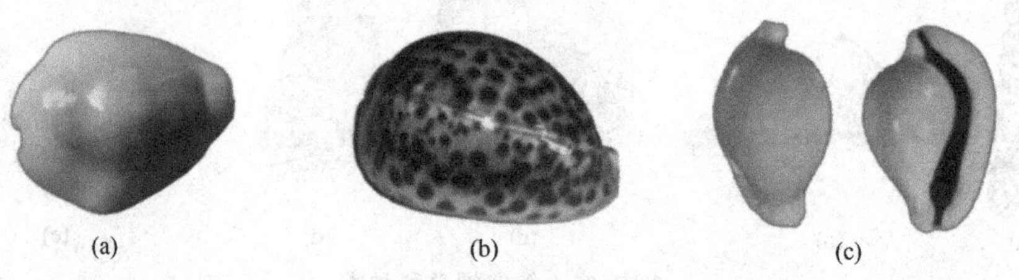

图 1-28　宝贝总科种类

（a）货贝；（b）虎斑宝贝；（c）卵梭螺

（7）鹑螺总科（Tonniacea）（见图 1-29）

① 冠螺科（Cassididae）。螺旋部短小，体螺层膨大。贝壳呈圆锥形或冠状。壳表面具有螺肋。壳口狭长，唇部扩张。前沟短而且扭曲。厣角质。如唐冠螺（*Cassis cornuta* Linnaeus）、布纹鬘螺（*Phalium decussatum* Linnaeus）、双沟鬘螺（*Phalium bisulcatum* Schbert et Wagner）。

② 鹑螺科（Tonnidae）。如中国鹑螺（*Tonna chinense* Dillwyn）、丽鹑螺（*T. magnlflca* Sowerby）等。

③ 蛙螺科（Bursidae）。如大白蛙螺（*Tutufa bubo* Linnaeus）、金口蛙螺（*T. rubeta* Linnaeus）。

④ 琵琶螺科（Ficidae）。如白带琵琶螺（*Ficus subintermedius* d'Orbigny）、大琵琶螺（*F. gracilis* Sowerby）。

⑤ 嵌线螺科（Cymatiidae）。如罗塔嵌线螺（*Cymatium lotarium* Linnaeus）、法螺（*Charonia tritonis* Linnaeus）等。

本目还包括滨螺总科（Littorinacea）如短滨螺（*Littorina brevicula* Philippi），翼舌总科（Ptenoglossa）如梯螺（*Epitonium scalare* Linnaeus）等。

图 1-29　鹑螺总科种类

（a）唐冠螺；（b）布纹鬘螺；（c）中国鹑螺；（d）丽鹑螺；（e）大白蛙螺；

（f）大琵琶螺；（g）法螺；（h）梯螺

3. 新腹足目

具有外壳和水管沟。厣或有或无。神经系统集中，食道神经环位于唾液腺的后方，没有被唾液腺输送管穿过；胃肠神经节位于脑神经中枢附近。口吻发达，食道具有不成对的食道腺。外套膜的一部分包卷而形成水管。雌雄异体，雄性具有交接器。嗅检器为羽毛状。齿舌狭窄，齿式一般为1·1·1或1·0·1。海产。

(1) 骨螺总科（Muricacea） 贝壳表面常常具有雕刻纹和各种突起物。前沟通常比较长。厣角质，核偏向一侧。很多种类具有紫色腺。如图1-30所示。

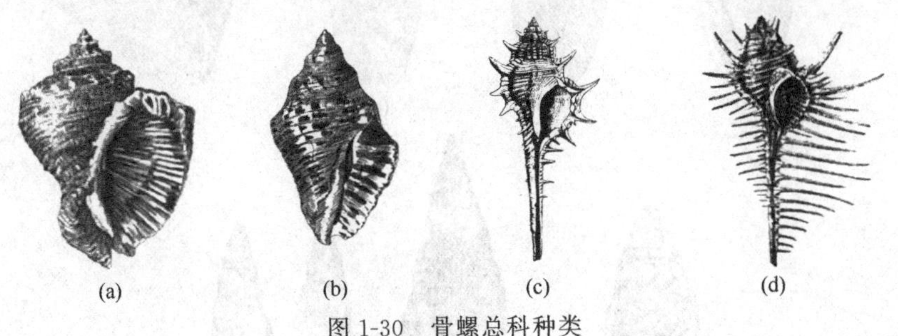

图1-30　骨螺总科种类
(a) 红螺；(b) 蛎敌荔枝螺；(c) 浅缝骨螺；(d) 栉棘骨螺

① 骨螺科（Muricidae）。贝壳的壳顶结实，壳面常具有各种结节或棘状突起。前沟长。厣角质，一般比较薄。眼位于触角外侧中部，构造复杂。常具有肛门腺。中央齿一般具有3个齿尖。本科动物种类很多，大多数是肉食性种类。分布很广，从热带到温带都能发现它们的踪迹。如红螺（*Rapana bezoar* Linnaeus）、蛎敌荔枝螺（*Thais gadata* Jonas）、浅缝骨螺（*Murex trapa* Roding）、栉棘骨螺（*M. triremis* Perry）、亚洲棘螺（*Chicoreus asianus* Kuroda）。

② 延管螺科（Magilidae）。贝壳形状变化较大。壳口内面常呈紫色。厣角质或退化。如延管螺（*Magilus*）、细腰肩棘螺（*Latiaxis mawae* Griffith et Pidgeon）。

(2) 蛾螺总科（Buccinacea） 贝壳呈纺锤形或卵圆形，大小变化很多。壳柱常无褶皱。壳口或多或少具有前沟。侧齿常有缺刻。如图1-31所示。

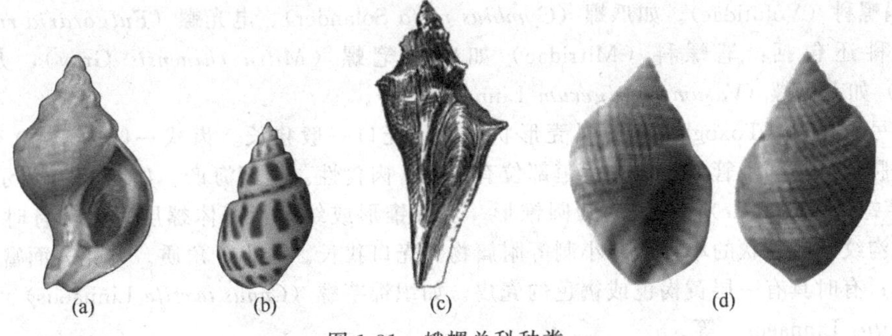

图1-31　蛾螺总科种类
(a) 香螺；(b) 方斑东风螺；(c) 管角螺；(d) 方格织纹螺

① 蛾螺科（Buccinidae）。贝壳近长卵圆形或纺锤形，壳质坚厚。螺旋部短，体螺层膨大。壳表面具有壳皮。具有螺肋和结节突起。壳口具有或长或短的水管沟。具角质厣。足部宽大，前端呈截形。眼位于触角外侧。具有一个明显的嗅觉器官。齿式1·1·1，中央齿宽短，具有3～7个齿尖，侧齿通常有2～3个齿尖。本科动物分布很广，热带和亚热带的种类较多。肉食性，以蠕虫、双壳类、动物尸体以及腐败物为食。雌雄异体。如香螺（*Neptunea cumingi* Crosse）、方斑东风螺（*Babylonia areolata* Lamarck）、泥东风螺（*B. lutosa* Lamarck）等。方斑东风螺在我国南方已形成规模化的人工养殖。

② 盔螺科（Melongenidae）。如管角螺（*Hemifusus tuba* Gmelin）。

③ 织纹螺科（Nassidae）。如方格织纹螺（*Nassarius clathratus* Lamarck）。

(3) 涡螺总科（Volutacea）（见图1-32）

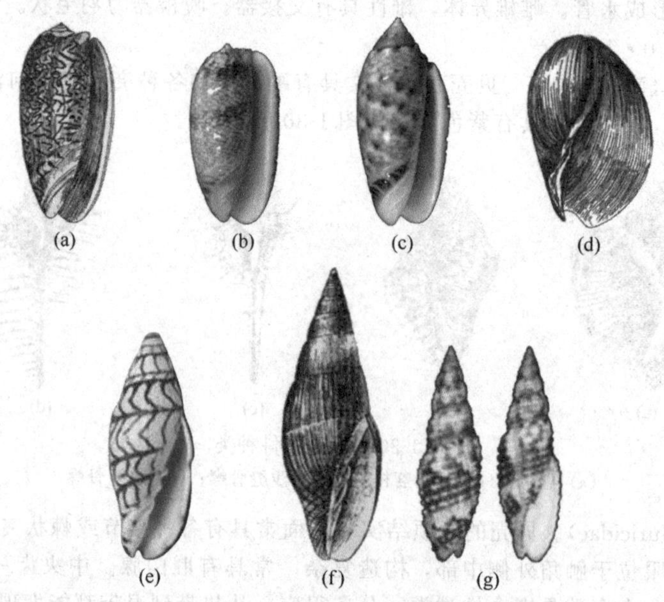

图 1-32　涡螺总科种类

(a) 伶鼬榧螺；(b) 宝岛榧螺；(c) 金唇榧螺；(d) 瓜螺；(e) 白兰地涡螺；(f) 中国笔螺；(g) 涌笔螺

① 榧螺科（Olividae）。贝壳筒状或纺锤形，壳顶通常比较厚。螺旋部相当短，体螺层高大。贝壳表面平滑无肋，富有瓷光，常具花纹，颜色有变化。壳口狭长，外唇简单。壳轴具有肋状褶皱。厣角质，有或无。足发达。齿舌中央齿宽，末端一般具有 3 个齿尖，侧齿三角形。主要分布于热带和亚热带海区。如伶鼬榧螺（*Oliva mustelina* Lamarck）。

② 竖琴螺科（Harpidae）。如竖琴螺（*Harpa conoidalis* Lamarck）。

③ 涡螺科（Volutidae）。如瓜螺（*Cymbius melo* Solander）、电光螺（*Fulgoraria rupestris*）。

本总科还包括：笔螺科（Mitridae）如中国笔螺（*Mitra chinensis* Gray），犬齿螺科（Vasidae）如犬齿螺（*Vasum cornigerum* Linnaeus）等。

(4) 弓舌总科（Toxoglossa）　贝壳形状多变。壳口一般狭长。齿式一般为 1·0·1，齿片大。没有腭片。吻和水管发达，在食道部位有腺体。肉食性。全部海产。如图 1-33 所示。

① 芋螺科（Conidae）。贝壳通为圆锥形、双圆锥形或纺锤形。体螺层膨大，有时具有螺旋肋、螺旋沟纹、颗粒状的小突起、小刺等附属物。壳口狭长。厣小，角质。贝壳表面富有色彩鲜艳的花纹；有时具有一层黄褐色或褐色的壳皮。如织锦芋螺（*Conus textile* Linnaeus）、信号芋螺（*C. litteratus* Linnaeus）等。

② 塔螺科（Turridae）。如假主棒螺（*Clavatula pseudopriciplis* Yokoyama）。

③ 笋螺科（Terebria triseriata）。如三列笋螺（*Terebra triseriata* Gray）、双层笋螺（*Diplomeriza duplicata* Linnaeus）、褐斑笋螺（*T. arelota* Linnaeus）等。

二、后鳃亚纲

本纲动物除了捻螺外，侧脏神经连索不扭成“8”字形。都营水中呼吸。本鳃和心耳一般在心室的后方，也有本鳃消失而代之为二次性鳃。外套腔大多消失。贝壳一般不发达，有退化趋势，也有完全缺失的。除了捻螺类外，都没有厣。雌雄同体，两性生殖孔分开。海产。

1. 头楯目

贝壳发达，头盘肥厚呈履状。头部背面有掘泥沙用的楯盘。眼无柄。

(1) 阿地螺科（Atyidae）　贝壳通常外露，螺旋部不凸出。足部具有发达的侧叶。头楯大，

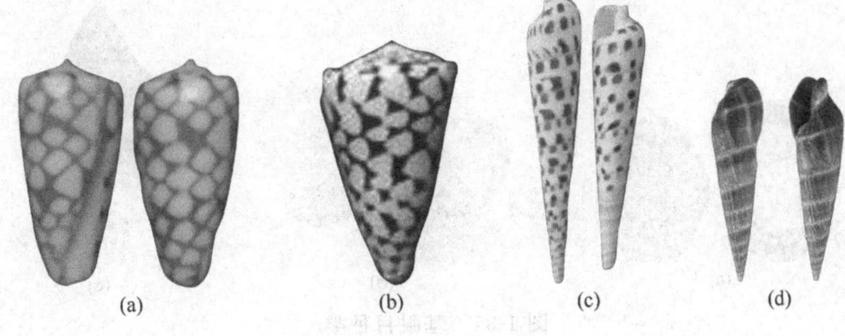

图 1-33 弓舌总科种类

(a) 高贵芋螺；(b) 大理石芋螺；(c) 褐斑笋螺；(d) 双层笋螺

呈拖鞋状。齿舌具有一枚中央齿，两侧侧齿数目很多。胃具有3枚硬而弯曲的龙骨状板。如泥螺(*Bullacta exarata* Philippi)，目前已开展人工养殖。如图1-34所示。

(2) 壳蛞蝓科（Philinidae） 贝壳被外套膜遮盖，很薄，稍呈螺旋型。侧足厚。头盘大，厚而简单。胃部具有强有力的胃板。齿舌没有中央齿。如经氏壳蛞蝓（*Philine kinglipini* Tchang）。

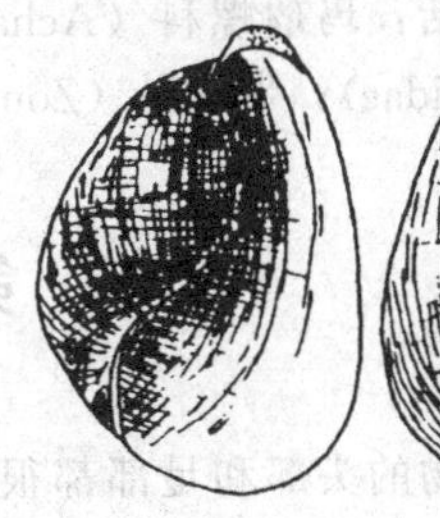
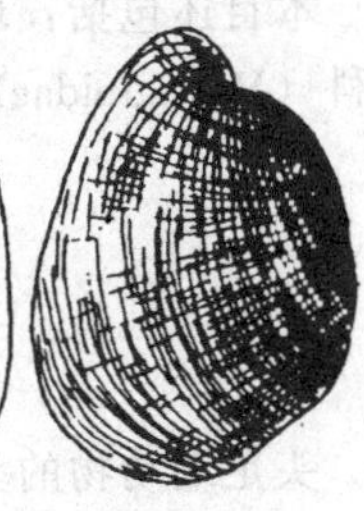
图 1-34 泥螺

2. 无楯目

贝壳多退化，小，一般不呈螺旋形，部分埋在外套膜中或为内壳，亦有无壳者。无头盘；头部有触角2对。

海兔科（Aplysiisae） 特征与目同。如蓝斑背肛海兔(*Notarchus liachii cirrosus*)。

后鳃亚纲贝类还包括：被壳翼足目（Thecosomata）；裸体翼足目（Gymnosomata）；囊舌目（Sacoglossa）；无壳目（Acochlidiacea）；背楯目（Notaspidea 或 Pleurobranchomorpha）；裸鳃目（Nudibranchia）。

三、肺螺亚纲

无鳃，以肺呼吸，多栖息于陆地或淡水中。大部分具螺旋形壳，有的壳退化或消失。神经节集中于口球附近。心室位于心耳后方。雌雄同体，发生中无自由生活的幼虫阶段，有面盘幼虫期。本亚纲按眼的位置分为基眼目和柄眼目。

1. 基眼目

外部具贝壳，头部有具伸缩性的触角1对，眼无柄，在触角的基部。

(1) 菊花螺科（Siphonariidae） 贝壳和内脏均为锥形，似笠贝。头扁平，触角萎缩。如日本菊花螺（*Siphonaria japonica* Donovan)。

(2) 椎实螺科（Lymnaeidae） 如耳萝卜螺（*Radix auricularia* Linnaeus)、静水椎实螺(*Lymnaea stagnalis* Linnaeus)。

本目还包括：耳螺科（Ellobiidae）如米氏耳螺（*Ellobium aurismidae*）；网纹螺科（Amphibolidae）；斜齿螺科（Gadiniidae）。

基眼目种类如图1-35所示。

2. 柄眼目

多具发达的贝壳，也有退化和缺失者。头部2对触角，可翻转缩入。雌雄生殖孔合一。

(1) 石磺科（Onchidiidae） 无壳，头部有触角。背部具多数背眼和树枝状鳃。海产。石磺(*Oncidium verruculatum* Cuvier)。目前已开展石磺的生物学及人工养殖的研究。

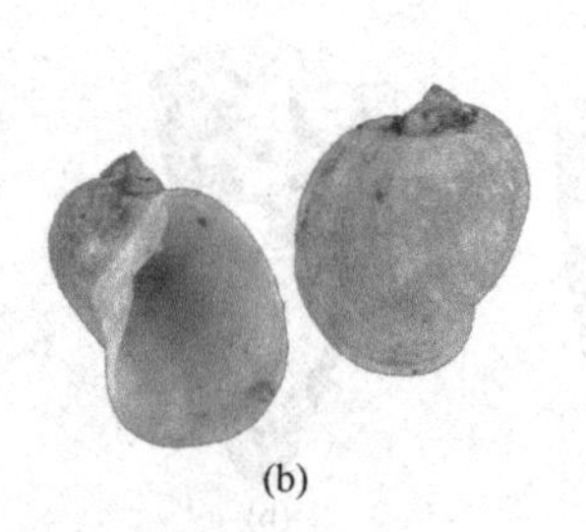

(a)　(b)　(c)

图 1-35　基眼目种类

(a) 日本菊花螺；(b) 耳萝卜螺；(c) 米氏耳螺

(2) 蜗牛科 (Fruticicolidae)　壳形多变，盘形或锥形。壳口无突起，壳面有彩色带。如灰蜗牛 (*Fruticicola ravida* Benson)。

(3) 大蜗牛科 (Helicidae)　如亮大蜗牛 (*Helix colucanum*)。

本目还包括：玛瑙螺科 (Achatinidae)；蛞蝓科 (Limacidae)；琥珀螺科 (Succineidae)；旋螺科 (Vertiginidae)；带螺科 (Zonitidae)；扁蜗牛科 (Bradybaenidae) 等。

第四节　头　足　纲

头足纲动物的头部和足部都很发达，腕 (足特化而成) 环生于头部前方，故名"头足类"，是最进化的软体动物。现存种类仅 600 余种，化石种类超过 9000 种，全部生活在海洋中，多数种类能在海洋中快速、远距离的游泳，具捕食习性。鹦鹉贝具外壳，其他种类具内壳或者贝壳退化。神经系统较复杂，主要由脑神经节、足神经节和侧脏神经节组成，这些神经节集中在头部，围绕着食道的基部，头部两侧有眼一对，足部由 8 条或 10 条腕及腹面的漏斗组成，心脏有 2 个或 4 个心耳，与鳃的数相同。口内有腭片和齿舌，多数种类有墨囊。雌雄异体，体内受精，直接发生。分 2 个亚纲：四鳃亚纲 (Tctrabranchla)、二鳃亚纲 (Dlbranchla)。

一、四鳃亚纲

具有 4 个鳃，具外壳，螺旋形，腕数目较多，无墨囊。现存的生活种类仅鹦鹉贝目 (Nautiloidea) 鹦鹉贝科 (Nautilidae) 鹦鹉贝属 (*Nautilus*)。

鹦鹉贝 (*Nautilus pompillus* Linnaeus)　贝壳大而坚硬，左右对称，表面光滑，呈淡黄色或灰白色，散布有火焰状的红褐色斑纹，壳内分 32～36 个壳室。生活在 50～60m 深的海底，在我国的台湾、海南岛和西沙群岛海区有分布。如图 1-36 所示。

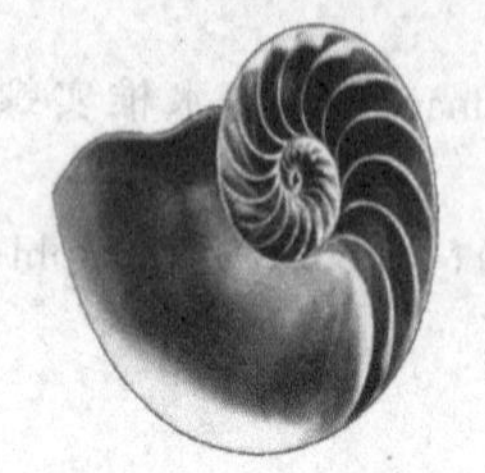

图 1-36　鹦鹉贝

二、二鳃亚纲

具有 2 个鳃，8 只或 10 只腕，贝壳为内壳或退化，一般有墨囊。分 2 目。

1. 十腕目 (Decapoda)

有 5 对腕，其中 4 对较胴部为短，另外 1 对稍长，称为"触腕"。触腕一般仅在末端有吸盘；吸盘有柄，并具有角质环。通常有一石灰质或角质的内壳。胴部大都有鳍。雌体一般具有缠卵腺。

(1) 乌贼总科 (Sepiacea)　贝壳石灰质或退化，眼球外具薄膜，不与外界全面相通。吸盘不具钩。一般无发光器。雌体只有1个发达的输卵管。触腕能完全缩入头内。如图1-37所示。

① 乌贼科（Sepiidae）。体宽大，背腹扁。鳍狭，占胴部两侧的全缘。眼的后方具嗅觉陷。腕吸盘常为四行。雄性左侧第四腕茎化。内壳石灰质，背楯发达。

a. 乌贼属（*Sepia*）。内壳末端有骨针，胴部腹面后端无腺孔，如金乌贼（*S. esculena* Hoyle）。

b. 无针乌贼属（*Sepiella*）。壳后端无骨针，胴部腹面后端有一腺孔。如曼氏无针乌贼（*S. maindroni* de Rochebrune）。

c. 后乌贼属（*Metasepia*）。无骨针，无腺质孔。触腕吸盘大小不一。如图氏后乌贼（*M. tullbergi* Appellof），见于我国东南沿海。

② 耳乌贼科（Sepiolidae）。胴部短，背部中央与头愈合，开端呈圆形。鳍大，位于胴部两侧的中部，略呈圆形。生殖腕是左侧第一、第四或第四对腕。内壳退化。如柏氏四盘耳乌贼（*Euprymna morsei* Sasaki）；双喙耳乌贼（*Sepiola birostrata* Sasaki）。

③ 微鳍乌贼科（Idiosepiidaevk）。如玄微鳍乌贼（*Ieiosepius paradoxa* Ortmann）。我国沿海有产。

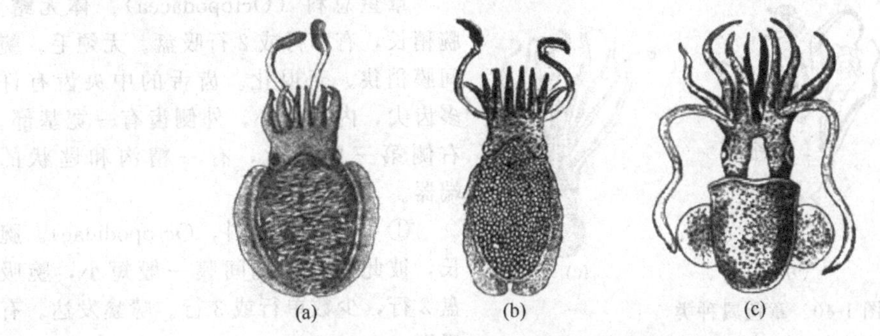

图1-37　乌贼总科种类
(a) 金乌贼；(b) 曼氏无针乌贼；(c) 柏氏四盘耳乌贼

(2) 枪乌贼总科（Loliginacea）　眼球外具薄膜，不与外界全面相通。吸盘不特化成钩。端鳍型。内壳角质。一般具发光器。雌体仅有一个输卵管。如图1-38所示。

枪乌贼科（Loliginidae）　胴部圆锥形，肉鳍较长，成近菱形。生殖腕为左侧第4腕。内壳角质，披针状。常见种有中国枪乌贼（*Loligo chinensis* Gray）、火枪乌贼（*L. beka* Sasaki）、莱氏拟乌贼（*Sepioteuthis lessoniana* Ferussac）。

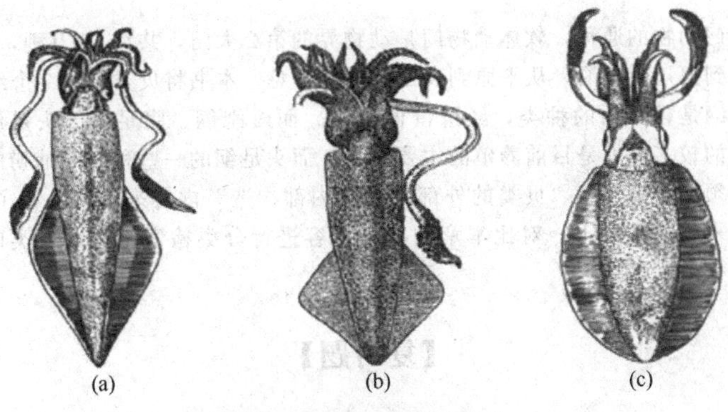

图1-38　枪乌贼总科种类
(a) 中国枪乌贼；(b) 火枪乌贼；(c) 莱氏拟乌贼

(3) 大王乌贼总科（Architeuthacca）　眼球外不具薄膜，与外界全面相通。有些各类吸盘特

图1-39 日本大王乌贼

化为钩，端鳍型，内壳角质，一般具发光器，雌有一对输卵管。

① 武装乌贼科（Enoploteuthidae）。如多钩钩腕乌贼（*Abalia multihamata* Sasaki）。

② 蛸乌贼科（Octopodoteuthidae）。如匕首蛸乌贼（*Octopodoteuthis sicula* Ruppell）。

③ 大王乌贼科（Architeuthidae）。如日本大王乌贼（*Architeuthis japonica* Pfeffer），如图1-39所示。

④ 柔鱼科（Ommatostrephidae）。胴部长筒形，开端尖细，肉鳍短，分列胴部后端，两鳍相接近似心形。腕与触腕吸盘2行，不特化成钩。生殖腕为第4触腕中的1个或1对。内壳角质，细条状。如太平洋斯氏柔鱼（*Ommastrephes sloani pacificus* Steenstrup）、夏威夷柔鱼（*O. hawaiiensis* Berry）。

2. 八腕目（Octopoda）

具4对腕，吸盘无柄，也无角质环及小齿。胴长短于腕长，胴部以皮肤突起、凹陷或以闭锁器与漏斗基部嵌合相连。内壳退化。雌体不具缠卵腺。

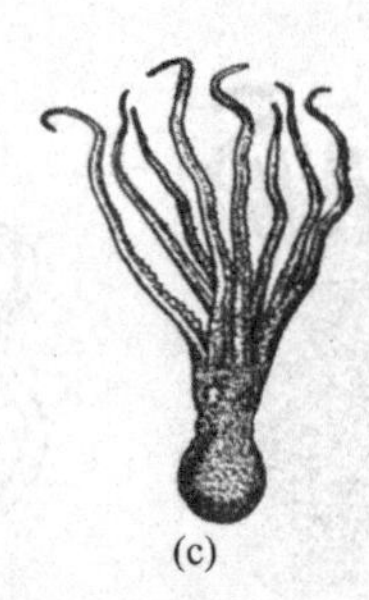
(a) (b) (c)

图1-40 章鱼属种类

(a) 短蛸；(b) 长蛸；(c) 真蛸

章鱼总科（Octopodacea） 体无鳍。腕稍长，有1行或2行吸盘。无须毛。腕间膜稍狭。壳退化。齿舌的中央齿有许多齿尖，内侧齿小，外侧齿有一宽基部。右侧第三腕茎化，有一精沟和匙状的端器。

① 章鱼科（蛸科，Octopodidae）。腕长，彼此相似。腕间膜一般短小，腕吸盘2行，少数单行或3行。嗉囊发达。有墨囊。

② 章鱼属（*Octopus*）。俗名“八带鱼”或“蛸”。如长蛸（*O. variabilis* Sasaki）、短蛸（*O. ochellatus* Gray）、真蛸（*O. vulgaris* Lamarck）。目前已开展人工养殖。如图1-40所示。

八腕目中还包括幽灵蛸总科（Vampyroteuthacea）；须蛸总科（Cirroteuthacca）；单盘蛸总科（Bolitaenacea）；船蛸总科（Argonautidae）如船蛸（*Argonauta argo*）。

【本章小结】

贝类是软体动物门动物的通称，软体动物门是动物界的第2大门，共约13万种，分布广泛，从寒带、温带到热带，从海洋到河川、湖泊，从平原到高山，到处可见。本书将贝类分为7个纲，其中无板纲、单板纲、多板纲、掘足纲是较原始的种类，经济价值不大。而瓣鳃纲、腹足纲、头足纲是较进化的种类，其中瓣鳃纲、腹足纲的较多种类是目前养殖的主要对象，而头足纲的一些种类是捕捞的主要对象。

本章的学习，必须结合第二章“贝类的外部形态和内部构造”内容来进行，在了解、掌握贝类的各部分形态构造、分类术语的基础上，对比本章的相关内容进行分类检索，识别贝类的经济种和常见种，并学会对贝类形态特征的描述。

【复习题】

1. 贝类分哪几个纲？
2. 简述瓣鳃纲及腹足纲的分类方法。
3. 了解经济贝类的分类地位。

第二章　贝类的外部形态和内部构造

【学习目标】

1. 掌握贝类的基本特征与各纲的主要特征。
2. 掌握瓣鳃纲和腹足纲的外部形态与主要内部构造。
3. 能独立对养殖贝类（代表种）进行形态构造的解剖观察。

第一节　贝类的外部形态

一、贝类的基本特征

贝类是无脊椎动物中第二大门类，约有 10 万多种，这类动物大多数都具有贝壳，所以一般称为贝类。软体动物虽然种类繁多，有各种不同的形态，结构也存在着不同程度的差异，但是它们都具有以下相同的基本特征。

① 多数种类身体柔软不分节（单板纲为假分节），左右对称（腹足纲前鳃亚纲除外，其多数种类因在胚胎发育过程中身体发生扭转而左右不对称）。

② 身体一般可分为头部、足部、内脏团（又称内脏囊或内脏块）、外套膜和贝壳五部分。

③ 除瓣鳃类外，在其口球内具有嚼食用的腭片和齿舌。

④ 体腔退化为围心腔；循环系统多为开放式循环（头足纲为闭锁式循环）。

⑤ 神经系统由脑神经节、脏神经节、侧神经节、足神经节以及这些神经节之间的神经连合、神经连索所组成。

⑥ 海水贝类除头足类外，大多数种类都是间接发育的，发生过程中都经过担轮幼虫期和面盘幼虫期两个浮游幼虫阶段。

二、各纲的主要特征

1. 无板纲

属原始种类，形状如蠕虫，口前肛后，成体不具贝壳，所以称“无板纲”；腹面中央常有一条纵沟，故又称“沟腹纲”。神经系统较简单，无明显的神经节。无板纲种类均为海产，全球约有 100 种，我国南方沿海发现的龙女簪（图 2-1）即属于本纲动物。

2. 多板纲

多称为“石鳖”，身体呈扁椭圆形，背部为 8 块呈覆瓦状排列的贝壳，故称“多板纲”。外套膜包被在软体的背侧，其未被贝壳覆盖的部分叫做“环带”，环带上面有角质层，不同的种类，分别生有石灰质的鳞片、针骨或角质毛等。腹面几乎全部被足所占，足裸露、扁平，适合于在岩礁上营匍匐生活。全部海产，全世界约有 600 种，如石鳖（图 2-2），为潮间带岩礁上的常见种。

3. 单板纲

有一个笠状的贝壳，足扁平肥厚，用于吸附岩礁或爬行。目前这类动物只在深海中发现了 8 种，称为“新蝶贝”（图 2-3）。

4. 瓣鳃纲

养殖种类最多的一类，因其无头部，故称“无头类”；具有左右双壳，又称“双壳类”；足部

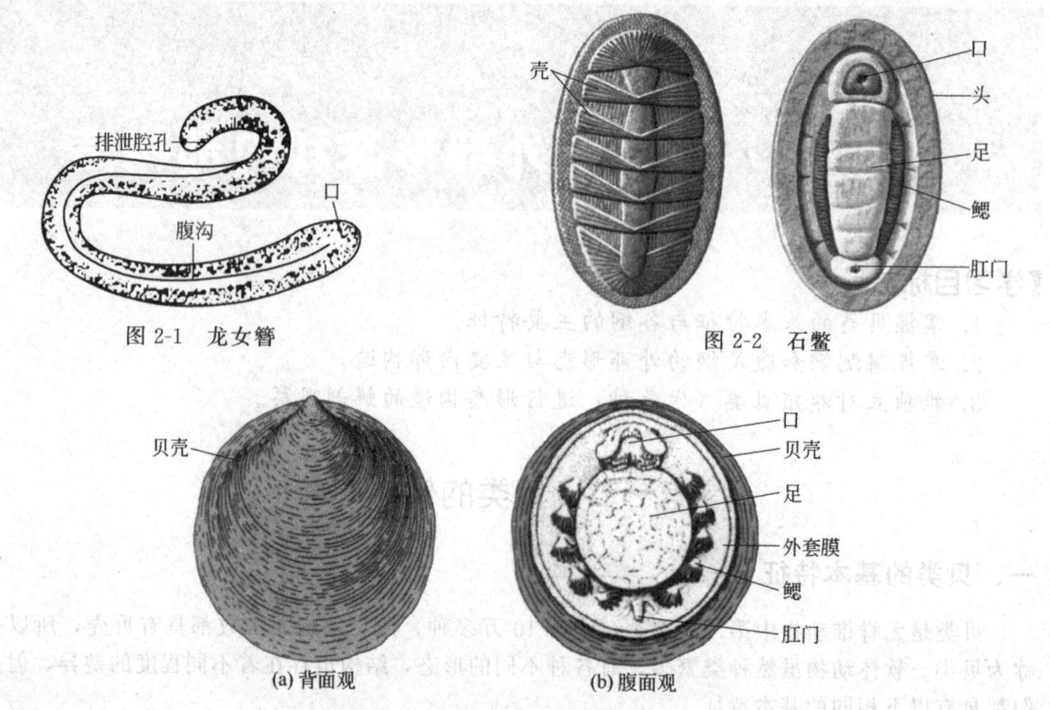

图 2-1 龙女簪

图 2-2 石鳖

图 2-3 单板纲种类新蝶贝

（引自 C. P. Hickman，1995）

侧面多呈斧状，又称“斧足类”；多数种类鳃呈瓣状，故又称“瓣鳃类”。

5. 掘足纲

全部海产，具一个呈牛角状的贝壳，两端开口，前端粗，为头部和足部的出入孔，后端尖细，为肛门孔；足呈圆柱状、发达，用来挖掘泥沙营底栖生活，故得此名（图 2-4）。

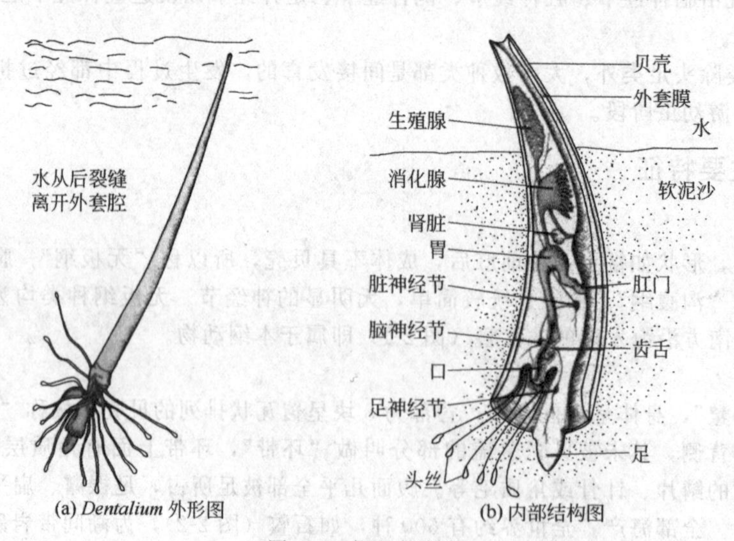

图 2-4 掘足纲角贝

（引自 C. P. Hickman，1995）

6. 腹足纲

腹足纲动物全世界约有 9 万多种，其中海洋种类约有 4.3 万种左右，其大多数种类具有一个螺旋形贝壳所以又叫做“单壳类”或“螺类”，足发达，位于腹面因此称为“腹足类”。多数种类壳口有厣保护，厣的形状和花纹也是分类的依据之一。

7. 头足纲

本纲动物的头部和足都很发达，由于腕（足的一部分，足另一部分特化为漏斗）环生在头部的周围，所以称为头足纲（图 2-5）。全部海产，现有种类约 500 种，具有很强的游泳能力。本纲动物除鹦鹉螺具一个笨重的贝壳（与螺类不同，为平面旋转）外，其他种类的贝壳都退化为内壳，如乌贼、枪乌贼等，还有的种类贝壳完全消失，如蛸类（章鱼）。

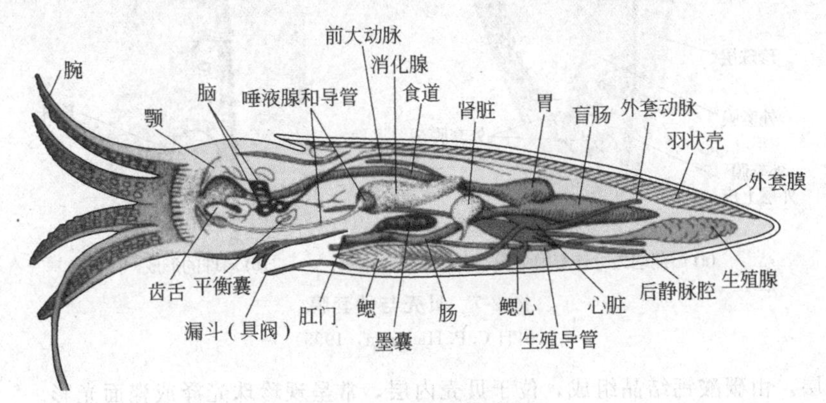

图 2-5　头足纲模式图
（引自 C. P. Hickman，1995）

三、贝类的外部形态

1. 瓣鳃纲

瓣鳃纲动物多数是经济贝类，其中不少的种类已进行大规模养殖，这类动物的基本形态结构如图 2-6 所示。

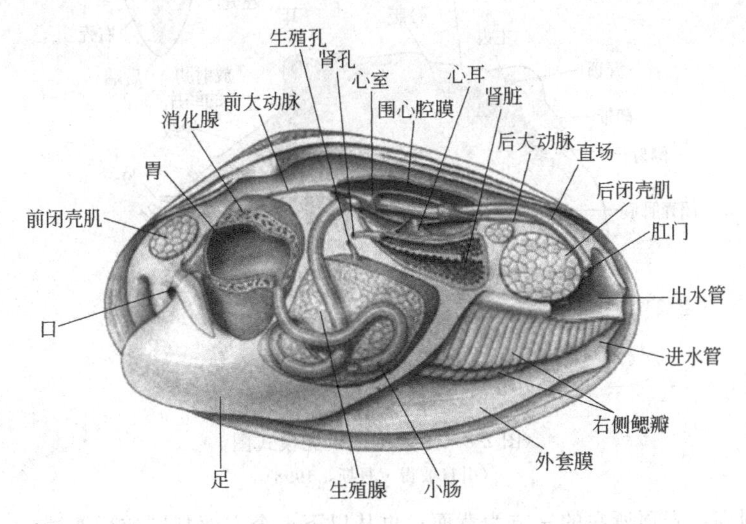

图 2-6　瓣鳃纲形态构造模式图
（引自 C. P. Hickman，1995）

（1）贝壳

① 角质层。为贝壳最外层（图 2-7），是一种硬蛋白，很薄，起保护贝壳的作用，其上常有生长线（轮纹、轮脉）、放射肋以及各种花纹等。

② 棱柱层。位于贝壳中层，是贝壳的主体，由角柱状的碳酸钙结晶组成。

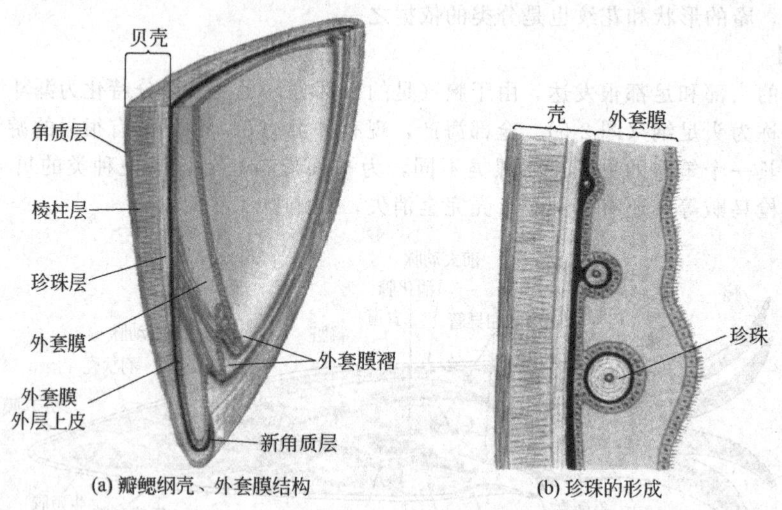

(a) 瓣鳃纲壳、外套膜结构　(b) 珍珠的形成

图 2-7　贝壳与外套膜

(引自 C. P. Hickman，1995)

③ 珍珠层。由碳酸钙结晶组成，位于贝壳内层，常呈现珍珠光泽或瓷面光彩。

大多数瓣鳃类的贝壳都具有上述 3 层结构。个别种类缺少角质层，如江珧；但是组成贝壳的成分都相似，都是由占全壳 95%的碳酸钙和少量贝壳素及其他有机物组成。

瓣鳃纲贝壳各部分名称如图 2-8 所示。

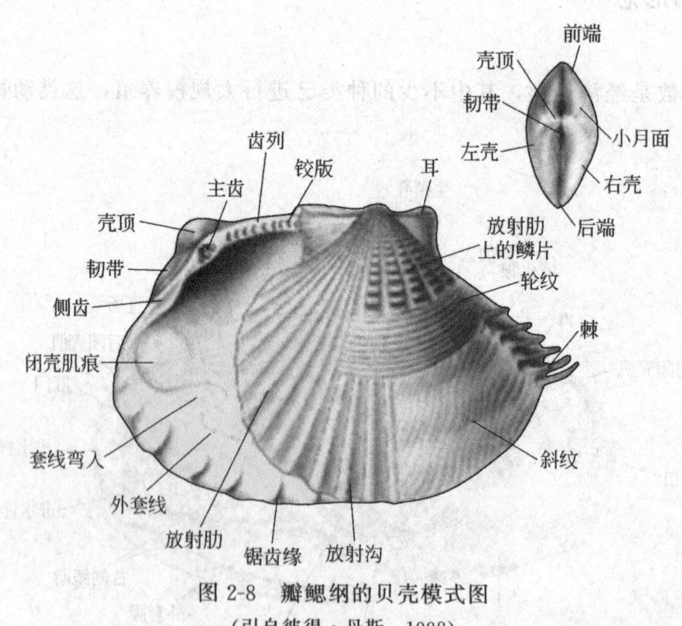

图 2-8　瓣鳃纲的贝壳模式图

(引自彼得·丹斯，1998)

贝壳方位判别：壳顶所在的一方为背面；再从以下 5 个方面判别前后两端。

① 壳顶尖端所向的一方通常为前端。

② 自壳顶到贝壳两端距离近的一方为前端。

③ 外套窦（外套线弯入部分，为水管肌留下的痕迹）在后端。

④ 外韧带所在的一端为后端。

⑤ 单柱类（即只有一个闭壳肌的种类，如扇贝）闭壳肌痕位于中央偏后。

最后判别左右两壳：将贝壳的壳顶向上、前端朝向观察者前方，则位于观察者左边的为左壳，位于观察者右边的为右壳。

根据上述贝壳的方位，可以测量瓣鳃类的大小。

① 壳长（L）。前后两端之间最大的垂直距离。

② 壳高（H）。背腹两端之间最大的垂直距离。

③ 壳宽（B）。左右两壳之间最大的垂直距离。但是像贻贝等种类，口位于壳顶处，故又把壳顶称为前端，相对的一端称为后端，前后端最大的距离为壳长，背腹面最大的距离为壳高。同样，左右两壳之间最大的距离为壳宽。

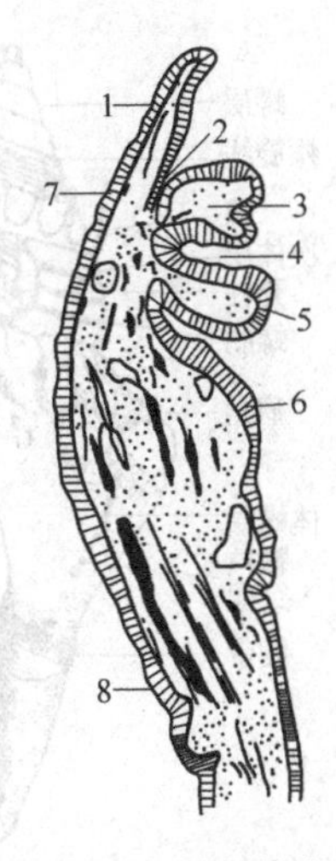

图 2-9 牡蛎外套膜边缘纵切面

1—生壳突起；2—外沟；3—感觉突起；4—内沟；5—缘膜突起；6—黏液上皮区；7—生石灰上皮区；8—生珍珠上皮区；引自魏利平等，1995

（2）外套膜　外套膜位于左右两壳的内面，是胚胎时期内脏团背侧皮肤的一部分褶襞向下延伸而形成的两片薄膜，具有分泌贝壳的作用。外套膜为三层构造：内外两层为表皮组织，中间一层为结缔组织以及少量的肌纤维（图 2-9），有的种类（如贻贝等）在繁殖季节外套膜中有生殖腺伸入。左右两片外套膜与内脏团之间的空腔称为外套腔，外套腔是贝类与外界进行物质与气体交换的通道，唇瓣、鳃、肛门、排泄孔、生殖孔等都位于外套腔中。

瓣鳃纲左右两片外套膜根据种类的不同，其边缘愈合情况可分为 4 种类型。①简单型。左右外套膜仅在背缘互相愈合，前缘、腹缘和后缘完全游离，如蚶科、扇贝科等。②二孔型。左右外套膜除在背部愈合外，在后缘处又有第二个愈合点，形成了鳃足孔和出水孔，如牡蛎科、贻贝科、珍珠贝科等。③三孔型。在第二个愈合点的腹前方还有第三个愈合点，将鳃足孔分成前面的足孔和后面的进水孔，如帘蛤科、蛤蜊科。④个别种类如蛐蜊，还具有腹孔，形成四孔型（图 2-10）。

三孔型的进水孔和出水孔常延长成水管伸出壳外故又称进水管和出水管，有的种类进、出水管相互分开，如樱蛤、斧蛤等；有的种类两管基部互相愈合，仅前端部分分离如菲律宾蛤仔；还有的种类两水管几乎全部愈合，宛如一管，如蛤蜊、海笋等。

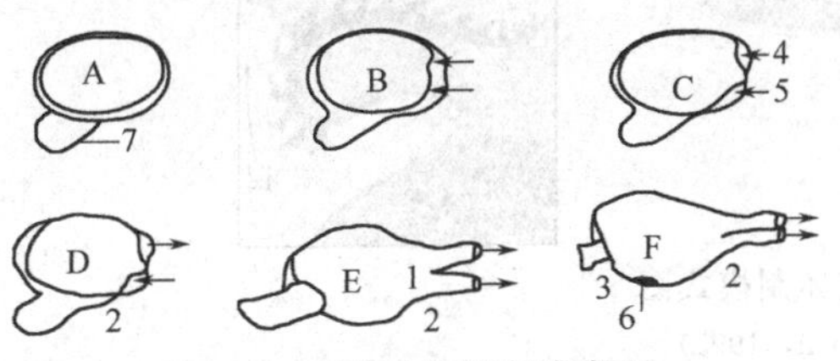

图 2-10　瓣鳃纲外套膜类型

A，B—简单型；C—二孔型；D，E—三孔型；F—四孔型；1～3—愈合点；4—出水孔；5—入水孔；6—腹孔；7—足；引自魏利平等，1995

（3）内脏团　位于足部背面的隆起部分，左右对称，包括了大部分的内脏器官，如消化、循环、排泄、生殖、神经等系统。在繁殖季节内脏团的表面被生殖腺覆盖呈现出生殖腺的颜色并显得肥满。在非繁殖季节内脏团表面常呈现出消化盲囊的颜色——褐色（图 2-6）。在繁殖期过后，内脏团则变得非常消瘦。

（4）足部　瓣鳃纲的足多为左右侧扁，呈斧刃状，位于内脏团的腹面，为钻穴、爬行器官。足内常有消化器官伸入，繁殖季节生殖腺也能延伸到足内部或表面。足肌占了足部的绝大部分。

营附着生活的瓣鳃纲用足丝附着在海区中的固体物上，足丝是由足丝腺分泌的，不同的种类足丝的形状与性质不一样，蚶科的足丝呈片状，由贝壳腹面裂缝中伸出；扇贝和贻贝的足丝是角质的，呈毛发状；江珧的足丝细而柔软，呈丝状。当环境不适时，足丝可自切，贝体靠喷水运动或随水流移动到其他地方重新分泌足丝、再次附着。

固着种类的如牡蛎，其成体足部完全退化消失。

2. 腹足纲

（1）贝壳　腹足纲大多具有一个贝壳，裸鳃纲等成体贝壳消失。腹足纲多数种类由于演化过程中经过旋转和卷曲，所以贝壳变成了螺旋形，有的左旋、有的右旋，海产种类多数为右旋。整

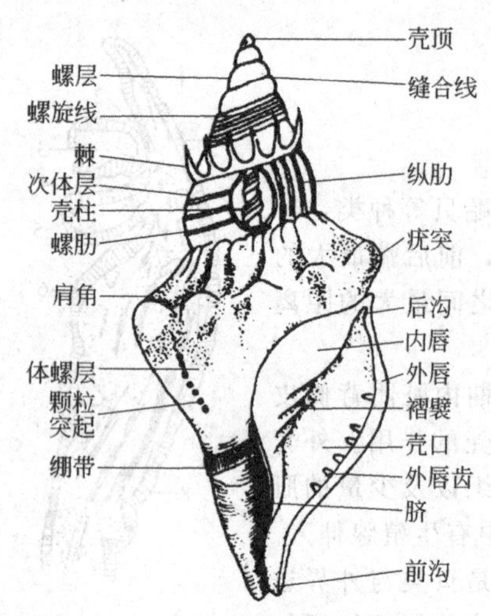

图 2-11 腹足纲贝壳模式图

个贝壳分为螺旋部和体螺层两大部分，其贝壳各部分构造如图 2-11 所示。

腹足类方位判别：将壳口朝下放置，壳顶朝向观察者，为后端，壳口一般位于前方，而位于观察者左侧的为左、右侧的为右。自壳顶至基部的垂直距离为壳高，贝壳体螺层左右两侧的最大距离为壳宽。

（2）外套膜 原始的腹足纲，如鲍等外套膜边缘呈不连续性，在其中央线上有一裂缝，裂缝的两边有一点或数点愈合，使外套膜及其所分泌的贝壳形成一个或多个孔，如九孔鲍的贝壳具 6～9 个孔，它们是外套触手伸出的孔道，也是泄殖和呼吸的孔道。

（3）头部 腹足纲的头部比较发达，位于身体的前端，上面长有一对或两对触角，可以伸缩。具有两对触角的眼位于后一对触角的顶端，只有一对触角的种类眼位于触角的顶端、中部或基部。头部的腹面为口，口大多突出成吻状（图 2-12）。

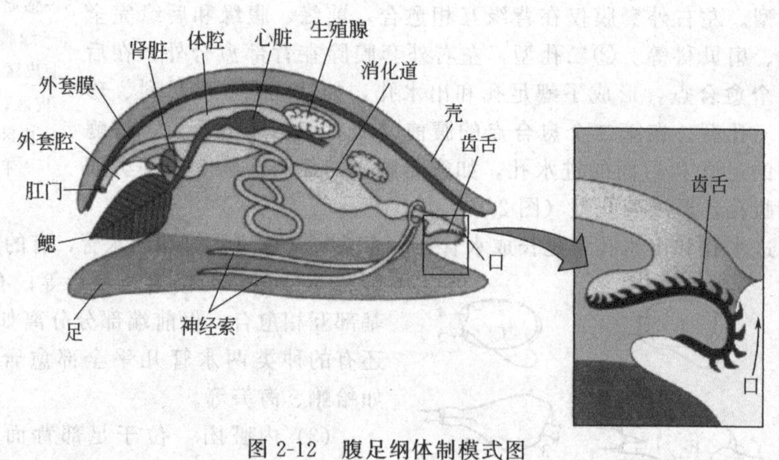

图 2-12 腹足纲体制模式图
（引自 N. Campbell，1995）

（4）足部 腹足纲的足部一般都较肥大，位于腹面，具有宽广的蹠面（图 2-13），用于爬行、吸附。由于生活方式的不同，腹足纲的足有较大的差异。

腹足纲足的表面常具有大量单细胞黏液腺，这些黏液腺集中在足的某一区域形成足腺。足腺分泌的黏液有润滑足部蹠面、帮助爬行的作用；有的种类，如海蜗牛足腺能分泌一种物质，形成浮囊，内含有空气，使其能营浮游生活并携带卵群。

腹足纲足的后端常分泌出一种角质或石灰质的厣，厣的大小、形状一般与壳口相似，当动物遇到危害时，软体即缩入壳内，利用厣把壳口盖住，所以厣和贝壳一样属保护器官。

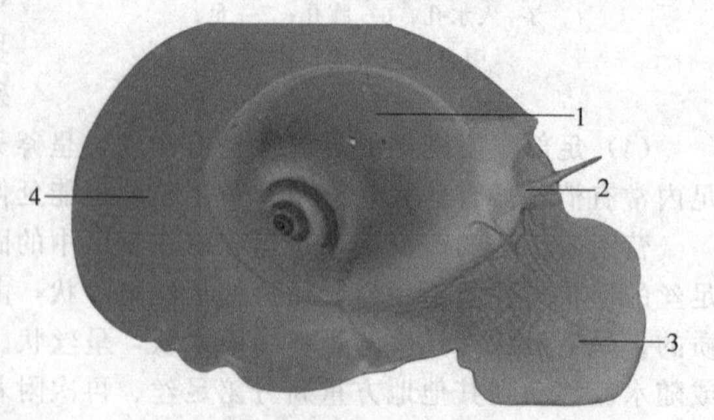

图 2-13 玉螺（*Neverita* sp.）足部
1—贝壳；2—触角；3—形似犁的前足；4—后足

（5）内脏团 腹足纲前鳃亚纲的内脏团在担轮幼虫期是左右对称的，发育到面盘幼虫时内脏团发生扭转而左右不对称。扭转的结果使内脏器官左右变位，原位于左侧的器官移到右侧，原位于右侧的器官移到左侧；同时，由于扭转，两侧的侧脏神经连索彼此交叉成“8”字形，鳃也转到了心耳的前方，故前鳃亚纲又名“扭神经亚纲”（图 2-14）。扭转的结果不仅使贝壳发生了卷曲，内脏团也发生了卷曲，右旋的种类其右侧的器官受到阻碍，左旋的种类则是左侧器官的发育受阻，受阻的器官逐渐退化，甚至消失，致使内脏团左右不对称。

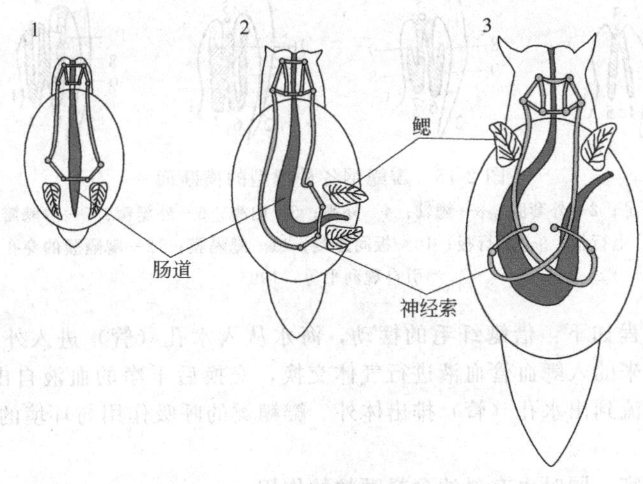

图 2-14　腹足纲内脏扭转模式图

1～3—愈合点

第二节　贝类的内部构造

一、瓣鳃纲的内部构造

1. 消化系统

瓣鳃纲（亦称瓣鳃类）的消化系统（图 2-6）由消化道以及消化腺（消化盲囊）构成。

（1）消化道　包括唇瓣、口、食道、胃和晶杆、肠、直肠、肛门等。双壳类为无头类，没有口腔，海水中的食料颗粒通过鳃、唇瓣上面的纤毛激发形成的水流最后送入口中，但一般将鳃归为呼吸器官，而唇瓣才是其第一个选食器官。唇瓣左右各一对，每对为两个片状，唇瓣基部为呈横列状的口。食道紧接着口，一般较短。

胃的腹面向前延伸有一个幽门盲囊（晶杆囊），内有一支几丁质的晶杆，晶杆可突入胃内旋转、挺进以搅拌食物，而且晶杆被胃液酸化溶解后的溶解物中含有淀粉酶、糖原酶等，因此，晶杆有帮助消化的作用。肠一般较长，在内脏中盘曲，向上折转为直肠。

瓣鳃纲的直肠与心脏的关系（穿过心脏、绕过背侧或腹侧）是分类的依据之一。直肠末端开口为肛门，一般位于后闭壳肌的后腹方。

（2）消化腺　瓣鳃纲的消化盲囊为褐色的葡萄状腺体，由许多一端封闭的小盲管组成，一对，左右对称排列包被在胃的外围，有时伸入到足内；在繁殖季节，消化盲囊常被生殖腺所遮盖，并呈现出生殖腺的颜色。消化盲囊的主要作用是分泌淀粉酶、蔗糖酶、蛋白酶、脂肪酶等消化酶，消化酶通过输出管输送到胃，进行细胞外消化作用。此外消化盲囊内有大量可做变形运动的吞噬细胞，它们能穿过组织和细胞，到胃等消化管道内吞噬食物颗粒，营细胞内消化作用。

2. 呼吸系统

瓣鳃纲的主要呼吸器官是鳃，特称为“本鳃”。本鳃是幼虫时期外套膜内壁突起、延伸而形成的，与唇瓣相接。瓣鳃纲的鳃按其形态可分为4种类型：原始型（图2-15A）、丝鳃型（又分为丝间连接，图2-15B；板间连接，图2-15C、D）、真瓣鳃型（图2-15E）和隔鳃型（图2-15F）。经济瓣鳃类的鳃多为丝鳃型和真瓣鳃型，其鳃丝之间有纤毛盘或血管连接，鳃因此呈瓣状，故名“瓣鳃”。

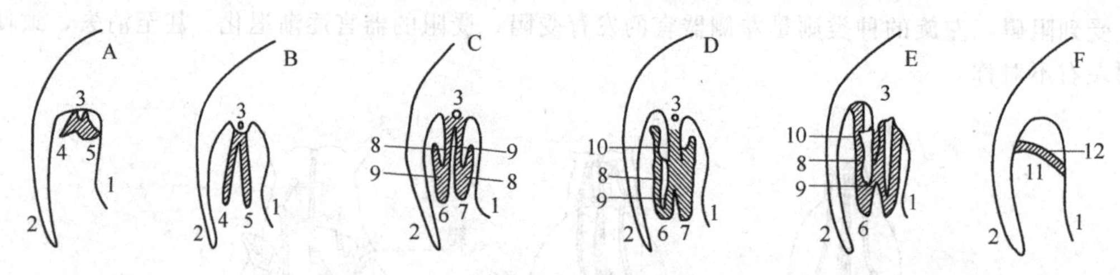

图2-15 瓣鳃纲各种鳃型的横断面

1—足；2—外套膜；3—鳃轴；4—外鳃；5—内鳃；6—外鳃瓣；7—内鳃瓣；8—上行板；9—下行板；10—板间连接；11—鳃隔膜；12—鳃隔膜的穿孔

引自魏利平等，1995

瓣鳃纲的呼吸过程如下：借鳃纤毛的摆动，海水从入水孔（管）进入外套腔，通过鳃丝入鳃，与鳃瓣中自肾脏来的入鳃血管血液进行气体交换，交换后干净的血液自出鳃血管流向心脏，而水流则经过鳃上腔流到出水孔（管）排出体外。瓣鳃类的呼吸作用与环境的温度、盐度、溶解氧含量等密切相关。

鳃不仅是呼吸器官，同时也有过滤食料颗粒的作用。

瓣鳃纲的外套膜也有进行气体交换的作用，在干露时，其异常呼吸主要靠外套膜和皮肤表面进行呼吸作用。

3. 循环系统

（1）循环路线　瓣鳃纲的循环系统属开放式循环，即动脉管和静脉管之间是由血窦衔接的。血窦常无完整的结构，为身体各部分组织或细胞之间的空隙。血液经前后大动脉再到动脉小管后流到血窦，在血窦中与周围组织和细胞进行气体、物质交换，再流入静脉，被大静脉汇集起来进行循环。另有一部分血液自大动脉后流到外套膜动脉，在外套膜表面进行气体和营养交换后，经过心静脉回到心耳和心室。这就是瓣鳃类通常的循环路线（图2-16）。

瓣鳃纲的动脉一般都有括约肌、瓣膜或动脉球等特殊构造，当水管、足部或外套膜收缩时，这些部位的血液虽然被迫压向心脏逆流，但这些特殊构造可以阻止血液逆流。

（2）心脏　瓣鳃纲的心脏位于消化盲囊与后闭壳肌之间，由一个心室和两个对称的心耳组成

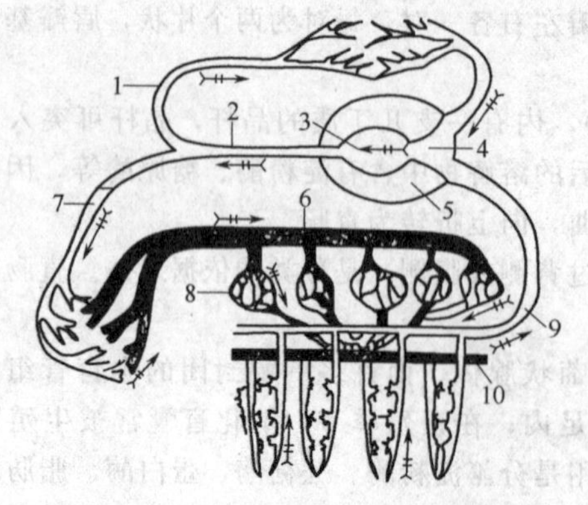

图2-16 瓣鳃纲循环系统模式图

1—至外套膜大动脉；2—大动脉；3—心室；4—心耳；5—围心腔；6—门静脉；7—至体腔的动脉；8—肾静脉；9—出鳃静脉；10—入鳃静脉；引自魏利平等，1995

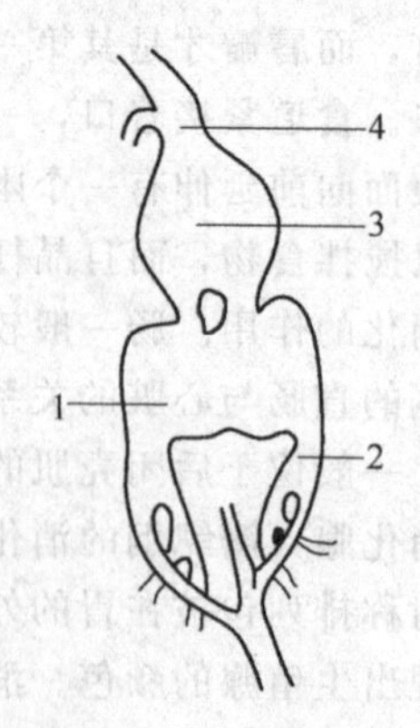

图2-17 牡蛎的心脏

1—愈合的心耳；2—入心耳血管；3—心室；4—动脉；引自魏利平等，1995

(图 2-17)，包被在围心腔中。围心腔液的化学成分与海水非常接近，起保护心脏的作用。

瓣鳃纲心脏搏动的频率与种类有关，如扇贝的心脏每分钟能搏动 22 次；此外，心脏搏动的频率还与温度、pH 值、盐度等有关。

(3) 血液　海产瓣鳃纲血液的理化性质与生活环境的海水相似，血液一般无色，但蚶科和竹蛏科的某些种类血液中有含铁的血红蛋白，称为血红素，与氧化合后使血液呈红色，而帘蛤科、鸟蛤科等某些种类的血液中则有含铜的血青蛋白，称血青素，与氧化合后使血液变成青色。

4. 排泄系统

(1) 肾脏　又称鲍雅氏器官，呈囊状位于围心腔的腹侧，左右各一个对称排列，内肾孔开口于围心腔中，外肾孔开口于外套腔中。肾脏一般呈黄褐色，分为内半部的排泄部分和外半部的非排泄部分，非排泄部分位于背侧，起输送排泄物的作用。

(2) 围心腔腺　亦称凯伯尔氏器官，由围心腔壁或心耳外壁的某些区域特化而成。围心腔腺富含血液，依靠血液的渗出或变形细胞的搬运将废物经外肾孔排出体外。

此外，瓣鳃纲种类各组织中广泛存在的吞噬细胞也具有一定的排泄作用。

5. 生殖系统

(1) 生殖腺　瓣鳃纲的生殖腺通常为一对，左右对称排列在身体两侧，在非繁殖季节，性腺未发育时是见不到生殖腺的。大多数瓣鳃纲的生殖腺位于内脏团的表层；而帘蛤科、蚶科、蛤蜊科、竹蛏科等一些种类可伸入到足内；贻贝则可伸入到外套膜内；还有一些种类生殖腺位于腹嵴中，如扇贝科。

瓣鳃纲的生殖腺由滤泡、生殖管和生殖输送管三部分构成。

① 滤泡。滤泡是生殖腺的主要部分，由生殖管末端膨大而成。滤泡壁由生殖上皮构成，产生生殖原细胞并发育成精母细胞或卵母细胞，最后形成精子或卵子。通过组织切片观察，充分成熟的滤泡呈圆形或椭圆形，长径多在 500～1000μm 之间。

② 生殖管。性腺发育时，生殖管呈叶脉状分布在消化盲囊的表面，生殖管的作用是产生并运输生殖细胞。生殖管的横切面多呈卵圆形，其内壁的外侧部分（靠近表皮）为纤毛上皮，靠近内侧的为生殖上皮。性腺成熟时管内充满了生殖细胞，靠纤毛的摆动将生殖细胞送到生殖输送管。

③ 生殖输送管。由生殖管汇集而成的较大导管，管内壁为纤毛上皮，无生殖上皮，仅有输送生殖细胞的作用。

(2) 性别　瓣鳃纲一般为雌雄异体，一些种类有雌雄同体的现象，如牡蛎、贻贝、海湾扇贝等。雌雄异体的瓣鳃类在外形上无第二性征，即无法从外形来辨别雌雄。瓣鳃纲生殖腺的颜色常因种类不同而异（表 2-1），但雌性性腺多呈红色、粉红色或橘红色，雄性多为乳白色、淡黄色等，但有的种类雌性也为乳白色的，如牡蛎、蛤仔、缢蛏等。

表 2-1　部分经济双壳类生殖腺的位置及其颜色

种　类	生殖腺位置	雌性性腺颜色	雄性性腺颜色
泥蚶	消化盲囊周围	橘红、粉红	乳白、淡黄
栉孔扇贝	腹嵴、消化盲囊周围	橘红、粉红	乳白
华贵栉孔扇贝	腹嵴、消化盲囊周围	橘黄	乳白
虾夷扇贝	腹嵴	橘红	乳白、淡黄
马氏珠母贝	腹嵴、消化盲囊周围	橘黄	乳白
翡翠贻贝	外套膜、腹嵴、消化盲囊周围	橘红	乳白、淡黄
栉江珧	腹嵴、消化盲囊周围	橘红	乳白
文蛤	消化盲囊周围、足部	淡黄	乳白
缢蛏	消化盲囊周围、足部	乳白	淡黄、淡粉红
菲律宾蛤仔	消化盲囊周围、足部	乳白	淡黄、淡粉红、性腺外观粗糙
牡蛎	消化盲囊周围	乳白	乳白、性腺外观粗糙

辨别瓣鳃纲的雌雄个体，除了从生殖腺的颜色辨别外，对于从色泽上无法区别的种类可用“水滴法”来区别：在载玻片上滴一滴洁净海水，用吸管或解剖针在生殖腺上取一点生殖细胞置于水滴中，轻微搅动，若马上散开形成一粒粒小颗粒的则为雌性（瓣鳃纲的卵径多在50～100μm之间），若形成奶油状或密云状的则为雄性。在显微镜下观察就更为准确了。

6. 神经系统与感觉器官

瓣鳃纲的神经系统较为原始，主要有脑神经节、足神经节和脏神经节3对神经节（胡桃蛤科的种类多一对侧神经节）。脑侧神经节位于口的上方，很小，呈米黄色，主要控制唇瓣、前闭壳肌、外套膜等并分出神经纤维到平衡器和嗅检器中去。足神经节常愈合为一个，位于足的肌肉中，牡蛎等足部退化消失的种类足神经节也退化消失。脏神经节位于后闭壳肌的腹面，主要控制心脏、鳃、外套膜的后部和水管。同对神经节之间有神经连合，不同神经节之间有神经连索。神经节及其神经连合和神经连索构成了瓣鳃纲的神经中枢，它们派生出神经纤维到身体各部的组织器官中，支配和调控整个有机体的各组织和器官的活动。

瓣鳃纲的感觉器官不发达，主要有平衡囊、嗅检器、外套眼、触手以及没有分化为特殊器官的感觉上皮。大多数瓣鳃纲在幼虫时期还具有感光的单眼，称眼点。

二、腹足纲的内部构造

1. 消化系统

腹足纲（亦称腹足类）的消化系统分为消化道和消化腺两部分。消化道由口、口腔、食道、胃、肠和肛门组成；消化腺包括肝脏、唾液腺和食道腺等（图2-12，图2-18）。

(1) 口　位于头部前端的腹面，大多突出成吻状，肉食性种类吻的腹面具有能分泌液体的穿孔腺（腺质盘），有的种类吻部还有毒腺，如芋螺。

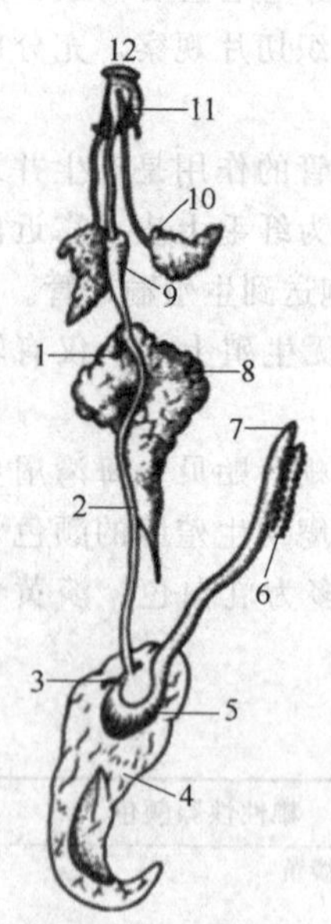

图2-18　骨螺消化管背面观

1—勒布灵氏腺输送管；2—食道；3—肝管；4—肝脏；5—胃；6—肛门腺；7—肛门；8—勒布灵氏腺；9—嗉囊；10—唾液腺；11—齿舌；12—口

(2) 口腔　位于口的后方，膨大成球状。口腔内有腭片和齿舌。腭片为角质或几丁质，位于口腔前端，通常左右成对（图2-19），肉食性的螺类多退化成一个或消失，藻食性的如鲍科等则很发达。腭片的作用是咀嚼和切断食物。

位于口腔底部的带状齿舌鞘（齿舌囊，图2-20）是由许多彼此分离的角质齿片固定在一个基膜上而成。齿片排成许多横列，每个横列的齿片都是左右对称的，位于中央的称为中央齿，其两侧为侧齿，侧齿的两侧为缘齿，在分类上用数字和符号来表示它们，称齿式。如皱纹盘鲍的齿式是∞·5·1·5·∞×108或∞·5·1·5·∞/108，该式表示齿片共有108个横列，每一横列有中央齿1枚，侧齿左右各5枚，缘齿两侧各有很多。多数种类中央齿齿片形状相同，而侧齿和缘齿齿片的形状可以相同或不同，若不同时则用“＋”来表示，如“2＋1”即表示3枚中有1枚形状与其他2枚不同。

(3) 食道　位于齿舌囊的背侧、口腔的后面。食道很长，其内壁有许多褶皱和纤毛细胞，食道常有一膨大部分，或者形成嗉囊，如鲍，其作用是储存食物。

(4) 胃　胃通常呈卵形或长管形，但由于消化管的挤压常呈袋状，胃壁有强有力的收缩肌，后鳃类的如泥螺，胃壁内有角质的咀嚼板（胃板）。有的种类胃的幽门部突出形成幽门盲囊，内有晶杆，如马蹄螺、蜘蛛螺等。

(5) 肠　为圆管状，肠与胃的幽门部有瓣膜相隔。藻食性的种类肠较长，肉食性的种类肠较短。原始腹足类的肠通常穿过心室。

(6) 直肠与肛门　肠在内脏团中略为迂回后便推向前方达直肠。右旋的种类，肛门开口于外套腔右侧的前方。

腹足纲的消化腺主要有三种，一是唾液腺，又称口腺，位于口腔的周围，开口于齿舌的两侧，唾液腺是一种黏液腺，一般无消化作用，但肉食性的螺类含有蛋白分解酶，有些种类如玉螺、骨螺，还含有少量的硫酸，可以利用其蚀穿双壳类的贝壳。二是食道腺，又称勒布灵氏腺，它能分泌消化酶参与消化作用，因此食物在到达胃之前消化作用就已经开始了；但芋螺科种类的食道腺是一个毒腺，其毒性类似于河豚的毒素。三是肝脏，位于胃的周围，肥大，呈黄褐色或绿褐色，是最重要的消化腺。它能分泌淀粉酶或蛋白酶，只营细胞外消化作用（这区别于瓣鳃纲的消化盲囊），一般有两支输出管通向胃腔中。此外，后鳃类和肺螺类的肝脏还具有排泄、防治毒物以及类似肠一样的吸收作用。

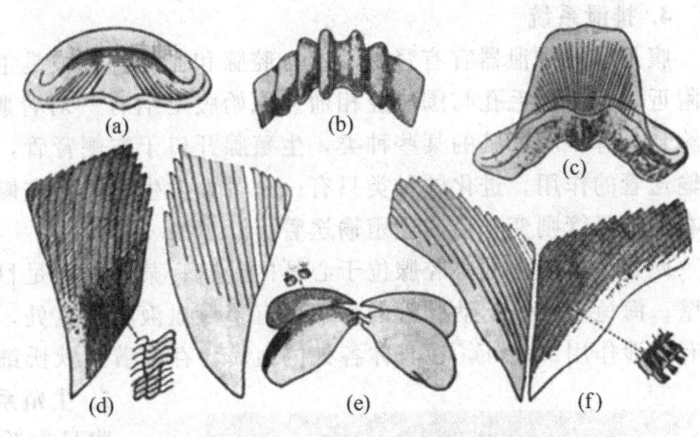

图 2-19 几种腹足纲动物的腭片

(a) 蛞蝓属；(b) 大蜗牛属；(c) 琥珀螺属；(d) 法螺；(e) 四枝鳃（*Scyllaca pelagica*）；(f) 环口螺属

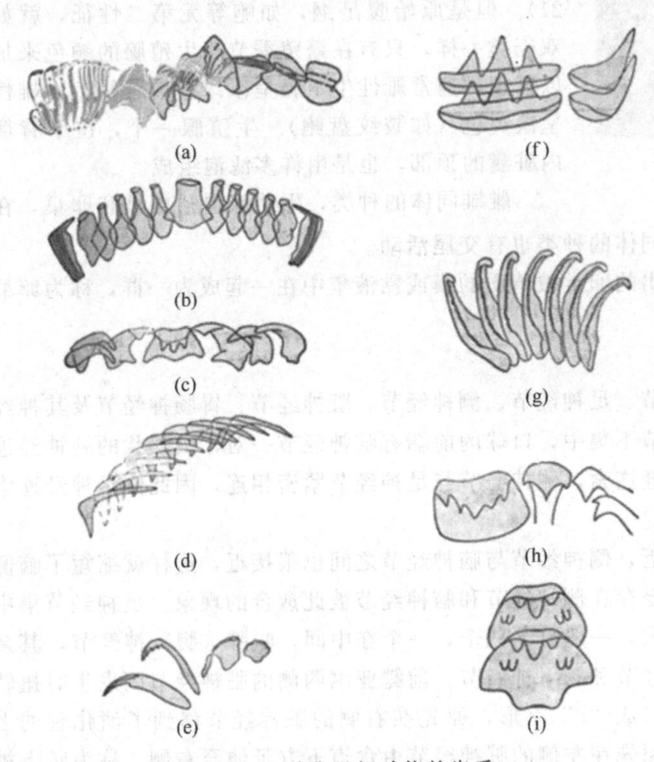

图 2-20 几种腹足纲动物的齿舌

(a) 皱纹盘鲍；(b) 单齿螺；(c) 斑玉螺；(d) 泥螺；(e) 珠带拟蟹守螺；(f) 脉红螺；(g) 经氏壳蛞蝓；(h) 光球螺；(i) 湖北钉螺；A，D～I仅展现齿舌的一部分

2. 呼吸系统

大多数腹足纲靠外套腔中的本鳃进行呼吸；有些种类本鳃消失，皮肤表面突起形成次生鳃（二次性鳃），如裸鳃类；还有一些种类用肺进行呼吸，如肺螺亚纲的种类。本鳃分为 2 种类型：一是原始型，如鲍，即在鳃的中轴两侧列生很多鳃叶，形成羽状，称“楯鳃”；二是演化型，即仅在鳃轴一侧列生鳃叶，形成栉状，称“栉鳃”。多数腹足纲由于旋转的结果，仅身体一侧有鳃；而原始腹足纲多具一对鳃，分列于左右两侧。

3. 循环系统

腹足纲心脏位于背部侧前方的围心腔中，鳃的附近。常有一个心室，一个或两个心耳。心耳的数目和本鳃一致。前鳃亚纲的种纲，鳃与心耳位于心室的前方，后鳃亚纲则心室在前，鳃和心耳在心室的后方，大动脉自心室前端派出。

腹足纲血液通常无色，少数种类在血液中含有血红素而呈红色，也有一些种类含有血青素而稍呈青色。

4. 排泄系统

腹足纲的排泄器官有肾脏、围心腔腺和血窦。肾脏是主要的排泄器官，位于身体背部、围心腔附近，有一纤毛孔与围心腔相通。原始腹足纲有一对肾脏，开口于肛门的两侧，左肾不发达，如鲍。具有一对肾脏的某些种类，生殖腺开口于右侧肾管，因此右肾管不仅有排泄作用还兼具生殖输送管的作用。进化的种类只有一个肾，发生时原系左侧的肾，以后移转到围心腔右侧，而原先右侧的肾管则变化形成生殖输送管。

原始腹足纲的围心腔腺位于心耳的外壁；某些中腹足目（如滨螺）和后鳃类则位于围心腔的内壁；海兔类则位于动脉管的前端，有多量血液集中其处，行排泄作用；一些后鳃类的肝脏分支也有排泄作用。此外，在身体各处的血窦，存在着莱狄氏细胞，也具有排泄作用。

5. 生殖系统

图 2-21　方斑东风螺交尾图

腹足纲除前鳃亚纲少数种类外，均为雌雄异体。雌雄异体的种类多数具有第二性征，生殖器官由生殖腺（精巢或卵巢）、生殖输送管（输精管或输卵管）、交接突起（阴茎）和交接囊（受精囊）以及各种附属物等组成，因此具有交接活动（图 2-21）。但是原始腹足纲，如鲍等无第二性征，就如双壳类一样，只有在繁殖季节从生殖腺的颜色来加以区别，通常雌性生殖腺呈浓绿色或紫褐色，雄性呈淡黄色（如皱纹盘鲍）。生殖腺一个，位于背侧内脏囊的顶部，也是由许多滤泡组成。

雌雄同体的种类，生殖腺包括精巢和卵巢，在不同时期分别产生卵子或精子，雌雄同体的种类也有交尾活动。

有交尾活动的腹足纲动物，其产出的卵常被革质的膜或黏液集中在一起成为一群，称为卵群或卵袋，其中有许多受精卵。

6. 神经系统

腹足纲的神经中枢也是由脑神经节、足神经节、侧神经节、脏神经节、胃肠神经节及其神经连索所组成。原始腹足类如鲍，神经节不集中，口球的前端有脑神经节一对，由环状的脑神经连合相连。足神经中枢则为两条长的神经连索，侧神经节与足神经节紧密相连，因此侧足神经连索很短，而脑足、脑侧神经连索就很长。

比较进化的种类脑神经节彼此靠近，侧神经节与脑神经节之间也很接近，这样就缩短了脑侧神经连索而延长了侧足神经连索，甚至存在侧神经节和脑神经节彼此愈合的现象。足神经节集中在前部，略呈球形。脏神经节变化较大，一般分为三个，一个在中间，叫脏（腹）神经节，其余两个位于消化道的两侧，称为肠上神经节和肠下神经节。前鳃亚纲两侧的脏神经节因发生时扭转而左右移位，侧脏神经连索则扭转交叉成“8”字形，原先在右侧的脏神经节移到了消化管的上方，并伸向左侧，称为肠上神经节；原先在左侧的脏神经节由食道下方延伸至右侧，称为肠下神经节。而后鳃亚纲和肺螺亚纲都不交叉成“8”字形。因此侧脏神经连索是否交叉成“8”字形是亚纲分类的重要依据。

脑神经节控制头部、口球、触角、各种附属物以及眼和平衡器。足神经节派出神经到足的全部和头的一部分。侧神经节控制外套膜及其几乎所有的附属器官；但也有一部分器官如本鳃和嗅检器，是被肠上、肠下神经节和脏神经节连合所派出的神经控制的。腹神经节主要控制心脏、肾脏和生殖腺等内脏。胃肠神经节则控制消化器官。

腹足纲的感觉器官比较发达，有触觉器、嗅觉器、嗅检器、听觉器或平衡器、视觉器以及味觉器官（味蕾）等，不同的种类有较大的差异。

【本章小结】

软体动物共分为7个纲，虽然形态构造各异，但都具有共同的基本特征（6个方面），除头足类外，其他种类都表现得较为低等。贝类身体一般分为贝壳、外套膜、头部、足部和内脏囊5个部分（瓣鳃纲种类为无头类）。在不同种类中，贝壳的各部分构造有较大的差异。外套膜是贝类特有的结构，其主要作用是分泌贝壳，兼有呼吸作用。埋栖型双壳类的足部发达，而附着型、固着型的足部退化甚至消失；多数腹足纲的足部都较发达，其后端常有起保护作用的厣。瓣鳃纲为无头类，而腹足纲的头部均较为发达。腹足纲前鳃亚纲的内脏囊因身体发生扭转而左右不对称，其中一侧的器官组织部分退化甚至消失。

瓣鳃纲因没有头部，所以其消化系统中也没有口腔，消化腺为较简单的消化盲囊，同时兼有细胞外消化作用和细胞内消化作用；腹足纲口腔中的腭片和齿舌是分类的重要依据之一，消化腺较为发达，只营细胞外消化作用。

贝类的鳃特称为本鳃，双壳类的鳃分为原始型、丝鳃型、真瓣鳃型和隔鳃型四种；前鳃亚纲的鳃与心耳的数目一致，或为一个，或为一对，分为栉鳃和楯鳃两种类型。

除头足类外，贝类的循环系统都属于开放式循环，动脉管和静脉管之间由血窦衔接，心脏位于围心腔中，血液多为无色。

肾脏是贝类的主要排泄器官，围心腔腺、血窦和吞噬细胞等也有排泄的功能。

多数贝类为雌雄异体，性腺主要由滤泡、生殖管和生殖输送管组成；瓣鳃纲无第二性征，其性别可在繁殖季节从其性腺颜色等方面的不同加以区别；腹足纲除原始腹足目少数种类外，均具有第二性征，即具有交接器和交接囊，并有交尾行为，产出的为受精卵。

贝类的神经系统主要由神经节以及神经连合、神经连索组成；腹足纲的感觉器官比瓣鳃纲的发达。

【复习题】

1. 名词解释：环带、外套膜、足丝、厣、消化盲囊、齿舌囊、齿式、本鳃、生殖腺。
2. 贝类的基本特征有哪些？
3. 软体动物分为那几个纲？各纲有何主要特征？
4. 单、双壳类贝壳的方位如何判别？熟练掌握单、双壳类贝壳的各部分构造。
5. 经济双壳类的外套膜可分为哪几种类型？
6. 腹足纲前鳃亚纲形态构造上有何特殊性？
7. 瓣鳃纲的消化系统和生殖系统如何构成？
8. 何谓开放式循环？简述瓣鳃纲的循环路线。
9. 试比较单、双壳类呼吸系统的异同点。
10. 试分析腹足纲与瓣鳃纲在消化系统、生殖系统构造上的区别。

第三章　贝类的生态习性

【学习目标】

1. 能分析海水贝类的生活环境因子对经济贝类的影响及其作用规律。
2. 熟知经济贝类的生活类型；了解贝类的食性，掌握双壳类滤食食性及其滤食公式。
3. 能分析影响贝类生长的各种因子，掌握贝类生长的测量方法。
4. 掌握贝类的繁殖习性及其繁殖的调查方法。
5. 熟练掌握贝类各发育阶段的划分及其特点。
6. 掌握经济贝类的灾敌害类型及其防治措施与方法。

第一节　贝类的生活环境

环境因子分为两大类，一类是生物因子，生物因子包括敌害生物（食害、竞争、干扰、寄生、赤潮等）、食料生物和共生生物等；另一类是非生物因子，即理化因子。理化因子又是多种多样的。不同环境因子，即质的不同，对生物的影响不同；即使同一种因子，由于量的不同，或强度不同，对生物的影响也不一样。只有适宜的环境因子、适宜的强度，生物才能正常生存、生长，否则就难以适应，甚至死亡。

环境因子对生物的作用是综合的，它们之间相互影响、相互联系、相互制约，共同对生物发生作用。

一、理化因子

理化因子包括潮区、底质、温度、盐度、光照、浑浊度、潮汐水流、酸碱度、溶解氧、硫化氢、氨氮、营养盐等。

1. 潮区

滨海地区可以划分为潮间带、潮下带和潮上带等几部分。

贝类生活的主要区域是潮间带（图 3-1）和潮下带浅海地区。潮间带分为高潮区、中潮区和低潮区。高潮区被海水淹没时间最短，每个潮汐（指半日潮）约 1～4h，干露时间最长，达 8～11h，中潮区为小潮高、低潮线之间，是潮间带主要区域。这里滩面宽阔，底质颗粒较高潮区微细、松软；海水淹没时间每个潮汐约为 5～9h，干露时间 3～7h，环境较稳定。低潮区是小潮低潮线至大潮低潮线之间的区域，淹没时间每个潮汐达 9～11h，干露时间 1～3h，底质细腻，环境稳定，适合贝类生活。大潮低潮线至水深 15～20m，统称为近岸浅海。

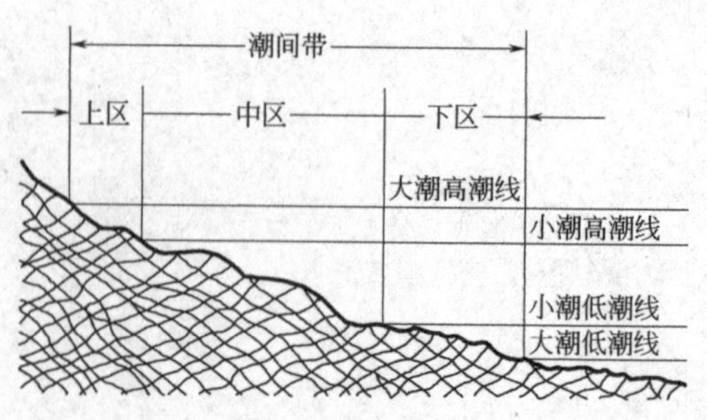

图 3-1　潮区划分

2. 底质

（1）底质的分类　底质根据其构成、颗粒大小、软硬程度等分为岩块，砾石、砂、粉沙、黏土五大类，若进一步细分，类别就更多了。

(2) 底质与贝类生活的关系　底质与贝类生活的关系，综合起来有下列几个方面。

① 影响贝类的分布。不同贝类要求的生活底质不同。例如泥蚶和缢蛏生活于以泥为主的泥沙质；蛤仔、文蛤生活于以沙为主的沙泥质滩涂（表 3-1）。若底质组成不符合要求，则贝类的生活、生长乃至生存都会受到影响。

表 3-1　几种主要经济贝类栖息底质的颗粒组成/%

取样的底质		沙砾（粒径>0.2mm）	细沙（粒径 0.2～0.05mm）	粉沙（粒径 0.05～0.005mm）	黏土（粒径<0.005mm）
泥蚶	养成场	0.0～15.0	4.0～82.5	15.0～90.0	2.5～14.2
	采苗场	0.0～0.6	15.4～65.8	27.8～78.0	3.4～17.0
菲律宾蛤仔	养成场	0.0～40.6	17.2～90.6	4.8～71.6	2.0～12.5
	采苗场	6.4～50.4	27.1～85.4	1.0～28.0	2.2～5.1
缢蛏	养成场	0.0～2.0	17.2～46.0	49.6～78.0	3.0～6.1
	采苗场	0.0～21.0	13.8～85.5	12.0～80.0	2.6～15.5
栉江珧	幼贝场	44.7～49.5	31.3～35.0	14.5～15.8	4.7～4.9
	成贝场	49.2～50.1	32.1～33.9	12.6～13.8	4.1～4.3

② 影响海水浑浊度。由于受到潮汐和风浪的影响，泥质和泥沙质的海区容易产生较大的浑浊度，从而影响贝类的呼吸与摄食。

③ 影响饵料生物。一般来说，泥质和泥沙质的底质营养盐较为丰富，因此海区初级生产力较高，滤食单胞藻的双壳类的食料较为丰富。

④ 底质内的毒物影响贝类。泥质和泥沙质的底质中，硫化氢和氨氮（动物尸体腐败分解后产生的）含量较大，因此放养贝类前一般需要对底质进行彻底的整埕，将底质内的硫化氢和氨氮充分氧化。

⑤ 底质的稳定性影响贝类的栖息。贝类正常生活要求底质相对稳定，如果底质不稳，移动性大，则会破坏它们栖息的巢穴，使它们无法正常摄食、呼吸，严重时会使埋栖贝类造成窒息死亡，有时还会出现贝类大面积迁移现象。生产上由于场地选择不好，底质不稳，造成贝类迁移，导致养殖失败的例子屡见不鲜。

底质的软硬还与养殖设施、器材有关。

3. 温度

(1) 水温对贝类生存的影响　不同的贝类对温度都有一定的耐受限度，超出最高和最低限度可导致贝类死亡（表 3-2）。

表 3-2　几种经济贝类对水温的适应范围

种类	对水温适应范围/℃ 适应(生存)范围	最适范围	种类	对水温适应范围/℃ 适应(生存)范围	最适范围
泥蚶	−2～36	15～30	近江牡蛎	2～35	18～30
紫贻贝	−2～25	14～23	文蛤	−2～30	15～25
栉孔扇贝	1～25	12～18	缢蛏	0～39	15～30
虾夷扇贝	0～23	10～20	菲律宾蛤仔	−2～35	18～30
马氏珠母贝	13～30	23～25	九孔鲍	10～32	18～28
褶牡蛎	−2～34	6～25	皱纹盘鲍	2～28	15～20
大连湾牡蛎	0～25	10～20			

(2) 水温对贝类生活的影响

① 影响贝类的分布。对温度适应能力强的贝类其分布的范围就广，反之，则分布的范围就狭。生产上一般将在我国南、北都有分布的归为广温性贝类，如泥蚶、栉江珧、褶牡蛎、文蛤、

缢蛏、蛤仔等。仅分布于长江以北的称为北方种，如皱纹盘鲍、紫贻贝、大连湾牡蛎、栉孔扇贝、紫石房蛤等；分布于长江以南的则为南方种，如马氏珠母贝、波纹巴非蛤、翡翠贻贝、华贵栉孔扇贝等。

皱纹盘鲍、紫贻贝等种类通过多年的驯化移殖，已可在福建等南方海区养殖。

② 影响贝类的生长发育。根据温度系数 Q_{10} 的原理，在适温范围内，贝类的新陈代谢速率一般与温度成正比，温度每升高10℃，生长速度可提高1～2倍。因此，对同一种贝类，如泥蚶、缢蛏、蛤仔等，在我国南北海区其年生长率有较大的差异，一般是南方海区比北方海区生长快。同样，对同一种贝类的胚胎和浮游幼虫，在不同的水温下其发育速度也差异甚大。

③ 影响贝类的繁殖

a. 影响性腺发育。每种贝类都有自己的生物学零度，在生物学零度之下，其性腺不会发育；在生物学零度之上，性腺发育速度与温度成正比（当然不能超出其耐受高限）。生产上就是根据有效积温法则，对经济贝类进行升温促熟，从而提早并延长贝类的繁殖期。

$$有效积温\ Y_n=\sum_{i=1}^{n}(t_i-C)$$

式中　Y_n——有效积温；

t_i——培育期间各天的水温；

C——生物学零度；

n——培育天数。

例如皱纹盘鲍的生物学零度为7.6℃，当 Y_n 等于800～1000℃左右时，其性腺就达到成熟而进入排放期。为了让 Y_n 早日达到800℃，生产上就将皱纹盘鲍的亲鲍移入室内加温培育，即提高 t_i。这种方法可使皱纹盘鲍的亲鲍比海区自然成熟的亲鲍提早2～3个月成熟。再如美洲牡蛎在20℃下升温促熟的时间约需3～4个星期，25℃下约为7天，30℃下只需3天就可以饲养至性成熟而产卵。

b. 影响繁殖期。水温对贝类的繁殖期影响显著，如褶牡蛎在广东、福建海区几乎全年都可繁殖，而在山东的繁殖期则为6～11月。由于自然海区水温的回升（春季）和下降（秋季）在每一年度都有所不同，因而贝类的产卵期（繁殖季节）也不大相同，这实际上是水温的影响所致。

c. 影响性变。贻贝、牡蛎等贝类有显著的性变现象，性变现象的原因有很多，其中之一就是水温的影响。例如紫贻贝在水温较低时，雄性比例增加；反之则相反。

④ 影响胚胎发育。不同发育阶段的胚胎对温度的反应不同，或者说，温度对不同发育阶段的胚胎的作用不一致。一般说来，在卵裂阶段，温度主要影响卵裂速度；而原肠期后，不适宜的温度可导致胚胎出现发育不平衡的病理现象，一些组织和器官发育加速，而另一些组织和器官发育速度变慢，于是产生了畸形胚胎，甚至直接导致死亡。

(3) 间接影响　包括食料生物的生长繁殖、有机物的分解、酸碱度的变化等。

一般情况下，贝类在幼龄期对温度的适应能力较弱，要求比较稳定的温度环境；成年期适应能力增强，适应的温度范围也较广。值得指出的是，即使在适合的温度范围内，温度也不应有剧烈的变化，否则生长发育不良，甚至死亡。如美洲牡蛎幼苗，若24h内降温3～5℃，有半数个体死亡，但缓慢降温则很少死亡。

4. 盐度

海水盐度分布是不均衡的，大洋的海水盐度比较恒定，平均在35左右；近海海水盐度不甚稳定，一般在30～31左右；河口、内湾盐度变化大，且较低，一般波动在10～25，雨季可低至1。养殖贝类生活的环境主要是近岸、河口、内湾的潮间带和浅海环境盐度变化较大的海域。

生产上海水盐度一般用密度来测定，海水盐度（S）与密度（d）的换算公式如下：

当水温（t）>17.5℃时，$S=1305\times(d-1)+0.3\times(t-17.5)$

当水温（t）<17.5℃时，$S=1305\times(d-1)+0.2\times(17.5-t)$

盐度对贝类的影响主要包括以下几个方面。

（1）影响贝类的分布　贝类对海水盐度的适应能力有大有小，适应能力强的称为广盐性贝类，如牡蛎、缢蛏、紫贻贝、泥蚶、荔枝螺等；适应能力小的称为狭盐性贝类，如鲍、扇贝、珠母贝、密鳞牡蛎、樱蛤等，它们对盐度的轻微变化就难以忍受。广盐性贝类多栖息在盐度变化比较剧烈的河口、内湾，同时它们对温度的适应范围也较广；狭盐性的贝类大都栖息在外海、岛礁周围变化小的高盐海区。

（2）影响贝类的生长发育　盐度影响贝类的渗透压平衡从而影响其生长发育，例如近江牡蛎在正常海水中生长缓慢，而在河口附近盐度较低的海区生长良好。几种经济贝类对相对密度的适应范围见表 3-3 所示。

表 3-3　几种经济贝类对相对密度的适应范围

种　类	对相对密度的适应范围	种　类	对相对密度的适应范围
泥蚶	1.005～1.022(蚶苗 1.008～1.005)	长牡蛎	1.008～1.023
紫贻贝	1.004～1.025	近江牡蛎	1.008～1.023
翡翠贻贝	1.010～1.025	文蛤	1.014～1.025(苗种 1.005～1.020)
栉孔扇贝	1.017～1.028	缢蛏	1.005～1.022(苗种 1.005～1.018)
华贵栉孔扇贝	1.018～1.024	菲律宾蛤仔	1.015～1.025(苗种 1.012～1.015)
虾夷扇贝	1.018～1.028	九孔鲍	1.015～1.029
马氏珠母贝	1.015～1.028	皱纹盘鲍	1.017～1.029
褶牡蛎	1.010～1.025		

（3）影响贝类的生殖　海水盐度对贝类的生殖活动影响显著，例如在自然海区，在贝类繁殖期间，成熟的亲贝经常在雨后大量集中排放。群众常将这种现象称为“一场雨一场浆”。在人工育苗时，也经常采用改变（降低）密度的方法来催产经济贝类。

（4）其他方面的影响　盐度还影响着贝类受精卵的孵化率和幼虫的成活率等。例如长牡蛎在海水相对密度为 1.018、1.021 的孵化率分别为 96%、95%；而在相对密度为 1.010、1.027 的孵化率仅为 54%和 73%。

对附着性贝类来说，盐度还显著影响着其足丝的分泌量和足丝的黏着力；牡蛎幼虫在变态时，其分泌的黏性物质及其黏着力也受到盐度的显著影响。

5. 光照

光照通常不是贝类生存、生长、繁殖的决定因素。在各种环境因子中光是最不稳定的，它几乎是连续不断地改变着性质和强度。这种变化可以是有节律的，如昼夜和季节性变化，也可以是无节律的。

贝类浮游幼虫具有明显的趋光性。在强光和弱光条件下它们分布于不同的水层，一般情况下，在光线较弱时表现为趋光性，而光线较强时则表现为负趋光性。

总的来说，贝类喜欢弱光的环境，在弱光下足丝分泌旺盛，附着力也较好，而在强光中个体通常比较消瘦。鲍等夜行性贝类，一般在夜间活动、摄食旺盛；而白天则潜伏，呈现昼伏夜出的节律性。

6. 浑浊度

浑浊度（SS，单位为%或 g/L）即水中悬浮颗粒（包括生物颗粒和非生物颗粒）的密度。

① 适当的浑浊度有利于滤食性贝类的滤食。

② 海水过度浑浊，大量的沉积物沉积在贝类的鳃、外套膜等处，排除这些沉积物，要消耗贝体较多的能量，所以影响了贝类的营养和能量积累，从而影响其生长。严重时会堵塞鳃和唇瓣，甚至使贝类窒息。例如鲍在 3%～4%的浑浊海水中，4～5h 即导致死亡。

③ 影响贝苗的附着。浑浊度过大，则贝类的附苗器上会沉积大量的浮泥等，从而影响了贝苗的附着和固着。

④ 不同的浑浊度对贝类卵子的受精及其发育也有一定的影响。

浑浊度还影响到水中的光照度。

7. 潮汐和水流

潮汐、波浪、水流等对其他环境因素（如水温、盐度、溶解氧、水静压力、干露时间等）会产生影响，还对底质组成和水体的浑浊度等起直接和间接影响。

许多贝类的生理、生殖活动与月相有密切关系，有些贝类如缢蛏，繁殖活动大都集中在大潮汐末期。多数贝类繁殖活动虽不分大小潮，但在大潮期排放精卵的概率较大。

水流和波浪的冲刷对贝类的分布和正常生活有密切关系，因为水流和波浪影响到沉积物数量、食物运输、水中溶氧量等。

水流还影响着贝类食料生物的多寡。贝类的浮游幼虫则会随着水流四处漂流；因此，水流是海区采苗时的关键因素之一。

不同贝类对水流、风浪等的适应能力不同，鲍、扇贝等外海性贝类要求水流畅通、有风浪冲击的海区；而近江牡蛎、褶牡蛎等内湾性贝类要求风浪相对平静。鲍、扇贝等要在不干露的潮下带生活，而蛏、蛤、蚶等多分布在潮汐活动频繁的潮间带。

总的来说，贝类养殖场要求水流比较畅通的海区，采苗场要求有回旋流的地方，以利于幼虫逗留附着。从养殖场地和设施的安全考虑，养殖场所的风浪不宜过大过急。

8. 酸碱度

海水的酸碱度（pH 值）通常是比较恒定的，在 7.5～8.6 之间。但近岸、河口、内湾海水的酸碱度变化较大。

海水酸碱度影响着贝类体液、血液酸碱度的变化；酸碱度也能影响贝类的滤水能力和摄食。在自然海区中，由于海水自身水体巨大以及海水的运动和交换，酸碱度一般不会影响到贝类的正常生活，除非有人为的污染发生；在土池等小水体，尤其是室内水泥池（新建）以及投放棕绳等采苗器时则较有可能发生因酸碱度剧变而导致贝类死亡，这点应给予高度重视。

9. 溶解氧

海水中的溶解氧（DO）主要来源于大气中的氧；而溶解氧的消耗主要是生物耗氧量（BOD）和有机物耗氧量（COD）。溶解氧是贝类生存的重要条件之一。充足的溶解氧不仅是贝类正常呼吸、新陈代谢所需，而且也有利于使水质保持清新，减少有害物质的积累，有利于腐殖质分解成为无机盐分，促进藻类的繁殖生长。充足的溶解氧还有利于氧化 H_2S 和氨氮，减少其在环境中的累积和毒害。生物耗氧量和有机物耗氧量是水质好坏的指标之一。

不同贝类对水中溶解氧含量的要求不同，营底内埋栖生活、分布于潮间带的贝类，对低氧环境的耐受力较强，缢蛏、菲律宾蛤仔、泥蚶等，要求溶解氧含量在 4ml/L 以上即可。菲律宾蛤仔在溶解氧含量为 0.5ml/L 以下时（水温 15～20℃），能生存 3 天；紫贻贝稚贝在 27～28℃时，溶解氧量为 1.42ml/L 时还能正常生活，而同一水体中的桡足类等小型甲壳动物都无法忍受而死亡。贝类的这种耐低氧能力使其高密度苗种培育和养成成为可能。

少数贝类如鲍、扇贝等耗氧量大，要求水中溶解氧的含量也较高。

10. 氨氮与硫化氢

氨氮和硫化氢都是生物尸体腐败分解后产生的。它们对贝类尤其是贝类幼虫的影响很大，例如，当海水中氨氮浓度达 $0.3g/m^3$ 时，栉孔扇贝浮游幼虫在 12h 内全部下沉，最后死亡；文蛤在硫化氢含量为 $2.27g/m^3$ 的污染海水中很快就会死亡。

氨氮和硫化氢主要积存于老化的养殖场，严重时，底质内会发黑发臭。因此，贝类苗种放养前，一般要先进行耙埕、翻晒等氧化处理。室内人工育苗时，池底和水层下部的氨氮和硫化氢的浓度较高，所以，管理中除换水、流水外，往往还需倒池以保持水质清新。

11. 营养盐

海水中磷酸盐、硝酸盐、硅酸盐等营养盐对海洋中的浮游植物和海藻的生活有重要的影响，而这些植物又是瓣鳃类、原始腹足类等的主要食料。海水中氮的含量表层少、深层较多，在浮游植物繁殖生长旺盛的春夏季节含量较少，秋季以后逐渐增多。硅酸盐是硅藻类壳的重要成分，其含量的多少影响到硅藻类的繁殖生长。

浮游植物对氮的需要量最大，海水中氮的含量决定了海区的肥瘦程度。海区总氮含量大于0.1mg/L的为肥区，小于0.01mg/L的为瘦区，肥区的浮游植物丰富，双壳类的生长、繁殖较快，反之，瘦区贝类的生长与繁殖受阻。但若营养盐大量过剩，则易引发赤潮生物、细菌等大量繁殖而给贝类带来危害。

通常养殖水域的水质是指水的物理化学性质，如水温、盐度、pH值、营养盐、溶解氧、有机质耗氧量、生物耗氧量、浑浊度、硫化氢和氨氮等。水质的好坏对贝类的生长发育有很大的影响。除自然因素外，工农业废水、生活污水等的排放造成水质的污染，也可能导致贝类死亡或者影响其商品价值。所以，选择一个育苗场或养殖场，应先期对该海区的环境做全面和长期的综合分析、调查，防止出现重大的事故。

海水养殖用水应当符合农业部《无公害食品海水养殖用水水质》（NY 5052—2001）标准（附录一）。

对以上介绍的贝类的生活环境，应该以综合的、动态的观念来辨证分析。贝类不仅生存于这种动态的、不断变化着的环境中，而且贝类本身也是其中的一部分，它们同时也影响、改变着环境。

二、生物因子

贝类的生物因子主要包括饵料（食料）生物与敌害生物。贝类的饵料生物在本章第三节中介绍，敌害生物在本章第七节（贝类的灾敌害）中介绍。

第二节　经济贝类的生活习性

贝类的生活类型可分为游泳、浮游和底栖生活三大类。底栖生活又分为底上和底内两种，底上生活又有匍匐、固着、附着三类；底内生活也分为埋栖和凿穴等类型。作为养殖对象的主要有匍匐、固着、附着、埋栖等几种，而多数贝类都有营浮游生活的幼虫浮游期。

一、匍匐生活型

在底质表面上匍匐爬行的大多是腹足纲和多板纲的种类（图3-2）。这一类动物为了觅食、产卵或寻找栖息场所等，能做一定范围的爬行移动。一些双壳类遇环境不适时也能在底质上匍匐移动。匍匐生活的贝类，如红螺、管角螺、泥东风螺等都有坚厚的贝壳和厣作为保护器官；足发达，足底宽平呈蹠面，足上有许多黏液腺，这些都有利于爬行活动。鲍等无厣的种类，足还有很强的吸着力，能使身体紧紧地附在岩石或其他物体上。匍匐生活的贝类感觉器官较发达，并多集中于头部。

二、固着生活型

以贝壳固着在其他物体或贝壳上生活，一经固着之后则终生不会自己改变位置。如牡蛎、襞蛤（图3-3）等以左壳固着，海菊蛤、拟猿头蛤等以右壳固着。蛇螺、管蛇螺等则以贝壳的一部分固着在其他物体上。营固着生活的贝类，足等运动器官退化或完全消失。固着生活的双壳类只有一侧贝壳的开闭运动，但外套膜缘上触手发达，能挡住较大颗粒流入体内；固着生活的腹足类只有软体部的伸缩，而作为保护器官的贝壳则比较发达而坚厚，壳上有的还有棘、刺等，体型左右不对称。

图 3-2 匍匐生活型（鹑螺）

图 3-3 固着生活型（簇蛤）和附着生活型（贻贝）

三、附着生活型

借足丝黏附在其他物体或贝壳上生活，生活点相对稳定。若遇到环境不适，会自切足丝，移到他处重新分泌足丝再附着。附着生活的主要有双壳类的贻贝（图 3-3）、扇贝、偏顶蛤、珠母贝等。营附着生活的贝类，足不发达，但具足丝腺，有发达的足丝；体形多左右侧扁，能减少水流的冲击力。它们的外套膜往往有愈合现象，形成出水孔（非管），水孔边缘触手十分发达，能阻挡较大颗粒和其他生物流入体内。

四、埋栖生活型

栖息在滩涂底质内部，以斧足挖掘泥沙，使部分或整个身体埋入泥沙内生活，绝大多数是双壳类，这类动物斧足发达，位于身体前方，足上往往有丰富的黏液腺；多数具有水管，水管位于身体后方，其长短随栖息的深度而异，栖息深的，水管发达，能伸得很长，如海螂、缢蛏等，借水管的引伸纳入或排出海水，从而完成摄食、呼吸、排泄、生殖等活动。深栖的种类体形也变得长而扁，贝壳薄且光滑，如直线竹蛏（*Solen linearis* Spengler，图 3-4），贝壳薄且呈筒状，壳长为壳高的 8～9 倍。栖息较浅的种类，如泥蚶、鸟蛤等，贝壳则较厚，壳面粗糙，能防御敌害的侵袭。为了保水和抗浊，生活在沙滩内的瓣鳃类，两壳多能紧合；栖息于泥滩的贝类，两壳前后端或有开口，但它们的鳃能分泌黏液，可把进入体内的泥沙黏结成团而排出体外，因此抗浊能力比生活在沙滩的种类要强。

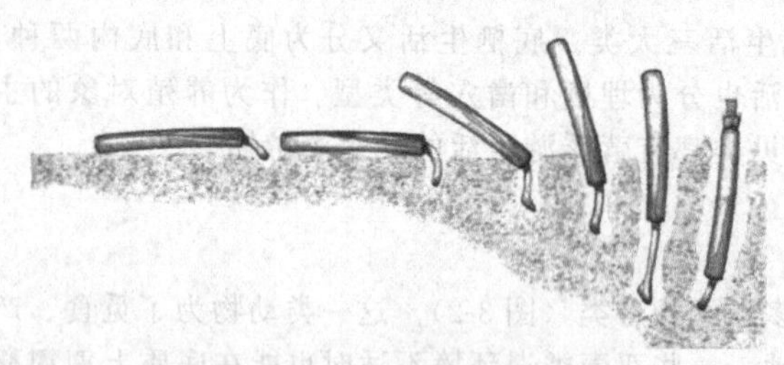
图 3-4 底内生活型（直线竹蛏）

底质根据组成可分为软泥底、沙泥或泥沙底、沙质底几种类型。在软泥底生活的如泥蚶、缢蛏、波纹巴非蛤、红肉河篮蛤等；在沙泥或泥沙底质栖息的如蛤仔、青蛤、栉江珧、中国绿螂等；在沙质底栖息的如双线紫蛤、黄边糙鸟蛤、紫斑竹蛏、楔形斧蛤、四角蛤蜊等；文蛤、西施舌等在沙质或沙泥混合的底质均能生活。

五、游泳生活型

头足类大多为游泳生活型，并可利用其漏斗喷水做快速运动。扇贝、缢蛏等在环境不适时也可利用快速闭壳喷水做短暂“游泳”。

六、浮游生活型

腹足纲后鳃亚纲的一些种类如海兔、海蜗牛等营浮游生活。贝类的浮游幼虫也属于浮游生活。

七、凿穴生活型

铃蛤（*Jouannetia cumingi*）、马特海笋、住石蛤可在岩石或水泥等物体上营凿穴生活，船蛆则可钻入木材中营凿穴生活。

八、寄生与共生

寄生的贝类有内寄蛤（*Entovalva*）、内寄螺（*Peregrinamor ohshimai*）等；砗磲则和虫黄藻（*Zooxanthellae*）等营共生生活。

第三节　贝类的食性

一、摄食方式

贝类的食性依种类而异，主要与其摄食器官的构造有关。按取食方式可划分为滤食性、舐食性和捕食性三种类型。

1. 滤食性

瓣鳃纲的种类大都是滤食性。瓣鳃纲种类多数不大活动，营固着、附着或埋栖生活，缺乏主动捕食的能力，在外套膜及水管的配合下，借鳃和唇瓣上的纤毛过滤作用而被动地摄食水中的悬浮颗粒（单胞藻及有机碎屑等）。如牡蛎、紫贻贝、蛤仔等均属于此类。

滤食性贝类一般无齿舌、腭片和唾液腺等；口宽大，横裂状；唇瓣和鳃的表面密生发达的纤毛，依纤毛的打动形成水流，同时滤下水中的食物，再经纤毛的运送作用，把食物送入口中。

滤食的对象主要是水中的小型浮游生物，其中以硅藻、绿藻、金藻等单细胞藻类为主，同时兼食小型的浮游动物和有机碎屑等。由于是被动性的滤食，所以食物种类往往随不同海区、不同季节浮游生物的变化而变化，对食物颗粒的营养组成一般无选择性，而对食物颗粒的大小、密度和形状的选择比较严格（机械选择）。

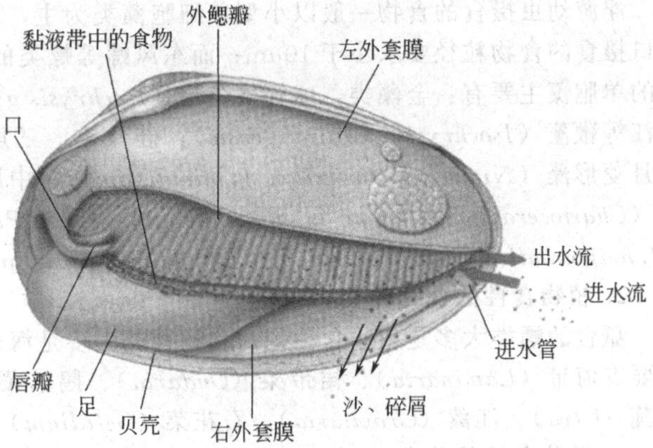

图 3-5　双壳类滤食机制
（引自 C. P. Hickman，1995）

在滩涂底质内部栖息较深的种类，如蛤仔、缢蛏、巴非蛤等滤水往往还经过水管。水流由入水管进入外套腔、鳃腔，经鳃和唇瓣过滤获得食物，不适宜的食物颗粒由出水管排出体外（图3-5）。

几乎所有贝类的浮游幼虫都是滤食性的，它们依靠打动面盘上的纤毛形成环状的水流，单细胞藻类随着水流从两侧进入口沟和胃。

贝类的滤食公式为：

滤食量＝滤水量×海水中食料生物密度总和
＝滤食速率×滤水时间×海水中食料生物密度总和

从上式中可看出影响贝类滤食量大小的三个因子分别是滤食速率、滤水时间、海水中食料生物密度总和。滤食速率因种类及其个体大小的不同而有所不同，另外水温、pH 值、盐度等也影响着滤食速率的快慢；滤水时间则因贝类的生活潮区不同而异，生活于浅海或土池中的贝类因一天中24h均可滤食，所以生长速率比生活于潮间带的要快；海水中食料生物密度取决于海区水质的肥瘦，也因季节和地区的不同而变化。从以上的分析可看出，土池蓄水养殖和浅海养殖贝类的生长速率之所以优于潮间带养殖的原因。牡蛎的肥育和蛎苗抑制措施也是基于这个道理。

2. 舐食性

腹足纲的鲍等、多板纲的石鳖等都属于舐食性。这类动物有发达的吻，口腔内有齿舌、腭片和唾液腺，整个齿舌带像一把锉刀，以齿舌带上的小齿片锉食食物。动物的运动为匍匐爬行，行动比较迟缓。藻食性螺类摄食的对象主要是海藻等植物；摄食时以发达的吻部伸缩活动，齿舌前端从口腔伸出，借齿舌带上肌肉的伸缩，齿舌做前后方向的活动，把岩石面上的海藻锉碎，然后吞食之。

由于行动缓慢，肉食性螺类（如斑玉螺、东风螺、荔枝螺等）的食物对象一般以牡蛎、蛤仔等双壳类为主。

3. 捕食性

头足纲的种类多属主动捕食性。

除以上三种典型的摄食方法外，有的种类兼有滤食和捕食的特点。

二、食料种类

贝类的食物对象依种而异，主要是与摄食方式密切相关。此外幼虫和成体的摄食对象也有差异。基本上可以归纳为：浮游生物食性、植物食性和动物食性三大类。

1. 浮游生物食性的食物种类

该类食性的食物种类主要是小型的浮游生物，以硅藻类（*Bacillariophyta*）为主，还摄食蓝藻（*Cyanophyta*）、金藻（*Chrysophyta*）及小型原生动物、其他藻类的孢子、海绵骨针、有孔虫、各种动物卵及有机碎屑等。

浮游幼虫摄食的食物一般以小型单细胞藻类为主，多数双壳类面盘幼虫（壳长80～120μm）开口摄食的食物粒径要求小于10μm；而东风螺等螺类的幼虫则可直接摄食较大的扁藻。人工培养的单胞藻主要有：金藻类，球等鞭金藻（*Isochrysis galbana*）、绿色巴夫藻（*Pavlova viridis*）、湛江等鞭藻（*Isochrysis zhanjiangensis*）；硅藻类，三角褐指藻（*Phaeodactylum tricornutum*）、新月菱形藻（*Nitzschia closterium f. minutissima*）、中肋骨条藻（*Skeletonema costatum*）、角毛藻（*Chaetoceros miielleri*）；绿藻类，亚心形扁藻（*Platymonas subcordiformis*）、青岛大扁藻（*P. helgolandica tsingtaoensis*）、小球藻（*Chlorella* spp.）等。

2. 植物食性的食物种类

舐食的螺类大多是植物食性的，食物种类大多是海藻，尤以褐藻和红藻为多。如鲍类的食物主要有海带（*Laminaria*）、裙带菜（*Undaria*）、鹅掌菜（*Ecklonia*）、马尾藻（*Sargassum*）、孔石莼（*Ulva*）、江蓠（*Gracilaria*）、石花菜（*Gelidium*）等。

3. 动物食性的种类

肉食性的腹足类如玉螺类特别喜欢捕食蛤仔、泥蚶；荔枝螺对牡蛎苗危害甚重；骨螺、荔枝螺、嵌线螺等对珍珠贝危害较大；头足类的章鱼既捕食双壳类，也捕食底栖的蟹类；而游泳能力强的枪乌贼则可捕食鱼类等。

4. 人工配合饲料

除了天然生物饵料外，鲍等经济贝类的配合饲料也已研制成功并广泛应用于生产。

此外，一些贝类还有兼食性（杂食性），可兼食动物和植物；凿穴型贝类还可摄食矿物质和木材等。

第四节 贝类的生长

生长是贝类同化作用的结果，使自身体积和质量增加，是量的变化。动物体从外界吸取物质和能量，在保证维持正常生活的基础上，其余的物质和能量供生长和发育之用。

发育是动物体的组织结构、生理状态的变化，是质的变化。对重量而言，广义的贝类生长包括了生殖腺的发育。

一、生长的一般规律

① 在贝类的一生中，其生长情况通常呈缓慢—快速—缓慢（或停止）的规律。即胚胎初期个体体积一般不增加，到幼虫期开始摄食后生长逐渐加快，但这一时期总体是比较缓慢的，稚幼贝阶段贝类生长速度加快，至老龄阶段生长又趋缓慢甚至完全停止。

② 在生长的初期，贝壳生长和体积增长较快，软体部的生长相对滞后。到了繁殖期软体部生长明显加快，精卵排放前夕，软体部的重量达到峰值。俗话说“初期长壳，后期长肉”就是这个道理。

③ 贝类年生长随季节而异，春季随着水温的上升，贝体的生长恢复并逐渐加快。春末夏初生长达到高峰。盛夏期间由于水温较高，水中浮游生物，特别是浮游硅藻类等食料生物密度降低，贝体的生长稍慢。秋季的水温也较适宜，贝体的生长再次加速，形成一年中的第二次高峰。而冬季则因水温较低，生长速率逐渐下降甚至停止。

二、影响生长的主要因素

贝类的生长由内在和外在条件所决定。内在条件主要是种的特性，所以生长依种类的不同而异。

贝类的生长与外界环境条件有密切关系。环境条件适宜，贝类生长就加速，在不利的环境条件下，生长就减慢甚至完全停止。环境条件是多种多样的，与贝类生长关系比较直接和密切的有温度、食料等几个方面。

1. 水温

在本章第一节中已经介绍了温度系数 Q_{10} 的原理，在适温范围内，一般贝类的新陈代谢速率与温度成正比，温度每升高 10℃，生长速率可提高 1～2 倍。水温除影响贝类的生长外，还影响着贝类的性腺发育，因多数贝类的性腺也包含在软体重量中计算，故此也要分析水温对贝类性腺发育的影响，水温对贝类的生长还有间接的影响（本章第一节）。

2. 食料

从贝类的滤食公式中可看出，海区的肥瘦、食料生物的多寡直接影响着滤食贝类的摄食量从而影响贝类的生长和性腺发育；不同的食料种类对贝类的生长也有显著影响，例如皱纹盘鲍的食料以褐藻类的裙带菜、海带为好，红藻类的江蓠、紫菜次之，绿藻类较差；在培育浮游幼虫时不同的贝类投喂不同的单细胞藻类其培育效果也有不同。

3. 其他方面

在本章第一节中介绍的贝类生活环境如潮区、底质、盐度、浑浊度、pH 值、溶解氧（涉及潮区、水流、养殖密度和水层等）、氨氮、硫化氢、营养盐、敌害生物等环境因子乃至养殖方式的不同都对贝类的生长和发育产生着各种各样的影响。

由于贝类性成熟后，每年在繁殖季节都会进行繁殖活动，在繁殖活动（精卵细胞排放）后，软体部非常消瘦，整个贝体重量急剧下降，这样就大大影响了贝类的生长。因此，贝类多倍体培育也就成为贝类养殖（育种）的一个主攻方向。目前，国内进行多倍体培育的贝类主要有扇贝、鲍、太平洋牡蛎等，但大多尚未形成规模化生产。

三、贝类生长的测量方法

贝类生长测量包括体积的测量（长度法）和重量的测量。

1. 长度法

贝类体积的测量包括测量其壳长、壳高和壳宽，因各种贝类的体型（壳长、壳高和壳宽）都相对固定，三个向度数值有着一定的线性关系，因此贝类的体积生长一般用其壳长或壳长和壳高来表示。长度法测量包括绝对生长率和相对（年、月、日）生长率。

长度法测量简易方便、直观，但缺点是不能体现贝类的重量，更无法表示贝类软体的肥瘦。

2. 重量法

（1）鲜出肉率

$$鲜出肉率=鲜肉重/鲜贝重\times100\%$$

与长度法相比，鲜出肉率不仅能体现贝类的重量，而且也能表示贝类的贝壳与软体的重量比例关系，因此能较为准确地表示贝类的生长。但在实际测量中，往往由于贝体中水分含量（离水时间长短不同，体内散失水分也不同）的误差、鲜肉剥离时沥水程度的误差而造成数值的波动。

（2）肥满度

$$肥满度=干肉重/干壳重\times100\%$$

干肉重是指在70℃恒温下烘干至不再减重为止。与鲜出肉率相比，肥满度避免了因水分含量的不同而造成的误差，但操作较为繁琐，时间较长。

鲜出肉率和肥满度不仅是贝类生长测量的指标，同时也是贝类繁殖调查的指标。

此外，性腺指数（见本章第五节）也和贝类的重量有关；在扇贝养殖生产上，有关生长的内容还涉及干贝出率等。

第五节　贝类的繁殖习性

一、繁殖方式

贝类的繁殖方式多种多样。多板类、瓣鳃类、掘足类和原始的腹足类一般没有交尾现象，成熟的精、卵多是分散的、单个的，是自由状态产出。头足类和一部分腹足类有交尾现象。以下主要介绍增养殖种类的繁殖方式。

1. 卵生型

多数海产瓣鳃类和原始的腹足类（如鲍）属卵生型，它们的亲贝将成熟的精卵排放于海水中，并在海水中受精发育直到成为独立生活的个体。如褶牡蛎、近江牡蛎、太平洋牡蛎、紫贻贝、翡翠贻贝、厚壳贻贝、栉孔扇贝、华贵栉孔扇贝、泥蚶、栉江珧、马氏珠母贝、菲律宾蛤仔、缢蛏、九孔鲍、皱纹盘鲍等均为卵生型。这一类型的繁殖方式由于受精率、胚胎成活率、幼虫成活率和变态率等都受到环境条件的强烈影响，因此其产卵量很大，一般每个雌贝产卵都在数百万粒以上，多者达上千万，这也是生物适应环境的生存方式之一。

2. 幼生型

少数瓣鳃类如密鳞牡蛎和淡水河蚌等属于幼生型，且大多雌雄同体，成熟的亲贝将精子或卵子排至出水腔中，依靠排水孔附近的外套膜和鳃等的作用，将生殖细胞压入鳃腔中，并在外套腔中受精发育至浮游幼虫后才离开母体。这一类型的繁殖方式由于受精率、胚胎成活率较高，但幼虫成活率和变态率与卵生型贝类差异不大，故其产卵量稍小一些，一般每个雌贝产卵十几万至数十万粒。

3. 交尾型

多数腹足类和头足类属交尾型，交尾时，雄贝的交接突起（阴茎）伸入雌贝的交接囊中，精子与经过输卵管的卵子相遇受精。受精后雌贝产出的为受精卵，并大多有三级卵膜保护，称为卵群、卵囊或卵袋（图 3-6，图 3-7），头足类亲体还有护卵行为。交尾型的产卵量每个雌贝约为几千至数万个。

此外，部分腹足类如淡水的田螺，其繁殖方式不仅为交尾型，而且其受精卵是在母体内发育至幼螺后才离开母体，此类型称为卵胎生。这种繁殖方式因其子代能得到母体良好的保护，成活率高，所以产卵量较小，一般仅为数百个。

二、繁殖季节

贝类的繁殖季节（繁殖期）是指每年某些月份的环境条件（主要是水温、饵料等）适合于该种贝类产卵、排精，亲贝或集中或分批排放生殖产物，从开始产卵起到最后结束为止，这个时期称为该种贝类的繁殖季节。贝类在繁殖季节中，产卵和排精达到最高峰时，就是它的繁殖盛期。

各种贝类都有其特定的自然繁殖季节，且个体发育到性成熟后，每年都会在繁殖季节进行繁殖活动直至死亡。经济贝类的繁殖季节大多在春、秋季节，或为春季、或为秋季、或者春秋两季都有（表 3-4）。

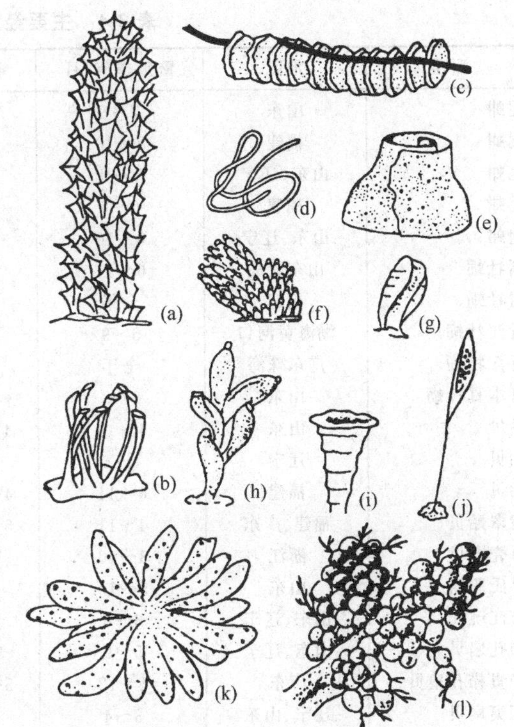

图 3-6　几种经济贝类的卵群
(a) 香螺；(b) 红螺；(c) *Busycon*；(d) 海兔；(e) 玉螺；(f) 阿文绶贝；(g) 大理石玉螺；(h) 蛎敌荔枝螺；(i) *Pleuroplaca gigantea*；(j) 衲螺；(k) 日本枪乌贼；(l) 曼氏无针乌贼；
引自蔡英亚等，1995

三、繁殖习性

1. 性成熟年龄

贝类从受精卵发育到第一次性成熟，具有生殖能力的时间称为性成熟年龄（年或月）。发育达到第一次性成熟时的最小个体称为生物学最小型（一般以壳长表示，雌雄有别）。性成熟年龄和生物学最小型都是衡量某一种贝类生殖力的指标。

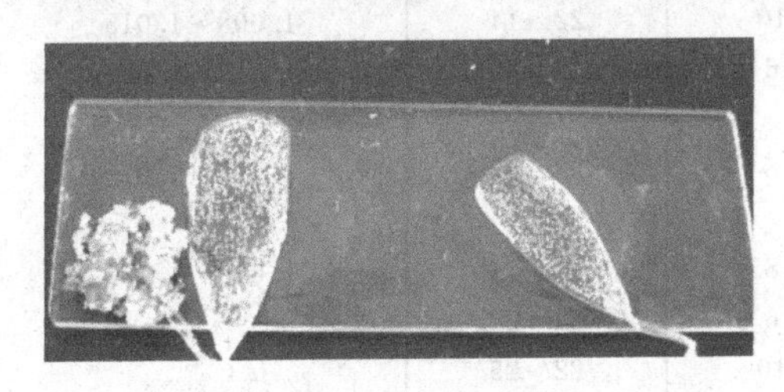

图 3-7　斑玉螺的卵袋

2. 性腺发育

用组织切片方法对经济贝类进行连续观察，贝类的性腺发育可分为形成期、分化期、成熟期、产卵期和耗尽期或休止期。

3. 性变现象

性变现象也称作性转换，即从一种性别转换到另一种性别。牡蛎、贻贝等贝类常有性变现象，性变的原因包括内因（因种类而异）和水温、食料、营养等环境因子的影响。

4. 繁殖活动

贝类的繁殖活动除了自身的繁殖习性和性腺成熟度外还受到诸多环境条件的影响。

(1) 潮汐　多数贝类虽然在大潮期和小潮期都可进行繁殖活动，但大都在大潮时集中排放，这是因为大潮时的环境因子变化较大的缘故；而缢蛏一般则集中在大潮末几天排放。

(2) 日周期　一些贝类如鲍、缢蛏的繁殖活动大多在夜间进行，白天一般不会发生。

(3) 光照　对光照较为敏感的扇贝等贝类可因光照的突变而集中排放精卵。

(4) 温度突变　自然海区的亲贝往往在冷空气侵袭水、温剧变时集中排放。

(5) 降雨　突然的降雨使海水密度下降时也会诱导亲贝排放精卵。

了解了贝类的繁殖活动规律就可在人工育苗时据此进行人工催产。

表 3-4 主要经济贝类的繁殖季节

种类	地区	繁殖季节/月	繁殖盛期/月	水温/℃	盐度或密度/(g/cm³)
泥蚶	山东	7～8	7月中、下旬	25～28	
泥蚶	福建	8～10	9	28	1.01～1.020
毛蚶	山东、辽宁	7～9	8	25～27	1.018～1.022
毛蚶	福建	6～8	6～7		
魁蚶	山东、辽宁	6～10	7～8	20～25	1.020～1.025
褶牡蛎	山东青岛	6～11	7～8	22～27	1.014～1.018
褶牡蛎	福建	全年	4～6		
近江牡蛎	渤海黄河口	5～9	7～8	25～30	盐度 10～25
近江牡蛎	广东珠海	全年	5～8	30	盐度 5～10
日本真牡蛎	山东	6～8	7～8	20～25	1.020～1.025
贻贝	山东	4～11	4～5,10～11	8～16	1.018～1.024
贻贝	辽宁	4～6	5～6		
贻贝	福建	4～11	4～6,10～11		
翡翠贻贝	福建、广东	4～11	5～6,10～11	25～28	
厚壳贻贝	浙江	3～10	4～5	14～22	
寻氏肌蛤	山东	5～10	8～9	18～25	1.015～1.024
栉江珧	山东、辽宁	6～8	6～7	20～24	
栉孔扇贝	山东、辽宁	5～9	5～6,8～9	14～20	1.020～1.025
华贵栉孔扇贝	广东	4～12	5～6,10～12	20～24	1.021～1.024
虾夷扇贝	辽宁、山东	3～4	4	7～9	1.020～1.026
海湾扇贝	山东	6～10	6～7,9～10	18～25	1.018～1.028
马氏珠母贝	广东	4～10	7～8	25	1.019～1.022
菲律宾蛤仔	福建	9～11	10	23～27	1.010～1.022
菲律宾蛤仔	山东	7～9	7～8	20～27	1.010～1.020
紫石房蛤	山东	6～8	6～7	16～22	盐度 26～32
中华青蛤	山东	6～9	7～8	22～27	1.015～1.025
日本日月贝	广西北部湾	10～3	11～2	18～20	1.017～1.024
光滑河蓝蛤	山东	9～10	9～10	22～14	1.008～1.015
中国蛤蜊	辽宁	5～8	5～6	15～20	1.015～1.025
紫蛤	福建、广东	5～7			
文蛤	辽宁、广东	7～8	7～8	23～27	1.014～1.022
四角蛤蜊	江苏	4～5	4		
皱纹盘鲍	辽宁、山东	7～9	7～8	20～24	1.022～1.025
杂色鲍	福建	5～8	5～6	24～28	
九孔鲍	台湾、福建	8～11	9～10	22～25	

四、繁殖的调查方法

贝类繁殖的调查即预测、调查贝类的性腺发育和繁殖日期或附苗日期，以便适时进行人工育苗（催产）或采苗。调查方法包括以下几种。

1. 丰满度

根据丰满度即生殖腺所占或覆盖内脏团的面积比例来预测繁殖季节。双壳类的生殖腺丰满度多数分为四个时期。

0 期：内脏团（消化盲囊）表面呈褐色，没有生殖腺。

Ⅰ期：内脏团表面出现带有颜色的生殖腺（因种类和雌、雄的不同而异）。

Ⅱ期：生殖腺遮盖了大部分的褐色消化盲囊。

Ⅲ期：生殖腺遮盖了全部消化盲囊，内脏团丰满、肥厚（如蛤仔的内脏囊最丰满时呈近球形），有的种类生殖腺还分布到了足部，如缢蛏、大竹蛏等。此时，性腺已发育成熟，解剖时精子遇水能活泼游动；卵子遇水容易散开，且多呈圆形或椭圆形、大小整齐。

此外，贻贝生殖腺发育可根据其占据外套膜的面积来判断。

丰满度直观、操作简易，缢蛏、花蛤、牡蛎等养殖贝类常用此法判断亲贝的成熟度。观测丰满度时应多点取样，每批样品数量至少要50个以上，当Ⅱ期和Ⅲ期的亲贝比例达80%以上时，则可视作该批亲贝已经发育成熟。

2. 生殖腺指数

根据生殖腺指数消长来确定繁殖季节。鲍、扇贝等的生殖腺可完整地与软体部剥离，因此可用此方法。

$$生殖腺指数=生殖腺湿重/软体部湿重\times 100\%$$

鲍、扇贝等的生殖腺指数都有一定的变化规律，若生殖腺指数从最大值突然下降（即拐点），就说明亲贝排精产卵了。

3. 鲜出肉率或肥满度

根据鲜出肉率或肥满度的变化（从最大值突然下降）来判断贝类的繁殖季节。

4. 海区浮游幼虫观测

通过拖网调查海区浮游幼虫的发育程度和数量，判断贝类的繁殖日期和附苗日期。每种贝类的浮游幼虫都有特定的发育进程（当然与水温等环境因子有关），根据海区拖网获取的样品在显微镜下观测，从浮游幼虫的发育阶段可判断其产卵日期、预测其附苗日期。

5. 有效积温

根据有效积温来预测贝类的繁殖日期。

6. 组织切片

通过组织切片观察生殖腺滤泡的发育过程，当滤泡内有大量成熟的卵子或精子，即发育到成熟期；而当滤泡突然出现空腔，只有少量残留的精卵，则说明亲贝已排放精卵了。

上述判断贝类繁殖季节的方法，不能只根据一项，应该若干项结合起来，并且连续观察，才能较正确地判断繁殖季节。其中拖网检查浮游幼虫的方法，主要是要能够正确鉴别浮游幼虫的种类及其发育阶段，多用于海区半人工采苗；丰满度和鲜出肉率方法简便、直观，生产上较多采用；生殖腺组织切片法虽然正确可取，但操作繁琐，生产中不宜采用。

第六节　贝类的生活史

一、生殖细胞

贝类的生殖细胞都是由滤泡壁和生殖管的上皮细胞（生殖原细胞）分化形成的。生殖原细胞形成初级卵母细胞或初级精母细胞。每一个生殖母细胞经过两次成熟分裂（第一次是减数分裂，第二次是有丝分裂）形成成熟的生殖细胞，其中每一个初级卵母细胞只形成一个卵子（其余两个是极体），每一个初级精母细胞产生4个精子。多数瓣鳃纲的卵细胞较小，直径在50～90μm之间；腹足纲的卵细胞较大，直径多在200～500μm之间。养殖贝类的卵多为少黄卵而且几乎全部为沉性卵。精子通常呈鞭毛虫形，头颈部只有3～6μm，多为圆锥状、子弹状、尖辣椒状；尾丝较长，一般为30～50μm。

二、受精

受精是指精、卵细胞互相融合形成一个新的细胞的过程，受精的结果产生了受精卵。受精膜的举起和极体的放出是受精的标志（图3-8）。贝类的卵多数在第一次成熟分裂中期核（或称胚泡）消失时停止发育，受精后才放出极体，继续发育下去；牡蛎科和蛤蜊科的一些种类，在成熟

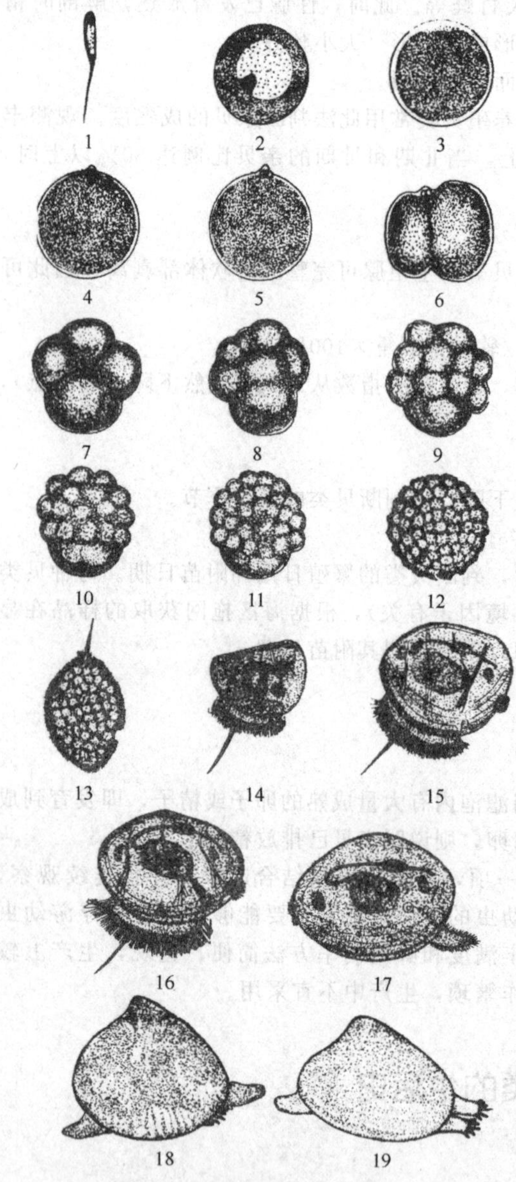

图 3-8 菲律宾蛤仔的胚胎发生

1—精子；2—卵子；3—受精卵；4—第一极体出现；5—第二极体出现；6—2 细胞期；7—4 细胞期；8—8 细胞期；9—16 细胞期；10—32 细胞期；11—桑葚期；12—囊胚期；13—担轮幼虫；14—直线铰合幼虫；15—壳顶幼虫；16—壳顶幼虫后期；17—附着稚贝；18—单水管稚贝；19—双水管稚贝；引自富慧光等，2003

分裂开始前的初级卵母细胞时期（核清晰可见），就能接受精子受精（该类型可人工解剖授精）。大多数瓣鳃类是单精入卵的，即一个精子就能使卵受精；而腹足类通常要有较多的精子参与才能使卵受精。

三、卵裂

受精卵经过多次分裂，形成很多分裂球的过程，称为卵裂。卵裂的主要特点是每次分裂时各个分裂球都能一分为二；分裂次数越多，分裂球的数量就越多（2^n），但每个分裂球的体积越小，因此，卵裂的结果是胚胎的体积不变。贝类的卵裂除头足纲外多为螺旋型不等全裂，动物极的细胞较小、植物极的细胞较大。在瓣鳃类中多有极叶的伸出与缩回现象。

卵子受精后向植物极方向伸出第一极叶，紧接着纵裂为两个分裂球，小的为 AB 细胞，大的为 CD 细胞，成为 2 细胞期；CD 细胞又向植物极伸出第二极叶，胚胎分裂为 4 个细胞，即 A、B、C、D 四个分裂球，接着极叶又收回到 D 细胞，所以 4 细胞中以 D 细胞为最大；第三次则为螺旋型卵裂，形成 8 细胞；接着形成 16 细胞、32 细胞，不断分裂的结果，形成了桑葚胚。

四、囊胚与原肠胚

当桑葚胚的中央出现空腔，胚体呈囊状，表面遍生短纤毛时，称为囊胚。由于纤毛的摆动，使胚胎在受精膜内以逆时针方向转动。囊胚继续发育，由外包作用结合内陷作用形成原肠胚。原肠胚和囊胚一样，仍然在受精膜内旋转。

五、担轮幼虫

受精后数小时，原肠胚渐渐拉长呈倒梨形，原口前移到胚体腹面，在原口的前端形成一轮口前纤毛环，纤毛环的中央长出一束顶纤毛束，中间为 1～2 根较长的主鞭毛（牡蛎等种类则没有）。在胚体的后端有一束较小的端纤毛。原口相对应的背侧，外胚层细胞转化为壳腺，壳腺能分泌几丁质的胚壳。此时的胚胎称为膜内担轮幼虫。

担轮幼虫在受精膜内快速转动，最后破膜而出，成为膜后担轮幼虫（但生产上不把此阶段称做孵化，而是待发育到 D 形幼虫时才计算孵化率），此时的担轮幼虫为浮游生活，一般在直线方向上做旋转前进，并具有趋光性。担轮幼虫不摄食，以卵黄为营养。

六、面盘幼虫

担轮幼虫继续发育，其壳腺形成马靴形的胚壳（又称幼虫壳、初生壳，未钙化、半透明），并从身体两侧逐渐下包（腹足类则从一侧螺旋下包），将口前纤毛环推向身体的前端，形成面盘。以面盘为运动和摄食（滤食）器官的幼虫称面盘幼虫。在瓣鳃类中面盘幼虫又分为直线铰合幼虫（又称D形幼虫）和壳顶幼虫（早期壳顶幼虫和后期壳顶幼虫）。

1. 直线铰合幼虫

又称D形幼虫。受精后约1天左右，此时幼虫壳腺分泌的半透明幼虫壳呈倒写的英文字母"D"形，包裹了全身，其铰合部呈直线，故又称直线铰合幼虫。D形幼虫阶段开始摄食微型单胞藻。

2. 早期壳顶幼虫

原呈直线铰合的铰合部中央逐渐隆起，形成壳顶，面盘发达，消化盲囊包裹了大部分的胃，外套膜、鳃原基、足丝腺和平衡囊等都已形成，但未很好分化。足呈棒状，无伸缩能力。多数双壳类从直线铰合幼虫发育到早期壳顶幼虫约需2～6天。

3. 后期壳顶幼虫

后期壳顶幼虫的壳顶充分隆起，消化盲囊覆盖了整个胃的周围。足呈靴状，能自由伸出壳外，此时的幼虫既能用面盘浮游，又能用足匍匐爬行（双重性）。鳃原基明显可见，上有鳃纤毛。有的种类如牡蛎、贻贝、扇贝以及魁蚶、缢蛏等在外套膜的中央，投影在消化盲囊的腹缘有黑色的眼点，身体两侧各一个（又称眼点幼虫）。足的基部各有一个平衡囊，内有颤动的耳砂。多数贝类从早期壳顶幼虫发育到后期壳顶幼虫需3～7天。此期幼虫的壳缘逐渐加厚。不同瓣鳃类的面盘幼虫到此期才可根据其大小、形状、颜色、构造和铰合齿的数目等特征来加以区别。

后期壳顶幼虫借助面盘和足部时而浮游时而爬行，寻找适宜的附着基，此阶段称为"寻觅期"，寻觅期一般为2～3天，但若环境条件或附着基不适，幼虫可能夭折，翡翠贻贝等少数种类的寻觅期可长达20～30天。

多数双壳类从受精开始发育到变态附着约需1～3周的时间，而大竹蛏等少数种类，幼虫发育速度极快，受精后4～5天即可变态附着。

腹足类的面盘幼虫仅有一个扭转的幼虫壳，其发育与双壳类的差异较大，如鲍的面盘幼虫期仅为2～3天，且不摄食，以卵黄为营养；东风螺的面盘幼虫期为10～15天，摄食金藻、扁藻、角毛藻等。

七、稚贝期

后期壳顶幼虫遇到适宜的附着基时，足丝腺就分泌足丝进行附着生活。幼虫附着时，面盘逐渐退化消失，足丝逐渐发达，外套膜开始分泌钙质的次生壳，这个过程称为变态。变态后形成稚贝。不同的贝类其变态幼虫的大小是不一样的。变态为稚贝后生物体发生了质的变化：①贝壳钙化，并逐渐不透明；②用鳃呼吸；③生活习性发生改变，由浮游、匍匐生活变为用足丝附着生活，接着向成体生活类型过渡；缢蛏、蛤仔等埋栖型的贝类，稚贝进一步发育出现水管，足丝退化，足部发达，营埋栖生活；附着型的贝类，足丝逐渐发达，营附着生活；固着型的贝类，足丝腺分泌黏液营固着生活，足部退化消失。

变态时期幼虫是不生长的，幼虫变态为稚贝后生长迅速。

八、幼贝期和成贝期

稚贝进一步发育，至形态构造、生态习性与成贝基本一致时称为幼贝期；幼贝发育到第一次具有繁殖能力之后，直到老死之前，称为成贝期。

第七节 增养殖贝类的灾敌害及其防除技术

一、灾害

经济贝类的主要灾害有以下几个方面。

1. 水文气候异常

异常水文、气象导致环境条件的剧烈变化，会对贝类造成不同程度的危害。例如酷暑严寒时，引起温度大幅度变化，超过了贝类的耐受限度，往往使牡蛎、珠母贝、蚶、蛤类等大面积死亡，尤其是养殖在较高潮区的稚、幼贝。再如南方沿海形成风暴或台风时，狂风和暴雨冲击养殖筏架或正面袭击滩涂，往往也会使养殖贝类造成严重损失。

2. 洪水

洪水暴发时不仅使海水密度急剧下降，而且往往携带大量的泥沙，在内湾、河口区淤积造成养殖贝类尤其是底栖贝类的窒息，或引起滩涂底质的变动使大面积的养殖贝类迁移。

3. 污染与赤潮

人为污染如原油泄漏、排放有毒物质以及赤潮等造成人为灾害的事例也屡见不鲜。

贝类在繁殖后体质较弱，此时若遇到温度剧变、大风浪等恶劣环境，也可能引发灾难性的后果。

二、经济贝类的敌害

严格来说，非增养殖对象和食料种类且对经济贝类的生长繁殖有不利影响的生物都属于贝类的敌害。贝类的敌害生物是多种多样的，其危害方式和危害程度也有差别。

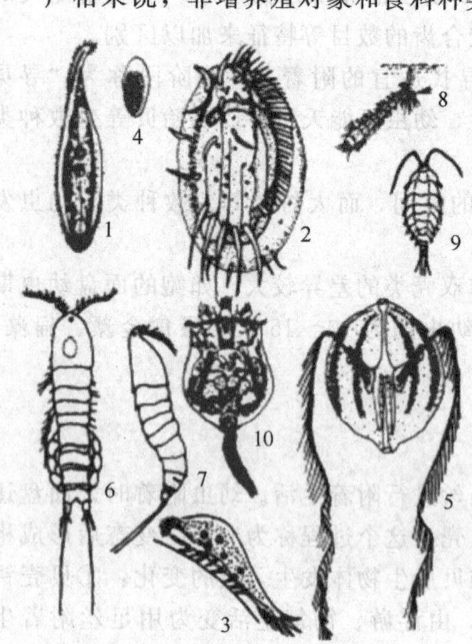

图 3-9 纤毛虫

1—慢游虫（*Lionotus*）；2—游扑虫（*Eupiotes charen*）；3—履虫（*Stylonychia*）；4—变形虫（*Amoeba*）；5—栉水母（*leurobrachia*）；6,7—猛水蚤（*Microsetella*）；8—孑孓（*Wiggler*）；9—海蟑螂（*Ligia*）；10—轮虫（*Brachionus*）；引自常亚青等，2007

1. 侵（食）害贝类的动物

侵食贝类的敌害对贝类的为害最重。以贝类为食的敌害生物有很多，几乎所有肉食性水生动物都在不同程度上危害着贝类。

（1）纤毛虫类　原生动物的肉食性纤毛虫如游仆虫等（图 3-9）常侵入贝类育苗池噬食贝类幼虫或稚贝的鳃组织及软体部，对贝苗造成危害。

（2）栉水母类　侧腕水母（*Pleurorachia*）有两条侧生的细长、分支触手。当触手伸展开时，就像两张“流刺网”，可捕食贝类浮游幼虫。

（3）涡虫类　扁形动物涡虫中的食蛤多歧虫（*Planaria* sp.）生活于中潮区的泥沙质滩涂中，每年3～4月份大量出现，侵入蛤埕、蛏埕，有的还会侵入养殖筏架。食蛤多歧虫以其薄片状的体躯包被贝体，分泌黏液麻痹并窒息蛤仔等双壳类，使之开壳后侵食软体部。

（4）环节动物　多毛类的沙蚕（*Neris*）多栖息于潮间带滩涂，白天潜伏，夜间四出觅食，以其强大的腭来捕食蛏、蛤等，对缢蛏及其苗种危害较大。

（5）肉食性贝类　肉食性的玉螺科和骨螺科的一些种类，是双壳类主要敌害生物。骨螺国外称为“牡蛎钻”，能分泌酸性物质蚀穿贝壳而食其肉；此外常见肉食性螺类有红螺、荔枝螺、斑王螺、福氏玉螺等以及后鳃类的壳蛞蝓、小拟海牛（*Doridium minor*）。

头足类的蛸类（章鱼）等也常捕食潮间带的瓣鳃类动物。

（6）甲壳动物　主要是蟳（*Charybdis*）、青蟹（*Scylla*）和梭子蟹（*Portunus*）等。它们以其强大的螯钳破贝壳侵食其肉。对珠母贝、近江牡蛎、杂色鲍等都造成一定危害。虾类则常以额剑刺杀贝类，再食贝肉。蔓足类的藤壶（*Balanus*）等亦会以其多毛的胸肢滤食水中的浮游生物，贝类的浮游幼虫也会被其滤食，因藤壶的数量极大，危害程度较大。

（7）棘皮动物　棘皮动物的海星类是贝类的大敌。海盘车（*Asterias*）、海燕（*Asterina*）、砂海星（*Luidia*）等尤其喜食贝类。一只海星一天侵食和损坏的牡蛎可达 20 个。砂海星能残食 5～6cm 的鲍，一个海盘车日均可残食 2.0cm 的魁蚶 4.3 个。

（8）鱼类　包括鲷科（Sparidae）、蛇鳗科（Ophichthyidae）、鲀科（Tetrodontidae）、魟科（Dasyatidae）、鲼科（Aetobaithe）等。如黑鲷、须鳗、蛇鳗、河豚、鳐、魟、海鲫、海鲶、红狼鰕虎鱼、真鲨、角鲨等都能直接侵食贝类。有些杂食性的鱼类，如梭鱼、鲻鱼、斑鰶等虽不会侵食成体的贝类，但能大量刮食附着在滩面上的稚贝，所以也是贝类的敌害。

（9）鸟类　各种水鸟和候鸟常成群结队在滩面啄食贝苗和成贝，也是滩涂养殖贝类的敌害之一。

2. 竞争者

（1）生活空间的竞争者　附着、固着生活的动植物（污损生物）都与固着性、附着性养殖贝类竞争附着基。如藤壶、海鞘（*Ascidiacea*）、苔藓虫（*Bryozoa*）、海绵（*Spongia*）等往往侵占牡蛎的附着基，尤其是藤壶危害最大。互花米草（*Spartina alterniflora* Loisel，图 3-10）由于扩散能力强且难于根除，近年来在一些地区大片侵占了养殖贝类的泥质和泥沙质滩涂，造成非常严重的危害。寻氏肌蛤与泥蚶、缢蛏、蛤仔等生活环境相似，也会与蛏、蛤、蚶等争场地。浒苔（Enteromorpha）、昆布（Ecklonia）等也与滩涂贝类争夺生活空间。

图 3-10　福建闽东滩涂上的互花米草

（2）食料竞争者　原则上说，凡以滤食浮游生物为食的动物都会与双壳类争夺食物；凡以海藻等植物为食的动物都与鲍、蝾螺等植物食性螺类竞争食物。

蛏、蛤养殖场中自然生长的寻氏肌蛤、渤海鸭嘴蛤以及养殖扇贝筏上的贻贝也是争夺饵料者；藤壶则与牡蛎形成强烈的食物（包括前述的固着基）竞争关系。

3. 毁坏养殖器材和养殖设施的生物

这一类敌害生物主要有凿木的船蛆和穿凿岩石的马特海笋、铃蛤等，它们在竹、木、岩石、水泥制件等养殖器材上凿穴穿孔，使养殖桩、筏、蛎竹等器材抗风浪能力下降，一遇风浪就断裂、毁坏，造成养殖贝类的流失。

4. 生活干扰者

这类生物一般不直接侵食贝类，也不会引发贝类疾病，但它们会干扰贝类的正常生活，或增加贝体和贝类养殖器材的负荷，或改变贝类栖息的底质构成，或破坏底内生活贝类的洞穴，或妨碍滤水摄食，或造成贝类运动、潜居困难等，从而影响了贝类的生活，甚至造成严重损失。

营附着、固着生活的动物，如藤壶、海绵、海鞘、海葵等都会增加贝体和养殖器材的负荷，甚至影响了珍珠贝、扇贝、蛤仔、泥蚶的开壳滤食，海区养殖的鲍，其壳表上常固着藤壶，不仅妨碍了鲍的正常活动，也影响了鲍的商品外观价值。

裸赢蜚（*Gammarus*）俗称“虾虱”，常在泥质和泥沙质滩涂钻穴，形成“U”字形的巢穴，且因其移动性强，往往破坏缢蛏等养殖埕地，严重时会致使缢蛏迁移到异地，即俗称的“搬家”；泥沙质滩涂表面的浒苔大量繁殖时，使缢蛏、泥蚶、蛤仔等生活不能自如，摄食困难；在扇贝等养殖网笼上常有海鞘、海绵、海藻等附生堵塞网孔，影响网笼内外水流的通畅，直接影响了笼养贝类的生长。

5. 寄生生物

食蛏泄肠吸虫（*Vesicocoelium solenophagumg*）的胞蚴、尾蚴寄生在缢蛏的鳃和内脏囊时，不仅使缢蛏软体消瘦，甚至可导致缢蛏20%以上的死亡率；肠挠足虫（*Mytilicola*）常寄生在贻贝或牡蛎的消化道中；一种孢子虫常寄生在海湾扇贝体内；珍珠牛首吸虫（*Bucephaius margiritifera*）的尾蚴常寄生在珍珠贝肉质部；豆蟹（*Pinnothers*）如中华豆蟹（*P. sinensis*）等常寄生在牡蛎、蛤仔的外套腔中；腹足类短口螺（*Brachystomia*）有时躲在瓣鳃类的壳缘，吸食寄主的血液。凡被寄生的贝类生长缓慢、软体消瘦。

6. 污化养殖环境生物

对于自然海域而言，污化环境主要是赤潮生物所致。

在室内人工育苗小水体中，许多生物也会污化育苗水质，如轮虫、变形虫、纤毛虫、海蟑螂（*ligia exotica*）、蚊子（*Culex*）的幼虫孑孓等的代谢产物会污化育苗水体，甚至导致育苗生产失败。

以上介绍了敌害生物对贝类及贝类养殖六个方面的危害作用。实际上不少敌害生物对贝类的危害不仅是单一方面的，而可能是多个方面同时起作用的。例如藤壶不仅侵占牡蛎的固着基，同时也与牡蛎争夺食料生物、消耗溶解氧等，甚至还会滤食贝类的浮游幼虫。又如浒苔大量繁殖时，不仅干扰蛤仔等贝类的生活，同时浒苔又消耗水中大量的营养盐，影响了硅藻的繁殖生长，间接影响了蛤仔等的食料供应；此外，浒苔生活周期短，腐烂后会污染底质和底层水质，因此在蛤仔、缢蛏等土池育苗中，凡浒苔丛生处，贝苗几乎不能生存。而赤潮的危害更是多方面的。当然，一种敌害生物出现时，在特定时间、特定地点其危害作用有主要方面和次要方面，因而分析敌害生物的为害要全面、辨证地看问题。

三、防灾减灾措施

1. 监测预报

在高温季节或大风天气或冬季寒潮侵袭、霜冻来临时，筏式养殖可以采用沉台方式以防风、防冻等。

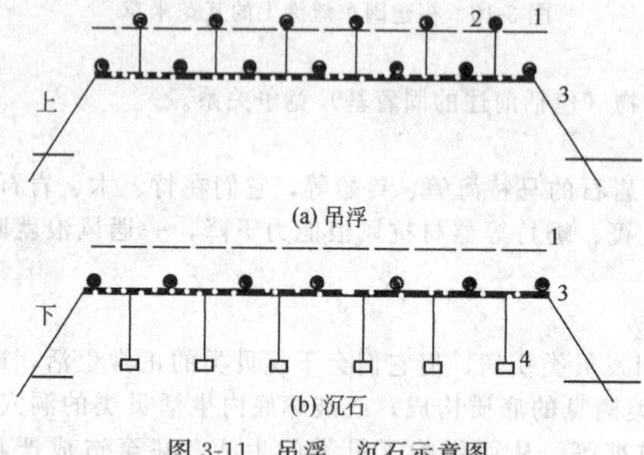

图 3-11 吊浮、沉石示意图

1—海平面；2—吊缆；3—浮子；4—沉石；

仿王如才，1993

沉台有两种措施，一是吊漂（又称吊浮，见图 3-11），即将部分台筏上的浮子加上 2～3m 长的绳子，使整台浮筏沉降到一定深度，但吊绳上的养殖贝类不能触及海底；另一方法是沉石（又称压筏），即将系有一定长度绳索的石头等重物绑在筏身上达到沉台的目的。有的地方用联绳把相邻的几台筏串起来加沉石压筏。

在洪水期或风浪比较大的滩涂，可建防浪堤、防风堤来阻挡洪水、风浪对埕面的直接冲击，在蛏、蛤、蚶养殖中常用此法。防灾减灾最主要的是进行有效的监测，开展灾害气候的准确预报等。

2. 防除敌害措施

(1) 物理法　对育苗水体中的原生动物等敌害可根据其大小与培育的浮游幼虫的个体差异，用适当的网目筛绢进行机械分离。

在滩涂生活的敌害生物可在巡埕管理时用手捉、网捕、惊吓等办法防除。如蟹类、螺类可在下埕管理时随时捕抓。

养殖网笼上附生的污损生物，可用高压水枪喷射使之脱落，也可以用刀刮、刷子刷除。

玉螺等螺类多在阴天或晨昏时出穴活动，此时捕捉效率较高。也可用蟹汁喷于埕面诱之集中再捕捉。捕捉时若有肉食性腹足类的卵群、卵袋、卵囊等，也应一并捡除。

另一种方法是在养殖埕地周围修筑芒草堤，可阻拦肉食性螺类，对阻拦、恐吓鳐、魟等鱼类也有一定作用。

浒苔、寻氏肌蛤等可用耙、竹筛等耙除或捞除。

(2) 化学法　除杀敌害的化学药品种类很多，国内常用中草药、大蒜汁以及其他化学制剂。但生产中严禁使用违禁药物（附录二、附录三）。

① 鱼藤（*Derris elliptica*）。每 667 平方米埕地用量 500g。具体做法是：将 500g 鱼藤捣烂，加 5kg 淡水把鱼藤的汁液洗出即成原液，使用时把原液加水 50～75kg 稀释，喷洒蛏埕。喷药后约 5min 左右蛇鳗等即出穴，且变得不太活泼，此时逐个捉拾。

② 大蒜浸出液。可以杀死多种微生物，如真菌及细菌中的一些种类，而且没有其他副作用，也不产生抗药性，以每立方米水体 2g 大蒜捣烂，取浸出液匀洒。

③ 烟屑浸出液。以 1%～2%浓度遍洒，对杀死蜾蠃蜚有效，每 667 平方米用量约 4kg。喷药时在晴天气温高时效果更好。

④ 生石灰（氧化钙）。石灰水对毒杀甲壳类、海星类比较有效。以生石灰 1.5～2.0kg/667m^2 或壳灰 25～30kg/667m^2 清池可除杀微生物和甲壳类等敌害。

⑤ 茶饼。茶饼碎末对毒杀鱼类和涡虫（食蛤多歧虫等）效果良好，用量是蛤埕 4～8kg/667m^2 匀撒；撒茶饼时，以晴天效果较佳。

⑥ 漂白粉。可有效除杀浒苔等。药液（含氯量 28%～30%）直接均匀喷洒在浒苔上，经 2～4h 可杀死浒苔，药液浓度见表 3-5，除杀后及时进水冲洗。

⑦ 食盐水。以饱和食盐水处理鲍和珠母贝体上的凿贝才女虫也较为有效。

此外，对网箱、网笼上附生的敌害生物，可用特殊的化学制剂涂喷网笼、绳索等，形成一层涂膜。附着生物分泌的物质遇到这种涂膜，就像水珠滴在荷叶上，无法黏附，从而达到防止附生的作用。

表 3-5　漂白粉除杀浒苔用量

水温/℃	10～15	15～20	20～25
药液浓度/(g/m^3)	1500	600～1000	100～600

(3) 生物学防治方法　生物学防治方法主要有三个方面。一是对敌害生物（如藤壶）的繁殖和附着高峰作出准确预报，以避开其繁殖和附着高峰。二是根据敌害生物与养殖贝类对附苗器的质地、颜色等的不同喜好，设置引诱性附着器。如藤壶、贻贝的幼虫在红色、橘红色、灰褐色和黑色基质上的附着率较高，而长牡蛎则多附着在浅色附着基，据此特性采用深色的虾夷扇贝右壳和浅色的虾夷扇贝左壳各自穿插成串或间隔吊挂，结果是蛎苗多附于左壳，而藤壶、贻贝则多附于右壳；待藤壶、贻贝附着高峰过后即移去右壳。三是利用生物相生相克的原理，用天敌除杀。例如用滨螺与牡蛎混养，以去除杂藻；又如在网笼中混养鲻鱼、蓝子鱼等吞食网笼、贝体等上的附着生物等。

【本章小结】

贝类的环境因子包括理化因子和生物因子两大类，理化因子主要有潮区、底质、温度、盐度、光照、浑浊度、潮汐水流、酸碱度、溶解氧和营养盐等，生物因子则主要是敌害生物和食料生物；环境因子对贝类的作用是综合的，其过程是动态的，它们之间相互影响、相互联系、相互制约；辨证分析环境因子对经济贝类分布、生活、生长和发育的作用及其规律，选择一个具有良好水质和底质的养殖场（育苗场）是从事贝类养殖必备的基础。

贝类的生活方式多种多样，作为养殖对象，双壳类主要有附着、固着、埋栖等生活类型；鲍、经济螺类等则多为匍匐爬行生活；海水贝类的幼虫则为浮游生活。为适应不同的生活类型，贝类都有其相应的形态构造。

贝类的食性按取食方式可分为滤食性、舐食性和捕食性三种类型；按食料性质则可分为草（植）食性、肉食性、杂食性等。从滤食双壳类的滤食公式分析，并采取相应的措施，可有效促进贝类的生长和发育。

贝类的生长受到温度、饵料等诸多环境因子的影响。贝类生长的测量有多种方法，长度法简便、直观，但不能真实反映贝类的重量尤其是软体的实际生长；测量鲜出肉率时也存在着水分多寡的操作上的干扰，但基本能真实表示贝类的生长，生产上较多采用；肥满度虽最为准确，但操作较为繁琐。

经济海水贝类的繁殖方式主要有卵生型、幼生型和交尾型等，不同繁殖方式的贝类，因其子代的成活率不同，在繁殖力（产卵量）方面有较大的差异。贝类都有相对固定的繁殖季节，但因每年海区水温升降有早有晚、或因人工变温蓄养，其实际繁殖期会随之变动。贝类的繁殖活动受温、盐、光、流、潮汐等多种因素的影响，当然贝类自身的性腺成熟度是其排放精卵的前提。经济贝类繁殖的调查方法有很多，经济双壳类较多调查其丰满度、鲜出肉率；海区半人工采苗一般是观测其浮游幼虫的发育和数量；较为特殊的扇贝和鲍则是测量其性腺指数，当然，有效积温也是常用的一种方法。

担轮幼虫和面盘幼虫是经济海水双壳类和腹足类的重要发育阶段，其中，双壳类的面盘幼虫又分为D形幼虫和壳顶幼虫，后期壳顶幼虫经2～3天的既能浮游又能匍匐的“寻觅期”后变态为稚贝，继而发育为幼贝、成贝。

贝类的敌害可分为食害、附（固）着基竞争、食料竞争、干扰、毁坏器材设施、寄生、污化养殖环境等类型；贝类的灾害主要是台风或大风浪、洪水、严冬酷暑、污染等。贝类防灾减灾的措施主要有监测预报、物理方法防除、化学方法防除和生物方法防除。敌害防除时严禁使用违禁药物。

【复习题】

1. 名词解释：温度系数、生物学零度、有效积温、浑浊度、性成熟年龄、生物学最小型、鲜出肉率、肥满度、丰满度、性腺指数、担轮幼虫、面盘幼虫、D形幼虫、壳顶幼虫、稚贝、幼贝。
2. 潮间带潮区如何划分？
3. 列出贝类的环境因子，分析影响贝类生长、发育与繁殖的主要因素。
4. 比较分析经济贝类的主要生活类型及其形态构造上的适应性。
5. 贝类的生长有何规律？贝类生长规律与养殖年限有何关系？
6. 试从双壳类的滤食公式分析比对不同养殖方式对贝类生长发育的影响。
7. 贝类生长测量的方法有哪些？试比较它们的优缺点。
8. 贝类的繁殖方式有哪些？不同的繁殖方式其产卵量有何不同？为什么？
9. 贝类繁殖活动受哪些环境因素的影响？
10. 贝类繁殖调查的目的是什么？贝类繁殖的调查方法有哪些？各有何特点？
11. 贝类的生活史分为哪几个主要阶段，各阶段的主要特征是什么？
12. 何谓贝类幼虫的“寻觅期”？寻觅期的长短与哪些因素有关？
13. 经济贝类的灾害有哪些？如何预防？
14. 按为害方式划分，贝类的敌害有哪些？如何防除？

第二篇

经济海水贝类的苗种生产技术

第四章　贝类室内全人工育苗技术

【学习目标】

1. 掌握贝类人工育苗场的基本设施与主要设备，学会规划育苗场的总体布局。
2. 能够进行贝类育苗用水的常规处理。
3. 能够制订贝类人工育苗的生产计划，做好育苗前的准备工作。
4. 掌握贝类室内全人工育苗的工艺流程和技能操作，为后述的经济贝类人工育苗技术的学习打下坚实的基础。

苗种生产是贝类增养殖业的基础，优质、充足的苗种是促进贝类增养殖业发展的保证。除极少数种类是采集野生苗外，海水经济贝类的苗种生产方式主要有自然海区半人工采苗、室内全人工育苗和土池人工育苗三大类型。贝类的室内全人工育苗技术是指包括亲贝的选择与蓄养、成熟精卵的获得、受（授）精、孵化、选幼、幼虫培育、采苗、稚贝培育等生产步骤均在室内而且是在人工控制下有计划、有步骤进行的苗种生产技术。

室内全人工育苗具有许多优点：可以根据生产需要，控制亲贝性腺的发育，提前或延后产卵，延长苗种生产期；通过人工控制理化环境因子，可以有效防除敌害，提高苗种成活率；苗种纯，质量高，规格基本一致；可以引进开发优良品种，进行多倍体育种；运用选种和杂交等技术方法，可以培育生长快、营养价值高、抗逆性强的新品种。

一、贝类人工育苗场地的选择

① 育苗场建设应首先勘察水源，要求海水水质好、无浮泥、浑浊度较小、透明度大，海水水质符合渔业水质标准。

② 水温、盐度要适宜，场址尽量选在背风处，取水点风浪要小。

③ 育苗场区应有充足的淡水水源，总硬度要低，以免锅炉用水处理困难。

④ 交通便利，并且场址尽可能靠近中间育成场地和养成场。

⑤ 电力供应稳定，尽量不用或少用自备电源设备，以降低生产费用。

⑥ 育苗场地应选择无工业、农业和生活污染的海区，远离有污染水排出的造纸厂、农药厂、镀锌厂、化工厂、石油加工厂、大小码头等，避开产生有害气体、烟雾、粉尘等物质的工业企业，并避开赤潮多发的海域。

二、育苗场的基本设施

1. 供水系统

一般采用水泵提水至高位沉淀池，海水经过沙滤池（或沙滤罐）过滤处理后再进入育苗池和饵料池。

（1）水泵　水泵的种类较多，根据构件不同可分为铸铁泵、不锈钢泵、玻璃钢泵等；由于性能不同，又有离心泵、轴流泵、潜水泵和井泵等。

要根据抽水量、扬程和送水距离选择水泵的类型和大小。一级提水要选择功力大的离心泵、轴流泵，抽水能力以24h灌满蓄水池为宜。离心水泵需固定位置，置于水泵房中。通常一个水泵房有两台甚至多台水泵同时运行或交替使用。二级、三级提水可选用轻便的潜水泵。室内打水和投饵也常使用潜水泵。潜水泵体积小，移动灵活，操作方便，不需固定位置，但它的流量和扬程受到限制。由于是海水育苗，所以要用防腐蚀型的水泵。

(2) 进出水管道　管道构件可分为铁管、陶瓷管、橡胶管、聚乙烯管和 PVC 管道等，要选择耐腐蚀、无毒的管材，目前育苗场常用管件以聚乙烯管和 PVC 管道较多。

抽水笼头应置于低潮线以下，取水点尽量向下延伸，取水质好、清澈、水温相对稳定的海水，不取岸边的水，并远离育苗室的排污点。

(3) 沉淀池（蓄水池）　沉淀池主要是起沉淀净化水的作用，又有贮水的功能。沉淀池应建于高位区，容量的大小根据育苗室水体决定，一般为育苗水体总量的 3～4 倍，分建成 2～4 个池，海水沉淀时间为 36～48h。

① 沉淀池结构和形状。沉淀池一般为圆形和长方形，长方形的沉淀池为连体式，池底结构为一体，间隔成 2～4 个池，以便轮换使用。圆形沉淀池较长方形沉淀效果好，但造价高。池顶须加盖以达到黑暗沉淀的效果；池底应有 1%～2%的坡度，便于清刷排污。出水口设于池底上方 20～30cm 处，排污口位于池底最低处。顶部应设有溢水口。

② 注意事项。为使沉降彻底，海水在沉淀池中的沉淀时间不宜低于 48h。在风浪较大、海水较混浊时，还要增加沉淀时间。沉淀池要加盖，除能挡风尘、遮雨水外，还可造成黑暗环境，促使浮游生物沉淀到池底。沉淀池的污物要及时清除，以免时间长，沉淀物腐败分解产生硫化氢、氨等有毒物质，败坏水质；一般要求一周左右清污一次，特殊情况如大风浪过后应立即清污。沉淀池最低水位应高于所有育苗池和饵料池底 1m，以便自流供水；若建在地势较低处，则需有二级提水设备。

(4) 沙滤器　沉淀池的水必须经过沙滤后方可进入育苗室和饵料室。沙滤是工厂化人工育苗和养殖处理水的基本方法。沙滤器对于排除水中的溶解性有害物质，提供优质育苗用水起决定性的作用。它是通过水的沉淀和机械过滤等方法把悬浮在水中的胶体物质和其他微小物体与水分离。目前贝类人工育苗常使用的沙滤形式有沙滤池、沙滤罐、沙滤井和陶瓷过滤器等。

① 沙滤池。目前使用的多为敞口式沙滤池，也称开放式沙滤池（沙滤器）。沙滤池一般建 2 个，交替使用。滤水量根据育苗用水量而定，一般过滤海水 $20m^3/(h \cdot m^2)$ 以上。沙滤池内的沙层安装要求非常严格，整个沙滤池自下而上铺设不同规格的数层卵石和沙层，下设不低于 30cm 高的净水蓄水池（净水沉淀），离池底 3～5cm 处为供水口，池底最低处设有排污口便于冲刷沙滤池，沙滤池断面示意如图 4-1 所示。

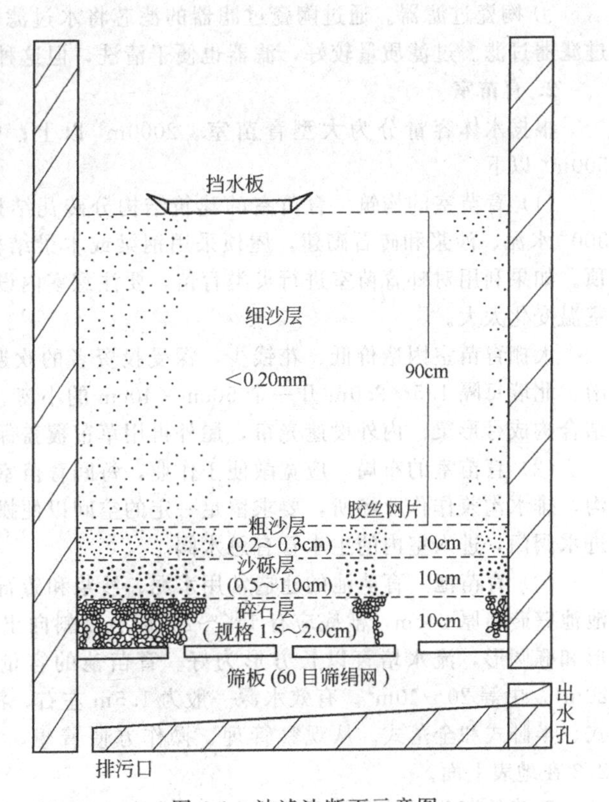

图 4-1 沙滤池断面示意图
(仿王如才等，1993)

滤料物质自下而上的铺设顺序为：池底 30cm 处铺设漏孔水泥板（水泥条板）或孔径 1cm 的漏孔塑料板→上铺直径 1.5～2.0cm 卵石 10cm 左右→上铺直径 0.5～1.0cm 中卵石 10cm 左右→铺小卵石

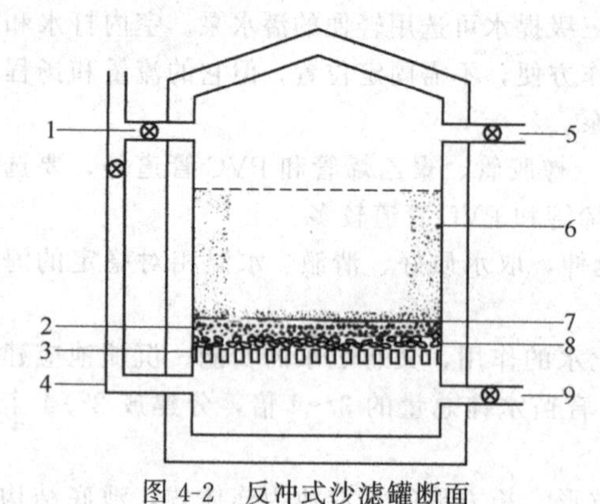

图 4-2 反冲式沙滤罐断面示意图（引自王如才等，1993）
1—进水管；2—粗沙；3—筛板；4—反冲水管；5—溢水管；6—细沙；7—聚乙烯筛网（60 目）；8—碎石；9—出水管

达到找平要求→上铺 60 目聚乙烯网片 2～3 层→上铺洗净的 Φ0.2～0.3cm 的粗沙 10～20cm 左右→上铺 60 目聚乙烯网片 3 层→上铺干净的 Φ0.1～0.2mm 的细沙 80～100cm→上铺 60 目聚乙烯网片 3～4 层→铺滤水布 1～2 层→四周用石头压紧后使用。

② 沙滤罐（图 4-2）。也称压力过滤器（过滤罐），为封闭式过滤器，一般采用钢筋混凝土加压制成，有反冲洗装置。压力过滤器是圆形罐状，一般内径 3m 左右，过滤能力达 $20m^3/(h \cdot m^2)$，沙层铺设基本同沙滤池。沙滤罐因压力原因滤水速度较快；有反冲作用，能将沙层沉积的悬浮有机泥质及无机物、浮游动物尸体、碎片等溢流排出，但沙滤的水质比沙滤池的水质差。一般育苗厂采用两种沙滤方法结合使用，先用沙滤罐过滤再经沙滤池过滤后使用。

③ 沙滤井。在沙质底的低潮线附近打井，让海水渗到地下井中，实现海水过滤的目的。为了保证水量，可将多个沙滤井串联；也可利用海水蓄水池，在池内挖建一个地下沙滤井。沙滤井的海水夏季水温低，冬季水温高，而且水的质量较好，没有有机物污染，水过滤的运行费用低。因此，育苗成功率较高，并且对工厂化养殖也十分有利。但在使用前，应检测水的盐度、pH 值和还原性物质等化学指标是否符合海水的水质标准。

④ 陶瓷过滤器。通过陶瓷过滤器的滤芯将水过滤。一般将沉淀的水经沙粗滤后，再用陶瓷过滤器过滤。过滤质量较好，滤器也便于清洗，但这种方法只适用于小型水体育苗。

2. 育苗室

根据水体容量分为大型育苗室，$2000m^3$ 以上；中型育苗室，$500m^3$ 以上；小型育苗室，$500m^3$ 以下。

(1) 育苗室的构筑　育苗室的建筑结构分砖瓦结构和塑料大棚两种结构。砖瓦结构用标准 300# 水泥、沙浆和砖石砌建，屋顶采用钢梁或木梁结构，呈人字形或圆弧形，瓦顶或玻璃钢瓦顶。如果利用对虾育苗室进行贝类育苗，要注意室内设遮光帘，屋顶外盖草帘保暖，防止水温和室温变化太大。

大棚育苗室因造价低、花钱少，深受投资者的欢迎。大棚育苗室，四周砌砖墙高 1m 左右，南、北墙每隔 1.5～2.0m 开一个 50cm×40cm 的小窗。屋梁选用 10～12# 钢筋和 Φ1cm 的细竹子结合构成弓形梁。内外设遮光帘，屋外再用草帘覆盖保温。

(2) 育苗室的布局　应宽敞便于作业，每间育苗室设双排育苗池，两排培育池共用一条排水沟，排水沟兼作作业场所，要求留足一定的空间以便操作。进水管设于排水沟的对侧，每池安装进水阀门，进入室内的主水管有总水阀。

(3) 育苗池　育苗池的建造常用水泥、沙浆和砖石砌筑，也可采用钢筋混凝土灌铸，一般水池池壁砖墙厚 24cm，池底应有 1%～2%的坡度斜向出水口。育苗池的形状有长方形、方形、圆形和椭圆形，流水培育以长方形为好。育苗池的容量大小，以管理操作方便为准，小的 10～$20m^3$，中等 20～$40m^3$。有效水深一般为 1.5m 左右，深者可达 2.0m。育苗池的建筑形式有全卧式、半卧式和全落式。从观察管理、操作方便着想，半卧式育苗池最好，即 1/3 在地表下面，2/3 在地表上面。

新建的育苗池碱性较重，遇水后会渗出大量碱性有毒物质，严重时水体 pH 值超过 10 以上，对贝苗发育影响较大。因此，新池在使用以前需先经过解毒处理，一般都用淡水或海水多次浸泡、冲洗，直至池底、池壁内的碱性析出物和其他有毒物质的浓度减低到对贝苗无影响的程度，指标之一是pH值恒定在8.5以内。浸泡时间一般在1个月以上，如果时间紧迫，可在浸泡水中加入少量工业盐酸或醋酸，或在池壁、池底刷上工业盐酸或醋酸，也可在水中投放稻草，用以中和碱性物质，这样可以缩短浸泡时间。

为提高设备的利用率，贝类室内人工育苗也可以利用鱼虾类、海参和藻类育苗室，根据育苗要求，稍加以改造使用。

3. 饵料室

一个良好的饵料室必须光线充足，空气流通，供水和投饵自流化。饵料室四周要开阔，避免背风闷热。目前常用的饵料室有采光度达到85%～90%的玻璃钢瓦屋顶和塑料大棚两种结构。

(1) 保种间　一般在饵料室的一端（东端）间隔成保种室，保种室除了光照条件要保持1500～10000lx外，还要有调光设备和调温设备，冬季温度不低于15℃，夏季不超过25℃。保种瓶需求量按培育池总容量的2%～3%制备。

(2) 闭式培养器　利用（1～2）$\times 10^4$ml细口瓶、有机玻璃柱、玻璃钢桶、聚乙烯薄膜塑料袋，进行饵料一级、二级扩大培养。目前常用0.2～0.3m^3的无毒性玻璃钢桶作为二级饵料培育容器。闭式培养有防止污染、受光均匀、培养效率高等特点。

(3) 敞式饵料　饵料池培养总容量为育苗池的1/4～1/2，方形或长方形，饵料池容量大小一般为8～10m^3，池深0.5m。池壁铺设白瓷砖或水泥抹面以增加池底光照，每间饵料室均为双排池，两排池中间距离1m，四周空间距墙50～60cm，便于操作和冬季水汽滴水。

4. 供气系统

充气是贝类高密度育苗不可缺少的条件。充气系统由充气机和气管、气泡石两部分组成。

(1) 充气机　贝类工厂化育苗充气增氧一般多使用罗茨鼓风机。罗茨鼓风机的风量大，省电又无油，1.5m水深的育苗池可使用风压2000～3500mmHg[1]的鼓风机，水深2.0m的育苗池可选用风压3500～5000mmHg的鼓风机。一般育苗池每分钟充气量为培育水体的1%～5%，若一个500m^3水体的育苗池、水深1.5m左右，可选风量为12.5m^3/min、风压为3500mmHg的罗茨鼓风机3台，2台运行、1台备用。

(2) 充气管和气泡石　罗茨鼓风机进出气管道采用塑料管，各接口应严格密封不得漏气。为使各管道压力均衡并降低噪声，可以在风机出风口后面加装气包，上面装压力表、安全阀、消音器。通向育苗池所使用的充气支管应为塑料软管或胶皮管，管的末端装气泡石（散气石）。气泡石一般用140#金刚砂制成圆柱形，长5cm、Φ3cm左右，一般每平方米池底设1个气泡石。

5. 供热系统

海湾扇贝、虾夷扇贝、皱纹盘鲍等贝类采用加温人工育苗的方法。加温育苗可以加快幼虫生长和发育速度，提高越冬前的规格，还可进行多茬育苗。加温方式可分电热、汽刺式、盘管式和热交换器等。

(1) 电热　利用电热棒和电热丝提高水的温度。这种方法供热方便，便于温度自动控制，适于试验和小型育苗。一般设计要求每立方米水体需0.5kW的加热器。

(2) 汽刺式　利用锅炉加热，直接向水体内充蒸汽加热，适于大规模育苗。这种方法使用的淡水质量要求较高，必须有预热池。预热池设在育苗室靠近锅炉的一端。

(3) 盘管式　也是利用锅炉加热。管道封闭式，在池内利用散热管间接加热。散热管道多是无缝钢管、不锈钢管。不管哪种管道，管外需加涂层，利用环氧树脂、RT-176涂料进行涂抹，或者涂抹一层薄薄的水泥，也可用塑料薄膜缠绕管道2层，利用温度将薄膜固定于管道上。这种方法虽加热较慢，但不受淡水的影响，比较安全和稳定。可利用预热池预热，也可直接在育苗池

---

[1] 1mmHg=133.322Pa，余同。

加热。

(4) 热交换器　分为板式热交换器、管式热交换器和罐式热交换器。罐式热交换器为开放式热交换器，蒸汽与海水在罐内混合，实现快速提温的目的，这种加热方式与池内汽刺式的原理和要求相同。板式热交换器和管式热交换器属于封闭式加热，海水和蒸汽严格分离，对海水没有污染，加热效率和质量较其他几种加热方法都要优越。

6. 供电系统

电能是贝类人工育苗的主要能源和动力，引水、供气、供暖、照明等都不能缺少电。育苗场应有完整系统的供电设备。供电系统的基本要求一是安全供电；二是可靠、稳定，育苗期间要做到电压稳定，不间断供电。同时应自备发电机，以备电厂停电时使用。

7. 其他设备

(1) 水质分析室及生物观察室　为随时了解育苗过程中水质状况及贝苗生长发育情况，应建有水质分析室和生物观察室，并备有常规水质分析和生物观察的仪器和药品，进行溶解氧、酸碱度、氨态氮、盐度、水温、光照和生长测量、摄食观察、密度统计等。

(2) 附属设备　包括潜水泵、筛绢过滤器（过滤棒、过滤鼓或过滤网箱）、吸底（污）器、搅拌器、塑料水桶、水勺、浮动网箱、采苗浮架、采苗器等。

三、育苗场的总体布局

水泵房要根据地形、入口水源、潮水水位、水泵的扬程和吸程等情况选择合适位置，在保证水源不被污染的条件下尽量离育苗室近一些，以便于管理。沉淀池、沙滤池或沙滤罐要建在地势较高处。育苗室、饵料培养室，多采用天然光和自然通风，在布局上尽可能向阳。为了减少锅炉房烟尘、噪声、煤灰对环境的污染，应位于主导风向的下风向，但锅炉房主要是供育苗室热量，考虑节能与管理又不能离育苗室太远。风机房一般安装罗茨鼓风机，因罗茨鼓风机噪声较大，不要离育苗室太近。变配电室要根据高压线的位置，一般设在场内的一角。电力不足的地方常建小型发电机室，发电机室和变配电室常建在一起。附属场房及设施配比要合理，一个 $1000m^3$ 有效水体的育苗池，其附属厂房面积配比见表 4-1。

表 4-1　$1000m^3$ 的育苗水体附属厂房面积配比

育苗水体/m^3	饵料室/m^3	水泵房/m^3	锅炉房/m^3	鼓风机房/m^3	变配电室/m^3	水质分析及生物检查室/m^3
1000	300	30	100	30	70	30

育苗场的生产区和生活区应相对独立，不要混杂。另外，育苗场应配套建设文娱、体育活动场所。无论是从企业文化的建设或是生产的健康发展来考虑，员工的生活质量保障都是必不可少的。

四、育苗用水的处理

海水的优劣是育苗成功与否的主要因素。水质除海区环境条件应符合渔业用水质标准外，育苗用水还应进行处理。海水处理有常规工艺和特殊工艺两种。

1. 常规处理方法

海水→蓄水池(第一次沉淀)→沉淀池(暗室沉淀 48h)→沙滤罐沙滤(第一次沙滤)→沙滤池(第二次沙滤)→净水沉淀→育苗室或饵料室。

2. 特殊处理方法

其目的在于除掉水中有害的溶解成分、胶体物质、微量有毒金属离子以及有害细菌等。特殊处理的方法如下。

(1) 紫外线处理　在有效流速内能除菌 90%以上。

(2) 活性炭吸附　能吸附水中有机物质和油类。

(3) 磁化水　用磁化水培育菲律宾蛤仔苗种，成活率能提高0.8%～1.0%。

(4) 三氯化铁（$FeCl_3$）处理　若育苗用水所含胶体物质超标，溶于海水的有机物质太多，会导致D形幼虫面盘纤毛粘连下沉死亡。三氯化铁能吸附水中胶体物，使其形成云雾状棉絮物下沉池底，增加水的透明度。在沉淀池中加入浓度为2～3g/m^3的三氯化铁经24h以上完成沉淀过程。

(5) EDTA二钠盐处理　海水中重金属如铜、汞、锌、镉等离子超标会影响幼虫成活率，可在沉淀池中加入5g/m^3 EDTA二钠盐螯合水中重金属离子，使之成为络合物，除去重金属离子的毒害作用。

除此以外，还有生物处理、藻类处理、硫酸钾铝处理等，但不方便在生产上应用。

3. 换水

水产养殖生产中，为保证水质清新，常用筛绢进行换水。筛绢网眼大多为正方形，通常称为“目”。不同国家、不同行业的筛网规格有不同的标准，因此目的含义也难以统一。目前主要有美国标准、英国标准和日本标准三种，其中英国标准和美国标准的相近，日本的差别较大，我国使用的是美国标准。

目就是指每平方英寸（1英寸=25.4mm）筛网上的空眼数目，40目就是指每平方英寸上的孔眼是40个，300目就是300个，目数越高，孔眼越多。除了表示筛网的孔眼外，它同时用于表示能够通过筛网的粒子的粒径，目数越高，粒径越小。

换水筛绢的目数与各目边长（正方形）的关系见附录四。

五、育苗前的准备工作

1. 制订育苗计划

在育苗之前要根据经验估计单位水体的出苗量，再根据育苗水体的大小和贝苗培育条件，确定每批次育苗的生产量。

2. 亲贝的准备

要根据育苗场的出苗量和亲贝的产卵量计算购买亲贝的数量，根据出苗时间，确定亲贝的采集时间。如虾夷扇贝亲贝用量一般为2～3个/m^3，入池时间一般为1月中旬左右。

3. 饵料的准备

准备亲贝蓄养和贝苗培育合适的藻种，如海湾扇贝、虾夷扇贝亲贝饵料以小硅藻为主，幼虫饵料以金藻为主；皱纹盘鲍的幼虫和稚鲍一般以底栖硅藻为主要饵料。一般海湾扇贝、虾夷扇贝亲贝入池前饵料池至少2/3满池，提前一个月至一个半月进行一级扩种，提前20～25天进行二级扩种，提前15天进行三级扩种；皱纹盘鲍人工育苗中，底栖硅藻的培养应在采苗之前一个半月进行。

4. 设备设施的检修与维护

育苗前，要进行各项设施的检验工作，尤其是新建育苗场应在育苗前一个月进行试用，包括加热、充气、供水设备的运转试用，观察并记录加热性能、充气效果、供水能力等。还应检查各育苗池、饵料池是否有裂缝漏水，水阀或闸门是否灵活、严密，充气气石与充气支管连接是否紧密，有无脱落，检查排水沟是否通畅，发现问题及时维修，以免育苗时措手不及。对于育苗工具，也要检查，发现松动的要予以加固，破损处要及时修补。

5. 采苗器的准备

附着型贝类如贻贝、扇贝的采苗一般使用Φ3～4mm的棕帘或孔径0.8～1.0cm左右聚乙烯网片；牡蛎的采苗器多为牡蛎壳串；埋栖型双壳类的采苗器为泥或沙；鲍的采苗则多使用波纹板。根据出苗量准备采苗器的用量，采苗器在使用之前要进行消毒处理。如聚乙烯网片的处理方法：聚乙烯网片锤压（拉毛）→用过滤海水洗干净→2%～3% NaOH溶液浸泡24h（去油）→搓洗干净→5～6g/m³ 青霉素溶液浸泡消毒后使用。

棕帘的处理方法：棕帘锤打去棕杂→编织棕帘→捶打→2～3g/m³ NaOH 溶液浸泡煮沸→热水浸泡 20～24h→湿捶打、搓洗→再用海水浸泡 5～7 天（每天全换水 1 次）→用清洁沙滤海水浸泡→使用前用青霉素 5～6g/m³ 浸泡 2～4h。

6. 沉淀池和沙滤池的消毒

沉淀池可用含有效氯 5%～10%漂白粉泼洒池底，洗刷干净后使用。沙滤池使用前应把隔年用的沙、卵石、垫板等取出用漂白粉、高锰酸钾等刷净消毒，然后用水冲洗干净，重新安装后用含有效氯 5%～10%的漂白液再消毒。消毒方法：抽入海水后加漂白液 8～10g/m³，1～2h 后用干净海水冲洗，放水 2～4h 后可正常使用。

7. 亲贝培育池、育苗池、饵料池等的浸池、消毒

海水贝类工厂化育苗时，新、旧育苗池以及与育苗有关的池子和工具如饵料池、预热池及池内的气管、气石、加热管道等在使用前必须清池和消毒。可用 40～50g/m³ 的漂白粉溶液或 20～30g/m³ 的高锰酸钾溶液泼洒池壁及池底进行消毒，数小时后，彻底刷洗干净池壁上附着的菌膜、杂藻等附生物。再用经过 120 目筛绢网过滤的海水冲洗数次，干净后，方可进水备用。

新建育苗池要提前 20～30 天浸泡，海淡水都可以，最好用淡水，各池的具体浸泡时间应以池水 pH 值不再显著上升为准，之后方可使用。浸泡过程中至少换水 3 次。

8. 其他准备工作

提前制作亲贝蓄养网箱、过滤网箱；做好物质采购计划和人员安排；落实好苗种中间育成的过度池子或海区等。

六、贝类人工育苗的工艺流程

1. 亲贝的选择、处理和蓄养

（1）亲贝的选择　亲贝的性腺是否成熟是人工育苗能否成功的首要条件。只有获得充分成熟的卵子和精子，才能保证人工育苗的顺利进行。未成熟的卵一般不能受精或受精率极低，或受精后胚胎不能正常发育，形成畸形，中途夭折，或发育至幼虫阶段，其体质极差，生长速度缓慢，不能抵御外界环境条件的变化而使育苗失败，因此一定要做好对亲贝的选择工作。

① 选择生物学最小型（性成熟的最小规格）以上的亲贝。各种贝类生物学最小型规格不一，要区别对待。选择亲贝时个体不要太小或太大，若太小，产卵量少；若太大，因个体老成，对于诱导刺激反应缓慢，卵子质量较劣。在贝类繁殖期中，可从自然海区选择亲贝。

② 选择个体健壮，贝壳无创伤，大小均匀，无寄生虫和病害，在海区中无大量死亡的亲贝。

③ 选择性腺发育较好的亲贝。对亲贝性腺的发育状况，精卵的成熟度要进行仔细观察。在常温育苗中，采捕亲贝的时间十分重要，过早入池，性腺不成熟，易将未成熟卵产出；过晚则错过第一批优质卵。

一般可以通过丰满度、鲜出肉率、肥满度以及性腺指数等指标来判断。当性腺丰满或接近上述指标最大值时，则表明性腺发育较好。

④ 雌雄亲贝的选择。鲍和扇贝可以不经解剖就能辨别雌雄，因此可按生产要求分别挑选雌雄亲贝，一般雌贝的数量为雄贝的 4～10 倍。

（2）亲贝的处理　自然生长的亲贝贝壳表面常附有石灰虫、藤壶、柄海鞘、珊瑚藻或其他杂藻、浮泥等。在亲贝入室培养前，要把这些附着物去掉，再用刷子把壳表杂质、浮泥洗刷干净。有足丝的种类要剪去足丝，然后用过滤海水洗净。

（3）亲贝的蓄养　亲贝可通过蓄养促熟来提早并延长其繁殖期。亲贝蓄养可分室外蓄养与室内蓄养两种。

① 室外蓄养。室外蓄养主要是根据各种贝类性成熟需要一定的温度，这样可通过人工控制、调节水温的方法培育亲贝。在自然海区中，可利用海水温度的分层现象，调整（提高）养殖水

层，促进性腺成熟；也可以利用降温的方法延迟贝类的产卵时间，即在海中降低养殖水层，以延缓产卵时间。

埋栖型贝类还可在土池中通过人工投饵或培养基础饵料来促进其性腺发育。

② 室内蓄养。洗刷后的亲贝，按一定的密度，置于网笼内或浮动网箱中蓄养。每天换水两次，每次换去2/3水，或每日换新池。每3～5天清除1次池底污物。蓄养中要及时投单胞藻饵料、淀粉、鲜酵母、食母生和藻类榨取液或人工配合饵料。扁藻饵料密度一般为（1～2）×10^4个细胞/ml，小硅藻为（3～4）×10^4个细胞/ml，金藻（5～6）×10^4个细胞/ml，淀粉或食母生浓度为2～3g/m^3，鼠尾藻等藻类榨取液利用200目筛绢过滤后投喂。一般在亲贝刚入池时连续3天使用1～2g/m^3的土霉素或2～5g/m^3青霉素预防病害发生。蓄养期间应根据亲贝的摄食、活动和成活率不定期地使用抗生素。蓄养时要认真检查和管理，防止亲贝产出后的卵子流失。

2. 成熟精卵的获得方法

（1）解剖法　卵生型牡蛎以及珠母贝、西施舌等种类可以采用直接的人工授精方法。用解剖法剪破生殖腺，吸取精卵，或者从生殖孔压挤出来的精卵进行湿法授精或干法授精。直接人工授精方法简便，但是因为解剖法所获取的卵有些是不够成熟的，这些不成熟的卵，受精率、成活率都较低；此外解剖法还要杀伤大量亲贝，因此最好采取人工诱导方法进行排放与授精。

（2）自然排放法　通过人工精心蓄养、培育，保持良好水质，以优质饵料促使亲贝性腺发育，充分成熟。成熟亲贝在倒池或换新水时往往会“自然”排放精卵。这种方法获得的精、卵质量高，受精率、孵化率高，幼虫质量高。

（3）人工诱导　人工诱导的目的是为了使亲贝集中而大量地排放精卵。亲贝能否正常地、大量地排放精卵的关键在于贝类性腺本身的成熟情况。性腺成熟好的，经诱导刺激后，一般都能大量排放。但性腺成熟差的，即使人工诱导一般也不排放，强行排放的精卵质量差，受精率低。人工诱导亲贝产卵常用的方法有下列几种。

① 物理方法。升温刺激：一般是将成熟亲贝移至比其生活时水温高3～5℃的环境中，即可引起产卵排精。此法效果良好，使用简便，是比较常用的方法。

升降温刺激：有些种类单独用升温刺激难以引起产卵，必须经低温与高温多次反复刺激才能引起产卵。例如将生活于21℃左右的魁蚶，放在16.5℃低温海水中保持20h，再升温刺激，温度提高到21～27℃之间，可达到产卵排精的目的。文蛤、鲍鱼也需要多次反复变温刺激才能产卵排精。

阴干流水刺激：将充分成熟的亲贝放在阴凉处阴干0.5h以上，再经流水刺激1～2h后，可引起贻贝、扇贝等贝类产卵放精。

改变密度：利用降低海水密度的方法，可以诱导牡蛎、文蛤等滩涂贝类排放精卵。

改变光照：在黑暗条件下，突然开灯照射，可有效诱导扇贝等排精产卵。

② 化学方法。紫外线照射海水诱导产卵：用紫外线照射海水诱导鲍等多种贝类产卵，所用紫外线的波长为2537Å[1]，这个波长可能使海水中的有机物出现变化和海水活性化，致使经过照射的海水能够诱导产卵、排精。如利用300mW·h/L的紫外线照射剂量，照射100L海水，可以诱导近100个虾夷扇贝产卵，催产率高达100%。栉孔扇贝照射剂量为200mW·h/L，10～30min后便可开始排放精卵。其照射剂量按公式为：

$$A=1000WT/V$$

式中，A为照射剂量，mW·h/L；W为紫外线灯的功率，W；T为照射时间，h；V为水量，L。

注射化学药物：注射NH_4OH海水溶液可以引起一些贝类产卵，例如用2% NH_4OH海水溶

---

[1] 1Å=0.1nm，余同。

液0.2～0.5ml注射到泥蚶卵巢或足的基部内，可诱导产卵。NH_4OH应用范围很广，对牡蛎、四角蛤蜊、日本棱蛤等均能见效；也有采用0.5ml KCl、K_2SO_4，或KOH溶液2～4ml注射到贻贝、菲律宾蛤仔、文蛤、中国蛤蜊等的软体或肌肉内，使组织和肌肉发生收缩，促使雌雄亲贝产卵排精。此外1%～5%氯仿、8%乙醚亦可达到排放的目的。

③ 生物方法。异性产物：同种贝类的异性产物往往会引起亲贝产卵或排精。例如用25～150mg/L海水雌性性腺稀释液可有效诱导雄性菲律宾蛤仔排放精子，进而诱导全部亲贝排放。

食母生溶液：如采用62.5g/m³浓度的食母生海水溶液浸泡翡翠贻贝，2h后开始放精，雌贝继之产卵。

激素：某些动物神经节悬浮液可诱导贝类产卵排精，甲状腺、胸腺等输出物或蔗糖以及石莼、礁膜等藻类提取液均对亲贝有不同程度的诱导作用。

上述各种诱导方法，一般雄性个体对刺激反应较为敏锐，常先行排放。在实践中，常采取多种综合办法进行诱导，可以提高诱导效果，如采用阴干、流水、变温相结合诱导贻贝排放效果比单一的要好。

上述几种获得精卵的方法中，比较好的方法首推自然排放，其次是物理诱导法，其方法简单，操作方便，对以后胚胎发育影响较小；而化学方法与生物方法多数操作相对复杂，且容易败坏水质，对胚胎发育影响较大。

3. 受精（授精）、洗卵和孵化

采卵量的统计：授精前需统计采卵量。统计的方法是均匀搅拌池中水，使卵子分布均匀，然后用玻璃管或塑料管任意取4～5个不同部位的水溶液注入500～1000ml烧杯中，再用1ml移液管搅匀杯中水，随意取1ml滴于胚胎皿中，在显微镜下逐个计数。如此取样，检查3～5次，求每毫升卵的平均数，再根据总水体容量求出总卵数。

(1) 受（授）精　精卵的结合形成一个新的个体为受精；由人工方法促使精、卵结合为人工授精。当产卵或放精的个体移入盛有新鲜过滤海水的池子内、排放达到所需数量时，将亲贝移走。雌雄同体或雌雄混合诱导排放的，在产卵后不断充气或搅动使卵受精，并除去多余精液。雌雄分别诱导排放的，在亲贝排放后0.5～1h内受精，用塑料水勺把精液舀到水桶内稀释后，均匀泼洒到卵子池中，同时微量充气、不断搅拌使之受精均匀。受精后5～10min取样镜检，看到卵子出现受精膜或出现极体就表示卵子受精了。一般控制在一个卵子周围有精子1～3个或3～4个便可，防止精液过多造成胚胎畸形发育。通过视野法求出受精率

$$受精率=受精卵/总卵数\times 100\%$$

然后根据总卵数和受精率求出总受精卵数。

卵子的受精能力主要取决于卵子本身的成熟度和产出时间的长短，一般受精率常随产出卵的时间延长而降低。而时间的长短又与温度密切相关，温度越高，精卵的生命力越短，一般在产卵后的1～2h内受精率都很高。

(2) 洗卵　筛洗受精卵：受精（雌雄亲贝无法分开，同池排放的）后，静置30～40min，待卵沉底后，便可将中上层海水轻轻倾出（小容器）或用虹吸方法排掉（大水体），留下底部卵子再用较粗网目的筛绢使卵通过而除去粪便等杂质。然后加入过滤海水，卵沉淀后，再倒掉上层海水。这样清洗2～3次，其目的在于除去海水中多余的精液和水中的杂质。洗好后加入过滤海水使其发育，并进行充气和搅动。

在大规模育苗生产中，如果卵周围的精子不多（显微镜下观察卵子周围的精子，每个卵子周围精子数量不超过2～3个）可不必洗卵，但要用100目的筛绢网捞除泡沫。

(3) 孵化　受精卵经过一段时间发育便可发育至担轮幼虫和D形幼虫，营浮游生活，这个过程称为孵化。生产中孵化率计算如下：

$$孵化率=D形幼虫数/受精卵总数\times 100\%$$

受精卵孵化密度一般为30～50个/ml。在孵化过程中不换水，采用加水、充气或间歇搅拌方

法改良水质。温度是影响孵化率的主要因素。水温越高，孵化速度越快，如果温度过高虽然孵化速度快，但孵化率降低，如虾夷扇贝适宜的孵化水温为12℃。

4. 选幼

受精卵经1～3天便可发育到D形幼虫，此时要进行选优，即采用浮选法或滤选法将上层的健壮幼虫从孵化池移入育苗池培育。如果畸形胚胎太多、超过30%，应弃之不用。

(1) 浮选法　用300目或250目筛绢制成的长方柱形网，套在长70～80cm、宽40～50cm的塑料（或竹、木制）架上，在水表层拖取幼虫，然后将拖取的幼虫置于另外已备好洁净海水的育苗池中，进行幼虫培育工作。

(2) 滤选法　用虹吸管抽取中、上层幼虫，浓缩到300目网箱中，分送到各个培育池。

5. 幼虫培育

幼虫培育就是指从面盘幼虫初期开始到瓣鳃纲稚贝附着或鲍、东风螺幼虫沉底营匍匐生活时为止的阶段。幼虫培育是贝类室内人工育苗十分重要的一环，浮游幼虫的培育，将直接影响贝类人工育苗的成败。幼虫培育期间的主要管理工作有：换水、投饵、选优、倒池与清底、充气与搅动、除害、抑菌、理化因子观测及其调控、测量幼虫密度和生长等。

(1) 培育密度　培育密度影响幼虫的生活空间。幼虫密度过大会造成生长速度缓慢、发育停止甚至死亡；密度过小影响单位水体的出苗量，降低经济效益。根据育苗实践，D形幼虫培育密度一般为2～10个/ml。

(2) 水质管理

① 换水。幼虫入池时一般多采用添水，经2～3天池水加满后采用大换水或流水培育法进行水质的更新。流水培育或大换水均需用换水器（过滤鼓、过滤棒或换水网箱）过滤。换水器应经常清洗和消毒，不要多池混用，以避免疾病传播。使用前要检查网目大小是否合适，筛绢有无磨损之处。换水过程中，要经常晃动换水器，防止幼虫吸附在筛绢上。换水时注意控制水位差和流速，防止抽水力量太大损伤幼虫。换水温差不要超过1℃。

要准确掌握水质变化状况，合理制订换水计划。总的指导思想是水质清新和稳定两者兼顾，在稳定的前提下求清新，在清新的基础上求稳定，因地制宜，灵活掌握。大换水一般每天换水2次，每次换水1/2。换水时间一般在清底排污之后，投饵之前进行。对换入的海水要进行必要的调节和处理，避免盐度、温度等差异太大，防止病原生物的传播，导致病害发生。

一般培育前期采用大换水的方法，后期采用流水培育的方法。流水培育比大换水好，但其不足之处是在升温育苗中不能使用，而且流水培育饵料损失较多。

② 倒池与清底。由于残饵及死饵，代谢产物的积累，死亡的幼虫，敌害和细菌大量繁殖，氨态氮大量贮存，严重影响水的新鲜和幼虫发育，因此在育苗过程中要倒池或清底。

倒池采用拖网或筛绢网过滤的方法将幼虫移至新池培育，一般每4～5天倒池一次。倒池后及时搅拌池水，使幼虫分布均匀。清底采用清底器吸取，清底前将充气量适当调低，旋转搅动池水，使污物集中到池底中央，吸污时动作要轻，不可将池底杂物搅起。

③ 充气与搅动。在幼虫培育过程中，要连续微量充气，同时每日人工提水搅动4～5次，以保证幼虫和饵料始终处于均匀分布状态。

(3) 饵料投喂　饵料是幼虫生长发育的物质基础。在整个育苗过程中，饵料的质量和数量，是育苗成败的关键之一。应了解各期幼虫的摄食习性和营养需要及各种饵料的营养成分，根据不同发育阶段的要求，满足其摄食和营养要求。

① 开口饵料的投喂时间。瓣鳃纲贝类幼虫一般在D形幼虫时开始摄食外来性饵料，此时投喂的饵料称为开口饵料。腹足类的鲍在浮游幼虫时期不需投喂任何饵料，在转入底栖匍匐生活时期开始摄食饵料板上的底栖硅藻；东风螺的面盘幼虫可摄食较大的单胞藻。

② 贝类幼虫用单胞藻应具备的基本条件。多数双壳类幼虫的开口饵料要求$\phi 10\mu m$以下；饵料要浮游于水中，易被摄食；没有坚韧的细胞壁，容易消化，营养价值高，代谢产物对幼虫无

害；繁殖快，可以高密度培养；饵料要新鲜，禁止使用污染和老化的饵料。

③ 贝类人工育苗过程中各品种常用的饵料系列。瓣鳃纲贝类幼虫常用单胞藻种类：湛江叉鞭金藻、球等鞭金藻、三角褐指藻、新月菱形藻、牟氏角毛藻、青岛大扁藻、亚心形扁藻、小球藻等都可作为贝类幼虫在不同时期的饵料。

瓣鳃纲贝类幼虫常用的代用饵料有蛋黄颗粒、酵母粉、螺旋藻粉、可溶性淀粉等，在饵料不足条件下可以投喂。事实证明，多种混合饵料比单一饵料为好。因此，在幼虫培育中，应坚持混合投饵的原则。代用饵料投喂前要放入适当网目的筛绢网中，用力搓碎，加水调拌均匀，然后投喂。

鲍前期幼苗饵料有底栖硅藻、扁藻、鼠尾藻藻液以及裙带菜、海带的孢子；后期稚、幼贝可投喂人工配合饵料（粉状、片状）。

东风螺浮游幼虫阶段投喂的单胞藻与瓣鳃纲的大致相同，变态后转为摄食卤虫无节幼体、鱼糜等动物性饵料。

④ 确定饵料的投喂量。根据幼虫发育的不同时期、幼虫胃的饱满度、幼虫的活动情况、饵料的质量、水色、残饵，幼虫粪便的数量、颜色和性状及环境因子的变化等因素灵活确定合适的饵料投喂量。重点观察贝类幼虫胃的饱满度，可以在投饵前1h镜检幼虫胃含物。幼虫胃含物饱满度可分为：饱、多、半、少、空5个等级，如果多数幼虫胃含物等级为多胃、半胃，少数幼虫空胃，说明投饵量合适；如果多数幼虫饱胃、少数幼虫半胃，说明投饵量过多；如果多数幼虫空胃、少数幼虫半胃，说明投饵量偏小。

观测幼虫胃含物的同时，还应结合水色的深浅（残饵量）来分析、确定投饵量。

确定每天的投饵量后，分多次投喂，坚持勤投少投，并根据幼虫的发育，逐渐增加投饵量。投饵密度一般为：培育水体中扁藻（0.3～0.8）$\times10^4$ 个细胞/ml，小硅藻（1～2）$\times10^4$ 个细胞/ml，金藻（3～5）$\times10^4$ 个细胞/ml。

⑤ 单胞藻投喂时应注意事项。投喂的饵料要停肥2～3天；投喂的饵料应是处于指数增殖期的新鲜饵料，老化的不用；被原生动物污染的饵料不能用；池底的饵料也不用。投喂前金藻、硅藻的密度应大于 2×10^6 个细胞/ml，扁藻密度应大于 6×10^5 个细胞/ml。

(4) 病害防治　育苗池中由于代谢产物、有机物质的积累，幼虫和饵料的死亡，可引起微生物大量繁殖，微生物的大量繁殖可引起贝类幼虫下沉解体死亡。在贝类人工育苗中，为了防止有害微生物感染，对育苗用水除了用紫外线照射等方法处理外，大生产中应以预防为主，可在育苗池中不定期使用1～3g/m^3 的土霉素、青霉素等抗生素抑制微生物的繁殖与生长，一般在倒池后使用抗生素；或使用光合细菌、EM等微生物制剂来净化水质。

抗生素和EM等二者不能同时兼用。

(5) 选优　为了适时投放采苗器，应用较大网目的筛绢通过浮选法或滤选法将好的或个体较大的幼虫筛选出来进行培育。健康优质的幼虫应该是大小整齐、游动活泼、无病害。

(6) 幼苗培育中有关技术数据的观测

① 饵料密度。利用血细胞计数板统计，以每毫升细胞数代表饵料的密度。

② 幼虫定量。均匀搅拌池水，用细长玻璃管或塑料管从池中4～5个不同部位吸取水溶液少许，置于500ml烧杯中用移液管均匀搅拌杯中水并吸取1ml。用碘液杀死计数，以每毫升幼虫数代表幼虫密度。

③ 幼虫生长。利用目微尺测量壳长和壳高来判断其生长速度是否正常，并同时观测幼虫胃的饱满度。

④ 幼虫活动。池水搅拌均匀后，用烧杯任意取一杯，静止5～10min，观察其在烧杯中的分布情况。如果均匀分布说明质量好；若大部分沉底则是不健康的幼虫，应进行水质分析和生物检查。

⑤ 理化测定。测定培育池的水温、盐度、透明度、光照、酸碱度、溶解氧、氨氮和有机物

耗氧量等。

6. 采苗

(1) 采苗时间 掌握采苗器投放时间是相当重要的。过早投放采苗器会影响幼虫生长，影响水质；但如果太迟投放，幼虫将集中在底部或池壁附着，高密度集结而成局部缺氧、缺饵，引起幼虫死亡。因此，投放采苗器要做到适时。

在一定条件下，各种贝类幼虫变态时其大小一般比较固定，如紫贻贝壳长达到210μm左右，褶牡蛎壳长达到350～400μm，扇贝一般180μm左右即可附着。如果条件较差或恶化，可以延长变态时间和变态规格，甚至不变态、不附着而夭折。

大多数双壳类自由浮游的幼虫在结束浮游生活进入即将附着生活前，可以看到在鳃的原基的背部形成一对球形的由黑色素聚集起来的感觉器官，称为眼点。眼点是接近幼虫附着的特有器官，也是即将进行附着生活的一个显而易见的特征，可以作为投放附着器的标志。一般培育池中有40%左右的幼虫出现眼点时可以投放采苗器。没有眼点幼虫的种类，可将壳顶后期幼虫的足部伸缩频繁作为即将变态的标志。

皱纹盘鲍的受精卵，在21～22℃下约70h，开始由浮游面盘幼虫进入底栖匍匐生活。采苗多在傍晚进行，也就是在催产的第4天傍晚计数投池；方斑东风螺的幼虫经11～15天的发育可变态转入底栖生活。

(2) 采苗方法 由于贝类生活类型不同，幼虫附着所需的附着基不同，采苗方法也不相同。附着基的选择以附苗性能好，容易收苗，价格低廉，操作方便，又不影响水质为原则。

① 固着型贝类的采苗方法。固着型的种类如牡蛎，可以使用扇贝壳、牡蛎壳等作为采苗器。也可以采用涂有水泥沙子的聚氯乙烯网或涂有水泥沙的木轮板、塑料板、树脂板等作为采苗器，这样苗种育成后易于剥离，进行单体培育。

② 附着型贝类的采苗方法。附着型的贻贝、扇贝和珠母贝可以采用Φ0.3～0.5cm的红棕绳编成的棕帘，也可以采用聚乙烯网片、废旧网片、塑料单丝绳和无毒塑料软片等。

③ 埋栖型贝类的采苗方法。埋栖种类的泥蚶，其幼虫在接近附着期时，将幼虫移入铺有软泥的水池内，软泥系用200目筛绢过滤，厚度约0.2cm左右。

④ 鲍等腹足类采苗方法。鲍的采苗器多为波纹板。它由波纹板和安插框架两部分组成。波纹板可用透明无色的聚氯乙烯或玻璃钢等无毒的材料制成，透光性强，有利于繁殖底栖硅藻。制成波纹板的目的是为了增加表面积，在同样的水体中可以附着更多的稚鲍。框架可用聚乙烯或聚氯乙烯材料制成，也可用镀锌铁丝制成，但铁丝表面要喷上防锈材料（如塑料）。防锈材料要无毒、经久耐用，抗海水的长期浸泡而不腐蚀。框架的尺寸比波纹板略大些。每只框架，可装20片波纹板。波纹板上端四角用线绳吊在竹竿上，挂于育苗池内。

此外，我国南方地区常用中央绑有石块的塑料薄膜来替代波纹板，塑料薄膜置于池底，当池水加满后，薄膜的四角随即漂浮于水中。塑料薄膜大大降低了成本，但操作较不方便。

(3) 采苗器使用前的处理 各种采苗器在使用前均应经过洗刷和消毒方可使用。如泥蚶采苗使用的软泥要经过煮沸消毒；塑料薄膜和波纹板也要经过NaOH消毒；聚乙烯网片和棕帘的处理方法见前面采苗器的准备。

(4) 投放采苗器时应注意的问题 幼虫投放时要求要尽量使其分布均匀。投放采苗器时，要考虑到幼苗的背光习性，尽力保持池内光线均匀，以免幼苗附着过密，抑制其生长。

投放采苗器数量要适当。投放时应先铺底层，再挂池四周，最后挂中间。或者一次全部挂好。采苗器要留有适当空间，使水流通。采苗器投好后，停1～2h再慢慢加满池水。

7. 稚贝培育

投放附着基之后，大部分幼虫附着变态即进入稚贝培育阶段。此时正是生命力弱、死亡率高的时期，因此必须加强管理，才能保证稚贝的正常生长。为了防止因环境突变引起死亡，幼虫附着后，一般仍在原池中饲养一段时间。特别是附着生活的扇贝、贻贝更是如此，如果太早下海，它们会切断足丝逃逸。

适宜流速不仅对稚贝附着有利，而且可以带来充足氧气和食物，从而有利于稚贝迅速生长，所以在附着后的稚贝池中应该加快海水循环，或增加换水次数和换水量，同时随着个体的逐渐增大，充气量也要随之增大，以避免局部缺氧，造成稚贝脱落。稚贝期的投饵量也应逐渐增加。稚贝培育后期要使水池内的水温、密度、光照等逐渐接近海区条件，积极锻炼稚贝适应外界环境的能力，例如对附着种类进行震动，增强附着能力的锻炼；对牡蛎、泥蚶等贝类还要进行干露、变温等刺激，经过一个锻炼培养阶段之后，可以移到室外进行培育。牡蛎移到室外后在中潮区暂养。附着种类经过一段时间培育后，壳长达0.6～0.8mm在向海上过渡。埋栖种类则要放在小土池中进行培育，度过越冬期后再移至潮间带培养。

鲍的幼虫继续培养到第一呼吸孔出现时，即形成稚鲍（成苗）。经中间培育后，就可以移至海区养殖或进行工厂化养殖。

8. 贝苗中间育成

稚贝在室内经过一个阶段培育达到一定规格后，就要移向海上培养成可供养殖的苗种。如海湾扇贝在附着基投放后经过10～15天的培育后，稚贝壳高400～500μm时即可出池。这是人工育苗的第二阶段。

（1）中间育成海区的选择　稚贝出池下海前应选好海区。应选择风浪小，水流平缓，水质清洁，无浮泥无污染，水质肥沃的海区。筏式养殖的要设置好筏架。

（2）贝苗出池下海　稚贝出池下海，首先要统计它的数量，便于统计出苗量及保苗率，同时也便于销售和控制放养密度。计数方法可采用取样法，求出平均单位面积（或长度）或单个的采苗器的采苗量；也可采用称量法，取苗种少量称量计数，从而求出总重量的总个体数。

稚贝出池下海前应注意温度不要相差太大，并收听当地的天气预报，防止下海后遭到大风浪的袭击和由此而带来严重的淤泥沉积；下海时应选择好气象和海况：小潮期，阴天，风平浪静的早、晚；运输过程应避免暴晒与受强光刺激，不要被风吹干，要有遮盖设备保持湿润；出池与下海操作要轻，下海挂的水层约在水下1.0～1.5m以防风、防光、防附，待适应后，再提升水层；另外还要注意尽力避开当地附着生物如海鞘类以及海藻的大量繁殖时期。

（3）中间育成的方法　固着型贝类和埋栖型贝类幼苗下海一般较附着型容易，不需要采取特别的措施加以保护。而附着型贝类由于小稚贝和幼贝很不稳定，容易切断足丝，移向他处。下海时，环境条件突然改变，如风浪、淤泥、水温、光照等变化都可能造成附着型贝类掉苗，目前附着型贝类下海后保苗率仍然很低。贻贝较好可达50%～60%，扇贝仅20%～30%，因此向海上过渡是目前人工育苗中较关键的环节。为了提高保苗率，可以培养600～800μm的大规格稚贝下海，利用网笼或内袋20目、外袋40目或60目的双层网袋下海保苗，或利用对虾养成池进行稚贝过渡。中间培育过程中要保证浮筏安全，及时分苗，疏散密度，及时清除附着物，为成贝养殖提供大规格的苗种。

鲍的中间培育是指从稚鲍剥离后平面培育开始，至培育成壳长1.0～1.2cm，可以下海或在室内越冬养殖的阶段。鲍的中间培育采用网箱流水平面培育的方法，仍在室内进行，其培育方法见鲍的养殖章节。

9. 贝苗的运输方法

贝苗的运输方法较多，贻贝、扇贝、鲍等最好连同附着基一起运输，以免贝苗互相挤压，受伤死亡。贝苗运输方法一般采用“干运法”和“水运法”。

“干运法”，即用塑料筐、箩筐和木筒等容器运输贝苗，在筐、筒内铺上海藻，海藻在装苗前必须浸泡一段时间，洗刷干净再用，一层海藻一层贝苗，上面再用海水浸湿的海绵盖好，每0.5h向筐、筒内洒一次海水。“水运法”即用双层透明塑料袋装水，装入苗帘，充氧，扎紧袋口，放入白色泡沫保温箱，用胶带封好；或用无毒的水箱带水运苗，途中定时更换新鲜海水。海湾扇贝等在苗种运输中采用苗袋无水充氧法，即将苗帘装入苗袋，不加水，充氧，扎紧袋口后运输贝苗，经 18h 运输后，成活率仍达 95%以上。

贝苗运输注意事项：运苗一定要选择好天气，并要防止阳光直射；通过淋水或洒水等方法保持苗体湿润；车运、船运都要加蓬加盖以免日晒雨淋造成损失；车厢或船舱都不能密闭，也不能吹风，防止贝苗窒息死亡和干死；保持低温，尤其是夏季气温高时更要采用降温措施，可以在车厢或船舱内设置一些冰筒或冰袋来降温。

【本章小结】

苗种生产是贝类增养殖业的基础，室内全人工育苗是贝类苗种生产的主要方式。人工育苗要选择合适的育苗场地，总体布局要合理，设备、设施要齐全。在贝类的人工育苗中，良好的水质、健壮的幼虫、适合的饵料和科学的管理技术是育苗成败的关键。育苗用水应通过沉淀池、沙滤池、沙滤井等进行常规处理。选择发育良好的亲贝或精心蓄养亲贝，获得优质的精、卵，及时选优获得健壮的幼虫。合适的开口饵料对于贝类幼虫的培育至关重要，根据幼虫发育的不同时期、幼虫胃的饱满度、饵料的质量、水色、残饵和环境因子的变化等因素灵活确定合适的投饵量。幼虫培育期间的管理工作还有换水、倒池与清底、充气与搅动、除害、抑菌、控制适宜环境条件、日常观测等。稚贝培育期要加强水质管理、饵料投喂和对外界环境的适应锻炼。牡蛎、贻贝、扇贝、鲍等贝苗根据其不同的生活习性选择中间育成的方法，为成贝养殖提供大规格的苗种。

【复习题】

1. 贝类人工育苗场的基本设施有哪些？
2. 试述贝类人工育苗用水的常规处理工艺。
3. 简述贝类人工育苗前的准备工作。
4. 试述贝类人工育苗的工艺流程。
5. 如何选择人工育苗用的亲贝？
6. 试述亲贝的室内蓄养方法。
7. 获得贝类成熟精卵的方法有哪些？
8. 如何统计采卵量、受精率和孵化率？
9. 如何统计幼虫密度和稚贝密度？
10. 试述贝类室内人工育苗幼虫培育阶段的常规管理工作。
11. 贝类人工育苗中，为什么要适时地采苗？什么时间采苗？各种生活类型的贝类常用的采苗器有哪些？投放采苗器时应注意什么问题？
12. 试述贝类室内人工育苗稚贝培育阶段的主要管理工作。
13. 试述海湾扇贝和虾夷扇贝中间育成的方法。
14. 简述贝苗的运输方法。
15. 请你以海湾扇贝或皱纹盘鲍为例设计一个 500m^3 水体的贝类人工育苗场的规划：画出育苗场的总体布局；说明人工育苗场的主要设施设备；制订育苗计划；写出育苗的工艺流程和主要技术环节。

第五章　瓣鳃纲海区半人工采苗技术

【学习目标】

1. 掌握瓣鳃类自然海区半人工采苗技术的原理。
2. 能够根据瓣鳃类的生活习性，选择合适的半人工采苗海区，及时做好采苗预报。
3. 掌握瓣鳃纲固着型、附着型和埋栖型贝类的半人工采苗的一般方法。

瓣鳃类的自然海区半人工采苗是根据瓣鳃类的生活史和生活习性，在繁殖季节里，用人工方法向自然海区投放适宜的采苗器或进行整埕等改良海区的环境条件，从而采集大量的自然海区苗并进一步培育至商品苗的方法。半人工采苗具有操作简便、成本低、劳力少、产量大、效率高等优点，是大众化的苗种生产方法。

一、半人工采苗的原理

海水瓣鳃纲贝类不论其成体是营固着生活、附着生活还是营埋栖生活，在它们生命史的早期阶段，都有一个共同的生活方式，即在经历浮游幼虫生活阶段后，都要经过一个用足丝附着生活的稚贝阶段。然后根据成体生活类型的不同，有的足丝消失或退化进入固着生活或埋栖生活，有的足丝进一步发达，终生营附着生活。

因此，人们在摸清海水瓣鳃纲贝类繁殖与附着习性的基础上，在自然界里，凡是有贝苗大量分布的海区，只要人工投放合适的采苗器或人工改良底质，创造适宜的环境条件就可以采到大量的自然苗。根据此原理，我国养殖的大部分瓣鳃纲贝类如牡蛎、贻贝、扇贝、珠母贝、缢蛏、泥蚶、蛤仔、文蛤等都可以进行自然海区半人工采苗。

二、半人工采苗的方法

在贝类的自然海区半人工采苗中，为了提高附苗效果，选择适宜的附苗海区，投放适宜的附着基，掌握适宜的潮区或水深，适时投放采苗器或整滩、整埕、整畦等都是采苗生产中的重要环节。

1. 采苗海区的选择

要根据不同贝类的生活习性选择采苗海区，一般半人工采苗海区要符合以下基本条件。

（1）有大量即将附着的壳顶后期幼虫　在采苗海区的附近，要有自然生长的贝类资源或人工养殖的贝类。亲贝的数量是采苗场的主要条件之一。在繁殖季节里，只有存在大量的亲贝，在采苗海区才可能会有大量即将附着的壳顶后期幼虫。

（2）有稳定的理化环境条件　主要包括水质、地形、潮流及其流速、盐度等。采苗场水质要求无工农业及生活污染源；好的地形，就是要有旋涡流或往复流，水团变动较小，符合这个条件的海区通常是口小套深的内湾，因为浮游幼虫在这样的内湾中不易流失；良好的采苗场应风平浪静、潮流畅通，但流速不宜过大，一般为10～40cm/s；盐度要求根据贝类种类不同，要求不同，如蛤仔、缢蛏等采苗场要求有适量的淡水注入，而扇贝的采苗场要求盐度较高，无淡水注入。

浮筏采苗的海区水深一般要求在4m以上。

（3）有良好的附着基　不同贝类要求底质不同，埋栖型贝类的附着基就是其生活的底质，蛤仔、文蛤等底质以沙泥底为好，含沙量以70%～80%最为适宜，若含沙量太低，则可加沙改良底质；而缢蛏的采苗场底质以泥质或泥沙混合为好，因为这样的底质既适合附着又适合钻穴。牡蛎、贻贝、扇贝的附着基则是人工投放的贝壳串、条石、棕绳、网片等。

2. 采苗预报

采苗预报是半人工采苗成功与否、采苗量多少的关键工艺之一。常用的预报方法如下。

(1) 根据贝类性腺消长规律进行预报　在贝类的繁殖季节，应每天从海区取回亲贝，测定鲜出肉率和肥满度，检查生殖腺覆盖面积的变化。亲贝由于性腺发育，在临近繁殖时，其肉质部是最肥满的，当发现多数个体在1～2天的短时间内，突然变得消瘦了，说明亲贝已经产卵，到了亲贝的繁殖盛期。

在一定条件下，每一种贝类从产卵到幼虫开始附着，时间上大致是同步的。因此，根据贝类性腺消长规律可以确定产卵时间。根据贝类产卵时间，参照当时水温等条件，便可推算出附苗时间，从而适时地预报投放采苗器或整滩、整埕、整畦进行采苗的时间。根据性腺的情况进行预报，简易方便，比较准确。

(2) 根据贝类浮游幼虫的发育程度与数量进行预报　调查贝类浮游幼虫，一般是使用浮游生物网（250目）在各海区不同水层定时、定点、定量拖网取样，并注意昼夜和涨潮落潮的数量变化。拖取的样品，经福尔马林固定后，用粗筛绢过滤去掉大型动、植物，再用沉淀法将上层小型浮游硅藻倒掉。在底层沉淀物中查找贝类幼虫，并进行分类计数工作。还可以根据该海区贝类的繁殖期不同，判断海区中出现的大量幼虫是何种贝类的幼虫。通过幼虫定性、定量的鉴定，并观察幼虫发育时期以及数量的变化，确定投放半人工采苗器以及整滩、平畦的具体时间，向群众发出预报。

此法针对性强，预报时间最为准确，采苗效果较好，但比较复杂。

(3) 根据水温、盐度的变化和物候征象进行预报　各种瓣鳃纲贝类的采苗期与水温、盐度的变化有关，因此，可以借鉴往年的经验，并根据水温和盐度的测定推断具体的采苗日期进行采苗预报。还可以根据物候征象预报大体上采苗的时间。

3. 采苗器的准备与投放

(1) 固着型贝类的半人工采苗方法　固着型贝类的海区半人工采苗方法详见第三篇第七章“牡蛎的养殖”。

(2) 附着型贝类的半人工采苗

① 采苗方式。附着型贝类的稚贝、幼贝、成体营附着生活，其采苗方法不同于其他生活型的贝类，即使同一种生活型，种类不同，具体方法也不一样。我国附着型贝类的贻贝、扇贝比较大众化的半人工采苗方法是筏式采苗。

② 采苗器的种类。贻贝筏式采苗常用的采苗器有红棕绳、聚乙烯绳、聚乙烯网片、旧轮胎、旧三角皮带、废旧浮绠和牡蛎壳等，其中以多毛的红棕绳附苗效果最好。采苗器的处理和制作也很重要，同样数量的红棕绳，用4股扎在一起比4股编辫式的效果好。

栉孔扇贝或珠母贝的筏式采苗常用的采苗器有采苗袋、采苗笼或贝壳串等。

采苗袋（图5-1）是用网目1.2～1.5mm左右的聚乙烯或丙烯窗纱制成长40cm、宽30cm的网袋，内装50g的聚乙烯网衣、网片或挤压塑网片，绑在聚乙烯绳上，每绳8～10袋，吊挂在浮筏架上，吊绳下底绑坠石，防止采苗袋漂浮在水面。利用采苗袋采苗可以减缓水流，利于幼虫从浮游进入匍匐生活，并为其附着和变态提供良好的附着基，还可以防止敌害侵袭和稚贝脱落逃逸。因此这种苗袋是较理想的采苗与保苗工具。

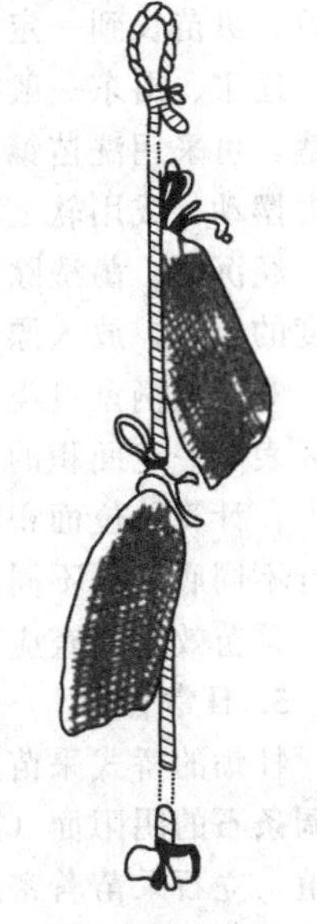

图5-1　采苗袋
（引自王如才，1993）

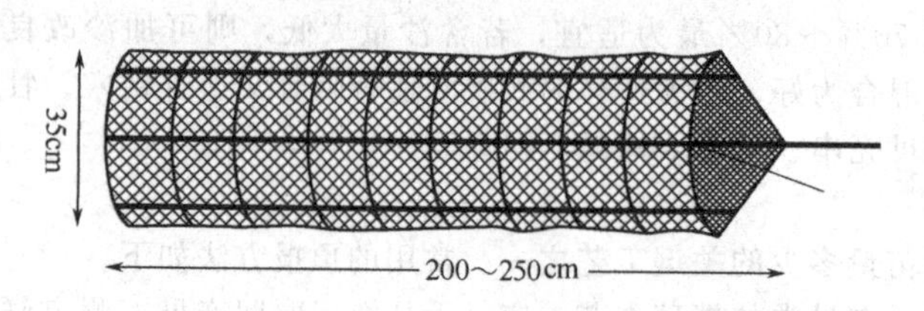

图 5-2　采苗网笼
（引自王如才，1993）

采苗网笼（图 5-2）一般采用苗种暂养笼，8～10 层，每层间隔 20cm，内放网目 0.8～1.0cm 的聚乙烯网片，尼龙网衣或挤压塑网片 25～30g，网笼顶用聚乙烯绳吊挂在浮筏架上，上端离水面 70～80cm。

③ 采苗器的投放。贻贝筏式半人工采苗，可利用海带养殖和贻贝养殖的浮筏，或设专用浮筏，投挂采苗器的吊绳长度为 20～50cm。采苗水层一般为 0～3m。挂苗绳的方法，主要有单筏垂挂、联筏垂挂、筏间平挂和叠挂等。

栉孔扇贝或珠母贝的筏式采苗的采苗方式为垂挂法，采苗袋以 20 个为一串，下端挂 1.5～2.0kg 坠石。采苗器串与串之间的距离以 1.0～1.2m 为宜，以利于稚贝的附着。

（3）埋栖型贝类的半人工采苗　在自然界，缢蛏、泥蚶、蛤仔、文蛤等埋栖贝类在由浮游生活转到埋栖生活中间需要附着在沙粒、碎壳上，所以天然苗种场大都在半泥半沙的潮区。因此，在有埋栖贝类幼虫分布的海区，进行半人工采苗时，必须将潮区滩涂耙松，整畦、整埕或整滩采苗，软泥底质需投放一层沙以利于即将附着的幼虫分泌足丝，进行附着。底质松软有利于稚贝和幼贝钻穴埋栖。在附苗季节，应严格封滩，避免践踏。

4. 采苗效果检查

对贝类半人工采苗效果的检查，应根据对象的不同采用不同的方法。

牡蛎苗固着后 3～5 天，就可以看出采苗的效果。检查时将采苗器取出，洗去浮泥，利用侧射阳光观察附苗情况。牡蛎苗的大小一般为 0.3mm 左右。采苗器投放后，也有可能附着一些藤壶，藤壶苗与牡蛎苗的区别是：前者颜色较白、较高，手摸感觉较粗糙；后者颜色较深、较扁平，手摸感觉较平滑，若借助放大镜观察就更为准确了。若检查到藤壶苗很多，则应重新清理和采苗。如果牡蛎苗过密，应采取疏苗措施。一般少于 0.2 个/cm^2，则达不到生产要求；0.5～1.5 个/cm^2 为适量；1.5～4.0 个/cm^2 为较多；4 个/cm^2 以上为过密，可用瓦刀等杀死、废弃部分蛎苗。

对附着型贝类投入的采苗器可以在短期内取回，但由于稚幼贝易断足丝脱落，一般等采苗期过后，贝苗长到一定大小时，再取样检查采苗效果。贻贝在肉眼见苗之前，应进行检查附苗情况，辽宁、山东一般在 6 月中旬至 7 月初，用肉眼可以见苗。刚附着的贝苗很小，肉眼很难分辨清楚，可采用洗苗镜检法进行检查。具体操作如下：取一定长度的苗绳（5～10cm），放入水中用力摆动，或用软毛刷轻刷，把贝苗连同浮泥一起清洗下来，再滴上少量的甲醛溶液，杀死贝苗，经沉淀、荡洗除掉浮泥杂质，用解剖镜或放大镜计数检查，并测量大小；简易方法是取一定长度的苗绳，放入漂白粉溶液中浸泡，然后用毛刷轻轻刷洗，再收集计数。

对于埋栖型贝类可以采用容器盛着泥沙作为人工基底，放在调查的海区，也可以定期地采集苗区表层一定面积的泥沙，装在纱布袋内，在水中洗去泥或细沙，再从袋内沙中仔细地挑出全部幼贝，计算单位面积的采苗量。埋栖型贝类的附苗效果与滩涂底质组成、蓄水与否有关，还可以进行不同底质、不同蓄水深度以及不蓄水的采苗试验。

采苗效果检查应有代表性地多点取样，力求准确。

5. 日常管理

牡蛎的桥式采苗要随着牡蛎苗的生长，进行疏殖（分株），为使阴阳面牡蛎生长均匀，还要对调条石的阴阳面（翻株）。翻株不但使牡蛎生长均匀，还扩展了牡蛎的生长空间，是进一步的疏殖。立石采苗若密度太大也要人工疏苗，移走部分蛎苗。投石采苗要经常移位，即把采苗器移到原来的空地，以防采苗器下沉被淤泥埋没。

贻贝和扇贝等筏式采苗在采苗初期，刚刚附着在棕绳或采苗袋上的稚贝并不稳定，此时不应洗刷和轻易提动苗绳或采苗袋。在这期间管理重点是看好浮力、坠石等是否正常，防止沉筏，台风季节，应加固筏身。在贻贝采苗期，浮绠及采苗器上往往附着杂藻，这些杂藻有利于稚贝的附着，不必清除。苗绳上的浮泥、麦秆虫等对贻贝的附着虽有一定的影响，但危害不大，不必清除，以免造成贝苗的脱落。当扇贝的稚贝长到 2mm，附着比较牢固时，对浮泥较多的采苗袋，可轻轻摆动去掉浮泥，以保证采苗袋的内外流水畅通，提高贝苗的成活率，但不要离开水面操作。

对于埋栖型贝类来说，附着后的防护管理工作很重要，因种类、时间及苗区不同各有侧重。埋栖型贝类采苗后的埕间管理主要是要做到“五防”和“五勤”，即防洪、防暑、防冻、防敌害、防人为践踏和勤巡埕、勤查苗、勤修堤、勤清沟、勤除害。

【本章小结】

贝类的自然海区半人工采苗是介于采捕自然苗和人工育苗之间的一种大众化的苗种生产方法。根据贝类的生活史和繁殖习性，我国养殖的大部分瓣鳃纲贝类如牡蛎、贻贝、扇贝、珠母贝、缢蛏、泥蚶、蛤仔、文蛤等都可以在其繁殖季节里，向自然海区投放合适的采苗器或人工改良底质进行自然海区半人工采苗，获得养殖生产需要的苗种。进行贝类的半人工采苗，要根据不同贝类的生活习性选择合适的采苗海区，采苗前要根据贝类性腺消长规律和浮游幼虫的发育程度与数量及时地发布采苗预报，确定投放采苗器以及整滩、平畦的具体时间。固着型贝类的牡蛎根据底质的不同分别采用桥石、立石、投石、插竹和栅架等方式采苗；附着型贝类如贻贝、扇贝、珠母贝等一般采用筏式采苗的方法；埋栖型贝类如文蛤、缢蛏、蛤仔等通过整畦、整埕或整滩等方法采苗。采苗后应进行采苗效果的检查，做好日常管理工作。

【复习题】

1. 简述贝类自然海区半人工采苗的定义和原理。
2. 在贝类的自然海区半人工采苗中，如何选择采苗海区？
3. 在贝类的自然海区半人工采苗中，如何进行采苗预报？
4. 试述牡蛎自然海区半人工采苗的方法和管理的主要内容。
5. 以栉孔扇贝为例，试述附着型贝类自然海区半人工采苗的技术要点。
6. 简述缢蛏、泥蚶、蛤仔、文蛤等埋栖型贝类自然海区半人工采苗的方法。

第六章　瓣鳃纲土池人工育苗技术

【学习目标】

1. 掌握土池人工育苗的定义和特点。
2. 了解土池建造的一般方法，掌握土池人工育苗的基本设施和设备。
3. 掌握泥蚶、缢蛏、蛤仔、文蛤等瓣鳃类土池人工育苗的工艺流程与操作技能。
4. 能够开展室内水泥池与室外土池相结合育苗的生产试验。

瓣鳃纲的土池人工育苗是通过对亲贝催产获得大量成熟精卵，并使其结合受精发育为浮游幼虫，根据幼虫的浮游与附着习性，采用人工手段，在室外露天土池内经过人工精心管理培育幼虫和稚贝，从而获得大量贝类苗种的方法。

瓣鳃纲的土池人工育苗具有以下特点：设备简单，成本低，面积大、产量高，技术容易掌握，便于推广，是多快好省的大众化育苗方法；在稚贝培育阶段，可以通过施肥培养基础饵料、投喂人工培养的单胞藻、投喂代用饵料等途径满足稚贝生长所需要的饵料，较好地解决了室内人工育苗后期阶段无法供应大量单胞藻的问题；土池的培育环境更接近于自然生态环境，有利于贝苗的健壮生长，贝苗适应环境变化的能力强，出苗后在养殖过程中存活率较高。但土池人工育苗是在露天下进行的，培育面积大，人工控制程度较差，如在浮游幼虫培育阶段，水温、光强、盐度等因子在较大程度上仍依赖于自然环境，无法有效地控制浮游幼虫生存、生长的最佳环境条件，敌害的清除、病害的防治工作也比较困难，因此浮游幼虫的存活率明显低于室内人工育苗。但其成活率又大大高于海区半人工采苗。

由于是土池育苗，所以该种生产方式多用在瓣鳃纲埋栖型贝类如泥蚶、缢蛏、蛤仔、文蛤、青蛤等的苗种生产上。

一、育苗场地的选择

（1）位置　土池一般建在高、中潮区交界处，不受台风洪水威胁，风浪不大，潮流畅通。有淡水注入的内湾或海区，地势平坦的滩涂为最好。

（2）底质　贝类种类不同，对底质要求也不一样。泥蚶、缢蛏等喜欢泥多沙少的泥沙滩，文蛤、菲律宾蛤仔等喜欢沙滩或沙多泥少的沙泥滩。

（3）水质　无工业污水污染，符合渔业用水的水质标准。

（4）其他　交通较方便，水电供应有保障。

二、土池的构造及育苗的基本设施

1. 土池的构造

（1）面积　目前采用的土池，大小不等，一般多为 3～7ha，管理操作比较方便，大的土池可以划分成若干个小区。土池多为长方形，池子座向要东西长、南北短，防止在刮东南风或东北风时，造成幼虫过于聚集的倾向。

（2）筑堤　内外堤要砌石坡堤，内坡最好用水泥浇缝。土池内坡设有平台（踏步），以便于操作和管理，池堤应高出最大潮高水位线 1m。池内蓄水深度 1.5～2.0m。

（3）建闸　闸门是土池建筑的一个关键部位，起着控制水位、排灌水、调节水质、纳进天然饵料的作用。闸门的多少、大小、位置，要根据地势、面积、流向、流量等决定。一般要建进、排水闸门各一座，大小应以大潮汛一天能纳满或排干池水为宜。闸门内外侧要有凹槽，以便安装过滤网。排水闸门低限的位置应略低于池底，以便清池、翻晒和采收贝苗。

（4）平整池底　土池建好后，要平整池底，在池内挖一环沟和数条纵、横沟，以便排水。沟深30cm、宽30～50cm。埋栖型贝类要加薄薄一层颗粒为1～2mm的细沙层，以利于幼虫附着变态，方便洗苗，也可减少浒苔附生。

由于土池造价高，因此可利用对虾养成池，在贝苗培育之前一个月，把对虾全部收获后，进行必要的翻晒、修整，然后在池内培育贝苗，这就是虾贝轮养。例如对虾与蛤仔的虾蛤轮养，就是在5～9月养虾，10～4月培育贝苗，充分利用对虾养成池。

2. 露天饵料池

饵料的供应是贝类土池育苗浮游幼虫培育成败的关键，仅靠繁殖土池中的基础饵料是不够的，因此为了保证提供足够的饵料，提高幼虫和幼苗的成活率，应在土池较高的一面相应配备露天饵料池。面积约为土池的2%，蓄水深度为70cm左右，底部应高于土池最高水位，便于自流供饵。

3. 亲贝蓄养池

可在土池一角隔建一个亲贝蓄养池，或利用水沟培育亲贝，以保证有足够的亲贝随时可以采用，并采取相应的措施进行精养。

4. 催产设施

（1）土池催产池　在育苗池进水闸门的内侧建造一个长方形催产池，大小约为土池面积的2%。催产池用埕土筑堤，中间隔数道土堤，以加大催产时海水的流速。催产时在夜间涨潮时开启闸门进行流水刺激。土池催产池的催产效果一般。

（2）催产架　在育苗池进水闸门的内侧，用石条板建成两条桥形催产架，用于张挂网片、铺放亲贝进行流水刺激催产。土池面积约7ha左右的，催产架规格约为：高1.2m、长18m、两石条间距约6m。催产时在夜间涨潮时开启闸门进行流水刺激。

以上两种催产设施，在进行流水催产时均受到潮汐的影响，即涨潮时才能催产，且流速不易控制，在下半夜退潮后无法继续进行，因此需要在育苗土池相邻的土池中提前蓄水。

（3）水泥催产池　若地形允许的话，可在土池堤岸上或紧靠育苗池的附近地面修建一个简易的长方形水泥催产池，规格大约为：宽1.5～2.0m、长20～30m、深0.3～0.4m，中间隔一道砖墙，为防止池底上的亲贝被水流冲击成堆，可把水泥催产池的池底做成波浪形或隔以横杆。同时配置1台至数台潜水泵，用以抽水催产。用这种方式催产时，海水在水泥池内呈封闭式循环，不受潮汐的限制，催产效果比较理想。

5. 其他

土池育苗还应配备施肥、投喂饵料用的小竹排或小船；进水闸门应配备有100～150目锥形筛绢网和20～40目的平面过滤网，根据不同育苗阶段，采用不同的网目过滤，以防止有害生物和大型浮游生物进入土池；在育苗土池旁边还应修建室内观察工作室。

三、土池人工育苗的工艺流程

1. 育苗前的准备工作

（1）清池、整埕　新建的土池，在育苗前，要进行数次浸泡，使pH值稳定在7.6～8.5，方可进行育苗。无论是新、旧土池，在育苗之前1个月，都要把池水排干，经太阳曝晒10～15天，然后清除腐殖质，将池面翻耕耙平，以加速有机物的氧化分解和晒死敌害生物。水沟用500～600g/m^{3}的漂白粉溶液消毒或20～25g/m^{3}茶仔饼杀除敌害。消毒后，纳进经100～150目筛绢过滤的海水，浸泡2～3天后，再把池水排干，并重复浸泡2～3次。最后再耙细、抹平，若池底不合适要添沙，然后耙平。

（2）饵料的准备　露天饵料池要在育苗前一个月开始参照室内人工育苗的方法培养单胞藻。在开始催产育苗前7～10天，纳进经100～150目筛绢过滤的海水，使土池水位达到30～40cm，然后把露天饵料池培养的单胞藻如叉鞭金藻、等鞭金藻、牟氏角毛藻、小硅藻和扁藻等引入土池扩大培养。每隔1天施尿素、过磷酸钙和硅酸盐予以追肥，尿素用量为0.5～1.0g/m^3，过磷酸钙用量为0.1～0.5g/m^3，硅酸盐0.1g/m^3。在育苗开始时，土池内单胞藻等饵料生物密度应达到（0.3～1.0）×10^4个细胞/ml以上。若基础饵料不足，应配备适量的酵母粉，以作代用饵料。

（3）亲贝的准备　亲贝一般选用2～3龄、外形完整、健康强壮、生殖腺肥满的个体。同时亲贝养殖区的温度、盐度等理化因子必须与育苗海区相近。一般每667平方米土池亲贝用量为25～50kg。

2. 催产

根据贝类的繁殖习性，土池人工育苗催产主要采用阴干、流水、降温等方法，催产时，还应结合天气、潮汐等进行，一般选择在大潮期催产。

催产时，先将亲贝阴干5～12h，铺放于催产架网片上或撒播在催产池中，纳入过滤海水，进行流水刺激。水流速应保持在20～30cm/s以上。一般经3～20h的流水刺激，即可促使亲贝排精产卵。种类不同，阴干和流水的时间也不同。采用水泥催产池催产的，一般在催产时，先往池中注入20cm的过滤海水，然后接通潜水泵电源，进行封闭式循环流水刺激，约1～2h后停止流水，观察亲贝是否开始排放，若0.5h后仍无排放，则再次接通电源重复进行流水刺激，如此反复。水泥催产池催产时，还可在池水中吊挂冰袋降温刺激，催产效果更为理想。

已产过卵的亲贝或经2天催产后但仍未排放的亲贝，均属无效，要及时捞出处理，否则不仅消耗土池中的饵料，而且还因体弱易死，败坏水质。

3. 受精与孵化

土池人工育苗，催产时流水条件多受到潮水的影响。而亲贝排精产卵活动，又多出现在退潮时土池内流水停止或即将停止时。此时亲贝排放出的大量精、卵往往集中在催产池或土池的某一区域，对受精和胚胎发育十分不利。所以应及时用潜水泵抽水冲散，或用木桶等挑至土池各角落均匀分散，或用小竹排或小船将受精卵均匀分散到育苗土池。

4. 浮游幼虫的培育

D形幼虫培育的密度视催产效果和孵化率高低而有所不同，一般为0.5～4.0个/ml左右。幼虫培育期间的主要管理工作有加水、饵料供应、预防敌害和日常巡视与观测等。

（1）加水　在浮游幼虫培育期间，只能加水，不能排水。在每天涨潮时，补充新鲜过滤海水10～20cm，以保持水质新鲜，增加饵料生物，有利于浮游幼虫发育生长，有利于稳定池内水温与盐度，随着幼虫的发育，逐渐增加进水量，至最高水位后进行静水培育。

（2）饵料供应　饵料供应是贝类土池人工育苗浮游幼虫培育成败的关键。土池内幼虫密度比自然海区大，而流动水量比自然海区小，饵料生物不足是当前大面积土池育苗普遍存在的问题。幼虫培育阶段的饵料供应途径有：施肥培养基础饵料、投喂人工培养的单胞藻、投喂代用饵料。

池中饵料生物密度要求在（1～4）×10^4个细胞/ml。若水色清，且幼虫胃含物少，说明饵料不足，应及时接种单胞藻，并施肥培养基础饵料。施肥时要注意：一般在晴天上午进行；施肥应少量多次，以免引起浮游生物过量繁殖，导致pH值和溶解氧大幅度变化，影响幼虫的发育生长；施肥要全池泼洒，可驾小竹排等进行操作，切忌只在岸边操作；观察水色，池水为黄绿色时，就要停止施肥；如果水色为棕褐色，要添加海水，改善水质；D形幼虫时期，饵料生物密度为1.5×10^4个细胞/ml，壳顶期要增至3×10^4个细胞/ml；若密度过大，则不宜施肥。

在饵料不足，土池水色呈灰白色，浮游幼虫的胃肠饱满度差，多数呈空胃或少胃时，需把露天饵料池培养的单胞藻及时加入土池中或投喂酵母粉。酵母粉应先溶解后，静置5～6h，取其上层清液投喂，用量约0.5g/m^3，2～3次/天。

（3）预防敌害　由于育苗用水只采用100目左右的筛绢网过滤，一些敌害生物的卵及幼体不可避免地会进入土池，并在土池内发育生长。主要敌害生物有：桡足类、球栉水母、虾类、沙蚕等。它们与幼虫竞争饵料，直接或间接危害浮游幼虫的生存与生长，应及时捕捞除杀，桡足类和虾类可利用夜间灯光诱捕，以减少危害。但土池水体大，无法完全清除这些敌害，所以可适当增加筛绢网的面积，在保证滤水速度和滤水量的前提下，尽量使用细网目的筛绢过滤，并严防滤网破漏。

(4) 巡视与观测　要检查堤坝有无损坏，闸门是否漏水，滤网是否破漏等；要定时定点观测水温、盐度、pH 值、溶解氧等理化因子的变化情况，发现异常，要及时采取相应措施处理；每日检查幼虫的生长发育状况、摄食情况以及基础饵料生物的繁殖生长情况和敌害生物等，保证幼虫的正常发育生长。

5. 附苗

(1) 附苗效果检查　当幼虫发育至出现眼点（或足部频繁伸缩）时，即进入附着变态阶段，附苗后几天应检查附苗量。在附苗之前，应在土池中选取若干有代表性的样点（一般为 9 个），投放装上土池底泥（沙）的搪瓷盘、碟等，并扎上浮标标记。待镜检浮游幼虫基本下沉变态附着后，再把搪瓷盘、碟等缓慢提出水面，然后将苗收集在 100 目的筛绢网里，冲洗干净后，集中在计数框，进行镜检计数，然后换算出附苗密度和附苗量。也可以在幼虫完全附着后，排干池水取样检查。若附苗量达不到生产要求就要再次清池、重新育苗。

(2) 投放附着基　对于埋栖型贝类，原池底已经得到了改良，池底就是良好的附着基。

对于固着型和附着型贝类，可投放胶皮带、贝壳、棕帘、网衣、采苗袋等作为附着基，也可投放类似上述埋栖型贝类使用的网箱。由于网箱内附着基是碎贝壳或沙砾，只能用在牡蛎上，大多数能形成单体牡蛎。

6. 稚贝培育

从营浮游生活的幼虫转变为营附着生活的稚贝时，它们的滤食器官还不完善，埋栖型贝类水管尚未完全形成，贝壳也未钙化，生命力非常脆弱，死亡率很高。此时，要特别精心管理。

(1) 加大换水量　稚贝附着后，要及时更换过滤海水，初期每天约换水 20cm，以后逐渐加大。当稚贝壳长达 0.5mm 时，可更换 20～40 目的平面过滤网过滤海水。大潮期间，每天应加大换水量，一方面保持土池水质清新，另一方面可补充海水中的天然饵料生物，加快稚贝的生长速度。换水时要注意检查滤网是否安全、有无破漏等。

(2) 繁殖底栖硅藻　稚贝生长阶段，饵料密度以 5×10^4 个细胞/ml 左右为宜。一般大潮期间通过加大换水量保证饵料生物的供给；小潮期间，应把土池水位降至 1.0m 左右，以增加土池底部的光照度，促进底栖硅藻的繁殖生长；晴天时，每隔 2～3 天，在上午追肥一次，使水色保持黄绿色或绿色。若水色变清，饵料不足时，可投喂豆浆作为代用饵料，用量为 $1g/m^3$（以干豆重量计）。

(3) 控制水位　池水浅，光强大，底栖硅藻繁殖生长好，贝苗生长快，成活率高。但要特别注意 8 月份水温较高，如果池水过浅则不利于贝苗生长。在连续大雨天，盐度突然降低，易造成贝苗死亡，此时应加深水位。在北方，12 月至翌年 2 月，水温下降，常达零度左右，对个体小、抵抗力低的稚贝威胁很大。因此，冬季必须提高水位，加大水体，保温越冬。

(4) 敌害防治　稚贝期敌害很多，如鱼蟹类、桡足类、球栉水母、沙蚕、浒苔、水鸟等。在进水时，应设密网滤水，严防滤水网衣破损，以减少鱼蟹等大型敌害生物的入侵。定期排干池水，驱赶捕捉敌害。对底栖性蟹类等可把池水排干人工捕捉。球栉水母及沙蚕在晴天刮大风时集中在背风处，可用手操网捞捕。

浒苔是蛤仔、缢蛏等土池育苗的主要敌害之一，其大量繁殖时与饵料生物争营养盐，使水质消瘦，且覆盖池底，能闷死贝苗，使 pH 值变化大，影响贝苗生活。浒苔死亡后，还会败坏水质，影响贝苗存活。浒苔的防治方法是：池子加沙时粒径要适宜，避免过粗，以减少浒苔的附生；当发现浒苔大量繁殖生长时，要及时捞取或用适量的漂白粉除杀（见第一篇第三章第七节）。

(5) 疏苗　土池人工育苗，稚贝附着密度往往很不均匀，一般背风面附着密度较高；同时，随着稚贝的生长，苗体逐渐增大，稚贝的密度也相对增大。为了促进稚贝生长，增加产量，提高成活率，应及时疏苗。壳长0.1～0.2cm的贝苗，其适宜的培育密度为5×10^4个/m^2以下，如苗过密，则应疏散到自然海区培育或直接出售。如蛤仔疏苗的方法是：先排干池水，用铁刮板或竹片，从上埕往下埕，把埕面表层沙泥连带蛤苗一起刮取（深度约2～3cm），放在箩筐里，运到选定的海区播养，壳长0.2cm左右的沙粒苗，播苗密度约为0.5×10^4个/m^2。

7. 苗种采收

稚贝经4～6个月的培育，壳长可达0.5～1.0cm左右，此时即可收苗。贝类种类不同，收苗方法不同。蛤仔收苗多采用浅水洗苗法，即将土池分成若干个小块，插上标志，水深掌握在80cm以下，人在小船上用带刮板的网或长柄的蛤荡，随船前进刮苗，洗去沙泥后将蛤苗装入船舱，小苗留在池里继续培养。此外，还有推堆法、干潮刮土筛洗法等。

四、室内水泥池与室外土池相结合育苗

文蛤、蛤仔、缢蛏等埋栖型贝类的室内人工育苗生产成本较高，产量有限，尤其是幼虫进入底栖生活后，死亡率较高，因此较好的生产方式是采用室内水泥池和室外土池相结合的方法育苗。即在室内人工催产后，培育至D形幼虫或眼点幼虫或初附着稚贝后，再移入土池中，进行后期的培育生产，从而获得养殖用的苗种。

室内水泥池与室外土池相结合育苗的方法具有许多优点。一是浮游幼虫在室内培育时，成活率大大提高，可达40%以上，而在土池培育时，一般小于10%。二是可以缩短室内培育周期，多批生产。例如蛤仔从受精开始培育至400μm左右的稚贝，只需20天左右的时间。这样，在长达2个多月的繁殖季节里，可在室内培育3批以上的稚贝。三是可提高单产，在室内培育的条件下，壳长400μm左右的稚贝，培育密度可达30×10^4粒/m^2以上。四是降低了生产成本，稚贝培育至400μm左右，即可移到室外土池继续培育。这不仅缓和了饵料供应的紧张问题，而且也降低了生产成本，同时还可促进稚贝的生长。

【本章小结】

土池人工育苗是泥蚶、缢蛏、蛤仔、文蛤等多种埋栖型贝类苗种生产的主要方式。土池育苗要根据贝类的生活习性选择合适的育苗场地，建造土池、露天饵料池、亲贝蓄养池和催产设施等。育苗前要做好清池、整埕、培养饵料等准备工作，催产一般选择在大潮期，主要采用阴干、流水、降温等方法。幼虫培育期间的主要管理工作有加水、饵料供应、预防敌害等。当幼虫开始变态附着时要检查附苗量。稚贝培育期要加大换水量，施肥繁殖底栖硅藻以保证饵料，并及时疏苗。

室内人工育苗与土池育苗相结合的生产方式有着显著的优点，是缢蛏、蛤仔、文蛤等埋栖型贝类苗种生产的发展趋势。

【复习题】

1. 贝类的土池人工育苗有哪些特点？
2. 如何选择贝类土池人工育苗的场地？
3. 简述贝类土池人工育苗的土池构造。
4. 贝类土池人工育苗的催产设施有哪些？
5. 试述贝类土池人工育苗的工艺流程。
6. 土池人工育苗，如何进行亲贝的催产？
7. 贝类土池人工育苗，如何进行浮游幼虫的培育？
8. 贝类土池人工育苗，如何进行附苗效果检查？
9. 试述贝类土池人工育苗中稚贝的培育。
10. 简述贝类室内水泥池与室外土池相结合育苗的方法与优点。

第三篇

经济海水贝类增养殖技术

第七章　牡蛎的养殖

【学习目标】

1. 能识别常见养殖牡蛎。
2. 掌握牡蛎的生长与繁殖特性。
3. 掌握牡蛎半人工采苗的主要技术关键；掌握牡蛎人工育苗的操作技能。
4. 掌握牡蛎养成的方式及养成管理技术。

牡蛎是我国沿海重要的养殖贝类，辽宁、山东沿海称蛎子或海蛎子，江苏、浙江称蛎黄，福建、广东称蚝或蚵。

牡蛎在我国已有2000多年的养殖历史，是我国传统四大养殖贝类之一。2004年我国牡蛎养殖产量达3.75×10^6t，占我国贝类养殖总产量的36.6%。从世界范围看，牡蛎养殖在整个贝类养殖业中也是占首要地位，因此，牡蛎有“世界第一大贝类”之称。

牡蛎营养丰富，肉味鲜美，软体部的干品中含蛋白质45%～47%、碳水化合物19%～38%、脂肪7%～11%，牡蛎肉中含有人体必需的10种氨基酸、牛磺酸、糖原、多种维生素和海洋生物特有的活性物质。除此之外，牡蛎中还含有丰富的锌、铁、铜、碘、硒等微量元素。牡蛎汤素有“海中牛奶”美名，浓缩后称“蚝油”，蛎肉干品称“蚝豉”，也可加工成罐头。除食用外，还有一定的药用价值，现代医药研究表明，牡蛎所含的钙盐能致密毛细血管，以减低血管的渗透性。牡蛎提取物已风行欧、美、亚、澳四大洲的许多地区。牡蛎所制成的药品已被临床用于免疫力低下性疾病、肝病、高血脂症、动脉硬化、糖尿病、肾脏病、肿瘤等慢性疾病的治疗。此外，牡蛎的贝壳粉可作为饲料添加剂、土壤调理剂等。

第一节　牡蛎的生物学

一、牡蛎的形态构造

1. 主要种类及形态

牡蛎具左右两个贝壳，以韧带和闭壳肌相连。左右两壳不等，右壳较扁平，又称上壳；左壳凹而稍大，又称下壳，且以左壳固着在岩礁等物体上，壳表面粗糙，具鳞、棘刺等。铰合部无齿，或具结节状小齿。单柱，二孔型，无水管，有内韧带。由于种类及固着基不同，贝壳的形态变化较大。

牡蛎目前已发现有100余种。我国主要养殖种类有以下几种。

(1) 大连湾牡蛎（*Crassostrea talienwhanensis* Crosse）　壳大型，中等厚度，壳顶尖，延至腹部渐扩张，近似三角形。右壳较左壳小扁平，壳顶部鳞片趋向愈合，边缘部分疏松，鳞片起伏呈水波状，放射肋不明显。左壳坚厚极凸，自壳顶部射出数条粗壮的放射肋，鳞片粗壮竖起。壳表面灰黄色，杂以紫褐色斑纹。壳内面为灰白色，有光泽。铰合部小。韧带槽长而深，三角形。闭壳肌痕大［图7-1(a)］。

(2) 太平洋牡蛎（*C. gigas* Thunberg）　太平洋牡蛎又称长牡蛎，贝壳形状变化极大，有卵

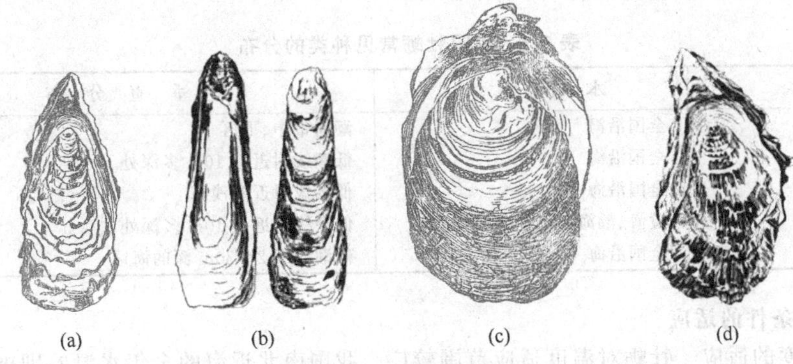

图 7-1　几种养殖牡蛎

(a) 大连湾牡蛎；(b) 太平洋牡蛎；(c) 近江牡蛎；(d) 褶牡蛎

圆形、长圆形、三角形等。右壳较平，壳表面有水波形鳞片，排列较疏松，成年个体没有明显的放射肋，壳面淡黄色或赤褐色，间有浓紫色粗壮的放射条纹。左壳凹陷较深，鳞片排列较右壳紧密。贝壳内面乳白色，腹缘新形成赤褐色，常间杂有紫色束状条纹［图 7-1(b)］。

(3) 近江牡蛎 (*C. rivularis* Gould)　贝壳大型、坚厚，体形变化较大，一般为长三角形或卵圆形。右壳表面环生薄而平直的黄褐色或暗紫色鳞片，并有灰、青或棕色等色彩，左壳较右壳大而凹，壳表面鳞片的层次较少，但强壮。两壳内面均为白色，边缘为灰紫色。韧带槽牛角形，长而宽，韧带槽长度是贝壳长度的 1/4 左右［图 7-1(c)］。

(4) 褶牡蛎 (*Ostrea plicarula* Gmelin)　贝壳小且薄，呈三角形或长方形，右壳较平，壳面有数层同心环状的鳞片，无放射肋，壳面多为淡黄色，夹杂有紫褐色或黑色条纹。幼小个体鳞片末端延伸成棘状，成年个体不明显。左壳凹陷较深，壳面鳞片层较少，具有粗壮放射肋。壳内面灰白色，壳前部凹陷极深，韧带槽狭长［图 7-1(d)］。

(5) 密鳞牡蛎 (*O. denselamellosa* Lischke)　壳厚而大，近圆形。壳顶前后常具耳。左壳稍大而凹陷。右壳较平且表面布有薄而细密的鳞片。左壳鳞片疏而粗，放射肋粗大。铰合部狭窄，壳内面白色。韧带槽三角形。壳顶两侧各有单行小齿一列。

2. 牡蛎的内部构造

牡蛎成体足部退化消失，无头部，外套膜为二孔型。其内部构造如图 7-2 所示。

二、牡蛎的生态习性

牡蛎是固着型贝类，除幼虫阶段营浮游生活外，一经固着后终生不再脱离固着物，一生只限于用右壳做开壳和闭壳活动，以此进行摄食、呼吸、排泄、繁殖和御敌。

牡蛎有群居习性，自然栖息或人工养殖的牡蛎，往往由各个年龄的个体群聚而生，第二年或第三年繁殖的后代，常以前一代的贝壳作为固着基营固着生活。由于牡蛎的群居性，在固着基质上常互相堆挤，有些仅以其壳顶部占有极小的固着面积，或共同向上或向外伸展贝壳，以适应个体的增长，因此，牡蛎的贝壳大多不规则。

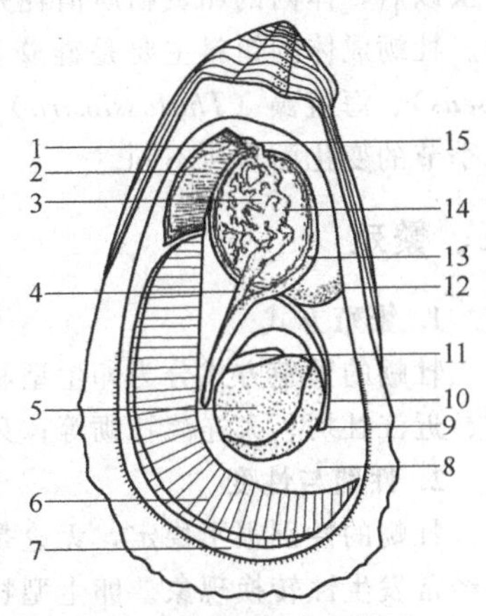

图 7-2　牡蛎的内部构造

(引自常亚青，2007)

1—口；2—唇瓣；3—胃；4—晶杆囊；5—闭壳肌；6—鳃；7—外套膜；8—鳃上腔；9—肛门；10—直肠；11—心脏；12—生殖腺；13—肠；14—消化盲囊；15—食道

1. 分布

牡蛎的种类很多，分布范围广泛，除了寒带的某些海区外，在热带、亚热带、温带和亚寒带均有分布，几乎遍及全世界。我国几种牡蛎的分布范围见表 7-1 所示。

表 7-1 我国牡蛎常见种类的分布

种　类	水平分布	垂直分布
褶牡蛎	全国沿海	潮间带中、下区
近江牡蛎	全国沿海	低潮线附近至 10m 多深处
太平洋牡蛎	全国沿海	低潮线附近及浅海
大连湾牡蛎	黄海、渤海	低潮线附近至 10m 多深处
密鳞牡蛎	全国沿海	低潮线下 2～30m 深的海区

2. 对环境条件的适应

(1) 对温度的适应　牡蛎对温度适应范围较广。我国南北近海的全年水温差别极其显著，冬季的北方水温可低至 1～2℃，南方水温较高的潮间带附近可高达 40℃。这些水温相差悬殊的海区仍有牡蛎栖息。近江牡蛎、褶牡蛎和太平洋牡蛎为广温性种类，在 −3～32℃范围均能存活，太平洋牡蛎生长适温是 5～28℃。

(2) 对盐度的适应　牡蛎对盐度的不同适应性是决定牡蛎水平分布和养殖场地选择的重要因素之一。太平洋牡蛎和近江牡蛎生活范围很广泛，前者可以在盐度 10～37、后者可以在 10～30 的海区栖息。太平洋牡蛎在 6.5 以下的低盐海区，能生存 40h，其生长最适盐度范围是 20～31。褶牡蛎分布在环境多变的潮间带，对盐度适应范围较广。大连湾牡蛎对盐度适应范围较窄，一般为 25～34 的高盐度海区。

3. 摄食习性

(1) 食性　牡蛎是滤食性贝类。近江牡蛎在自然海区平均每天摄食 16～19h，其余时间为无规律的间接摄食，而且其摄食率无明显的昼夜变化。

(2) 食料　牡蛎对食物仅有物理性的选择能力，即只能选择食物颗粒的大小，而对食物的化学性，除了一些特别有害的刺激物质外，一般没有选择能力。因此，牡蛎胃含物中的食物种类和数量组成，在很大程度上取决于周围环境海水中的食料变化。牡蛎在幼虫期和成体时由于消化和摄食器官在发育的程度上有所不同，其食科种类和大小也有明显的差别。牡蛎胚胎发育至 D 形幼虫以后，体内的卵黄物质消耗殆尽，开始摄食小型单胞藻，$\phi 10\mu m$ 以内的食物颗粒是较适宜的。牡蛎成体的饵料主要是硅藻及有机碎屑。其中尤以直链藻（*Melosira*）、圆筛藻（*Coscinodiscus*）、海链藻（*Thalassiosira*）和舟形藻（*Navicula*）为最多。具体的食料组成因海区的不同和季节的变化而有所不同。

三、繁殖

1. 繁殖方式

牡蛎的繁殖方式分为卵生型和幼生型两种。大多数牡蛎都属于卵生型，如太平洋牡蛎、褶牡蛎、近江牡蛎、大连湾牡蛎等；只有少数种类属于幼生型，如密鳞牡蛎、食用牡蛎等。

2. 性别与性变

牡蛎的性别很不稳定，无论是卵生型或幼生型的牡蛎都有雌雄异体和雌雄同体的性状，而且还经常发生性转换现象。卵生型牡蛎绝大部分为雌雄异体，雌雄同体的个体只占很小比例。卵生型牡蛎都有性转换现象，可以由雌性变为雄性，或雄性变为雌性。幼生型牡蛎多为雌雄同体。牡蛎性变有多方面的原因，如营养条件优越的情况下往往雌性所占的比例较高，反之则雄性较多；糖原或碳水化合物代谢旺盛时雄性多占优势。

3. 繁殖季节

牡蛎一般从发生后约经 1 年达性成熟并开始繁殖。牡蛎的繁殖季节大都在栖息海区水温最高、盐度最低的月份里，而且在整个繁殖季节，分期成熟，分批排放，常常出现几次产卵盛期。

我国沿海几种养殖牡蛎的繁殖季节见表 7-2 所示。

表 7-2 我国沿海几种养殖牡蛎的繁殖期

近江牡蛎		褶牡蛎	
海区	繁殖季节(盛期)	海区	繁殖季节(盛期)
广东沿海	5～8 月(6～7 月)	山东青岛	6～7 月
福建沿海	4～7 月(4～6 月)	福建宁德	4～5 月,8～9 月
黄河口附近	7～8 月	福建厦门	4～5 月,9～10 月
广西大风江	5～6 月	台湾海峡	4～9 月(5～6 月)
广西北海	7～8 月		

4. 产卵量

卵生型牡蛎个体产卵量为数百万粒至上亿粒不等。一个壳长 12cm 的太平洋牡蛎，一次产卵量可达 6×10^7 余粒，一个壳长 4.4cm 的褶牡蛎，怀卵量约为 $1\times10^6\sim7\times10^6$ 粒。幼生型牡蛎由于其发生初期是在亲贝的腮腔中度过，受到亲贝的保护，因此成活率较高。由于这种繁殖方式的适应性，产卵量也就少得多，一般为 $1\times10^5\sim3\times10^6$ 粒左右。

5. 发生

卵生型牡蛎成熟的卵子呈圆球形，卵径一般为 50～60μm，精子全长为 60μm。牡蛎的精卵结合受精后，经过一系列的卵裂后，胚胎发育为桑葚期，再进一步发育为囊胚，周身密生短小纤毛，胚胎开始转动，继而发育形成原肠胚。

担轮幼虫一般在受精后约 12h 开始出现，刚形成的担轮幼虫能在卵膜内转动，冲破卵膜后孵化。胚体由圆筒形变为侧扁形，在直线方向上旋转前进。继而发育为面盘幼虫。初形成的面盘幼虫，壳长约 80μm，幼虫靠面盘纤毛的摆动在水中浮游。再进一步发育为壳顶幼虫，壳顶隆起，渐渐地随着幼虫不断生长，左壳壳顶突出，右壳生长缓慢，左右两壳呈不对称状态，这是牡蛎与其他瓣鳃类幼虫的主要区别。同时，幼虫内部器官也不断发育完善，面盘幼虫期消化道完全贯通，逐渐生出前、后闭壳肌；至壳顶幼虫后期，足已很发达，幼虫可匍匐爬行，并分泌足丝进行附着；此时出现鳃原基、平衡囊及眼点，壳长约 300μm（图 7-3，表 7-3）。附着后终生不动，形成固着状态。变态固着以后，形成稚贝，幼虫的足、面盘和眼点等器官很快消失，鳃迅速发育，并出现坚固的韧带，贝壳也由原来透明的幼虫壳变为粗糙

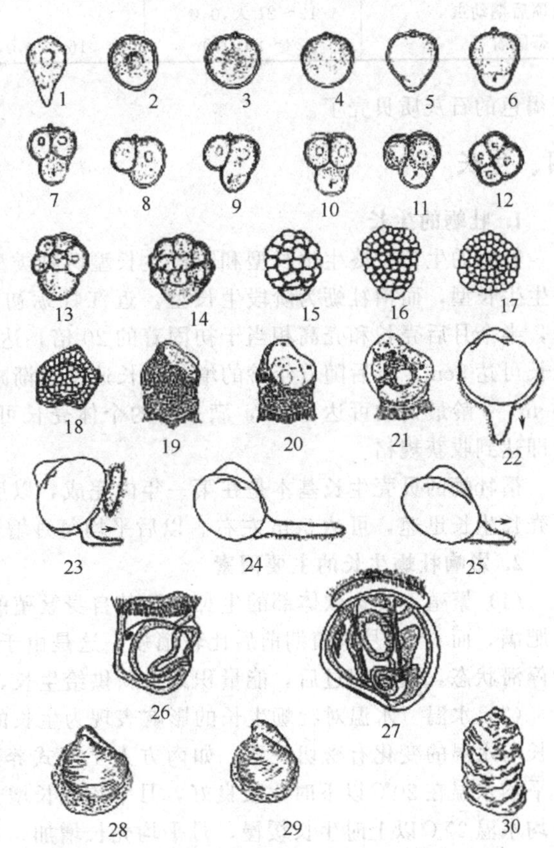

图 7-3 太平洋牡蛎发生图（引自廖国荣，1990）

1—卵子；2—受精卵；3—放出第一极体；4—放出第二极体；5—第一极叶出现；6—第 2 次分裂；7—第一极叶缩回；8—第二极叶生出；9—第 2 次分裂；10—第二极叶缩回；11—第二极叶完全缩回；12—4 细胞期；13—8 细胞期；14—16 细胞期；15—分裂胚；16—桑葚期；17—囊胚期；18—原肠期；19—早期面盘幼虫；20,21—面盘幼虫；22—幼虫伸出足；23—用足爬行；24—用足爬行；25—用足爬行；26—后期面盘幼虫；27—后期面盘幼虫；28—稚贝（固着 2～3h）；29—稚贝（固着 5～6h）；30—稚贝（固着 2～3 天）

表 7-3 四种牡蛎的发育时间 单位：天，h，min

发育阶段	太平洋牡蛎（水温 20～23℃）	褶牡蛎（水温 26～28℃）	近江牡蛎（水温 24～30℃）	大连湾牡蛎（水温 18～23℃）
第一极体	0,0,50	0,0,20～30	0,0,32	0,0,37
第二极体	0,1,10	0,0,30～50	0,0,35	0,0,55
2 细胞期	0,1,40	0,0,47～63	0,1,10	0,1,20
4 细胞期	0,2,0	0,0,70～80	0,1,35	0,2,40
囊胚期	0,6,0	0,3,30	0,6,0	0,8,40
原肠期	0,8,0		0,8,0	
担轮幼虫	0,12～14,0	0,12,0	0,12,0	
D 形幼虫	0,22～24,0	1,16,0	0,20～22,0	0,18,0
壳顶初期幼虫	7～9,0,0		4～6,0,0	0,24～26,0
壳顶中期幼虫	13～17,0,0		8～11,0,0	
壳顶后期幼虫	19～21 天,0,0		12～15,0,0	
变态固着	22～26,0,0	16～20,0,0	17～21,0,0	18～22,0,0

灰褐色的石灰质贝壳了。

四、生长

1. 牡蛎的生长

牡蛎的生长有终生生长型和阶段生长型两种类型。太平洋牡蛎、近江牡蛎、大连湾牡蛎等属终生生长型，而褶牡蛎为阶段生长型。近江牡蛎初固着时 300μm，固着后生长很快，在南方沿海，半个月后壳长和壳高相当于初固着的 20 倍，达到 7mm 左右，1 个月后壳长达 1cm，半年后壳长可达 5cm。以后随着年龄的增长生长速度逐渐减慢，1 龄壳长可达 7～8cm，2 龄最大的可达 15cm，3 龄最大的可达 20cm，满 9 龄的个体壳长可达 40cm 左右。人工养殖的牡蛎，一般 2～3 龄即达到收获规格。

褶牡蛎的贝壳生长基本是在第一年内完成，以后几乎不再生长。刚固着时约 350μm，前 3 个月壳长生长迅速，可达 5cm 左右。以后平均每月增长仅为 1mm 左右，满 1 年壳长约 7cm。

2. 影响牡蛎生长的主要因素

(1) 繁殖　牡蛎软体部的生长受到其自身繁殖的影响，在一年之中冬季至翌年春季软体部最为肥满，而 6～9 月繁殖期前后比较消瘦。这是由于繁殖消耗体内积累的大量能量，使其生长处于停滞状态，繁殖期过后，能量积累重新供给生长，使生长恢复正常。

(2) 水温　水温对牡蛎生长的影响表现为生长的季节性变化，特别是终生生长型的种类，其生长与水温的变化有密切关系。如南方人工筏式养殖的近江牡蛎，11 月中旬至翌年 3 月，海区月平均水温在 20℃以下时生长良好，月平均壳长增长 6.7mm，壳高增长 4.8mm；6～9 月份，月平均水温 27℃以上时生长缓慢，月平均壳长增加 3.7mm，壳高增长 4.7mm；10 月份以后，水温开始下降，生长再度加快。

此外，海区的肥瘦（食料生物的多寡）、水团的交换程度、流速的大小以及养殖方式、养殖水层、潮区等对牡蛎的生长也有显著影响。

五、运动

牡蛎固着后终生不脱离固着物，因此，它的一生仅有开壳与闭壳的运动，并只限于用右壳（上壳）做上下的运动。牡蛎利用开壳和闭壳运动进行摄食、呼吸、生殖、排泄和御敌。在一般情况下它微微开壳，进行摄食和呼吸，经过相当时间，突然出现一次部分闭壳或全部闭壳的运动，把不能吞食的不适宜的食物颗粒压出体外。贝壳运动常因外界物理或化学的因素刺激而改变。水温低时，经常维持闭壳状态；水温高时，开壳时间长，开壳的幅度也最大。海水的密度较低时，牡蛎的贝壳紧闭。主要是由于低密度影响到牡蛎体内的血液和体液不能维持正常的渗透压平衡，紧闭贝壳可以暂时防御低密度海水的侵入。如果时间过长，牡蛎不得不开壳进行呼吸和摄食时，低密度海水侵入体内，时间较长时便会引起牡蛎的死亡。海水浑浊时，牡蛎在开壳摄食和呼吸时，浑浊的海水带来了许多非牡蛎饵料的物质沉淀在外套腔和鳃表面，必须经常做开闭壳运动以排出废物。牡蛎对阴影反射极为敏感。含氧量正常情况下，贝壳开闭壳运动每小时约六次；含氧量2～3mg/L时，运动不活泼；降至1～1.5mg/L时，则完全停止运动。

第二节　牡蛎的苗种生产技术

一、牡蛎的海区半人工采苗

海区半人工采苗是牡蛎苗种的重要来源。根据采苗场地和采苗器材的不同，可以分为滩涂采苗和浅海筏式采苗。滩涂采苗是指用石块、竹子、条石、水泥构件或栅架（上挂贝壳串）等在潮间带附近进行采苗。浅海筏式采苗是指在低潮线以下至水深10m左右的海区设置浮筏，浮筏上垂挂贝壳串等采苗器进行采苗。无论哪一种方式采苗，都应首先选择适宜的采苗场，并通过采苗预报确定采苗期，适时投放采苗器到采苗场地进行采苗。

1. 采苗场的条件

采苗场的选择要依据牡蛎繁殖、发生的规律和幼虫的浮游、附着、固着习性。主要考虑以下几个方面。

(1) 海区环境条件　近江牡蛎、太平洋牡蛎的采苗场一般是在河口附近的内湾性海区；大连湾牡蛎的采苗场则多在远离河口的滩涂。海区潮流畅通，风浪较小，且有一定数量的天然生长的牡蛎。

(2) 底质和潮流　采苗场的底质要适合采苗器的设置，一般以沙泥底为宜。插竹采苗养殖的以软泥底为宜；投石采苗养殖的以较硬的沙泥底或泥沙底为宜；筏式采苗的则较少受底质的限制。

潮流畅通有利于牡蛎浮游幼虫的集中，特别是河口地带许多大小港汊、河渠的汇流形成许多环流，对蛎苗的群聚更为有利，可进行大规模采苗生产，但流速不宜过大，否则易冲倒采苗器。此外，畅通的潮流还可带来大量饵料生物，有利于蛎苗的生长。

(3) 水深　要根据牡蛎的生态习性以及采苗器的不同要求而定，充分利用采苗场的生产力。滩涂采苗的，在潮间带的中、低潮区附近至水深0.4m的浅水层，采苗效果较好。潮差大的采苗场地，以大潮期间每天露空时间不超过4h为宜，以免蛎苗固着后因曝晒死亡。浅海筏式采苗的水深以2～10m为宜。

(4) 温度与盐度　采苗期间，采苗场的水温变化不宜过大，一般水温上升到高温稳定期时采苗效果好，其变化范围在22.0～31.5℃之间。水温过高，蛎苗成长后壳厚、个体小；水温过低，蛎苗不易固着。

盐度变化直接影响蛎苗的固着。一般近江牡蛎和太平洋牡蛎适宜海水盐度较低的河口附近，采苗时的适宜盐度范围为3.9～16.5，大连湾牡蛎适宜远离河口且盐度较高的海区，采苗时的适宜盐度范围为23～28，褶牡蛎介于二者之间。牡蛎幼虫附着变态时的水层与盐度有很大的关系。降雨量少，海水盐度偏高时，附苗水层趋向于水体表层；降雨量多，海水盐度偏低时，附苗水层移向水体底层。

此外，选择采苗场时还应考虑海区附近不应有工、农业等的污染。

2. 采苗期

一般选择每年的繁殖盛期作为生产上的采苗期。不同种类牡蛎的采苗期不同，近江牡蛎在南海全年都能采苗，但多在每年6～8月间进行生产性采苗，其采苗时的适宜水温为20～30℃。福建海区褶牡蛎和太平洋牡蛎每年有春、秋两次繁殖盛期，一次是5～6月，采“立夏苗”为主；另一次是9月，采“白露苗”为主。大连湾牡蛎在辽宁的采苗期多在7月中旬至8月中旬，采苗期的适宜水温为20～26℃。

3. 采苗预报

牡蛎的采苗时机随种类和海区的不同有很大差异，在生产上为准确掌握当年采苗时间，必须进行采苗预报。

(1) 丰满度观测　在牡蛎繁殖盛期之前，每天定点取20～50个亲贝进行性腺检查。发现乳白色的生殖腺全部遮盖了消化盲囊，外观丰满，轻轻挤压时从泄殖孔处流出精液或卵子；进一步镜检时精子活泼、卵子呈圆球形或椭圆球形，说明性腺已经成熟。如果发现性腺由丰满而突然变瘦，呈半透明状，说明牡蛎已产卵或排精。

(2) 牡蛎浮游幼虫观测　在亲贝产卵之后5～6天开始。选择有代表性的水域，用浮游生物网每隔1～2天进行取样，分别拖取上、中、下层水中一定数量的样品，经福尔马林固定、浓缩后，进行定性和定量分析，并记录牡蛎各个发育阶段浮游幼虫的数量和比例。在一般情况下，牡蛎壳顶后期幼虫数量达25～60个/m^3以上，基本上就可达到生产要求；而壳顶后期幼虫的数量占优势时，则正是投放采苗器进行采苗的有利时机，应及时发出采苗预报。

在采集分析牡蛎浮游幼虫的过程中，还会同时发现许多其他种类的浮游幼虫，因为在牡蛎繁殖时还有其他海洋生物也同时进行繁殖，正确鉴别区分牡蛎浮游幼虫与其他海洋生物的浮游幼虫，是采苗预报正确与否的一个关键性环节。牡蛎幼虫与其他双壳类幼虫主要的区别是牡蛎的壳顶幼虫左壳壳顶明显突出，右壳稍比左壳小，左右两壳的大小不等。

(3) 累积水温测定　累积水温是牡蛎从受精卵发育至变态附着这段时间内，采苗海区每天平均水温的累计值。太平洋牡蛎从受精卵发育到幼虫开始附着时的累积水温约为280℃，因此可以根据牡蛎的产卵日期，预报幼虫开始附着的日期，其关系用下式表示：

$$X=\left[(280-\sum_{i=1}^{t}T_i)/t\right]+W$$

式中，X为预报牡蛎幼虫附着所需的天数；280为累积水温；$\sum_{i=1}^{t}T_i$为产卵之日至第t天的累积水温；t为第t天的水温；W为产卵之日至第t天的天数。

太平洋牡蛎的理论累积水温（280℃）有时与实际累积水温存在11.0～25.0℃的温差，因此在实际采苗预报中应对计算值进行校正。校正的方法：在预报期内，如果日平均水温低于22℃则实际日期应比计算值推迟1天；如果日平均水温高于22℃，则应提前1天。

生产上进行采苗预报，往往是将上述3种方法结合并用，力求达到准确。另外，盐度变化是诱发牡蛎大量产卵的一个极为重要的环境因子，一般盐度突然下降时牡蛎大量产卵，并随之出现附苗高峰，因此盐度变化也是采苗预报的重要依据。

4. 采苗器的种类和制备

适合于牡蛎的采苗器种类很多，有石块、石条、贝壳、竹子、废旧汽车的外轮胎及水泥构件等，可因地制宜。既要考虑材料来源方便、经济耐用、价格适宜，又要考虑采苗器有一定的粗糙度，且固着面积大。同时，还要根据场地的底质、海况等条件，选用不同器材，以提高采苗量。目前生产上采用的采苗器主要有坚硬的块石或条石（规格一般为1.0m×0.2m×0.05m）、坚硬毛竹（ϕ2～5cm，长约1.2m）、牡蛎壳、扇贝壳等以及水泥构件和废旧的汽车外轮胎、三角带等。

5. 采苗场地的整理

在投放采苗器之前，必须对采苗场地进行整理，以提高采苗效果，浅滩采苗的场地整理因各地区环境、底质和地形等不同而不尽相同，原则上要做到有利于水流畅通，运输和管理操作方便，以及便于计算面积等。南方一般在采苗前1个月左右，先在采苗场上插竹标志，在大潮退潮时清除滩涂上的敌害生物和杂物，然后整成若干块长条形畦。畦的长度一般为30～50m，可从中潮区延至低潮区，为有利于潮流畅通，畦长与海岸大致呈垂直方向。畦的宽度根据场地条件和采苗器种类而定。北方的浅滩场地一般整成若干块长100m、宽10m左右的长方形块，块与块之间挖一深约20～40cm，宽约50～60cm的排水沟，使滩涂表面退潮后不积水。

6. 采苗方法

采苗场地整理好之后，待采苗预报适合采苗时，即可将采苗器运到采苗场投放。

(1) 桥石采苗法　采苗时在中潮区附近，将规格为1.2m×0.2m×0.05m的石板或水泥构件紧密相叠成人字形，石板或水泥构件与滩面成60°角，4～5块为一堆，几十块排成一列，堆尖用若干块长约70cm的条石连成一长列，列的方向和水流的方向平行，摆放在中潮区附近。桥石采苗由于阴面附苗多，随着蛎苗的生长要经常疏苗，并对调阴阳面。采苗后可直接进行养成［图7-4(a)］。

(2) 立石采苗法　把规格为1.2m×0.2m×0.2m的条石单支垂直竖立，或者把类似规格的水泥构件4～5支为一堆，竖立在中潮区附近即可采苗。石条或水泥棒的投放量为每0.067公顷1000支左右。立桩时应将采苗器埋入泥中30～40cm以防倒塌，如果石条或水泥构件已经使用过，在每年采苗前，应将附着在上面的其他生物清除干净。此法适合于褶牡蛎、大连湾牡蛎等采苗。

(3) 投石采苗法　用石块作为采苗器，还可以用水泥瓦或用水泥黏结在一起的簇状牡蛎壳。石块用量为150～300m^3/hm^2，牡蛎壳用量为120～150m^3/hm^2，水泥瓦用量为4.5万～7.5万片/hm^2。其排列方法一般是把4～6块石头堆排成列，每列之间距离70～100cm。簇状牡蛎壳排列与石块相似。水泥瓦可以搭成屋状堆放，也称“蛎屋”，以尽量增加阴面，提高附苗量。近江牡蛎、大连湾牡蛎、褶牡蛎都可用投石采苗。但在底质较软的滩涂石块容易下陷，不适宜投石采苗。

(4) 插竹采苗法　南方褶牡蛎采苗常采用此法，采苗时将先行处理好的蛎竹以5～10支为一束，插成锥形，约50～80束相连成一排，长约4～5m，排间距离约1m，插入滩涂的深度约30cm。也有密插和斜插的，每排插竹200～300支，一般每公顷可插蛎竹（15～45）×10^{4}支。插竹采苗时，应根据蛎苗固着情况，定期转换蛎竹的阴阳面，使蛎苗固着均匀，同时还可以使蛎苗免受强光直射，能提高采苗量和成活率［图7-4(b)］。

(5) 栅架垂下式采苗法　栅架用水泥或竹、木搭成，设置在低潮线滩涂附近，其规格各地不尽相同，可因地制宜，采苗时贝壳串可以垂挂，也可以平挂。垂挂时贝壳串长度随栅架高度而定，贝壳串间距15～20cm；平挂是将贝壳串以15～20cm间距平卧于栅架上，长15～20m、宽1m、高80cm的栅架可平挂长约1.2m的贝壳串100～120串［图7-4(c)］。

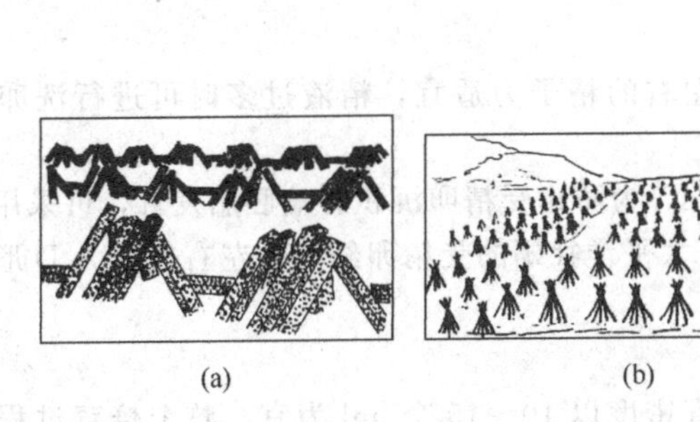

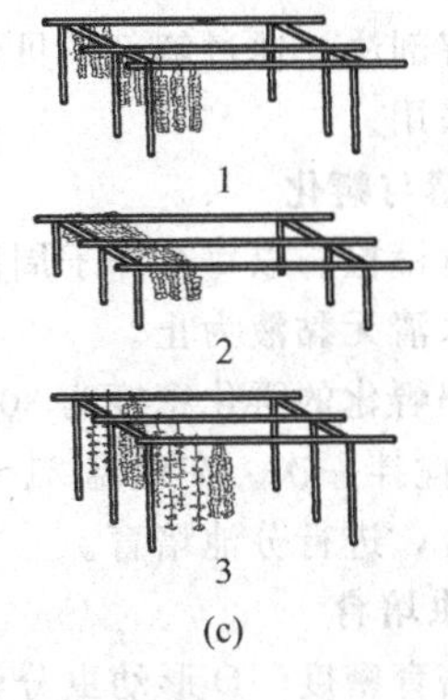

(a)　(b)　(c)

图7-4　牡蛎采苗示意图

(a) 桥石采苗；(b) 插竹采苗；(c) 栅架垂下式采苗（1—垂挂；2—平挂；3—采苗与养成兼用）

7. 采苗效果的检查

采苗后3～4天可以看出采苗效果。即可进行采苗检查，检查时将采苗器取出，洗去浮泥，在阳光下，肉眼就能清楚地看到蛎苗附着的情况。

采苗时，藤壶等其他附着性生物也可能附着在采苗器上，要注意加以区别。如果固着个体略成圆形、色深扁平，用手摸较光滑者即是蛎苗；如果呈椭圆形、乳白色、较突出，用手摸较粗糙者是藤壶苗。蛎苗密度以0.5～1.5个/cm² 为适量，大于4个/cm² 为过密。如果藤壶苗大量附着而蛎苗很少，应重新清理采苗器重新采苗。如果蛎苗附着过密，应废弃部分蛎苗，即用蛎铲在采苗器上划掉部分蛎苗，以保持蛎苗的正常生长。

二、牡蛎的人工育苗

20世纪80年代以来，我国沿海先后开展了牡蛎人工育苗，从而充分保障了牡蛎养殖的苗种来源。下面主要以太平洋牡蛎为例介绍牡蛎人工育苗的方法。

1. 亲贝的选择与暂养

亲贝大小为：太平洋牡蛎2～3龄，9～10cm、体重100g以上；褶牡蛎1～2龄，体长5～6cm；大连湾牡蛎和近江牡蛎2～3龄，壳长10cm以上。在产卵期之前将挑选好的亲贝装入网笼中，吊挂在育苗室附近的海区或在育苗室内暂养备用。

亲贝暂养时，利用人工升温可促进亲贝性腺提前成熟。

亲贝入池时应洗刷掉贝壳表面的浮泥和附着生物，然后放入室内亲贝暂养池进行暂养促熟。亲贝的用量与其大小、性腺发育状况等有密切关系，每立方米育苗水体约需要4～6个（包括雌雄贝）。亲贝暂养密度为30～50个/m³。亲贝暂养升温以每天0.5～1.0℃为宜，每天换水2～3次，每次换水量1/2以上，并及时清除池底粪便和倒池。亲贝暂养期间可投喂硅藻、金藻或扁藻等饵料，以促进性腺成熟，投饵量以硅藻或金藻计算，每天 1.5×10^5～4×10^5 个细胞/ml，分多次投喂，4h投喂1次。

亲贝促熟过程中应每隔1～2天解剖1次，观察其性腺发育情况。

2. 产卵

（1）催产　对牡蛎催产的有效方法主要有阴干、流水及升温刺激法。一般将亲贝阴干4～6h，流水1.0～1.5h，然后放入升温3℃的海水中，也可在阴干后直接用升温3～4℃的海水流水刺激1.0～1.5h。采用上述方法，效应时间一般2～5h，有时长达10h。也可在夜间将亲贝阴干10～12h，白天继续阴干10h，利用气温刺激，然后用常温海水流水刺激1～2h即可排放，这种方法效应时间较短。

（2）暂养自然排放法　性腺充分成熟的亲贝可使其自然排放，这样获得的精、卵质量好，受精率与孵化率较高。

（3）解剖法　通过解剖亲贝性腺获得精、卵，进行人工授精。这种方法孵化率较低，目前生产上较少采用。

3. 受精与孵化

受精时镜检，以每个卵子周围有3个左右的精子为适宜，精液过多时可进行洗卵或分池孵化，直至水清无黏液为止。

受精卵孵化的孵化密度为30～50粒/ml，为防止受精卵沉积影响胚胎发育，可采用微充气或每隔0.5h搅拌一次。在水温21～22℃时，太平洋牡蛎的受精卵经36h左右发育为D形幼虫，此时即可选育，进行分池培育。

4. 幼虫培育

（1）培育密度　D形幼虫分池后的培育密度以10～15个/ml为宜。整个培育过程中不需要调整幼虫密度。如因幼虫发病死亡或原生动物过多造成幼虫密度下降时，不要并池，以免互相感染，应弃掉重新采卵培育。

（2）投喂饵料　太平洋牡蛎幼虫适宜的饵料主要有等鞭金藻、角毛藻、扁藻等。D形幼虫选育后就开始投饵。幼虫培育前期，金藻、角毛藻效果较好，扁藻是壳顶幼虫的良好饵料，幼虫壳长达110～130μm以上时，就能大量摄食扁藻，生长速度也加快。对130μm以上的幼虫，混合投喂金藻和扁藻，效果更好。

投饵量应根据不同发育阶段进行调整。一般每天投饵2～3次，在换水后投喂，从开口到稚贝，每日的金藻投喂量为1.0×10^4～6.0×10^4个细胞/ml，扁藻投喂量为0.2×10^4～1.0×10^4个细胞/ml，确切的投饵量应根据胃饱满度和残饵量（水色）进行调整。

(3) 水质管理　刚选育的D形幼虫个体较小，大约70～80μm，可采用300目筛绢制成的网箱进行换水来改善水质，随着幼虫的生长，根据幼虫的大小，及时调整筛绢的网目，每日换水1～2次。另外，在幼虫培育过程中可连续充气，还可以采用清底与倒池的方法，以保证水质清新。一般换水前用吸污器清除池底，培育池水质恶化时可进行倒池，整个培育期间倒池4～5次，以便为幼虫创造良好的水质环境。

(4) 日常观测　在幼虫培育过程中，应每天测量幼虫的生长发育情况。一般从D形幼虫至壳顶初期幼虫，壳长平均日增长约6～8μm；壳顶幼虫阶段，壳长平均日增长约10～15μm。在水温23℃以上，饵料充足适宜的情况下，壳顶中、后期幼虫的壳长平均日增长快者可达20μm，如果生长过慢应及时查找原因，如投饵不足、水温过低、水质败坏等。另外，每天早晚应观察幼虫的上浮活动情况，镜检摄食状况以及池底有无下沉、死亡个体等。每天定时测量水温、溶解氧、pH值、氨氮、生物耗氧量等水质指标，以便发现问题及早处理。幼虫培育过程中还要控制适宜的光照，一般光照强度以200～400lx为宜，光照过强，幼虫易下沉；光照不均匀，幼虫易局部密集。注意保持育苗室内的气温和水温稳定，特别是夜间温度降低时，往往导致幼虫下沉。

5. 采苗器的投放

投放采苗器的时机应在幼虫出现眼点、即将变态之前，在水温21～23℃条件下，太平洋牡蛎的幼虫培育18～23天，壳长达280～320μm时便会出现眼点，个别情况下，壳长达到340μm时才出现眼点。当眼点幼虫的比例达20%～30%时，即可投放采苗器。也可根据眼点幼虫出现的比例，分批投放采苗器，以增加采苗量。

一般使用扇贝壳或牡蛎壳做成的贝壳串或橡胶带、塑料圆盘等作为牡蛎的采苗器，垂挂在池内进行采苗。贝壳串一般是取壳高6～8cm的扇贝壳或牡蛎左壳洗刷干净后，中央钻一小孔，用聚乙烯绳将贝壳串联成串。

各种采苗器在投放前要进行消毒灭菌处理，先用0.05%～0.10%氢氧化钠溶液浸泡24h，再用过滤海水冲洗浸泡2～3遍，最后放入含有10g/m^{3}青霉素的海水中浸泡30min灭菌。生产实践证明，贝壳串、塑料圆盘、橡胶带对牡蛎幼虫都有良好的采苗效果。一个扇贝壳上可固着牡蛎苗100～300个，一个ϕ30cm的塑料圆盘可采苗1000～2000个。

牡蛎的变态成活率与幼虫的健康程度、培育环境、水质管理、饵料状况、采苗时眼点幼虫的密度等因素有很大关系，一般可达10%～20%。生产实践中，当眼点幼虫密度超过3个/ml时，变态成活率往往低于10%；眼点幼虫密度2个/ml时，变态成活率可超过20%。因此，采苗时眼点幼虫的密度以2～3个/ml为宜。

生产上还经常进行二次采苗，就是在采苗器上的采苗量达到预期数量后、而池中仍有大量眼点幼虫情况下，可将采苗器移到另池继续培育，原池流水改善水质后，再次投放采苗器；或将眼点幼虫虹吸移入新池，投放采苗器。二次采苗不仅能提高采苗量，而且可使采苗器上的蛎苗固着均匀，有利于稚贝生长和成活。

采苗器的粗糙程度对牡蛎采苗有很大影响。据观察，用扇贝壳或牡蛎壳作采苗器时，贝壳外表面较粗糙，蛎苗固着量多；而贝壳内面较光滑，蛎苗固着量较少。所以，使用贝壳采苗器时将粗糙面朝下，可提高采苗量。

由于牡蛎眼点幼虫有明显的避光性，所以幼虫在池内的固着水层与光照强弱有很大关系。试验表明，光照强时幼虫趋向池底，池内自上而下采苗量逐渐增多；光照弱时幼虫趋向上层，这时上层采苗量最多，中、下层逐渐减少。

6. 稚贝培育

牡蛎眼点幼虫在变态过程中通常要经历7天左右才能全部固着。但如果幼虫生长差异较大时，整个固着所需要的时间还要长，有时要经历10天以上。

投放采苗器后，要增加投饵量，加大水体交换量。稚贝培育期间可投喂角毛藻、扁藻、小球藻等，日投饵密度为8×10^4～12×10^4个细胞/ml。每天流水3～4次，每次2h；流水前轻轻晃动采苗器，防止残饵、粪便、淤积物等堆积在采苗器上，影响稚贝生长；每隔10天左右采苗器倒池一次。稚贝壳长平均日增长约100～350μm。

7. 海上中间培育

从稚贝对环境的适应能力来看，壳长达到600～1000μm时就可以出池进行海上中间培育。许多育苗场在室内培育至壳长5～6mm时才出池。出池规格应考虑育苗室的合理利用、中间培育的生产成本、市场对蛎苗的需求情况等因素。

中间培育的海区，应选择潮流畅通、饵料丰富、敌害生物少、无污染源的海区。出池前，应根据天气预报选择无风浪的晴朗天气，还应考虑避开藤壶、贻贝等生物的附着高峰期。稚贝出池后挂到海区筏架上，此时稚贝生长速度很快，在水温25℃左右时，出池后1个月的稚贝，平均壳长可达25～30mm。因此，适时出池对加快稚贝生长，尽早分苗养成是有利的。

三、单体牡蛎苗和三倍体牡蛎苗的生产

1. 单体牡蛎苗的生产

自然海区的牡蛎是群聚在一起营固着生活的。所谓单体牡蛎，是指牡蛎不固着、单独的个体就能正常的生活。单体牡蛎具有外形美观、大小均匀、易于装运和去壳、便于加工和食用等优点，餐饮店中食用的“生蚝”就是单体牡蛎；而且养殖时不需要固着器材，便于控制养殖密度等。因此，国内外已有很多育苗场进行了单体牡蛎苗的生产。

单体牡蛎苗的前期生产与牡蛎常规人工育苗大致相同，其关键技术是在牡蛎幼虫即将固着时，使其不固着就变态为稚贝；或者在其固着后，使其无损伤脱离固着基。其生产方法主要采用化学法或物理法。

（1）化学法　目前主要采用肾上腺素（EPI）和去甲肾上腺素（NE）诱导牡蛎的幼虫不固着而变态，从而形成单体牡蛎。方法是将EPI（或NE）用0.005mol/L盐酸配制成1×10^{-3}mol/L的EPI（或NE）溶液，使用前再用过滤海水稀释10倍，最终浓度为1×10^{-4}mol/L。然后把即将变态的牡蛎壳顶后期幼虫用筛绢网从培育池中滤出，放入上述1×10^{-4}mol/L的EPI（或NE）溶液中诱导处理1～2h。幼虫在EPI（或NE）溶液中不表现固着行为，但在几分钟之内下沉至底部，并开始变态。5L的EPI溶液可处理牡蛎幼虫5×10^5只以上。

用上述EPI溶液处理太平洋牡蛎幼虫极为有效，处理10min，50%以上的幼虫变态；处理1h，80%以上变态；处理1h以上，变态率略有增加，对幼虫或稚贝无明显的副作用。

（2）物理法　此法生产单体牡蛎的原理，就是根据牡蛎的一次固着性，将固着的牡蛎稚贝剥离下来，使其成为单独个体。其方法主要有三种：一是稚贝固着后不久便将其从固着基上剥离下来；二是让稚贝固着在能弯曲而且易于脱落的特殊固着基（如塑料板、橡胶带）上；三是筛选ϕ350μm左右的贝壳碎屑或其他微粒作稚贝的固着基，直接获得单独的稚贝。

2. 三倍体牡蛎苗的生产

由于牡蛎软体部的生长受到其自身繁殖的影响，正常二倍体牡蛎在繁殖期后的软体部消瘦、生长缓慢、死亡率高，而且糖原含量降低，影响了牡蛎的产量和质量。而三倍体牡蛎由于不繁殖，所以没有上述缺陷。三倍体牡蛎已在美国大量生产。生产三倍体牡蛎苗的关键技术是采用化学、物理等方法处理牡蛎受精卵，抑制其极体放出，使其染色体数目加倍形成三倍体，或采用四倍体与二倍体杂交的方法生产三倍体，其幼虫和稚贝的培育管理与牡蛎人工育苗过程相同。

物理法包括温度休克法、静水压法、电脉冲法等，其特点是生产成本低，但需要专门的设

备，而且由于对受精卵的刺激较大，往往导致胚胎或幼虫的成活率较低。化学法是利用6-二甲基氨基嘌呤（6-DMAP）等药物浸泡处理受精卵，抑制太平洋牡蛎受精卵的极体释放，生产三倍体，6-DMAP的适宜浓度为400～450μmol/L，受精之后，当有30%～50%的受精卵出现第一极体时（水温25℃时，在受精后15～20min），作为开始处理的时机，处理持续时间10min，处理时受精卵的密度不超过5×10^7粒/L，处理之后用500目的筛绢网洗卵，三倍体诱导率可达50%以上。

诱导后的幼虫培育方法同常规育苗方法。

四、蛎苗抑制及运输

蛎苗抑制是根据牡蛎营固着生活并经常露空的生态特点，每天使蛎苗露空一定时间，锻炼蛎苗对环境的适应能力，提高蛎苗的滤食速率。蛎苗经抑制后，生长速度加快，可缩短养殖周期。

蛎苗抑制可分为半抑制和全抑制，每天露空6～8h为半抑制，每天露空8～10h为全抑制，方法是根据海区潮差的大小和露空时间设置一定高度的栅架，将蛎苗连同贝壳串等采苗器一起平铺置于栅架上，退潮时露空，涨潮时没于海水中。蛎苗一般要长到10mm左右时才能上架抑制。此外，开始上架的时间也很重要，上架时间不可过早，要避免高温季节。一般7～8月采的牡蛎，要在9月中、下旬水温逐渐下降时才能开始上架，经过5～6个月的抑制，到翌年2～3月时结束。上架时一般把3～4串带有蛎苗的贝壳串叠放在一起，平铺在栅架，也可将贝壳串折成2条，垂挂在下架梁上。抑制期间应尽量避免强烈日光直接照射蛎苗。对叠放在中间的蛎苗要经常翻动，否则会由于水流不畅、阳光过弱而引起蛎苗活力减退甚至壳体发软而死亡；对潮位较高而个体较小的蛎苗，也要经常调节，以保持其适当的滤水时间；另外，还要防止肉食性螺类等敌害吞食蛎苗。

经过抑制的蛎苗即可进行养成。蛎苗运输时可连同采苗器一起装入木箱等容器中，外覆草帘等物，途中应经常向容器上淋水以保持一定湿度。气温7℃时运输10h，成活率仍可达90%以上。

第三节 牡蛎的养成技术

将1cm左右的蛎苗养至商品规格的成贝，称为养成。由于牡蛎种类不同，养成期的长短也不尽相同。如褶牡蛎只需一年时间，而太平洋牡蛎等一般需要2～3年。

我国各地沿海牡蛎养成的方法很多，但根据采苗与养成的关系，基本可以分为直接养殖与分苗养殖两大类型。所谓直接养殖，是指将海区半人工采苗获得的蛎苗，留在采苗器上，采苗器继续作为养成器，直接进入养成阶段，直至收获。所谓分苗养殖，是指将半人工采苗或人工育苗获得的蛎苗，从采苗器上剥离下来或经过重新整理，再进行养成。

一、直接养殖

我国传统的牡蛎养殖方法如投石养殖、桥石养殖、插竹养殖、立桩养殖等，都属于直接养殖。

1. 桥石养殖

牡蛎苗固着后一个月左右逐渐长大，为了不影响牡蛎的生长，必须将桥石重新整理，即将18块石板组成一排，排与排之间用长约70cm石板相连成一长列。至7～8月间，随着牡蛎的不断生长，饵料的需求量增加，应将18块石板为一组的排列法，改为6块为一组。组与组之间也用石板连成一列，组间距离约50～60cm，列与列之间的距离为1～2m。至9月间，再将蛎石的阴面和阳面互换，使两面牡蛎生长均匀，养至年底或翌年春季即可收获。

2. 立桩养殖

一般蛎苗固着后适当稀疏石条或水泥棒的间距，或在原地继续养殖，直至收获。如果蛎苗固着密度大，可人工疏苗除去一部分。收获时将牡蛎从石条或水泥棒上铲下，运回岸上剥离。

3. 投石养殖

养殖过程中为了防止石块下沉或避免淤泥沉积，影响牡蛎的生长，必须将石块移位（亦称“托石”），移位托石次数视底质软硬和下沉程度而定，一般每年为2～3次，时间在4～5月、7～8月、9～10月。

投石养殖的牡蛎随着其不断生长，饵料需求量逐渐增加，浅滩场地往往不能满足牡蛎生长的需要。为了加快牡蛎的生长和增重，在牡蛎壳长达到商品规格后，可将牡蛎从石块上剥离下来，装入养殖笼中，垂挂在河口附近饵料丰富的海区，继续养殖40～60天，这种方法称为育肥或肥育，是牡蛎养殖的一项增产措施。肥育时应注意在雨季到来之前收获。

4. 插竹养殖

在采苗之后，应将养殖密度稀疏调整1～2次，称为分植（分株）。分植时，将原来斜插的蛎竹改成直插，并疏散蛎竹的密度。分植的作用除了扩大牡蛎生活空间，促进生长外，还可以减少蛎苗脱落。至翌年2～3月，将蛎竹移至中、高潮区进行蛎苗抑制。经过抑制的蛎苗到8月中旬以后移至低潮区养成，可大大加快其生长速度。

5. 棚架垂下式养殖

随着牡蛎的生长，应把贝壳串拆开重新串联，将各个贝壳的间距扩大，以适应牡蛎的生长，垂挂在棚架上的贝壳串，串距扩大为30～40cm。此外应及时调节吊挂水层，夏季水温高时，为减少苔藓虫、石灰虫等附生在牡蛎壳上，可缩短垂吊深度，增加漏空时间；牡蛎生长后期，应加大吊养深度，增加牡蛎摄食时间，促进其生长。

二、分苗养殖

筏式养殖、滩涂播养等，属于分苗养殖。与直接养殖相比，这些养殖方法可以较好地控制养殖密度，有效地利用养殖水域，牡蛎滤食时间长、生长快，因此可缩短养殖周期，提高产量。

1. 浮筏养殖

浮筏养殖应选择风浪小，干潮水深在4m以上的海区；水温周年变化稳定，冬季无冰冻，夏天不超过30℃，海区表层流速一般以0.3～0.5m/s为宜；有丰富的饵料，没有工农业污染源。

养殖浮筏主要有延绳筏（亦称浮子缆）和浮台两种（图7-5，图7-6），浮台虽成本较高，但操作、管理方便。养殖绳的长度可根据设置浮筏的海区深度而定，一般3～4m。养殖绳可以用14#半碳钢线或8#镀锌铁丝，将采苗时的贝壳串采苗器拆开，重新把各个采苗器的间距扩大到15～20cm串在养成绳上。养成绳还有一种制作方法，在直径2cm的两股合绳上，利用绳劲的绞合力，拧开绳劲夹紧采苗器。采苗器的间距约15～20cm。

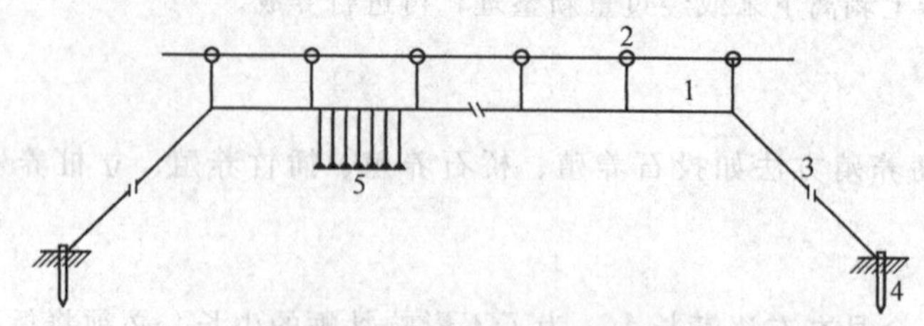

图7-5　延绳式养殖示意图（引自冈本亮，1986）
1—大绠；2—浮子；3—橛缆；4—固定桩；5—养殖物

养殖绳制成后，即可垂挂在浮筏上。吊挂时，养殖绳上的最上一个采苗器在水面下约20cm，各串养殖绳的间距应大于50cm。

蛎苗分苗下海垂挂的时间及养成周期，各地不尽相同。如广东省养殖近江牡蛎，第一年8月采苗的，暂养至第二年9月进行分苗养成，养成15个月左右，至第三年年底或第四年1月收获。从采苗至收获的养殖周期约26个月。

养殖期间的管理主要包括及时疏散养殖密度，调节养殖水层，加强安全生产，防止台风袭击。在台风来临前，应加固浮筏，并采用沉石、吊浮的方法加以保护；风后及时检查整理。收获前夕负荷增大，应增加浮力，防止沉筏。

日本用延绳筏养殖太平洋牡蛎，从采苗到收获共养殖 14～15 个月，每台长 100m 的浮筏可产牡蛎鲜肉 1000～1400kg。

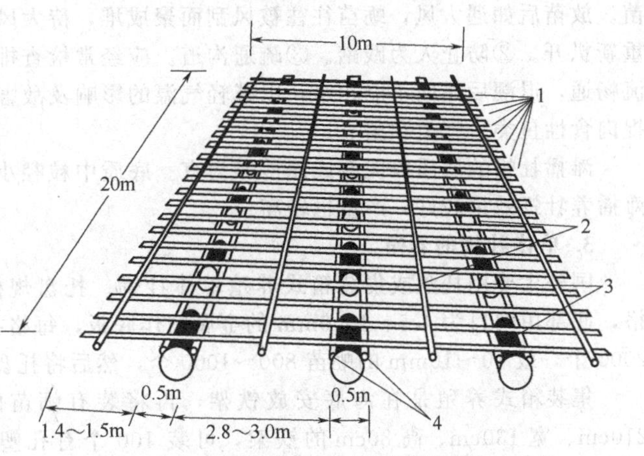

图 7-6　浮台式养殖示意图（引自冈本亮，1986）
1—横杆；2—上纵杆；3—浮筒；4—下纵杆

2. 滩涂播养

滩涂播养是将蛎苗从采苗器或潮间带的岩礁上剥离下来，按照一定的放养密度，播养到泥滩或泥沙底质的滩涂上，牡蛎即可在滩面上滤食生长，从而进行养成的一种方法。由于它不需要固着器材，可以充分利用滩涂，具有成本低、操作简单、单位面积产量高等优点。

（1）养殖场地的选择　滩涂播养宜选择风浪小，潮流畅通的内湾，底质以泥滩或泥沙滩为宜。潮区应选择在中潮区下部及低潮区附近，潮位过高，牡蛎滤食时间短，影响生长；潮位过低，则容易被淤泥掩埋。此外，受虾池排放污水或河水直接冲刷的滩面，也不适合作养殖场地，因为流水带来泥沙，易将滩面淤积，且影响底栖硅藻的繁殖生长。

（2）播苗季节　一般生产上在 3 月中旬至 4 月中旬播苗较为适宜。牡蛎是广温性贝类，对低温也有一定的适应能力。2 月北方海区解除冰冻后虽然也可播苗，但由于此时水温低，牡蛎不生长，则往往被淤泥埋没而死亡；但播苗时间也不能太晚，否则不能充分利用牡蛎的适温生长期，影响其生长。生产上一般在 4～5 月中旬播苗。

（3）蛎苗来源与规格　滩涂播养的牡蛎苗来源，目前大多是半人工采苗获得的自然苗，也可用前一年人工育苗的牡蛎苗。用牡蛎铲等工具将牡蛎苗从岩礁或采苗器上轻轻撬下，注意不要损伤蛎壳，然后经筛选，去除杂质，即可作为养殖用苗。

牡蛎规格：一般壳长 2.5～3.0cm 的蛎苗，每千克 400 粒左右；壳长 3～4cm 的，每千克 160～180 粒。

（4）播苗方法　有干潮播苗和带水播苗两种方法。干潮播苗就是在退潮后滩面干露时，把蛎苗装入长 1m、宽 50cm 的木簸箕或铁簸箕中，平缓拖动，使蛎苗均匀播下。播苗前应将滩面整平，播苗时踩的脚窝等也应及时用拖板整平后再播苗，不要把蛎苗播在坑洼不平的滩面上。干潮播苗应尽量掌握播苗后即开始涨潮以缩短蛎苗露空时间，并避免中午日光暴晒时播苗。

带水播苗就是涨潮后乘船播苗。播苗前应在退潮时将滩面规划成条状，并插上竹木杆等标志物，待涨潮后在船上用铁锹等工具将蛎苗撒下。干潮播苗因为肉眼可见播苗情况，便于掌握播苗密度；而带水播苗由于不能直接观察到蛎苗的分布，往往造成播苗不均匀。因此，生产上多采用干潮播苗。

（5）放养密度　应根据滩质好坏而定，滩质肥沃、底栖硅藻丰富的海区，每 667 平方米可放苗 5000～7500kg；滩质一般的，每 667 平方米可放苗 2500kg。滩播牡蛎时，如果放苗密度稀，蛎苗之间空隙大，滩泥容易泛起将蛎苗淤没而死亡；如果放苗密度过密，则蛎苗互相重叠，被压入滩中，生长也不好。因此应掌握适宜的放苗量，同时，播苗时一定要均匀，以防局部密度过稀或过密，生产经验表明：放养密度过稀，蛎苗大多被淤死，收获时产量反而低于放苗量；每 667 平方米放苗 5000～7500kg 时，牡蛎生长良好，单产可达7000～30000kg。

（6）养成管理　滩涂播养牡蛎，养殖周期较短，如养殖褶牡蛎，当年春季播苗，至当年 11 月前后收获，平均壳长可达 6～8cm 以上。管理方法也较为简单，主要应注意以下几点。①扒苗。放苗后如遇大风，蛎苗往往被风刮而聚成堆，待大风过后应及时下滩，将堆聚在一起的蛎苗重新扒开。②防止人为践踏。③疏通沟道。应经常检查排水沟道是否被淤泥杂物阻塞，以保持水流畅通，退潮后滩面不能积水，以减轻气温的影响及敌害的藏匿。④防除敌害。主要是清除和捕捉肉食性鱼类、螺类和蟹类。

滩播牡蛎的底质以泥滩或泥沙滩为宜。底质中粒径小于 125μm 的颗粒含量在 70%以上的泥滩播养牡蛎效果较好，产量也较高。

3. 单体牡蛎的养殖

国外主要用托盘或集装箱式养殖单体牡蛎。托盘规格一般为 200cm×100cm×10cm，分三格，底部用网目为 4.5～10.0mm 的金属网作底板，每格托盘可放养壳长 10mm 以下的牡蛎苗约 2000 个，或 10～16mm 的蛎苗 800～1000 个，然后将托盘吊挂在海区的筏架上。

集装箱式养殖是在海底安放铁架，再将装有蛎苗的有孔塑料盘安放在铁架上。一个长 210cm、宽 130cm、高 80cm 的铁架，可装 100 个有孔塑料盘，每个塑料盘的规格为55.5cm×35.5cm×6.0cm，每个集装箱可提供 $20m^2$ 的养殖空间，可放养 1×10^5 个壳长 5mm 的蛎苗，以后随着牡蛎的生长而逐渐减小放养密度。集装箱式养殖也可用于牡蛎的育肥。

托盘以及集装箱式养殖，具有苗种成活率高，摄食时间长，生长速度快，不受风浪和敌害的侵袭，不受海区水深和底质限制，便于收获等优点。

此外，我国湛江等地沿海养殖单体的近江牡蛎时，采用的养殖方式是先将长在一起的多个牡蛎分成单体再用水泥浆重新将单体牡蛎黏着在养殖绳上，吊挂养殖。

第四节 牡蛎的疾病防治与灾敌害防除技术

一、牡蛎的疾病与防治

1. 牡蛎幼虫面盘病毒病

该病的病源为牡蛎幼虫面盘病毒（Oyster Velar virus disease，OVVD），患病幼虫活力减退，内脏团收缩，面盘活动不正常，面盘上皮组织细胞的鞭毛脱落，幼虫沉于底部，不活动。研究表明，此病的传播可能是来自潜伏感染的牡蛎亲贝。在育苗期间经常发生，往往导致育苗失败，从而造成巨大损失。镜检可观察到患病幼虫的面盘、口沟和食道的上皮细胞中有浓密的球形细胞质包涵体，受感染的细胞扩大，分离脱落的细胞中含有病毒颗粒。

目前无有效的治疗方法，主要是采取预防措施：严格选择亲贝；育苗设施要彻底消毒。一经发现患病幼虫，应放弃培育并立即彻底消毒。

2. 牡蛎幼虫细菌性溃疡病

该病的病原为鳗弧菌（*Vibrio anguillarum*）和溶藻酸弧菌（*Vibrio alginolyticus*），可能还有气单胞菌属（*Aeromonas*）和假单胞菌属（*Pseudomonas*）的种类，幼虫被感染后活动能力降低，随即出现下沉或突然大批死亡。镜检时可发现幼虫体内有大量细菌，面盘不正常，组织发生溃疡甚至解体。幼虫感染初期，两片幼虫壳之间有死细胞从外套膜上脱落下来，这些细胞呈蓝色球形，容易辨认。可及时发现，及时治疗。

预防措施是加强育苗用水的消毒处理，过滤海水经臭氧和紫外线二次消毒可有效杀菌；幼虫饵料无弧菌污染。患病的培育池应弃掉，彻底消毒后重新使用。

3. 牡蛎幼虫离壶菌病

该病为真菌性疾病，病原是动腐离壶菌（*Sirolpidium zoophthorum*），菌丝在牡蛎幼虫体内弯曲生长，有少数分支。牡蛎幼虫被感染后，不久就停止生长和活动，很快死亡。可感染牡蛎的各期幼虫，并导致幼虫大批死亡。

预防措施是育苗用水严格过滤或用紫外线消毒；一旦发现患病，应放弃培育，立即用消毒剂杀灭，并用消毒剂彻底消毒育苗设施。

4. 牡蛎帕金虫病

该病为原虫性疾病，病原是海水帕金虫（*Perkinsus marinus*）。患病牡蛎全身所有软体部的组织都可被寄生并受到破坏，主要是伤害结缔组织、闭壳肌、消化系统上皮组织和血管。在感染早期，虫体寄生处的组织发生炎症，随之纤维变性，最后发生广泛的组织溶解，形成组织脓肿或水肿。感染严重的牡蛎张开贝壳而死亡，特别是在环境条件不利时死亡更快。

夏季水温较高和盐度较高时易发病死亡。帕金虫病的传播是靠放出孢子，随着水流直接传播的，传播范围一般是在患病牡蛎周围15m，高密度养殖海区发病严重。

将牡蛎养殖在盐度低于15的海区，可使患病个体的病症缓解，减少死亡。此外，养殖密度要稀疏，因为该病在较远的距离传播较慢；牡蛎达到一定规格时，尽早收获，以避免该病发生。人工育苗时，避免使用已感染疾病的牡蛎作为亲贝。

5. 牡蛎壳病

该病为真菌性疾病，病原是藻菌纲的绞组伤壳菌（*Ostracoblabe implexa*）。患病个体的初期症状是真菌菌丝在壳上穿孔，特别是闭壳肌处最为严重，壳内面有云雾状的白色区域。以后白色区域形成一个或数个疣状突起，变为黑色、微棕色或淡绿色，严重者在该区有大片的壳基质沉淀。

发生该病的地区广泛，水温22℃以上时发病率最高。目前对此病尚无有效的防治方法。诊断时可根据壳的病理变化进行初诊，确诊时取病灶处的碎片，放入消毒海水中，在15℃下培养21～28天后长出菌丝。

二、牡蛎的灾敌害及防除

牡蛎的灾敌害很多，可分为非生物性和生物性敌害两大类。由于各海区的环境条件或区域分布的不同，灾敌害的情况和种类也不同。

1. 非生物性侵害

（1）盐度　如前所述，各种牡蛎都有一定的适盐范围，超过适盐范围，体内外的渗透压就失去了平衡。盐度过高会引起组织脱水，过低时会产生吸水现象，若时间过长就会导致牡蛎的死亡，在南方河口附近的近江牡蛎就曾发生过这种现象。尤其是盐度突然下降或下降幅度过大时死亡较快，死亡率也高。在此时，必须把牡蛎移向深水区或远离河口的海区。

（2）温度　牡蛎对温度的抵抗力较强。只有在南方某些潮间带上区养殖的牡蛎，在夏季往往因烈日暴晒而死，特别是刚固着不久的蛎苗受害更为严重。这时，若有大量降雨，海水盐度突降，牡蛎的死亡率最高。在北方冬季冰冻时可能遭受冰冻的威胁，为此应把牡蛎移向深水区，避免因冰冻造成死亡。

（3）风浪　由于台风掀起的巨浪可以把滩涂牡蛎连附着器材一起推倒。因此，台风过后应立即组织全力抢救整理，以免牡蛎被软泥埋没而窒息死亡。

2. 生物敌害

牡蛎的敌害生物主要包括：肉食性鱼类的河豚、鳐类、黑鲷、海鲫等；肉食性腹足类的红螺、荔枝螺、玉螺等腹足类；甲壳类的锯缘青蟹等；穿穴生物的凿贝才女虫、凿穴蛤、穿贝海绵等；附着生物的藤壶、海鞘、苔藓草、金蛤等；棘皮动物的海燕、海盘车等；赤潮生物等。这些敌害的防治方法见第一篇第三章第七节。

第五节　牡蛎的收获与加工

一、牡蛎收获的年龄和季节

牡蛎收获的年龄和季节因种类不同而异，褶牡蛎一般1～2龄收获，近江牡蛎、大连湾牡蛎和太平洋牡蛎等2～4龄收获。收获的季节一般在3～4月份前。

牡蛎一般是在软体部最肥满时收获，还要考虑便于储藏、运输及市场需求等。北方滩涂播养的牡蛎，因冬季寒冷不便于作业，一般在11月前收获。南方收获牡蛎在冬季12月至翌年4月，这时软体部最肥满。

二、收获的方法

潮间带浅滩养殖的牡蛎一般采用干潮收获法。浮筏或延绳式养殖的牡蛎用船上起吊法收获，收获人员分别在起捞船和浮筏上操作，将垂挂的牡蛎串吊起放入船舱，运回岸上出售或加工。滩涂播养的牡蛎，一般用蛎网在滩面耙取收获。

三、牡蛎的加工

牡蛎肉除冷冻和鲜食外，还可加工成牡蛎干、盐渍品、牡蛎罐头及提炼牡蛎油等。牡蛎壳可加工成石灰及水泥等产品。

【本章小结】

牡蛎是我国沿海重要的养殖贝类，其种类很多，分布广泛。我国主要养殖种有太平洋牡蛎、近江牡蛎、褶牡蛎、大连湾牡蛎。牡蛎营固着生活，有群居性，对温度适应范围广。太平洋牡蛎、近江牡蛎是广盐性种类，大连湾牡蛎是狭盐性种类。大多数牡蛎为卵生型，少数为幼生型。牡蛎的生长受繁殖、水温等因素影响。

牡蛎的苗种生产主要有自然海区半人工采苗和全人工育苗两种方式。半人工采苗应选择适宜的采苗场，并通过采苗预报确定采苗期，适时投放采苗器进行采苗。太平洋牡蛎、近江牡蛎和大连湾牡蛎的部分苗种生产采用全人工育苗方式。

牡蛎的养成主要有潮间带的直接养殖如投石养殖、插竹养殖等传统方法和浅海的筏式养殖，养殖过程中，适宜的放养密度，科学的养成管理是高产的保证。

单体牡蛎、多倍体牡蛎的生产以及肥育、蛎苗抑制等是牡蛎养殖增产增收的重要措施。

【复习题】

1. 简述我国主要养殖牡蛎的形态特征。
2. 牡蛎的生态习性主要有哪些？
3. 简述牡蛎的胚胎及幼虫发育过程。
4. 牡蛎半人工采苗场的选择条件有哪些？
5. 如何进行牡蛎半人工采苗预报？
6. 牡蛎半人工采苗的方法有哪些？
7. 简述牡蛎的全人工育苗的工艺流程。
8. 如何获取三倍体牡蛎苗和单体牡蛎苗？简述牡蛎的蛎苗抑制及其特点。
9. 牡蛎的直接养成有哪些方式？牡蛎的分苗养成有哪些方式？
10. 简述牡蛎的移位、托石等养成管理工作，简述如何进行牡蛎的肥育。
11. 简述牡蛎养殖中的疾病与防治方法？
12. 试分析如何提高牡蛎的产量和产值？

第八章 贻贝的养殖

【学习目标】

1. 掌握贻贝的主要经济种类及形态特点。
2. 掌握贻贝的形态构造和生态习性。
3. 掌握贻贝的筏式半人工采苗技术；掌握贻贝人工育苗的技术与技能操作。
4. 分析、比较贻贝的分苗方法及其特点；掌握贻贝养成的管理技术。

贻贝隶属于软体动物门（Mollusca）、瓣鳃纲（Lamellibranchia）、翼形亚纲（Pterimrphia）、贻贝科（Mytilidae）。贻贝俗称海红、壳菜，干制品称淡菜。肉味鲜美，营养丰富，蛋白质含量较高。贻贝还含有多种维生素及人体必需的锰、锌、硒、碘等多种微量元素以及人体需要的缬氨酸、亮氨酸等 8 种必需氨基酸，其含量大大高于鸡蛋以及鸡、鸭、鱼、虾和肉类等必需氨基酸的含量。贻贝脂肪中含有人体所必需的脂肪酸，其饱和脂肪酸的含量，较猪、牛、羊肉和牛奶等食品为低，不饱和脂肪酸的含量相对较高。素有“海中鸡蛋”之称。

贻贝还有很高的药用与食疗功效。据《本草纲目》记载，贻贝肉能治“虚劳伤惫，精血衰少，吐血久痢，肠鸣腰痛”。现代有关药书记述，贻贝性温，能补五脏，理腰脚，调经活血，对眩晕、高血压、腰痛、吐血等症均有疗效。贻贝中含有维生素 B_{12} 和维生素 B_2，对贫血、口角炎、舌喉炎和眼疾等亦有较好的疗效。

但自然海区中，贻贝的大量繁殖与生长，能堵塞伸入海中的各种管道，影响生产；还会大量附着在船底、养殖浮筏等，对航海、船运及海水浮筏养殖造成一定的危害。

第一节 贻贝的生物学

一、贻贝的形态构造

1. 贻贝的主要种类及其外形区别

我国沿海主要养殖种类有紫贻贝（*Mytilus galloprovincialis*）、翡翠贻贝（*Perna viridis*）和厚壳贻贝（*M. s coruscus*）等（图 8-1）。本科经济价值较高的种类还有偏顶蛤（*Modiolus mo-*

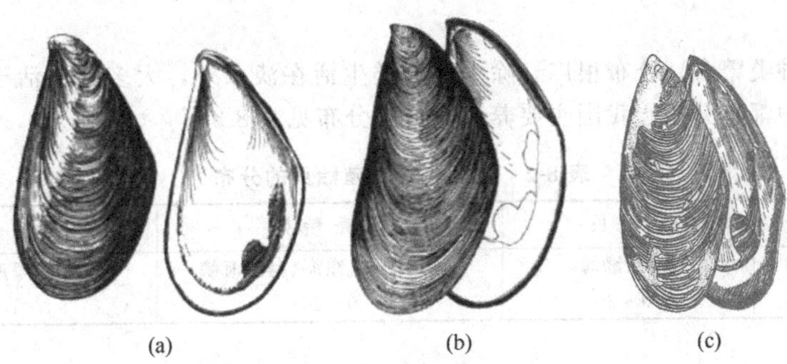

图 8-1 贻贝科养殖种类

（a）紫贻贝；（b）翡翠贻贝；（c）厚壳贻贝

diolus）和寻氏肌蛤［*Musculus senhousei*（Benson)］等。

紫贻贝俗称海红。壳顶端为前端。壳长不及高度的两倍。壳腹缘直，后缘圆而高。壳皮发达，壳表黑褐色或紫褐色，具光泽，生长纹细而明显。壳内面灰白色而边缘部分为蓝色。铰合部较长，铰合齿不发达。韧带深褐色约与铰合部等长。外套痕及闭壳肌痕明显。

几种养殖贻贝的外形区别见表 8-1。

表 8-1 几种养殖贻贝的主要外形区别

形态内容	紫贻贝	厚壳贻贝	翡翠贻贝
壳色	黑色、紫褐色	棕黑色	翠绿色
壳顶	圆钝	尖锐、近 30°角	喙状
壳长/壳高	<2	≈2	≈2
前闭壳肌	小	小	无

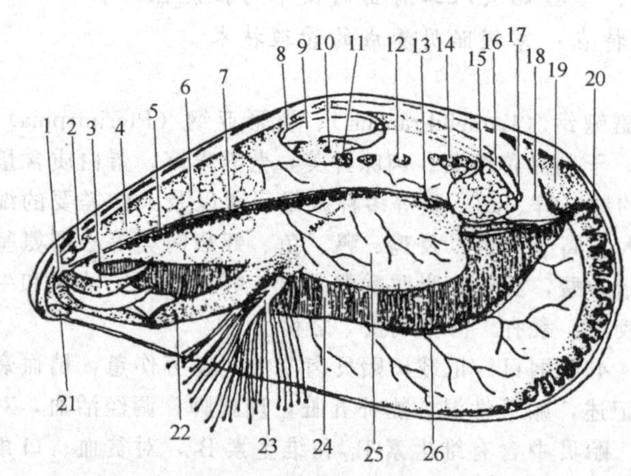

图 8-2 贻贝的内部构造（引自谢忠明，2003）

1—口；2—前缩足肌；3—内唇瓣；4—胃；5—外套痕；6—消化盲囊；7—肾脏；8—围心腔；9—心室；10—心耳；11—缩足肌；12—中缩足肌；13—生殖乳突；14—后缩足肌；15—后闭壳肌；16—直肠；17—肛门；18—排水腔；19—排水孔；20—外套膜缘及触手；21—前闭壳肌；22—足；23—足丝；24—右鳃；25—腹嵴；26—右侧外套膜

2. 贻贝的形态构造

（1）外套膜 两孔型，外套膜除在背侧相连外，还在后端有一愈合点，形成了鳃足孔（入水孔）和出水孔。外套膜边缘上还有色素和各种感觉器官，对外界刺激感觉灵敏。繁殖期贻贝的生殖腺扩展到外套膜中，外套膜变得肥厚而不透明，并呈现出性腺的颜色。

（2）足和足丝 贻贝的足退化呈棒状，一般呈紫褐色，位于内脏块腹面稍偏前方。足的背侧有几束肌肉牵引着，斜向前方的（左右各一束）为前足丝收缩肌。由于这些肌肉伸缩，使足做各种运动。贻贝的足是短距离爬行、探索和分泌足丝的器官。足基部后下方有分泌足丝的足丝腺，其开口为足丝孔。贻贝进行附着时，先伸出足进行探索，找到适宜附着基时，足丝腺便可分泌足丝液，足丝液与海水相遇，变成足丝，用以附着在附着基上。

（3）内部构造 贻贝的内部构造如图 8-2 所示。

二、贻贝的生态习性

1. 分布

贻贝科动物种类繁多，分布很广，除少数种类生活在淡水外，大多数生活于海水中。寒带、温带和热带海域中都有分布。我国主要养殖贻贝的分布见表 8-2。

表 8-2 我国主要养殖贻贝的分布

分布	紫贻贝	厚壳贻贝	翡翠贻贝
水平分布	黄海、渤海	黄海、渤海、东海、台湾海峡	东海南部和南海
垂直分布/m	0～2	0～20	1.5～8.0

2. 生活方式

贻贝属附着型贝类。用足丝附着在附着物上生活。其栖息的首要条件是要有附着基。浅海中一切较硬的固体物都是贻贝良好的附着基。稚贝多附着在丝状物和丝状藻体上。幼贝和成贝主要附着在低潮区以下的岩礁和砾石上。贻贝有群聚习性，常成群栖息生活。贻贝还常大量地附着在码头、堤坝、船底和工厂进排水管道中，给航运和工业生产造成一定的影响。

贻贝具有一定的移动性，稚贝的移动性较强；环境不适时，贻贝还会自切足丝，随水流漂移到其他场所重新附着。

3. 对环境的适应

(1) 水温　紫贻贝属于寒温带种类，对低温适应能力强，生长的适宜水温是5～23℃，最适水温10～20℃。在适温范围内，温度较低时有利于软体部的生长。温度较高则有助于贝壳的生长，特别是5cm以下个体比较明显。紫贻贝在水温5℃以下壳的生长逐渐停止；0℃时软体部停止增长，0℃以下鳃纤毛停止摆动，软体部逐渐消瘦；在水温25℃以上，壳的生长逐渐迟缓，软体部停止生长，并开始消瘦。28℃以上开始出现死亡，30℃以上大量死亡。南移福建闽东的紫贻贝对高水温的适应性比北方的稍强。

翡翠贻贝耐高温而不适低温，耐温范围为9～32℃，适宜水温为20～30℃。

(2) 盐度　紫贻贝属于广盐性贝类，在盐度为18～32左右的海水中生长最好。翡翠贻贝对盐度的适应能力也较强，在海水相对密度为1.009～1.023的范围内能正常生活。

(3) 水质　紫贻贝对水质的要求不严格，抗污力很强，在渔港、码头油污脏物较多的情况下，能正常生长，甚至在海水中溶解氧低于1mg/L、氨态氮含量高于400μg/m^{3}的恶劣条件下，仍能短时期生活。翡翠贻贝对水质的要求比紫贻贝严格。

(4) 耐干力　在夏天气温27～30℃时，紫贻贝可耐干1～2天不死；冬季则可耐干3～4天。

4. 摄食习性

贻贝也是滤食性贝类。食物种类主要包括硅藻、原生动物、双壳类面盘幼虫及有机碎屑等。贻贝的食物组成有地区和季节性变化，随海区浮游生物的变化而不同。贻贝口裂伸缩性很大，较大的食料也能摄食，食料颗粒直径一般在10～200μm。

贻贝滤食能力很强，在常温下壳长50～60mm的紫贻贝每小时能过滤海水3.5L，24h内能过滤45～56L的海水。因此，贻贝生长速度较快。

三、繁殖

1. 繁殖季节

贻贝的繁殖季节视种类和海区的不同而异。贻贝的繁殖期见表8-3。

厚壳贻贝在山东沿海的繁殖期为春夏季节，盛期为4月底至5月底；浙江沿海的繁殖盛期为4月。

表8-3　养殖贻贝的繁殖期

海区	紫贻贝	翡翠贻贝	繁殖水温/℃
辽宁	5～6月		6～18
山东	4～5月,9～10月		
福建闽东	4～6月,10月下旬至11月上旬		16～20
福建		5～6月,10～11月	25～28
广东		5～6月,10～11月	25～29

2. 性腺发育

贻贝性腺发育分为4个时期。

Ⅰ期：性腺形成期。外套组织中出现泡囊，雄性个体多于雌性个体。

Ⅱ期：性分化期。泡囊发达，精卵母细胞数量增多，结缔组织相应减少（这种现象可能是结缔组织细胞中的脂肪和肝糖被配子的发生所利用的结果），卵母细胞附在泡囊壁上，精母细胞排列不紧密，有空隙。雌雄比例开始接近。

Ⅲ期：产卵期，泡囊很发达，大多数附着在泡囊中的少数精子或卵子和柄断裂消失，离开泡壁上皮组织，游离在滤泡腔中和生殖管内。精子聚成囊状，部分分散在生殖管内，泡囊内仍有Ⅰ期、Ⅱ期细胞。

Ⅳ期：耗尽期或休止期。部分泡囊空虚，遗留于泡囊中的少数精子和相当数量未成熟的精子和卵细胞，同时存在相当时间，随后，泡囊破裂消失，卵膜破裂。细胞质分散于结缔组织中。精巢的结缔组织也由少而增多。

处于繁殖期的生殖腺十分饱满，雄性生殖腺多呈黄白色，雌性多呈橙黄色或橘红色。成熟的精子或卵经生殖输送管末端至生殖孔而排出体外。生殖孔左右各一，开口于内鳃内侧的小突起上。贻贝有多次排放精、卵现象，排放一次后，留在性腺里的生殖细胞继续发育成熟，留待下次排放。

贻贝的性腺不仅分布在内脏块和腹脊上，且左右两片外套膜也有分布。其性腺的发育程度可从外套膜上性腺的分布来判断：初形成的性腺分布在外套膜中央，继续发育则往腹面扩展，至成熟时，包括背面的整个外套膜均有性腺分布。

3. 性比与繁殖力

贻贝和翡翠贻贝多为雌雄异体，少数雌雄同体。性腺发育有性转换现象。紫贻贝的性比不稳定，在适温范围内，饵料充足和温度较低的情况下雌性较多，反之雄性较多。在人工养殖条件下，性腺发育初期雄性占优势，进入繁殖期，雌、雄比例基本相等。上层生长的雌性多于雄性，反之，雄性多于雌性。不同壳长的紫贻贝性比也有变化，5cm 以下的雄性较多，6cm 以上的雌贝较多，9cm 以上的雌雄数几乎相等。翡翠贻贝的性比与贻贝基本相似。

贻贝的产卵量较大，壳长 4～6cm 的紫贻贝，平均产卵量为 30 万～600 万粒，最多可达 1000 万粒；大于 8cm 的平均产卵量为 800 万～1500 万粒，最多可达 2500 万粒；16cm 的怀卵量可达 7500 万粒。12cm 的翡翠贻贝一次产卵量可达 1500 万粒。11cm 的厚壳贻贝一次产卵量可达 914 万～2415 万粒。

4. 胚胎和幼虫发生

紫贻贝成熟的卵子呈球状，直径为 68μm，外面包被一层胶质膜。精子全长 47μm。贻贝的胚胎和幼虫发育见表 8-4。

不同的贻贝虽然发育进程差异不大，但其幼虫的大小及生长有显著的不同（表 8-5）。

表 8-4　三种贻贝胚胎与幼虫发育的时间

发育期	紫贻贝(水温)(16～17℃)	厚壳贻贝(水温)(13.0～21.3℃)	翡翠贻贝(水温)(22.0～28.5℃)
第一极体出现	30min	12min	15min
第二极体出现	40min	30min	20min
2 细胞期	1h,10min	1h,25min	27min
4 细胞期	1h,25min	1h,45min	36min
8 细胞期	3h,20min	1h,45min	45min
16 细胞期	4h,20min	2h,5min	50min
囊胚期	7h,20min	5h,17min	2h,40min
原肠期	9h,30min		3h,10min
担轮幼虫期	19h	11h	7～8h
D 形幼虫期	40h	27h	16～18h
壳顶幼虫期	8 天	10 天	5～9 天
变态幼虫期	20 天	20 天	16～24 天
稚贝附着	25 天	25 天	20～27 天

表 8-5 紫贻贝与翡翠贻贝幼虫的体制比较/μm

发育阶段	卵　径	D形幼虫	壳顶初期	壳顶后期	匍匐期	稚　贝
紫贻贝	68～70	110～130	131～170	196～210	211～240	241～300
翡翠贻贝	53～60	85×61	126×104	290×260	363×334	425×410

翡翠贻贝在变态时期，有一个明显的特点，即附着基或培育环境若不适宜，则其“寻觅期”可大大延长，甚至可达一个月以上。

四、贻贝的生长

1. 贻贝的生长与年龄的关系

紫贻贝是海产贝类生长最快的种类之一。大连地区，满 1 年的个体，平均壳长可达 6cm，体重可达 20g，满 2 年的个体，壳长可达 8cm，体重可达 41g。满 3 年的紫贻贝体长可达 9.5cm，体重可达 56g。以第一、第二龄的贻贝生长速度最快，第二年的壳长年增长率为 33%，体重年增长率为 105%。我国采集的最大紫贻贝标本个体，壳长达 15cm。贻贝寿命 10 年左右。福建厚壳贻贝养殖 1 年后，壳长分别从 1.88cm 和 3.38cm 达到 5.4cm 和 6.5cm；体重从 0.25g 和 4.25g 分别达 16.5g 和 28.55g，生长速度很快。广东的翡翠贻贝生长更快，1 年一般壳长可达 7cm。

2. 贻贝的生长与水温的关系

水温对贻贝新陈代谢和生长的影响很大。在适温范围内，水温越高，新陈代谢越强，生长也越快。大连湾内的紫贻贝，自然水温在 14～23℃之间，贝壳平均日增长 300μm 左右，月增长 1cm 左右。7～8 月份自然水温在 25℃左右，贻贝生长缓慢。1～2 月份自然水温在 5℃以下，几乎停止生长。

紫贻贝南移福建后，一年的快速生长期主要为每年的 4～5 月份。

翡翠贻贝在广东海区，水温 25～30℃时，每半个月增长 0.5cm 以上；10 月份水温下降到 25℃以下后，生长逐渐减慢。

3. 贻贝的生长与饵料的关系

贻贝靠滤食海水中的浮游生物及有机碎屑作为食物，因此，海水中浮游生物和有机碎屑的多寡，直接影响贻贝的生长。同一批贝苗分别放养在饵料丰富和饵料较少的海域，经过 4 个月的养殖，前者鲜品重为后者的 1.35 倍，干品重为后者的 1.76 倍。

4. 贻贝的生长与水深的关系

人工养殖的贻贝，由于表层浮游植物饵料丰富，所以生长速度快，商品率和干品率都显著提高，但 1～3m 内的养殖水层差别不大，5m 以下有所差异。在透明度较大、水质较瘦的海区，似乎有深水长壳、浅水长肉的倾向。

5. 贻贝的生长与水流的关系

水流畅通的海区，可不断地给贻贝带来新鲜饵料和氧气，及时带走废物和二氧化碳，因此贻贝生长速度快。

6. 贻贝的生长与其他方面的关系

风浪大的泥沙质海区，水质浑浊，泥沙多，影响贻贝的呼吸和摄食，因而生长较差。

第二节　贻贝的苗种生产技术

一、贻贝的半人工采苗

目前贻贝的苗种来源主要是半人工采苗。人工育苗虽然也很成功，但较少采用，主要原因是贻贝的半人工采苗已能满足生产要求。

贻贝筏式半人工采苗，具有方法简便、产量大、效率高等优点。一台采苗筏，可供养殖 5～10 台筏贻贝的用苗量，最高可供 15 台筏养殖用苗。

1. 采苗场的选择

(1) 亲贝　亲贝是否充足，是选择采苗场的重要条件，亲贝的分布范围要广，否则幼虫常受潮汐、海流等影响，流向别的海区。

(2) 海况　海区形状以半圆形海湾为好，外海有岛屿屏蔽风浪，湾内潮流通畅，又无单向海流，可防止幼虫的流失，又可避免风浪对采苗设施的破坏。风浪小浮泥少，有利于幼虫附着。

(3) 理化条件　海水的理化性质要稳定，附近无较多淡水流水，雨季盐度不低于 10，夏季水温不得超过 29℃，水温和盐度要稳定，水质清新流畅，无大量污染水流入。

(4) 底质　底质松软，便于设置浮筏。

(5) 饵料　在饵料生物较少的海区，贻贝附着密度既少又不稳定，且生长速度十分缓慢，不利于提早分苗养成。

(6) 敌害生物　海鞘、藤壶等与贻贝苗争夺附着基和食料；海鞘还常常将整个苗绳包缠，使苗绳上的贻贝苗窒息死亡；马面鲀、黑鲷等鱼类能大量地侵食贝苗，因此，育苗区大量捕杀马面鲀既增加收入又可保护贻贝苗种。

一般来说，离岸越近的海区，附着生物越多，故采苗区不宜离岸太近。

2. 苗情预报

(1) 确定产卵期　产卵期的确定有两种方法，检查时两种方法可以同时使用。

① 活体性腺检查。临近贻贝产卵盛期，每天从贻贝养殖场选取 3～5 个点，每点取 10～20 个贻贝，进行生殖腺检查。当发现一天内或短时间内绝大部分贻贝生殖腺变得消瘦，即可确定进入贻贝产卵盛期，发出第一期苗情预报。不同海区的贻贝产卵盛期有差异，苗情预报要说明各个海区的具体情况，以区别对待。同时，根据各海区贻贝大小、数量，估算出产卵量。

② 测定干品率。每日或隔日取一定数量的贻贝进行干品率的测定。当紫贻贝干品率突然下降 40%～50%，即可确定产卵盛期。翡翠贻贝鲜肉率达 50%以上时即开始产卵。

每天要做好水文气象的观测和记录，有助于寻找产卵盛期的规律。

(2) 确定幼虫数量、大小与分布

① 取样。在采苗海区划分几个断面，每隔 50～100m 定点，每天进行定点拖网取样检查。也可以水平采水和不同深度采水相结合的方法取样观测计数。

② 计数。定量贻贝幼虫的密度。同时抽样测量幼虫壳长和壳高的最大值、最小值、平均值，记录发育阶段和预测进入附着期的大体时间。

③ 标定。根据不同海区、不同地点幼虫的分布数量，把数字相同或接近的点连接起来，做等量线，发出苗情预报，以确定采苗海区和设置采苗浮筏。

3. 采苗方法

(1) 采苗器　采苗器材应根据贻贝幼虫附着习性进行选择，同时要考虑到采苗器的成本和来源。目前常用的采苗器有红棕绳、聚乙烯绳、废旧汽车外胎、旧网衣等，其中以红棕绳的附着效果最好。采苗绳长度一般为 1～2m。

(2) 采苗器的投放时间　我国海岸线很长，由于各地水温等环境条件的差异，贻贝产卵时间不一样；同一地区，在不同年份由于环境条件的变化，贻贝幼虫的附苗盛期也不相同。

适当提早投放采苗器。在附苗前使采苗器预先附生一层细菌膜和丝状藻类，可给贻贝幼虫附着创造有利条件，增加附苗数量。一般投挂采苗器的时间以附苗前 1 个月为宜。山东沿海一般应在 3 月份，最迟不得晚于 4 月；辽宁沿海一般在 4 月份投挂采苗器。各地应根据常年贻贝附苗的情况和当年的苗情预报，酌情提前或推迟投挂采苗器的时间。

(3) 采苗方法　贻贝筏式半人工采苗，可利用海带和贻贝养殖浮筏或设专用浮筏。

投挂采苗器的吊绳的长度在10～50cm左右，透明度大，水质贫瘠的海区投挂水层要加深。投挂采苗器一般以不互相绞缠、浮筏不沉为原则。附苗量大可多挂，反之可少挂；粗绳可少挂，细绳可多挂，一般三合一红棕绳每台挂200～250绳，直径0.5cm的每台挂300～600绳。

挂苗绳方法主要有单筏垂挂、联筏垂挂、筏间平挂、叠挂等方法。

很多海带养殖海区，就是优良的天然贻贝苗种场。在海带浮绠上常附有大量贻贝苗，可充分利用海带养殖的设施进行贻贝的苗种生产。

4. 苗种的检查与管理

采苗器挂上后就进入海上管理阶段。贻贝的稚贝有较强的移动性，同时其附着稳定性不强，尤其是3mm以下的稚贝，常常会自切足丝随水流漂移到其他地方后，再次附着。因此，贻贝的附苗量一般在壳长3mm以下前较不稳定。

肉眼见苗前经常检查附苗情况。辽宁、山东一般在6月中旬至7月初用眼即可见苗。刚附着的贝苗很小，肉眼很难分辨清楚，可采用洗苗镜检法进行检查。具体操作如下：取一定长度的苗绳（5～10cm），放入水中破开绳子，用力摆动，或用软毛刷轻刷，把贝苗随同浮泥杂质一起清洗下来，再滴上少量的甲醛溶液，杀死贝苗，经沉淀、荡洗除掉浮泥杂质，用解剖镜或放大镜计数检查，并测量大小。另一种简易的方法，就是取一定长度的苗绳，放入2%漂白粉溶液浸泡，然后用毛刷轻轻刷洗，再收苗计数。

在采苗期间，浮绠及采苗器上往往附着杂藻，这些杂藻有利于稚贝的附着，不必清除。苗绳上的浮泥、麦秆虫等对贻贝附着虽有一定影响，但危害不大，不必清理洗刷，以免造成贝苗脱落。

附苗后，由于水温高，贝苗生长迅速，浮筏负荷逐日增重，后期的管理应着重放在防沉和防台风上。台风季节，应随时收听气象预报，注意加固筏身。同时，也可采用吊漂沉筏的方法，增强抗风力。把后期增加的浮子，全部改为吊漂，使筏子下降到水下1～2m深处，可以有效地减轻风浪对筏子的冲击，保证度夏浮筏的安全。

二、人工育苗技术

贻贝的天然苗种在北方基本能满足供应，南方除海区半人工采苗外，部分也进行人工育苗。贻贝人工育苗的技术工艺如第二篇第四章所介绍的常规贝类人工育苗，以下仅介绍贻贝人工育苗的技术要点。

1. 亲贝蓄养

亲贝要求个体大、无机械损伤、生殖腺饱满、无病害、肥满健壮的成熟个体。紫贻贝壳长4cm以上的个体；翡翠贻贝一般选8～12cm的2龄贝。亲贝要洗刷干净并吊养于暂养池中，密度约50～100个/m^3，每天全量换水1～2次，投喂单胞藻和螺旋藻粉等人工代用饵料，及时排污。

2. 催产

成熟亲贝多采用人工诱导排放，可用阴干、变温刺激的方法：阴干1～3h，再放入升温3～5℃的海水中，一般15～30min即可陆续排放精卵；翡翠贻贝则常用62.5g/m^3的食母生溶液浸泡催产，效果显著。一般雄贝先排精，雌贝也很快排卵。当卵达到一定数量后，可将亲贝移到其他池中让其继续排放。

3. 受精与洗卵

亲贝产卵排精时，及时捡出多余雄贝。受精卵经150目筛绢除去黏液粪便，再每隔30～60min用虹吸法洗卵一次，共洗2～3次，至水清无泡沫为止。

4. 孵化与幼虫培育

（1）孵化　受精卵孵化密度约200～300个/ml。

孵化过程中，要搅动池水，使胚胎分布均匀，提高孵化率，保持水温的稳定。在水温16～17℃条件下，紫贻贝约经19h即可孵化出担轮幼虫，经过40h形成D形幼虫。孵化后应进行选育，将上层的健康幼虫选育后进行培育。

（2）幼虫培育管理

① 培育密度。紫贻贝D形幼虫密度为15～20个/ml，壳顶期幼虫10个/ml左右。

② 饵料。幼虫饵料主要有三角褐指藻、小新月菱形藻、金藻、角刺藻、扁藻等，早期幼虫硅藻的日投喂量为7000～8000个细胞/ml，随着幼虫的生长逐渐增加到（1～3）×10^4个细胞/ml，投放扁藻的密度大体为5000～800个细胞/ml。幼虫培育密度大，投量可适当增加。投饵量需不断调整，应以水色、饵料消失速度和胃肠饱满度为标准。

在人工培育饵料不足的情况下，可投喂酵母粉（0.2～2g/m^3，静置4h，取上清液），以少量勤投为好；同时要防止水质变坏，加大换水量，及时清除残饵污物。

投饵时间应在每天换水后进行，一日投饵4次以上。

③ 换水与倒池。D形幼虫前期采取添加水的方法，壳顶期日换水两次，每次换水量从1/4增加到1/2。以后增加换水次数，或流水。4～5天倒池1次。

④ 充气搅拌。采取微充气或定期搅拌，有助于溶氧的增加和幼虫的均匀分布。

⑤ 光照。光照强度影响幼虫的分布和变态附着时的水层和部位。在培育过程中光照强度一般控制在100～500lx。

⑥ 幼虫观测。每天检查幼虫的生长发育、密度变化及其胃饱满度，测定水质指标，并及时调整管理方法，使幼虫生长处于最佳状态。

（3）变态附着　幼虫进入变态附着前，要及时投放附着基。目前一般用直径0.5cm的红棕绳编成的苗帘作附着器，其他胶带、网衣等也可使用，投放量以直径0.5cm的红棕绳为例，大约250～350m/m^3。一般在有1/3～1/2的幼虫出现眼点时便可投放附着基。附苗后，应加大换水量和投饵量，并适当提高光照强度。

翡翠贻贝在水温、盐度等不适时，变态附苗的“寻觅期”可长达1个月以上。

幼虫附着后，在池内培养20～30天后，待贝苗壳长达2～3mm时，应将苗帘移到海上培育。稚贝培育期间，因稚贝常常向上移动，甚至沿着苗绳吊绳爬离水面，形同“自杀”。应注意及时将苗绳上下倒挂。

（4）海上过渡　出池下海应选择小潮期、无风浪、阴天的晨昏。贻贝苗下海后，多数附着在采苗器表面和棕毛上，往往抵挡不住风浪的冲击而脱落。减少脱苗的措施是将网帘卷成筒状或重叠状，待稚贝适应新环境后再拆开。刚下海时应吊挂在深水层，再逐渐提升水层，可提高育成率

当贝苗壳长达到1cm左右时，即可进行分苗养成。

第三节　贻贝的养成技术

一、养成场的选择

（1）海况　贻贝养成场最好选择于避风、潮流通畅的内湾，水深5～20m，有利于打橛子的泥沙底，流速15～25m/min。

（2）水质　养成海区要求水质肥沃，饵料生物丰富。

（3）盐度　常年盐度在18～32的海区均可作为养成场。

（4）水温　紫贻贝养成海区年水温变化应在0～29℃，超过29℃，不宜度夏养成；冬季封冻时间过长，冰层过厚不适宜越冬养成。翡翠贻贝水温要求为12～32℃。

（5）灾敌害　养成海区要求敌害生物少，无大量工农业污水注入。

二、苗种运输

（1）耐干旱能力　贻贝在温度较低、湿度较大的情况下，耐干能力较强。在气温 30～32℃时，紫贻贝苗离水干露 4h，放入水中后很快附着，经 8h 干露后呈现麻痹状态，重新放入水中要经 2 天以上的恢复时间才能附着，经 28h 干露后则全部死亡。在 18～22.5℃时干露 24h 死亡率为 2.4%，干露 2 天死亡率为 3.8%，干燥 5 天的死亡率为 100%。在 3.5～7℃气温条件下，干露 4 天无死亡，干露 8 天后则全部死亡。在－10℃时，出水 1h 则全部冻死。

目前运输贝苗多在 8～9 月份进行。此时气温较高，一般在 20～30℃，运输途中不宜干燥时间过长。

（2）运输方法

① 运输前必须充分做好组织准备工作，组织好人力、运输工具和保苗等的准备工作。力争贝苗运到后马上进行分苗，或下海暂养，尽量缩短干露时间。

② 运输工具可灵活掌握。运输方法以干运为好。

③ 运输途中要做到防晒、防雨、防机械损伤，保持空气通畅和一定的湿度。夜间运输较好，白天运输要搭棚防晒、防雨或用湿草薄薄地遮盖，如果运输时间过长可采取加冰、泼洒海水等降温措施。

④ 贝苗运到后，运输时间较短的可立即分苗放养。途中时间过长要暂养一段时间，以提高贝苗质量，减少死亡率。

三、养成设施与器材

1. 浮筏

浮筏多采用浮子缆，浮子缆构造见本篇第七章牡蛎的养殖中浮筏结构图。

（1）浮绠　又称筏身或大绠。要求结实，经济耐用。目前多用聚乙烯、聚丙烯和聚氯乙烯等绳索，直径 2cm 左右，以聚乙烯性能较好。浮绠有效长度一般 60m 左右。

（2）橛缆　亦称橛绠。材料与浮绠相同，其长度一般是养殖海区满朝时水深的 2 倍，风浪强、流量大的海区可采用 3∶1 的比例。与海底成 30°夹角。

（3）橛子　常用的有木制橛和水泥橛，也可采用石砣和铁锚代替。

（4）浮子　又称浮漂，球形，玻璃或塑料制成，直径 30cm 左右，一台浮筏使用浮子40～80 个。

2. 养成器材

（1）吊绳　多用聚乙烯绳，直径 0.4～0.5cm，长度 80～100cm，可用 2～3 年。

（2）养成绳　养成绳种类很多，常用的有红棕绳、聚乙烯绳、脱皮绳等，长度 2～4m。

① 红棕绳。是养殖贻贝的优良材料。抗腐、耐用、脱苗轻，直径 1.2cm 左右的红棕绳 3～4 根合一使用，能用 2 年。

② 聚乙烯绳。坚固耐用，比红棕绳效果好，应大力发展。

③ 胶皮绳。多用废旧轮胎，裁成条后拧合而成。近年来应用广泛。

3. 浮筏设置

浮筏之间的筏距（行距）为 6～8m，每 30～40 台浮筏为一个区，区间距为 20～40m。区与区之间按“晶”字形或梯形排列。浮筏与主风或主流成 30°～40°角。

四、养成方法

1. 分苗

（1）包苗　用网片将贝苗包裹在养成绳上，待贝苗附牢后，再拆掉网片。包苗前应对贝苗进行处理，使每个贻贝能重新选择适合自己附着生长的位置，同时，要洗去贝苗上的浮泥杂质及敌害生物，以增加附着强度。分离时要避免损伤足丝腺。包苗时，将不同规格的贝苗分包，有利于贻贝的生长和收获。

包苗分7道工序。

拆苗：将贻贝苗从苗绳上用分粒机或手工剥离下来；筛苗：将苗种按大小分筛成2～3个规格，分别包苗；量苗：根据包苗数量用量杯量取苗种；摊苗：将苗种放置于网片上，网片中央为养成绳；缝网：缝合网片，将贻贝苗包裹在养成绳周围；挂养：将缝合的柱状养成绳吊养在海区浮筏上；拆网：经数天后，待贻贝苗附牢后，拆去网片。

包苗时缝合松紧要适宜，太松会造成贝苗堆积，太紧贝苗不易附着。拆网时间视贝苗大小和水温等情况而定。小苗附着快，大苗附苗慢。水温在20～24℃附苗较快，大约1～2天可拆网；低温附苗慢，需7～10天拆网。包苗的优点是可以准确地控制密度，附着均匀，质量好，但费时、费力、成本高。

(2) 缠绳分苗　细苗绳分苗：于7月中旬至8月中旬（水温22～25℃）把苗绳缠到空养成绳上。缠绳前，抽样检查细绳的采苗数量（平均值），确定每根采苗绳的贝苗数量，然后按要求截段计数缠扎在养成绳上。如果细采苗绳附苗密度不大，可直接缠扎在养成绳上。

粗苗绳分苗：用空养殖绳去缠粗采苗绳，在8月份，水温22～24℃条件下，2天左右即可拆绳分养。粗采苗绳附苗量大，可多次缠绳。

(3) 拼绳分苗　亦称并绳分苗。根据贝苗具有活泼的移动习性，平均计数采苗绳上苗种的数量，按每绳的放养数量拼养成绳1～4根，上中下扎好，2～3天后拆开绳分养。

缠绳与拼绳分苗速度快，省工、省力、省物，但质量稍差，数量不均。

此外，还有夹苗分苗、间苗分苗、流水分苗、网箱分苗等方法。

2. 分苗时间及数量

(1) 分苗时间　贻贝有春、秋两个生长旺季，月生长可达到1cm以上。因此应及早进行分苗，春苗在8月底前分完，对贻贝的生长是有益的。

(2) 分苗数量　福建海区贻贝养殖，采取一次包苗的方法，一次收成。直径2～5cm的空养成绳，包苗密度400～700个/m。

分苗数量可根据养成空绳的表面积与收获时贻贝的规格来计算，即养成空绳表面积除以每个商品规格贻贝所占据的面积。商品壳长5～6cm、6～7cm、7～8cm的贻贝个体占据的面积分别为：$1.5cm^2$、$1.7cm^2$、$2.0cm^2$。

(3) 挂苗数量　通常每台挂60～160吊，应根据养殖浮筏的浮力大小、筏子支持量以及各方面的环境因素，综合考虑挂苗数量。做到省工、省力、节省苗种和物资，达到贻贝养殖优质、高产、低成本的目的。

3. 养成管理

养成期的管理是贻贝养殖的一个重要环节。要建立合理的规章制度，科学管理。

(1) 防风　风浪是贻贝养殖中的主要灾害之一，因此，经常观察气象变化，及时收听天气预报，仔细检查浮筏不安全的因素，做到以防为主，确保安全。强风来临前，采取吊浮、压石等方法，将筏子下沉到1～2m以下，以减少风浪的冲击和损坏。

(2) 防冰　结冰海区，可通过沉筏法进行冰下越冬。沉筏应以枯潮后养成绳离海底最少1m为适宜；早春有流冰的海区，也应将筏子沉至水面下1.0～1.5m处，以免强大的冰流摧毁设施。

(3) 防暑　南方沿海养殖紫贻贝时，若夏季日平均水温超过29℃，则应采取防暑措施。

① 外海深水度夏。在水深处，潮流通畅，水温较低而稳定，光线较暗，贻贝度夏成活率高。

② 遮光度夏。在光线较暗的情况下，有利于贻贝的生长。

(4) 防脱落　脱落是贻贝养殖过程中较为严重的问题，脱落原因较多，有包苗密度过大，附着不牢固；养殖绳强度不够；风浪冲击；光照过强；分苗时水温不适宜等。需针对具体原因采取适当的措施来预防及减少贻贝脱落。

(5) 防害　海星、章鱼、鲷、红螺、蟹等都是贻贝的天敌。如果浮筏下沉，养殖贻贝便可能被敌害吞食。为防敌害侵害，必须严防浮筏下沉。

贻贝的增产措施很多，开展与藻类的套养，稀包密挂，大小分养，冬夏深水养殖，春秋浅水养殖，合理的包苗密度，适时收获等都是增产的重要措施。

第四节　贻贝的收获与加工

一、收获

(1) 收获规格　紫贻贝和厚壳贻贝的收获规格一般在壳长6cm左右，翡翠贻贝一般为8～10cm左右。

(2) 收获季节　贻贝收获多在最肥满时进行。贻贝在繁殖之前都有一个丰满阶段，其性腺最肥满时可占肉重的60%以上，干肉率可达10%以上，但繁殖期过后其干肉率下降至3%～4%。

在我国北方沿海，紫贻贝在春季水温升到6～8℃时最肥满，10℃时开始繁殖，14℃时基本结束，成为一年中最瘦的季节。秋季当水温降到20～24℃左右时，性腺最肥满，20℃以下开始排放，但秋季排放量较小，对肥满度影响较小。

贻贝养成一般需一周年左右性腺才能充分发育成熟，进入收获期。不同海区其成熟时间各不相同。通常浅水区的贻贝成熟早，深水区的成熟晚；水质肥沃的海区成熟早，贫瘠海区的成熟较晚；浅水层的成熟早，而深水层养殖的成熟稍晚。因而准确地掌握贻贝肥满规律，适时采收，可提高贻贝的出肉率，提高养殖产量和产品的加工质量。

辽宁沿海紫贻贝性腺的成熟期相当长，从10月到次年5月均很丰满。最肥季节在2月下旬～4月和10～11月，6～9月最瘦。因此，3～4月及9～11月份都是贻贝最适宜的收获季节。干肉率可达6%～9%，最高可达10%以上。

河北紫贻贝的收获季节同辽宁基本相似。

山东半岛南北两岸紫贻贝肥满期不同。北部烟台沿海春季3～4月中旬，肥满度可达30%～34%，干肉率达7.5%～8.5%。秋季9～10月中旬，肥满度可达20%以上，干肉率达5.0%～5.5%。春季一龄个体体长可达5cm左右，达到商品标准。

紫贻贝在福建莆田地区，8～9月间几乎停止生长，性腺最瘦。到10月份月平均水温降到22℃后，生长较为显著。3～6月份（平均水温13.8～25.9℃）增重率最高，月平均增重17%～32%。

翡翠贻贝的肥满期在福建和广东，明显分春、秋两个季节。春季5月和秋季8～10月份，性腺开始肥满，制干率可达5%～7%，翡翠贻贝具有快肥快瘦的特点，应准确掌握。

综上所述，不同品种、不同养殖海区，贻贝肥满期出现的早晚与长短是不一样的，因而收获季节也不一样，应根据各海区的肥满规律，结合各种外界条件及劳力情况，确定养殖期限和收获季节。一般海区春季干肉率在6%以上，秋季在5%以上即可收获。

贻贝收获的特点是时间集中、数量大、劳动强度大。

(3) 收获方法　海上采收操作要轻而敏捷，以防断绳和脱落。采收时，可根据贻贝生长的情况确定全收或间收。对那些附着密度较大、附着牢固、养成器可继续使用的，可采用间收方法，即收获一部分，留下一部分，留下的部分待下一个肥满期再收获。

二、加工

贻贝的熟肉干称为“淡菜”；而鲜肉干则称为“蝴蝶干”。

【本章小结】

我国养殖的贻贝主要有紫贻贝、翡翠贻贝和厚壳贻贝，3种贻贝在形态和生态习性上有所不同。贻贝为附着性贝类，其足部退化；性腺成熟时在外套膜也有分布，其幼虫变态附着时“寻觅期”的长短差异较大。

贻贝的海区半人工采苗技术与其他贝类相比有一个显著的不同点，即其采苗器应提早1个月左右投放，让采苗绳附上一层细菌膜和丝状藻类，以利于幼虫的附着；贻贝稚贝具有较强的移动性和再次附着习性。翡翠贻贝人工育苗时有几个特点：用食母生溶液浸泡催产效果很好；幼虫变态附着阶段应注意水温、盐度、光照等环境因子的控制，以缩短其“寻觅期”；初附着稚贝具有较强的移动性，应及时倒挂苗绳；苗种下海前应加强锻炼，使室内环境因子逐渐向海区过渡，下海时应选择好天气、海况，下海后应适当深挂。

贻贝分苗是养成工作的重要步骤，分苗方法多种多样，各有特点，包苗方法虽然费工费时，但其能准确确定分苗数量，而且苗种大小整齐，是较好的分苗方法。贻贝养成的管理工作应根据具体的养成海区条件而定，主要有“沉石、吊浮”以防风、度夏；防脱落；防敌害等。

贻贝的收获季节一般选在最肥满的时候，根据不同种类、不同海区而定。

【复习题】

1. 简述贻贝的主要经济种类及其外形区别。
2. 简述贻贝的形态构造有何特点。
3. 简述贻贝的繁殖习性，何谓贻贝幼虫的“寻觅期”？
4. 贻贝的生长与哪些因子有关？
5. 贻贝的半人工采苗时，采苗场的选择条件有哪些？
6. 贻贝的人工育苗时，幼虫培育有哪些管理方法？
7. 贻贝养成时的浮筏设施有哪些？
8. 贻贝养成时的分苗方法有哪些？各有何特点？
9. 贻贝养成期的管理措施有哪些？

第九章 扇贝的养殖

【学习目标】

1. 能够通过对比掌握四种养殖扇贝的形态构造和生态习性。

2. 掌握虾夷扇贝、海湾扇贝加温人工育苗的工艺流程，熟悉各个生产操作环节。

3. 能够根据不同扇贝的生活习性选择扇贝养成的海区。

4. 掌握扇贝筏式养殖的方法及其养成管理的主要内容。

5. 善于改进扇贝养殖技术，掌握扇贝混养、轮养、套养与底播增殖的方法和原理。

扇贝俗称海扇、干贝蛤、海簸箕。其闭壳肌肥大、鲜嫩，营养丰富，味道鲜美。扇贝的闭壳肌加工后的干制品称“干贝”，属海产八珍之一，是人们所喜爱的高级佳肴。扇贝除了鲜食和加工成干贝外，也可制成冻肉柱和加工成扇贝罐头。扇贝的贝壳绚丽多彩，可作为观赏用，也是贝雕的良好原料，还是牡蛎人工育苗中良好的固着基。

扇贝为全球性种类，近缘种约300种，在我国约有30余种。我国南北沿海主要养殖扇贝的种类有栉孔扇贝（*Chlamys farreri*）、华贵栉孔扇贝（*Ch. nobilis*）、从美国引进的海湾扇贝（*Argopecten irradians*）和从日本引进的虾夷扇贝（*Patinopecten yessoensis*）4种。

第一节 扇贝的生物学

扇贝科（Pectinidae）动物隶属于软体动物门（Mollusca）、瓣鳃纲（Lamellibranchia）、翼形亚纲（Pterimorphia）、珍珠贝目（Pterioida）。

一、扇贝的形态特征

（1）扇贝的外部形态特征 几种养殖扇贝的外部形态特征见表9-1和图9-1～图9-4。

（2）外套膜 扇贝的外套膜为简单型，左右外套膜在背缘愈合外，其他部分完全游离，外套膜边缘具有亮丽的外套眼。

（3）消化系统 扇贝为滤食性动物，消化管的迂回程度比较简单，由唇瓣、口、食道、

图9-1 栉孔扇贝（引自王如才等，1993）

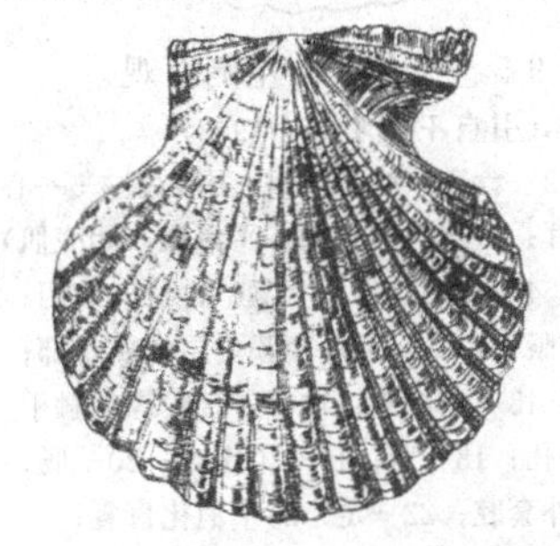

图9-2 华贵栉孔扇贝（引自王如才等，1993）

表 9-1 几种养殖扇贝的外部形态特征

特征	壳色	壳形	前后耳	足丝孔	放射肋
栉孔扇贝	紫褐、黄褐、橘红色，腹缘略带浅红色	两壳不等，左壳略大于右壳，壳高略大于壳长	前耳大，其长度约为后耳的2倍	右壳前耳腹面为一凹陷，形成明显的足丝孔并具6～10枚栉齿	左壳较平放射肋10条，右壳稍凸放射肋20～30条，放射肋上具棘状鳞片突起
华贵栉孔扇贝	橘红、紫褐、黄褐色，有不规则云斑纹	壳长壳高约相等，左壳较凸，右壳较平	前耳大，其长度约为后耳的2倍	足丝孔明显，具细栉齿	壳表具23～24条等粗的放射肋，同心生长轮脉细密形成密而翘起的小鳞片
海湾扇贝	灰白、紫褐、黄褐色	贝壳中等大小，左右壳较凸	前耳大，后耳小	具浅足丝孔，成体无足丝	壳表放射肋20条左右，肋较宽而高起，肋上无棘
虾夷扇贝	右壳黄白色，左壳紫褐色	贝壳大型，右壳较凸，左壳稍平，较右壳稍小	壳顶两侧前后具有同样大小的耳突起	右壳的前耳有浅的足丝孔	右壳壳表有15～20条放射肋，肋宽而低矮，肋间狭。左壳肋较细，肋间较宽

图 9-3 海湾扇贝

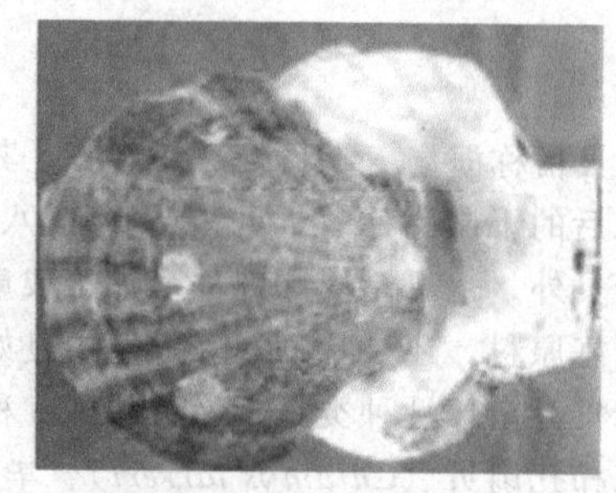

图 9-4 虾夷扇贝

胃、肠、直肠、肛门和消化腺等部分组成。其滤食路线和进食过程如下：带食物的水团→水流的大小快慢由外套膜的缘膜突起控制→鳃过滤（第一次选择）→大小合适的食物送至唇瓣→唇瓣过滤（第二次选择）→大小适宜食物送至口（第三次选择）→食道（输送）→胃（消化）→肠（吸收）→直肠（吸收和排出）→肛门（排出）

(4) 肌肉系统　扇贝的肌肉系统主要包括闭壳肌、足的伸缩肌、外套膜肌。闭壳肌由横纹肌和平滑肌组成，前者主要功能为快速闭壳，后者功能为持久闭壳，扇贝前闭壳肌退化，后闭壳肌肥大，干制品称“干贝”。

栉孔扇贝左侧面观如图 9-5 所示。

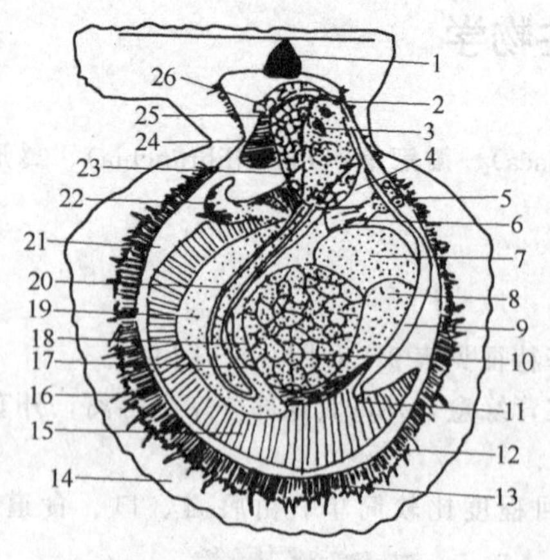

图 9-5 栉孔扇贝左侧面观
（引自王如才等，1993）
1—韧带；2—食道；3—胃；4—围心腔；5—心室；6—心耳；7—收足肌；8—平滑肌（闭壳肌）；9—直肠；10—横纹肌（闭壳肌）；11—肛门；12—外套眼；13—右侧外套膜内层的帆状部；14—右壳；15—右侧鳃；16—外套膜缘的触手；17—肾外孔；18—肾；19—生殖腺；20—肠；21—外套腔；22—足；23—消化盲囊；24—唇瓣；25—口；26—口唇

二、扇贝的生态习性

1. 地理分布

几种扇贝的养殖区域分布和国内外自然分布情况见表 9-2。

2. 生活习性

栉孔扇贝栖息于低潮线以下，水流较急、盐度较高、透明度较大，水深 10～30m 的岩礁或有贝壳沙砾的硬质海底，用足丝附着于海底岩石或其他物体上生活。在自然界中，由于附着基的限制，常常成群栖息互

表 9-2 几种养殖扇贝的养殖区域分布和国内外自然分布

养殖扇贝种类	养殖区域分布	国内外自然分布
栉孔扇贝	山东、辽宁、浙江南麂、江苏	中国北部沿海山东、辽宁，朝鲜西部沿海、日本、智利等地
华贵栉孔扇贝	广东、福建、海南南海沿岸，近年已北移至山东沿海也养殖	广东潮阳、海门、澳头、海南新村、福建东山，日本等地
海湾扇贝	山东、辽宁、浙江、福建、广东等全国沿海	美国、加拿大
虾夷扇贝	山东长岛、荣成、威海、辽宁长海县	俄罗斯、日本、朝鲜

相附着，形成群聚。扇贝在正常生活时，通常张开两壳，两片外套膜边缘上的触手像太阳辐射的光芒一样向外伸展，如果遇到环境不适宜时，便自动切断足丝，靠喷水做较短距离的“游泳”运动，待它在新的环境适应以后，重新分泌足丝进行附着，幼小扇贝的这种活动能力往往更强。

3. 扇贝对温度和盐度的适应力

除海湾扇贝对温度、盐度适应较广外，其余三种均属狭温、高盐种类，因此扇贝自然生长区域多为无淡水注入的内湾。几种养殖扇贝对盐度、温度的适应情况见表 9-3。

表 9-3 几种养殖扇贝对盐度、温度的适应情况

养殖种类	水温/℃	生长水温/℃	适宜水温/℃	盐度/‰	适宜盐度/‰
栉孔扇贝	−2～28	5～25	15～22	25～36	28～32
华贵栉孔扇贝	5～32	10～30	20～28	23～34	28～32
海湾扇贝	−1～31	10～29	15～25	16～43	23～27
虾夷扇贝	−2～23	2～20	10～16	24～40	30～32

4. 扇贝的食性

扇贝是滤食性动物，对食物仅有大小的选择，无种类的选择。扇贝主要摄食细小的浮游植物、浮游动物碎片、细菌和有机碎屑等，其中以摄食浮游硅藻为主，如圆筛藻、舟形藻、角毛藻、金藻等。

5. 扇贝的繁殖与生长

(1) 繁殖

① 性别与雌雄鉴别。海湾扇贝为雌雄同体，精巢在前背方，卵巢在后腹方；其他几种养殖扇贝都为雌雄异体。雌雄异体的种类，外形难以区分雌雄性。在性腺未成熟或非繁殖季节，雌雄性腺外观上完全相同，呈无色半透明状。在繁殖季节性腺特别肥满，雌雄性腺颜色完全不同，可通过性腺颜色来辨别雌雄。几种扇贝精巢和卵巢成熟时期的颜色见表 9-4。

表 9-4 四种养殖扇贝的性别和雌雄性腺成熟时期的颜色

性别与颜色	精巢的颜色	卵巢的颜色	性　别
栉孔扇贝	乳白色	橘黄色、粉红色	雌雄异体
华贵栉孔扇贝	乳白色	橙黄色、橘红色	雌雄异体
虾夷扇贝	乳白色	橙红色、橘红色	雌雄异体
海湾扇贝	乳白色	橘红色、橘黄色	雌雄同体

② 繁殖年龄。扇贝繁殖年龄因种类不同而异。海湾扇贝性成熟时间最短，人工苗养殖 4 个月左右就能性成熟，壳高仅为 2.2cm。华贵栉孔扇贝性成熟仅需 5～6 个月；栉孔扇贝 1 龄具繁殖能力；虾夷扇贝生物学最小型 7～8cm，1.5 龄以上具有繁殖能力；从性腺成熟时间长短分析，暖水性扇贝性成熟时间较短，冷水性扇贝性成熟时间较长。

③ 繁殖季节 几种养殖扇贝的繁殖季节和水温见表 9-5。

表 9-5 四种养殖扇贝的繁殖季节和水温

种类	繁殖季节	繁殖水温	地点
栉孔扇贝	5月上旬～6月中旬 9月上旬～10月上旬	15～22℃	山东、辽宁
华贵栉孔扇贝	4月下旬～6月下旬 9月～10月下旬	20～25℃	广东、福建
虾夷扇贝	3月下旬～4月下旬 4月上旬～5月中旬 3月上旬～4月下旬	8～9℃	日本陆奥湾 日本北海道 目前在山东、辽宁均进行控温育苗
海湾扇贝	5月～6月 8月下旬～9月中旬	20～30℃	目前在山东、辽宁均进行控温育苗

④ 性腺指数。通常用性腺指数变化来判断扇贝的繁殖期，性腺指数计算方法为：

性腺指数＝性腺重量/软体部重量×100％

在生殖季节，性腺指数越高，性腺发育越接近于成熟。栉孔扇贝、海湾扇贝、虾夷扇贝和华贵栉孔扇贝的性腺指数平均值分别达到14％、18％、18％和15％以上均能获得优质精卵。性腺指数由高变低，就说明成熟的扇贝已产卵。

⑤ 产卵量。扇贝具有较强的繁殖力，怀卵量与产卵量很大。扇贝的性腺发育属于分批成熟，多次产卵。扇贝每次产卵量视性腺成熟情况而决定。虾夷扇贝一次产卵可达1000万粒。华贵栉孔扇贝可产卵500万～1500万粒。栉孔扇贝（壳高8cm）一次产卵300万～500万粒。海湾扇贝（壳高5.0～6.0cm），一次可产卵50万～70万粒。

⑥ 扇贝的发生。几种养殖扇贝的发育过程和速度见表9-6。

表 9-6 四种养殖扇贝的发育过程和速度

发育阶段	栉孔扇贝（水温15～18℃）		华贵栉孔扇贝（水温26～29.5℃）		虾夷扇贝（水温8～11℃）		海湾扇贝（水温20～22℃）	
	时间	壳长/μm	时间	壳长/μm	时间	壳长/μm	时间	壳长/μm
第一极体	15～20min	68	17～20min	65	57～60min	80	10～15min	52
多细胞期	5～6h		3～4h		16～18h		3～4h	
原肠期	12～14h		8～10h		20～22h		8～9h	
担轮幼虫	18～20h		11～12h		30～34h		10～12h	
D形幼虫	28～30h	97～103	22～24h	103～106	70～72h	102～105	23～24h	89～93
壳顶幼虫初期	4～5天	123～128	4天	120～125	8～10天	136～143	5～6天	135～143
壳顶幼虫中期	7～8天	138～142	6天	136～144	12～14天	150～155	7～8天	150～160
壳顶幼虫后期	13～14天	160～170	10天	190～198	22～24天	205～215	8～9天	165～180
匍匐幼虫	15～16天	176～185	12天	210～220	24～25天	210～220	10天	180～185
稚贝	20～22天	210～220	14天	230～240	28～30天	240～260	16～18天	220～250

栉孔扇贝的胚胎和幼虫发生如图9-6所示。

(2) 生长　扇贝的生长以贝壳环状生长纹来判断。水温是影响生长速度快慢的主要因素，其次是水质的肥瘦、饵料丰贝等。因此，沿岸内海的扇贝较外海的扇贝生长快，潮流畅通，流速快的海区较流速慢的海区生长快。人工养殖的扇贝比自然区域的扇贝生长快，筏式养殖的扇贝比底播养殖的扇贝生长快。

扇贝通常生长的规律是第二年生长最快，然后逐年减速。扇贝生长包括壳的增长和软体的增重两部分。在正常的情况下，水温上升时期壳增长速度快，在水温开始下降时，软体增重速度

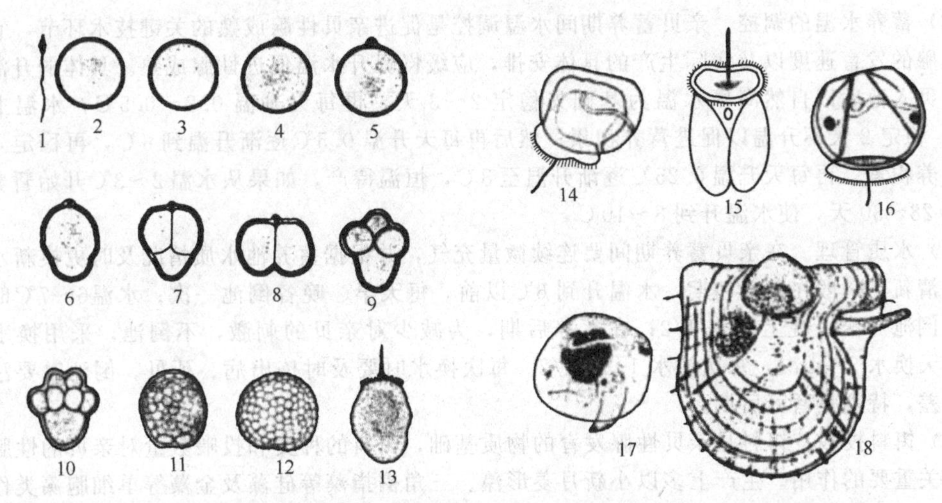

图 9-6 栉孔扇贝的胚胎和幼虫发生（引自王如才等，1993）

1—精子；2—卵子；3—受精卵；4—第一极体出现；5—第二极体出现；6—第一极叶伸出；7—第一次卵裂；8—2 细胞期；9—4 细胞期；10—8 细胞期；11—囊胚期；12—原肠胚期；13—担轮幼虫（侧面观）；14—早期面盘幼虫（出现消化管）；15—面盘幼虫；16—后期面盘幼虫（又称壳顶期面盘幼虫）；17—即将附着的幼虫；18—稚贝

快，高温季节（7～8月）和低温季节（12月至翌年1月）壳增长和软体增重基本停止。掌握其生长规律，可以确定最佳的收获年龄和季节。

第二节 扇贝的人工育苗技术

除栉孔扇贝可以依靠半人工采苗获得部分苗种外，养殖扇贝的苗种来源主要依靠人工育苗解决。扇贝人工育苗分两大类：常温人工育苗和加温人工育苗。栉孔扇贝和华贵栉孔扇贝进行常温人工育苗，其工艺流程操作见第二篇第五章贝类的人工育苗技术。海湾扇贝和虾夷扇贝常采用加温人工育苗的方法。加温育苗是指亲贝促熟、采卵、受精与孵化、幼虫培育、采苗和稚贝培育等生产环节，均在加温或控制温度下进行。通过亲贝人工促熟的方法，提早采卵，提早采苗，当年可为扇贝增养殖提供 3cm 以上的大规格苗种。现以虾夷扇贝为例介绍扇贝加温人工育苗的工艺流程。

一、亲贝的选择与升温促熟培育技术

1. 亲贝的采集时间、选择及数量的确定

亲贝的采集时间决定了出苗时间，采集时间最好在1月中旬左右，这时辽宁、山东沿海的自然水温在 2～3℃。虾夷扇贝的亲贝可以是选自浮筏式养殖的 1.5～2 龄、壳高 10～15cm、体重 200g 左右的成贝，也可以选自底播增殖的 3 龄亲贝；要求壳表干净，色泽较深，壳面完整，外套膜伸缩敏捷，感觉灵敏，鳃完整，直肠膨胀，贝柱粗大，生殖腺饱满光亮。每立方米育苗水体亲贝用量为壳高 10～12cm 的雌贝 3 个，雄贝用量为雌贝用量的 10%。

2. 亲贝升温促熟培育管理

(1) 蓄养方式和密度　亲贝运回后，立即用单层浮动的网箱或网笼吊养到水泥池中，休整后及时清刷贝壳表面的浮泥和杂物。同时，结合换水利用阴干等方法刺激亲贝的贝壳张开，观察性腺颜色鉴别雌雄，雌、雄分池饲养。蓄养密度在 30～35 个/m^3，随着蓄养水温的升高，暂养密度逐渐控制在 20 个/m^3 左右。

(2) 蓄养水温的调控　亲贝蓄养期间水温调控是促进亲贝性腺成熟的关键技术环节，它决定亲贝性腺的发育速度以及实际生产的具体安排，应缓慢提升水温促进性腺成熟。具体的升温方法为：亲贝入池后以自然海区水温为基础先稳定 2～3 天，再每天升温 0.2～0.5℃，水温上升到 4℃时，稳定 2 天不升温以促进营养积累；然后再每天升温 0.5℃逐渐升温到 6℃，再稳定 4 天以促进营养积累；再每天升温 0.25℃逐渐升温至 8℃，恒温待产。如果从水温 2～3℃开始暂养，大约需要 28～30 天，使水温升到 8～10℃。

(3) 水质管理　在亲贝蓄养期间要连续微量充气，并根据蓄养池水质情况及时更换新水，保证水质清新。一般在蓄养初期，水温升到 6℃以前，每天早、晚各倒池一次；水温6～7℃时，一般早晨倒池一次，晚上换水 1/2；在蓄养后期，为减少对亲贝的刺激，不倒池，采用换水的方法，每天换水 3～4 次，每次换水 1/3～1/2。每次换水时要及时拣出病、死贝。倒池时要注意池水的温差，特别是暂养后期。

(4) 饵料投喂　饵料是亲贝性腺发育的物质基础，饵料的种类和投喂数量对亲贝的性腺发育起到至关重要的作用。生产上多以小新月菱形藻、三角褐指藻等硅藻及金藻等单细胞藻类作亲贝的饵料，如果单胞藻数量不够，可以适量补充螺旋藻粉、酵母、蛋黄等代用饵料。投饵量一般为：水温 2～4℃，每次投喂密度为 2×10^4 个细胞/ml，4 次/天；水温 4℃恒温阶段，6 次/天；水温 4～6℃，8 次/天；水温 6～8℃，8～10 次/天。代用饵料用 300 目筛绢网袋搓碎后投喂，投喂量逐渐增加，一般从每天 $1g/m^3$ 增至 $2g/m^3$，分 3～4 次投喂。

(5) 病害预防　一般在亲贝刚入池时连续 3 天施用 $1～2g/m^3$ 的土霉素或 $2～5g/m^3$ 青霉素预防病害发生。蓄养期间应根据水质、亲贝的摄食、活动和成活率不定期地施用抗生素。

(6) 预防亲贝流产　亲贝到了暂养后期，一般水温升到 6℃以后很容易流产。在实际生产中，要从换水量、投饵量、升温幅度、充气量等各个方面严格操作，预防亲贝流产，给生产造成不必要的损失。因此应做好性腺指数的观测工作。

二、诱导产卵与人工授精

一般采用阴干、升温和流水刺激相结合的方法促进亲贝产卵。先把亲贝洗刷干净，阴干 50min 左右，将雌贝移入水温高于培育水温 3～4℃（11～12℃）的产卵池，不断推动网箱，产生流水刺激，大约 30min 后开始产卵，当卵子密度达到 40～50 个/ml 时，将亲贝移入它池继续产卵。诱导雌贝产卵的同时，选取性腺发育好的雄贝，放入盛有新鲜海水的玻璃钢水槽中催产，排放精子后，水溶液逐渐变浑浊，用勺子将适量精液均匀泼洒入产卵池中，进行人工授精，镜检以每个卵子周围有 2～3 个精子为宜。为了促使卵子受精提高受精率，泼洒精液后连续充气，用搅耙不断地搅池，同时要用捞网将上层泡沫及时捞除。

三、人工孵化

孵化水温应保持在 12℃左右；在孵化期间，连续微量充气，用捞网将上层泡沫捞除，并加入 $1～2g/m^3$ 青霉素抑制细菌繁殖。每隔 0.5h 人工搅动池水一次，直至发育到 D 形幼虫。在水温 12℃条件下，受精卵发育到 D 形幼虫所需时间为 70h 左右。

四、幼虫培育

当 80％以上的受精卵发育到 D 形幼虫后，采用 300 目筛绢制成的网箱，通过拖网或虹吸的方法将上浮的、健壮的、活力强的 D 形幼虫选入幼虫培育池，进行培育。

(1) 培育密度　虾夷扇贝 D 形幼虫的投放密度，以 7～8 个/ml 水体为宜。

(2) 培育水温　幼虫培育初期水温与孵化池水温（12℃）一致，此后每天结合换水升温 1℃，使水温升至 15～16℃，进行恒温培育，从采卵到开始附着变态需要 20 天左右。

(3) 水质管理　使用 300 目换水网箱换水，每天 2～3 次，每次换水 1/3～1/2，换水时要防止幼虫贴网，通过人工搅拌泼水分散被吸附在筛绢外面的大量幼虫。遇到大风、大潮天气减少换水量。倒池采用300目筛绢网过滤的方法，正常情况下，每4～5天倒池一次，并淘汰一些个体小、体质弱的个体。倒池后立刻搅拌池水，防止幼虫下沉。一般倒池后施用青霉素钠2～3g/m³或土霉素1～2g/m³预防病害发生。幼虫培育期间连续微量充气，在幼虫培育前期每隔1～2h人工搅拌池水一次，以保证幼虫和饵料始终处于均匀分布状态。

（4）饵料供给　D形幼虫的开口饵料，以金藻为主。随着个体的增长，逐渐增大投饵量，到壳顶幼虫中期可适量搭配投喂扁藻、小新月菱形藻和小球藻等饵料。应根据镜检胃的内含物，查看水色、残饵和幼虫的活力等情况，灵活调整投喂量。在每次投饵之前，镜检幼虫胃含物，若胃内饵料饱满，消化盲囊呈棕黄色，而且水色较深（残饵多），说明投饵量偏大。虾夷扇贝浮游幼虫期的饵料种类和投饵量见表9-7。

表9-7　虾夷扇贝浮游幼虫和稚贝期的饵料种类和日投饵量

幼虫发育期	等鞭金藻或叉鞭金藻/(个细胞/ml)	亚心形扁藻/(个细胞/ml)	幼虫壳长×壳高/μm
D形幼虫	8000～10000		100×78
壳顶幼虫初期	10000～12000		136×118
壳顶幼虫中期	12000～15000	800～1000	158×136
壳顶幼虫后期	15000～20000	1000～2000	218×196
眼点幼虫	20000～25000	2000～2500	212×208
匍匐幼虫	25000～30000	2000～2500	224×222
稚贝	30000	2000～2500	252×232
每日投喂次数	4次	4次	

（5）病害防治　虾夷扇贝幼虫死亡高峰为壳顶幼虫中期。幼虫壳长达150μm以后，应精心管理，适当提升水温，促使幼虫快速生长发育，同时进行倒池，清除池底污染物质。倒池前后特别注意水温要基本相似或略高于倒池前水温。倒池后施用一定量的抗生素预防病害。发育至壳顶中期后，幼虫生长发育开始加快，饵料量也应加大；投饵量的多少，每天必须镜检配合，根据幼虫胃含物5个等级酌情增减。

五、采苗

投放采苗器之前应彻底倒池。用筛绢网箱将幼虫全部滤出，放置在另一个消毒好的池内，新培育池水温与旧池基本相同或略高，眼点幼虫的投放密度为3～4个/ml。后期眼点幼虫达30%、壳高230～250μm左右时，应全部投放消毒好的采苗器。目前使用的附着基多数为网目不大于1cm的聚乙烯深绿色或深灰色网片，使用前进行消毒处理。采苗器投放量，一般投放90cm×25cm或90cm×20cm的网片60～70片/m³，每片网衣约900扣，每片网片下绑坠石一块，整齐投放池内，网片入水后上端漂浮于水中。

六、稚贝培育

投放附着基之后，大部分幼虫即开始附着变态，随即进入稚贝阶段。稚贝培育是一个相对较长的过程。因此，需要加强管理，才能保证稚贝的正常生长。

（1）水质管理　在水温16℃进行稚贝培育时，每天换水4次，每次1/3～1/2。出池前5天开始以每天2℃的幅度降低水温，使水温从16℃逐渐降至5℃左右，与海区水温基本接近。水温降至5℃时换水方式采用对流，每天对流3～4h。同时撤掉窗帘，增强光照，使培育池内的环境与自然海区相近。

（2）饵料投喂　随着稚贝个体的生长，饵料需求量逐渐增加，需要提供足够的优质饵料，稚贝培育期的投饵量见表9-7。

七、稚贝下海暂养（中间育成）

投放附着基之后20～25天，稚贝平均壳高达600μm左右，即可准备下海开始转入中间育成阶段。一般选择小汛潮、无风浪天气出池下海；出池时，海上水温在5℃以上为好，这样才能保证稚贝的正常生理活动；运输稚贝时，要防止风干、日晒、雨淋，防止脱落，防止机械损伤，尽可能缩短操作时间。

苗种中间育成应选择内湾海域，流速稳定在20～40cm/s，水质清澈无污染，无淡水流入，饵料丰富，沙泥底质的海区。暂养方法一般选用双网袋保苗或网袋保苗。网袋保苗法是把采苗器装入60目聚乙烯深色网袋中，吊挂在养成海区的浮筏上，每根吊绳绑袋16～20袋不等，吊绳底部有坠石以增加网袋的稳定性，减小稚贝脱落流失。双网袋保苗法则是将采苗器放在20目网袋中采苗，出库时外套60目聚乙烯网袋，保苗率较前者高。

稚贝暂养到壳长1～3mm以后，应随机抽样计数，并进一步分苗暂养，暂养苗袋选用40目网衣做成40cm×50cm的网袋，内放附着基，每袋放养500～1000粒等待出售。

第三节　扇贝的养成技术

扇贝的养成主要采用筏式养殖的方法，筏式养殖的方式有网笼养殖、串耳吊养、筒养、黏着养殖、网衣包养等。为了改进养殖技术和提高产量，也可以采用扇贝与对虾、海参混养，扇贝与海藻套养、轮养等方法。虾夷扇贝还可以通过底播增殖来提高产量。筏式养殖的首要工作是选择适宜扇贝养殖的海区，选择养殖海区应考虑下面几个方面。

一、养成海区的选择

（1）底质　平坦的泥底或沙泥底最好，较硬的沙底次之，稀软泥底也可以，凹凸不平的岩礁海底不适合。底质较软的海底，可打橛下筏，过硬的沙底，可采用石砣、铁锚等固定筏架。

（2）盐度　扇贝多属于高盐度贝类，盐度长期过低不但会影响扇贝的生长发育，还能导致扇贝病害的发生引起死亡，因此在河口附近，雨季有大量淡水注入，盐度变化太大的海区是不适合养殖扇贝的。

（3）水深　一般选择水较深的海区，大潮干潮时水深保持7～8m以上的海区，养殖的网笼以不触碰海底为原则。从目前养殖扇贝肥满度的测试数据来看，水深在10m左右为最佳水深，养殖海区水深太浅，影响养殖笼底层扇贝的生长，特别在夏天水温变化太大、底栖敌害生物多、饵料不足等原因，扇贝养成成活率偏低，单位面积产量相对较低。

（4）潮流　选择潮流畅通而且风浪不大，养成期间没有或少有季节风威胁的海区。一般选用大潮满潮时流速在10～50cm/s，设置浮筏的数量要根据流速大小来计划。流缓的海区，要多留航道，加大筏间和区间距，以保证潮流畅通、饵料丰富，代谢物及悬浮海泥沉积少，提高养成扇贝的成活率。

（5）透明度　海水浑浊，悬浮泥质太多形成透明度极低（不足1m）的海区，不适宜扇贝的养成，因容易引起鳃丝粘连而死亡，养殖海区的透明度应该终年保持在2～3m以上。

（6）水温　因种类不同，对水温具体要求不一。栉孔扇贝养殖海区，夏季水温不超过26℃，冬季水温不低于－2℃；虾夷扇贝夏季水温不超过22℃，冬季水温不低于－4℃；海湾扇贝是一年生，夏季水温不超过33℃，冬季收获；华贵栉孔扇贝夏季水温不超过32℃，冬季水温不低于10℃。四种养殖扇贝如果水温不适宜会引起大量死亡，引起养殖海区的污染，形成恶性循环。

二、养成方式

1. 筏式养殖

(1) 网笼养殖　聚乙烯网笼养成扇贝是目前扇贝养成的主要养殖方法，它是利用聚乙烯网衣及塑料盘制成的数层圆柱网笼。用孔径约1cm塑料圆盘做成隔片，层与层之间间距20～25cm，一般8～10层。笼外用网目2.0～2.5cm的网衣包裹，便构成了一个圆柱形网笼（图9-7、图9-8）。

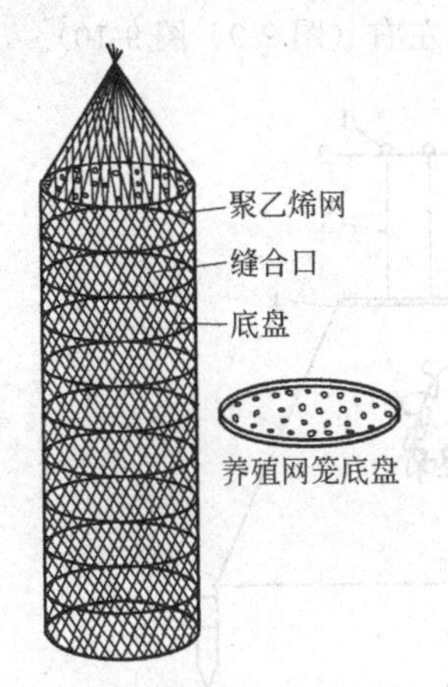

图9-7　养殖扇贝的网笼

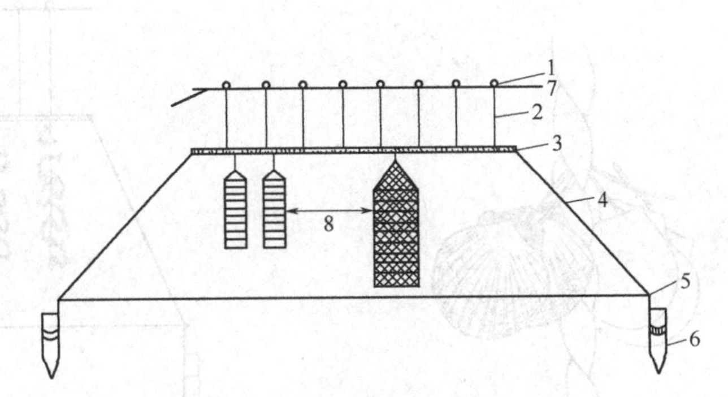

图9-8　栉孔扇贝笼养示意图（引自谢忠明等，2003）
1—塑料浮子；2—浮系；3—架子；4—橛缆；
5—海底面；6—橛子；7—海平面；8—养成笼

目前的圆形养成网笼适合栉孔扇贝和华贵栉孔扇贝的养成，因为它们有足丝，可以互相附着群聚生活；也适合海湾扇贝养成，尽管海湾扇贝没有足丝，但是海湾扇贝生长期短，在海上经4～5个月的养成期后便可以收获；但不适合多年生的虾夷扇贝养成，因为虾夷扇贝成体没有足丝，如果不限制贝体的活动范围，在养殖海区因风、浪、流的因素笼子不停地晃动，造成贝体互相碰撞摩擦，贝壳极易损伤或贝体"相咬"而死亡。因此，在养殖虾夷扇贝的圆笼内，用网衣形成间隔，每格放养一个扇贝，这种"蜂窝式"养成方式解决了多年生长的养成方式。虾夷扇贝的养成笼一般直径35cm，每层塑料盘用旧网衣间隔成8～10格，每格放养壳高4cm以上的虾夷扇贝1个，其生长速度极快，2～2.5年壳高能达到9～10cm以上。

在生产过程中还经常使用网目0.8～1.2cm的一次性聚丙烯挤塑网衣，用挤塑网衣外罩在养成网笼外面，养成笼可以一次性放养壳高1cm的苗种，待苗种壳高达2.5～3.0cm时，因外罩网目太小阻止水流流速，影响扇贝滤食，去掉外罩，助苗快速生长，节省分苗稀养的劳力，提高单位面积产量。这种方法把暂养笼和养成笼结合起来，有利于提高扇贝的生长速度。

笼养各种扇贝的养成工艺流程如下。

① 栉孔扇贝。5月上、中旬常温人工育苗→6月中、下旬出库→7～8月海上保苗（双网笼方法），稚贝暂养，分苗，苗种稀疏在20目网袋暂养→9～10月苗种壳高2cm左右，暂养笼暂养苗种（中间育成）→10～11月苗种壳高3cm→养成笼养成→翌年3～4月壳高3～4cm，倒笼、清理生物敌害→6～7月倒笼、清理，壳高4～5cm→8～9月深挂度夏→12月壳高6cm以上，80％达商品贝，收获。

② 虾夷扇贝。1～2月亲贝升温育肥性腺促熟→3～4月升温人工育苗→4～6月一级培育，壳高0.6～3mm稚贝→6～7月二级培育，壳高3～5mm稚贝→7～11月三级培育，壳高0.5～3cm→11月至翌年4月幼贝越冬，底播养成或"蜂窝"式养成笼筏式养成，壳高3～5cm→4～7月春季生长期，壳高5～7cm→7～9月倒笼、度夏→10～12月壳高8～10cm收获，或越冬第三年3～5月壳高10～12cm收获。

③ 海湾扇贝。2～3月亲贝入池控温育肥促进性腺成熟→3～4月控温人工育苗→4～6月稚贝壳高400～600μm出库，海上过渡，暂养至壳高0.5cm→6～8月壳高1.5～2cm，苗种中间育成，壳高2cm以上，暂养笼暂养→9～10月分苗，养成笼养成→11～12月壳高5～6cm商品贝收获。

(2) 串耳吊养　该方法是在壳高3cm以上、健壮扇贝的前耳基部，用电钻钻成孔径1.5～2mm的小孔，利用直径0.7～0.8mm尼龙线或3×5单丝的聚乙烯线穿扇贝前耳，再系于主干绳上垂养。主干绳一般利用直径2～3cm的棕绳或直径0.6～1cm的聚乙烯绳。每小串可串几个至10余个小扇贝。串间距20cm左右。每一主干绳可挂20～30串。每亩可垂挂500绳左右（图9-9、图9-10）。

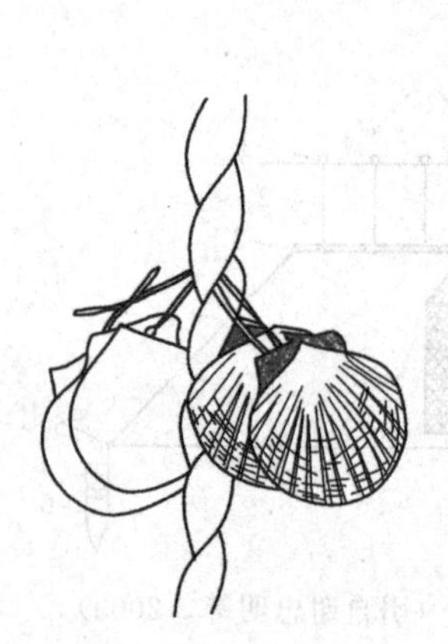
图9-9　串耳吊养

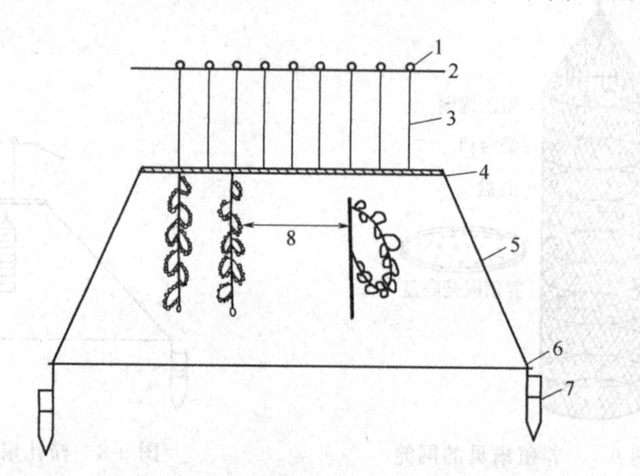

图9-10　栉孔扇贝串耳吊养示意图（引自谢忠明等，2003）
1—塑料浮子；2—海平面；3—浮系；4—架子；
5—橛缆；6—海底面；7—橛子；8—串耳方式

(3) 筒养　筒养是根据扇贝的生活习性和栖息的自然规律而发展形成的一种养殖方法。利用直径20～25cm、长60～70cm的塑料筒，桶壁一般厚2～3mm，两端用网目1～2cm的网衣扎口进行养殖。筒身前后有扣鼻，可吊挂在浮埂上，3～5筒连成一组，筒顺流平挂于1～5m的水层中，每桶可放养幼贝数百个（图9-11）。

(4) 黏着养殖　黏着养殖由日本引进。黏着养殖采用无毒环氧树脂作黏着剂，用直径2～3cm的棕绳、胶带、聚乙烯绳或聚丙烯绳作黏着基质，选用壳高2～3cm的苗种，一个个黏着在基质上。扇贝黏着位置为扇贝的足丝孔向着附着基质，扇贝的壳顶韧带腹面作黏着部位（图9-12）。

(5) 网衣包养　它是用网目2cm的正方形聚乙烯网衣四角对合而成。吊绳从包心穿入，包顶与包底固定在吊绳，顶底相距15～20cm，包间距7～10cm，每根吊绳10包，每包装苗种20个，每根吊绳贝苗200个；挂于浮筏架上养成，挂养水层2～3m。操作时，先将三个包角固定在吊绳上，再装入苗种后将第四角扎紧封口。

2. 扇贝的其他养殖模式

(1) 海湾扇贝与对虾混养　在对虾养成池混养海湾扇贝，要求虾池盐度在2.3%以上，不受淡水冲击。较硬的泥沙底质虾池，较适宜海湾扇贝底播；如底质为软泥，可利用虾池水沟深水处和进出水流闸门两侧，吊养海湾扇贝。虾贝混养投资少，效益高，不需要或只要少量器材设备。海湾扇贝与对虾混养，可起到互利互补的作用，海湾扇贝摄食虾池中的浮游植物、残饵碎屑，可净化虾池水质，减少疾病的发生，提高对虾的成活率，加快对虾生长速度，提高了对虾的产量，同时也增加了海湾扇贝的收入。

虾池底播海湾扇贝的密度为10～15个/m^2，底播贝苗规格以壳高1.5～2.0cm为宜。底播面积约占虾池面积的1/3。一般扇贝成活率可达80%～90%，667m^{2}可收获鲜贝200～300kg。

虾池吊养海湾扇贝因受水深限制，仅能利用1/3的水面积，养殖笼层一般为3～5层。虾池吊养的扇贝，生长快，个体大，壳宽厚，鲜柱出成率高，每粒鲜柱重可达4～6g，最重可达8g，且鲜

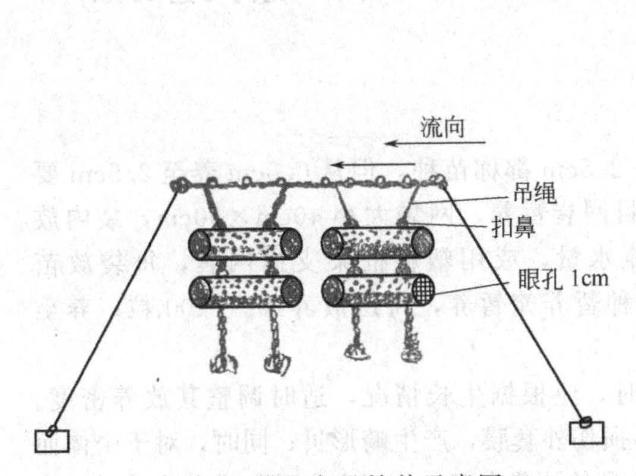

图 9-11 栉孔扇贝筒养示意图
（引自徐应馥等，2006）

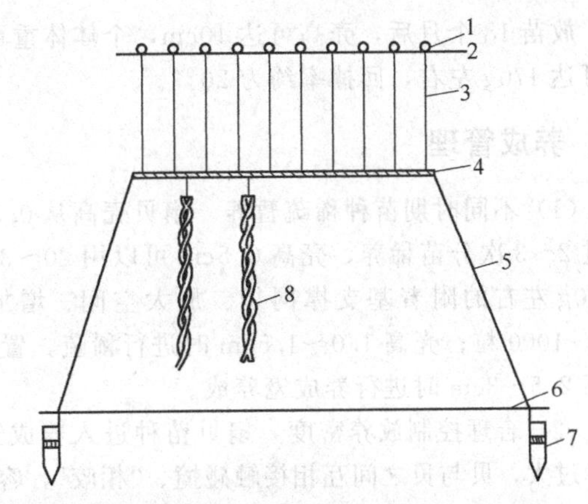

图 9-12 栉孔扇贝黏着养殖示意图（引自谢忠明等，2003）
1—塑料浮子；2—海平面；3—浮系；4—架子；
5—橛缆；6—海底面；7—橛子；8—黏养方式

柱味道较海养鲜柱鲜美，但对虾收获较早，缩短扇贝生长期，仅能作副产品收入。

（2）扇贝与海参混养　栉孔扇贝与海参混养也是一种增产措施。在笼养扇贝的每层笼内放养2～4头稚参，每亩能收获干参10～15kg。扇贝与海参混养是互补双赢的措施。扇贝的粪便、网笼圆盘上沉积的浮泥杂藻都能作杂食性海参的有机饵料，海参成为网笼内的“清道夫”，改变了笼内的水流环境，增加水流速度。但这种混养仅能在内湾海区进行，在外海，风浪大流速急的海区不易进行。

（3）海湾扇贝与海带轮养　根据海湾扇贝与海带生产季节的不同，充分利用同一海区的筏架进行轮养。海湾扇贝生长速度快，从6月分苗，至11月份便可收获，而海带是每年11月分苗，次年6月份收获。因此夏秋养殖海湾扇贝，冬春养殖海带，可提高养殖海区和养殖筏架的利用率，在提高经济效益的同时，又优化了养殖海区的生态环境。

（4）扇贝与海藻套养　海带与裙带菜采用浅水层平挂养殖时，栉孔扇贝同时筏式垂挂，贝藻套养有利于扇贝和藻类的生长，是科学利用海区和设施的好方法。贝藻套养有三种形式：区间套养，1～2个区养海带，1个区养扇贝；筏间套养，2～3行浮埂养海带，1行浮埂养扇贝；绳间套养，2～3绳海带，1绳扇贝。相比较，区间套养管理最方便，但成本高，行间套养效果最好，绳间套养，极易互相缠绕、磨损，管理不方便。

3. 扇贝的底播增殖

将人工培育的苗种经幼贝（中间）培育至壳高为3cm左右的幼贝，向海域中底播放流，利用海域的初级生产力，生长达到商品规格，再进行采捕上市，这种养成方式，叫做底播增殖。栉孔扇贝和虾夷扇贝都可以进行底播增殖。扇贝底播增殖是一种投资少、成本低、操作简便、经济效益高的生产方式。

（1）增殖海区的选择　虾夷扇贝是冷水性贝类，根据其生态习性，要选择夏季最高水温不超过26℃，23℃水温持续时间较短的海区；选择适宜的海底，要求粒径1mm以上的粗沙砾占70%以上，直径0.1mm的细沙占30%以下；枯潮时，水深20～30m；透明度大，海星等敌害生物少的海区。

（2）放苗　目前底播所用的扇贝苗种规格为3cm以上的幼贝。选择形状规则、健壮的个体作为底播贝种，是提高成活率的关键。底播时间一般为当年的11月下旬至12月中旬。此时气温低，有利于贝种的运输。在水温13℃左右播种，缓苗期短，成活率高。底播时，将选择好的贝种装船运到底播海区，在限定的海区范围内，边行船、边均匀地向海底播散。苗种播放密度，是影响成活率的重要因素之一，密度越大，存活率越低；反之，密度越小，则存活率越高。根据试验，较合理的底播密度为8个/m^2。

放苗18个月后，壳高可达10cm，个体体重可达150g；20～21个月后，壳高可达11cm，体重可达170g左右，回捕率约为20%。

三、养成管理

（1）不同时期苗种稀疏暂养　扇贝壳高从0.5～2.5cm都称苗种，但从0.5cm养至2.5cm要经过2～3次分苗稀养，壳高0.5cm可以用20～30目网袋暂养，网袋大小40cm×50cm，袋内放置50g左右的附着基支撑网袋、加大空间、增加流水量，或用塑料框架支撑网袋，每袋放苗500～1000粒；壳高1.0～1.5cm时进行稀疏，置苗种暂养笼暂养，每层放养100～200粒；养至壳高2.5～3cm时进行养成笼养成。

（2）合理控制放养密度　扇贝苗种进入养成笼时，应根据生长情况，适时调整其放养密度。密度过大，贝与贝之间互相接触碰撞、“相咬”，容易损伤外套膜，产生畸形贝；同时，对于个体而言，得到的饵料减少，因而影响生长。因此，要掌握合理的放养密度，如虾夷扇贝初进养成笼时，为16～18个/层（11月）；5个月后倒笼，进行分苗，10个/层；再过3～4个月，再进行分苗，5个/层。

（3）调节放养水层　网笼和串耳等养殖方法，养殖水层要随着不同季节、水温和附着生物群做适当调整。水温低于10℃应提升水层至1m左右，高温季节水层下降至3～5m以下。为减少杂藻附着及敌害生物附着，如3～4月贻贝附着期、6～7月份牡蛎附着期，在附着盛期过后倒笼清笼，海湾扇贝分苗养成应在牡蛎附着期以后进行。

（4）及时清除附着物和更换网目　附着生物，不仅大量附着在扇贝体上，还附着在养成器材上。由于附着生物的大量附着，给虾夷扇贝的养成造成不利影响。附着生物与扇贝争食饵料，堵塞养殖网笼的网目，妨碍贝壳开闭运动，又因水流不畅影响滤食，致使扇贝生长缓慢。因此，要及时清刷网笼，清除附着物，但要避免在严冬和高温季节操作。随着扇贝的生长，附着和固着生物的增生，水流交换不好，因此应及时做好更换网笼和筒养网目的工作。

（5）倒笼、换笼　倒笼是彻底清洗网笼的最好办法。在网笼外附着生物过多、杂藻不易清除时和笼内敌害生物量大的时候进行倒笼换笼。这种方法清除彻底，操作方便，离水时间短，不易损伤扇贝，换笼以后扇贝明显快速生长。栉孔扇贝、虾夷扇贝在养成期间应倒笼2～3次，海湾扇贝在高温期以后应倒笼1次，这是海湾扇贝促生长、促肥的最佳措施。

（6）确保养殖生产安全　在养成期间，由于个体不断长大，需及时调整浮力，防止浮架下沉，要勤观察架子和吊绳是否安全，发现问题及时采取措施补救。做好防风工作，以免台风季节筏身、网笼受到损失。

第四节　扇贝的收获与加工

一、养殖扇贝的收获季节与规格

扇贝除鲜食外，主要是利用其闭壳肌，考虑扇贝的收获时间应选择扇贝较肥的季节，生产中为了缩短养殖周期并适应市场销售，一般都在秋季的10～11月收获。人工筏式养殖的栉孔扇贝大量的收获在11月至翌年1月，此时收获的栉孔扇贝，肥满度好，出肉率高。海湾扇贝的收获季节以11～12月最好，此时出肉率为30%左右，鲜出柱率为11%～12%。

商品贝的规格，要求栉孔扇贝和华贵栉孔扇贝壳高6cm以上，海湾扇贝5cm以上，而虾夷扇贝为8cm以上。

二、扇贝的加工

1. 干贝加工

首先将扇贝柱取出，取扇贝柱时不要切碎闭壳肌，然后将取下的闭壳肌用海水冲洗干净放入含有2%精盐的煮沸海水中，海水与鲜柱的比例为（6～8）∶1。放入鲜柱后不能搅动，待海水再度煮沸后取出，用海水冲洗并摘除鲜柱周边的肌肉、杂质，再用海水冲洗，放在容器内沥水控干、晒干，或用60～80℃烘箱烘干，保持其淡黄色的光泽，分大小装袋包装。

优质的干贝为淡黄色，表面平滑无裂痕龟裂。干贝加工的干贝汤油，经浓缩加上佐料可制成干贝精油。干贝放在阴干处可以常年保存，但鲜味欠缺。海湾扇贝鲜贝柱（闭壳肌）因含水分过多，不宜加工成干贝。

2. 单柱鲜冻

目前市场深受群众欢迎的是单柱鲜冻，它能保持扇贝原味，味道鲜美，食法较多。单柱鲜冻是把取出的鲜柱用海水冲洗干净，然后置放在输送带上速冻。单柱鲜冻从海水冲洗至速冻成品全部由机械操作，鲜柱速冻后分大小装袋。目前单柱鲜冻的产品绝大部分是海湾扇贝鲜柱，100粒/0.5kg以内的规格大部分出口外销。

3. 鲜柱罐头

开壳取出鲜柱，用2%精盐海水冲洗干净，预煮火候不宜过度，开锅捞出用流动水冲洗冷却，装罐，柱与汤比例为6∶5，并加适量盐、味精，调好酸碱度，封罐，盖罐要严密，高温达120℃以上进行灭菌，冷却至常温，进行罐头质量标准检测后销售或入库储存。

【本章小结】

扇贝是珍贵的海产贝类，我国南北沿海养殖扇贝的种类主要有栉孔扇贝、华贵栉孔扇贝、海湾扇贝和虾夷扇贝4种。在本章通过图、表等方法对比了4种养殖扇贝的形态特征、地理分布、生活习性和繁殖习性。除栉孔扇贝可以依靠半人工采苗获得部分苗种外，养殖扇贝的苗种来源主要依靠人工育苗解决。栉孔扇贝和华贵栉孔扇贝进行常温人工育苗；海湾扇贝和虾夷扇贝常采用加温人工育苗的方法。本章以虾夷扇贝为例介绍了扇贝加温人工育苗的工艺流程，其亲贝的促熟培育、诱导产卵与人工授精、孵化、幼虫培育、采苗和稚贝培育等生产环节，都是在加温或控制温度下进行的。

扇贝的养成首先要选择适宜养殖扇贝的海区，选择养殖海区应考虑底质、水深、盐度、水温、潮流和透明度等条件。扇贝的养成主要采用筏式养殖的方法，筏式养殖的方式有网笼养殖、串耳吊养、筒养、黏着养殖、网衣包养等。为了改进养殖技术和提高产量，也可以采用扇贝与对虾、海参混养，扇贝与海藻套养、轮养等方法。虾夷扇贝还可以通过底播增殖来提高产量。养殖扇贝的收获规格要符合商品贝的规格，收获时间应选择扇贝较肥的季节，并考虑市场需求。

【复习题】

1. 简述我国养殖扇贝的主要种类及其形态和分布。
2. 简述我国养殖的几种扇贝的生态习性。
3. 试述几种扇贝的性别和雌雄鉴别方法。
4. 试述几种扇贝的繁殖水温和繁殖季节。
5. 试述几种扇贝的发生与生活史。
6. 试述虾夷扇贝加温人工育苗的过程和方法。
7. 试述海湾扇贝加温人工育苗的工艺流程。
8. 扇贝的养成形式有哪些？各有何特点？
9. 如何选择扇贝筏式养成海区？
10. 扇贝筏式养殖的方法有哪些？各有何特点？
11. 简述扇贝筏式养成期间的主要管理工作。
12. 简述扇贝的收获季节和规格。

第十章 珠母贝的养殖与珍珠培育

【学习目标】

1. 掌握珠母贝的形态结构与生态习性。
2. 掌握马氏珠母贝的海区半人工采苗与人工育苗的操作技能。
3. 掌握珠母贝中间育成与养成的技术方法。
4. 掌握珍珠的定义与人工育珠的原理。掌握人工植珠的基本操作技能。
5. 掌握珍珠培育的方法与管理操作。

珍珠是某些贝类外套膜分泌的一种产物。珍珠的育成是珠母贝养殖的最终产品。珍珠玲珑雅致、色泽绚丽、光彩夺目，是贵重的装饰品，也是名贵药品，具有清热解毒、定惊安神、平肝潜阳、去翳明目、消炎生肌等功效。珠母贝的贝壳又是贝雕工艺的重要原料，贝壳珍珠层粉可作为珍珠的代用品用于医药或制作高级化妆品。同时，珠母贝的肉质美味可口，营养丰富，亦可供人们食用。

我国是世界人工培育珍珠最早的国家，据宋代庞元英所著的《文昌杂录》记载，中国距今1500多年前已开展人工育成珍珠。南宋时，湖州叶金扬用褶纹冠蚌培育出举世闻名的“佛像珠”。日本正是对我国河蚌养珠法加以运用发展，于1907年培育出海产正圆珍珠。

国际市场按产地将珍珠分为西珠、东珠和南珠。产于大西洋及地中海地区的海水珍珠叫“西珠”，产于亚洲其他地区（以日本为主）的珍珠叫“东珠”，产于我国南海北部湾沿岸（尤以广西合浦为代表）的珍珠叫“南珠”。国际市场上盛传有“西珠不如东珠，东珠不如南珠”的说法，南珠也被誉为“世界珍珠之王”。

第一节 珠母贝的生物学

一、珠母贝的种类

目前我国养殖的珠母贝主要有以下几种（图10-1）。

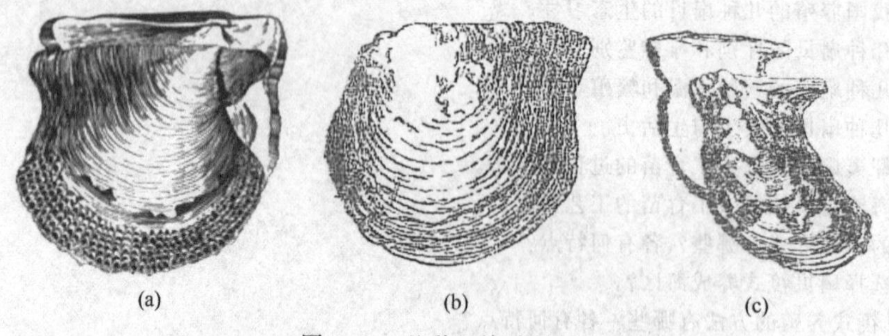

图10-1 几种经济珠母贝

(a) 马氏珠母贝；(b) 大珠母贝；(c) 企鹅珍珠贝

1. 马氏珠母贝（*Pinctada martensii* Dunker）

又名合浦珠母贝。两壳显著隆起，左壳略比右壳膨大，后耳突较前耳突大。同心生长线细密，腹缘鳞片伸出呈钝棘状。壳内面为银白色带彩虹的珍珠层，为我国养殖珍珠的主要母贝。

2. 大珠母贝［*Pinctada maxima*（Jameson）］

又名白碟贝。为珠母贝中最大型者，壳高可达30cm以上。壳坚厚，扁平呈圆形，后耳突消失成圆钝状，前耳突较明显。成体没有足丝。壳面较平滑，黄褐色。壳内面珍珠层为银白色，边缘金黄色或银白色。

3. 珠母贝［*Pinctada margaritifera*（Linnaeus）］

又名黑碟贝。贝壳体型似大珠母贝，但较小。壳面鳞片覆瓦状排列，暗绿色或黑褐色，间有白色斑点或放射带。壳内面珍珠光泽强，银白色，周缘暗绿色或银灰色。

4. 企鹅珍珠贝［*Pteria*（*magnavicula*）*penguin*（Roding)］

贝体小呈斜方形，后耳突出成翼状，左壳自壳顶向后腹缘隆起。壳面黑色，被细绒毛。壳内面珍珠层银白色，具彩虹光泽。

5. 长耳珠母贝［*Pinctada chemnitzi*（Philippi)］

体型近似合浦珠母贝，但较扁，俗称扁贝。后耳突也较显著。壳面棕褐色，壳内面珍珠层多呈黄色。

二、马氏珠母贝的形态构造

1. 外部形态

（1）贝壳　马氏珠母贝的贝壳左右不等，左壳较右壳稍为膨胀。壳顶偏于前方，前耳状突起较后耳状突起明显。在右壳前耳状突起的腹面，有一个三角形的凹陷，称为足丝窝。贝壳表面壳顶部分稍平滑，其他部分由环生的鳞片构成生长线，近壳缘特别是腹缘部分的鳞片，其末端延伸成片状棘。自壳顶的平滑面至亮缘，常有5～7条暗褐色或黑色的放射线。壳面常呈暗褐色或灰青色。铰合线平直，铰合部无铰合齿，韧带面的宽度随着年龄的增大而加宽（图10-2）。

贝壳内面中央部分为美丽的珍珠层，边缘部分除铰合部外，为茶褐色的棱柱层。在中央稍偏后方处有一个半月形的闭壳肌痕。缩足肌痕紧接在闭壳肌痕的前方。在闭壳肌的两端，有一行点状的外套肌痕排列成弧形。此外在壳顶窝的附近，还有前后伸足肌痕。

成贝壳高约8cm。软体部较厚，施术部位宽，植核方便、受核率高，育成的珍珠质量较好，是目前我国养殖珍珠的主要海产贝类。

（2）外套膜　外套膜左右对称，除在背面部分愈合外，其他部分皆游离。外套膜的中央部分很薄。边缘部分较厚，在外套膜中央部分的周围（除闭壳肌和外套膜背面部分之外）和游离缘之间，有一行与外套腹缘几乎平行的但不连续的外套肌集束。从外套肌集束派生出许多树根状的外套肌至外套膜的边缘部分。在外套肌集束和外套膜缘之间，有一条淡黄色的腺细胞线，称为“色线”（图10-3）。

从细胞的形态来看，外套膜的中央部分和游离缘以及外套膜的外侧面（向着贝壳的一面）和内侧面（向着软体部的一面）都略有不同。

从纵切面观察外套膜的外侧面，外侧上皮细胞多为圆形或椭圆形。上皮细胞的高度在中央部分比较矮，随着趋向边缘面逐渐增加其高度，至游离缘变成高柱状的细胞。外侧上皮细胞中有的含有色素颗粒，随着趋向边缘，含色素细胞的数量逐渐增多。在外侧上皮细胞的下面有几种腺细胞和肌肉纤维埋藏在结缔组织中，在这里还可以看到血管和神经。腺细胞按其形态可分为黏液细胞、大颗粒细胞、黏液颗粒混合细胞和褐色颗粒细胞等四种。这四种腺细胞的大多数分布在外套膜的边缘部分。

由于外套膜的外侧（壳侧）上皮细胞的形态不同其机能也随之变化，除游离缘部的极小部分细胞分泌形成棱柱层和角质层外，外套膜的大部分壳侧上皮细胞均能分泌珍珠质。而且，外套膜中央部分的外侧上皮细胞的形态并不是固定不变的，在它们受到某些因素影响之后，其形态和机能也发生变化，直至这些因素消失或减弱之后，又恢复其原状。而游离缘部分的外侧上皮相对比

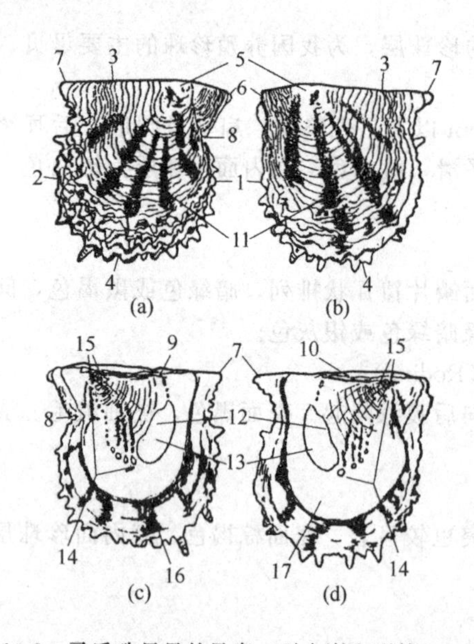

图 10-2　马氏珠母贝的贝壳（引自谢忠明等，2003）
(a) 右壳外面观；(b) 左壳外面观；
(c) 右壳内面观；(d) 左壳内面观
1—前缘；2—后缘；3—北缘；4—腹缘；
5—壳顶；6—前耳；7—后耳；8—足丝窝；
9—铰合线；10—韧带；11—生长线；
12—收足肌痕；13—闭壳肌痕；14—外套肌痕；15—伸足肌痕；16—珍珠层与棱柱层界限；17—珍珠层

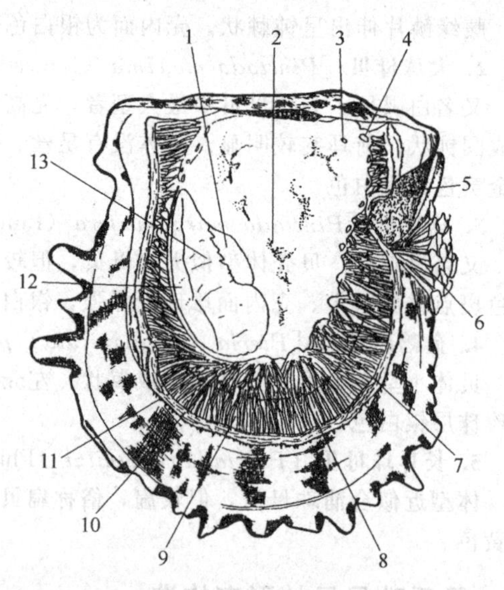

图 10-3　马氏珠母贝的外套膜（引自谢忠明等，2003）
1—右侧缩足肌；2—外套膜中央；3—右侧后伸足肌；
4—右侧前伸足肌；5—足部；6—足丝；7—外套肌集束端；8—腺细胞线；9—外套肌；10—外套膜边缘部分；11—外套触手；12—闭壳肌有纹部；
13—闭壳肌平滑部

较稳定。

外套膜的内侧面由纵走的肌肉组织和一层纤毛上皮细胞所构成。外套膜的内侧上皮细胞不参与贝壳或珍珠囊的形成。

(3) 闭壳肌、足部和足丝

① 闭壳肌。马氏珠母贝的前闭壳肌退化消失，仅剩下一个发达的后闭壳肌，位于软体部中央稍偏后方。由横纹肌和平滑肌两部分组成，平滑肌由灰色肌肉纤维组成，位于闭壳肌的前部，约占整个闭壳肌的 3/5，位于前部；横纹肌由粗白肌肉纤维组成，位于后端（图 10-3）。

② 足部。足部位于身体的前方，介于唇瓣和鳃的前端之间，呈圆棒状，色素较多，一般呈黑色或黄褐色。足的腹面有一条纵走的足丝沟与足基部的足丝腔相接。足部的运动主要是通过伸足肌和缩足肌束的牵引。

伸足肌两对，前伸足肌比较发达，它的一端呈片状，连接在缩足肌的表面和足的基部，约成 45°角伸向背面，其末端成束状附在壳顶下。后伸足肌的一端连于足的中上部，另一端伸向背面附在壳顶窝的后方。

缩足肌一对，比较发达，它一端连接足的基部，另一端向后附着在闭壳肌前方中部的贝壳上。育珠时，插核部位大都在缩足肌附近。

③ 足丝。从左右缩足肌汇合处的足丝腔中生出成束的足丝，足丝呈带状、深绿色，末端膨大成盘状附着在固体物上。

2. 内部构造

(1) 呼吸系统　鳃位于身体的前腹方，其前端与唇瓣相接，后端接近肛门的腹面，呈钩状，浅黑色或淡黄色，左右各一对。马氏珠母贝的鳃属典型的真瓣鳃型。

(2) 消化系统　唇瓣位于身体的背前方。外唇瓣稍大于内唇瓣。内、外唇瓣的后缘与内脏团相连，前缘游离。口呈椭圆形，位于内、外唇瓣基部的中央。口的后方为扁而短的食道，食道从左、右侧的伸足肌之间穿过达胃的前背方。

胃呈囊状位于内脏团的背面，外面被黄绿色的消化盲囊所包围。在胃的外面可以看到一个隘状部，它把胃分成前、后两部分。前部较小，后部较大。在胃前部的背面有一个椭圆形的食道开口，在腹面有2～3个消化盲囊导管的开口。肠道和晶杆囊的开口从后腹部伸出。

胃的内部构造比较复杂，主要构造有食物选择盲囊、具有纤毛的食物选择区、胃楯以及许多皱褶和沟等。胃楯很发达，位于胃的后背部近左侧，透明膜状的胃楯由一条裂缝分成有齿部和膜质部两部分。

肠道从胃的后腹面伸出，向腹面延伸至腹脊的末端后，回旋返折向背面延伸，至围心腔的背前方穿出内脏团而成直肠。直肠沿着闭壳肌的后方走向腹面，至接近闭壳肌的末端处开口为肛门（图10-4）。

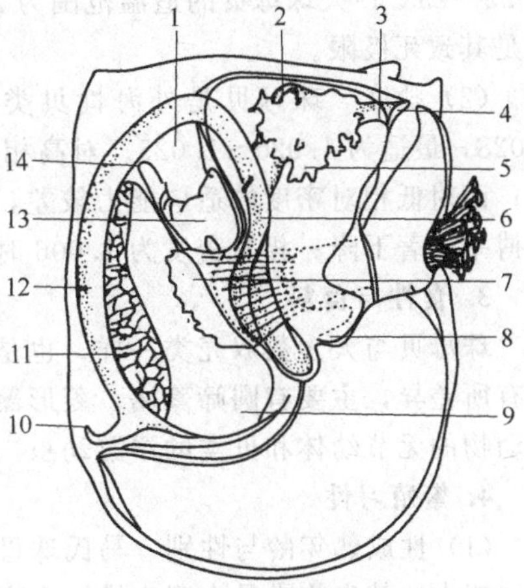

图10-4　马氏珠母贝的消化系统

（引自谢忠明等，2003）

1—心室；2—胃；3—食道；4—口；5—消耗盲囊；6—肠；7—缩足肌；8—腹嵴；9—闭壳肌平滑部；10—肛门突起；11—闭壳肌横纹部；12—直肠；13—心耳；14—围心腔

晶杆囊与肠道的前段并行，从胃的后腹面伸出至腹嵴的近末端处，肠道与晶杆囊之间有一条裂缝相通。晶杆体为浅黄色透明的杆状体，前端较粗末端尖细。晶杆体前段伸入胃腔内直达胃楯腹面。

(3) 排泄系统　肾脏位于闭壳肌的前背方靠近鳃的基部，为一个淡棕色的长形囊状物。肾围漏斗管一端开口于围心腔，另一端开口于肾囊中。大肾管的末端开口于肾脏背前方的泄殖裂中；肾孔位于生殖孔后下方。

(4) 生殖系统　在繁殖季节里，生殖腺充满整个腹脊并包围整个消化盲囊。马氏珠母贝一般多为雌雄异体，雌性生殖腺呈浅黄或橘黄色，雄性则多呈白色。有时也出现雌雄同体现象。

(5) 循环系统　循环系统由心脏、血管和血窦组成。心脏位于闭壳肌和肠之间，为透明的围心腔所包，分心耳和心室两部分。心耳呈褐色，位于心室腹面，左、右心耳在腹面彼此相通。

(6) 神经系统　神经系统由脑神经节、足神经节、脏神经节和神经连索组成。脑神经节位于唇瓣基部附近，左、右各一个；足神经节位于足基部的上方，左、右两个足神经节彼此相愈合；脏神经节位于闭壳肌腹面的前方，左右成对。各神经节彼此以神经连索相联系。

马氏珠母贝没有分化明显的感觉器官，但其他珍珠贝有平衡器和嗅检器等感觉器官。

三、珠母贝的生态习性

1. 分布与生活习性

珠母贝科的种类均分布于热带和亚热带海洋中，利用足丝附着在岩礁、珊瑚、沙或沙泥及石砾的混合物上生活。纯泥质底的海区因缺乏附着基底而难以生存。珠母贝和马氏珠母贝一般分布于低潮线附近至水深20多米处，以水深5～7m为多；大珠母贝栖息于低潮线至水深100m或更深处，以水深20～50m为多；企鹅珠母贝多分布在潮下带浅水区或港湾里。

马氏珠母贝的一些活动具有明显的日周期变化，即夜间活动较强，白天则减弱甚至停止。例如，马氏珠母贝足丝的分泌在日落后开始至日出后减弱；贝壳的分泌虽然昼夜都有，但夜间更为旺盛；耗氧量也是在白天逐渐减弱，而体内糖原含量则迅速增加。

2. 对温度和盐度的适应

(1) 水温　珠母贝科为暖水性贝类。马氏珠母贝正常生活适温范围为15～30℃，最适水温为23～25℃；大珠母贝的适温范围为20～35℃，最适水温为25～30℃，15℃的低温和40℃的高温是其致死极限。

（2）盐度　珠母贝是外海性贝类。马氏珠母贝生活的适宜海水相对密度范围为1.015～1.028，最适为1.020～1.025。对高相对密度有较强的适应能力，相对密度1.030时还能正常生活；而对低相对密度的适应能力较差，当相对密度降至1.011时，心脏搏动出现不规则的现象，且搏率显著下降；相对密度为1.006时，经48h后大量死亡。

3. 食性与食料

珠母贝与大多数双壳类一样，也是被动滤食的。其食料的组成因海区的不同、季节的变化等而有所差异，主要有圆筛藻属、菱形藻属、针杆藻属等硅藻和甲藻以及一些小型浮游动物，如甲壳动物的无节幼体和贝类的浮游幼虫。此外，还有一些有机碎屑等。

4. 繁殖习性

（1）性成熟年龄与性别　马氏珠母贝一龄性成熟，当年出生的苗种发育至次年繁殖期时已具繁殖能力。其生物学最小型为雄性壳高17.5mm，雌性壳高23.0mm。马氏珠母贝一般为雌雄异体，也有雌雄同体及性转变现象，性转变现象多见于幼龄个体。

（2）繁殖期　马氏珠母贝的繁殖季节一般在5～10月，并以5～6月和9～10月为两个产卵高峰期，繁殖水温在25～30℃之间。海南省沿海的大珠母贝繁殖期为4～11月，5～8月为繁殖盛期。

（3）繁殖活动　马氏珠母贝生殖方式为卵生型。个体怀卵量较大，2～3龄的雌贝个体怀卵量一般为500万粒左右。精卵是渐次成熟，分批排放的。马氏珠母贝的繁殖活动与环境条件有密切关系，例如：排精产卵活动多发生在水温25℃以上，尤以27～28℃为最多；大潮前后几天繁殖的概率较高；适量的降雨和风浪也会促进成熟亲贝的排精产卵活动。群众将珠母贝繁殖活动与环境条件之间的关系总结为“大潮至，产卵时，大雨后，产卵到，台风来，产卵在”。

（4）胚胎及幼虫的发生

① 生殖细胞。马氏珠母贝的精子为鞭毛型，成熟时全长为60μm，由头部、中段（间节）和尾部构成，头部长约3.7～4.5μm，其前端有一个锥形的顶体。成熟的卵子一般呈淡黄色，圆形或卵圆形，核大而明显，位于细胞中央；卵径一般在45～55μm左右，属少黄卵。由生殖腺中剖取的短犁形卵也具有受精能力（需用0.2×10^{-4}的氨海水激活）。

② 发生。马氏珠母贝胚胎与幼虫发育见表10-1、图10-5。

表10-1　马氏珠母贝胚胎发育

发育阶段	受精后经过时间/天,h,min	胚体大小/μm	发育阶段	受精后经过时间/天,h,min	胚体大小/μm
第一极体	0,0,18～25	48×48	担轮幼虫	0,4,50	48×66
2细胞期	0,1,0	41×53	D形幼虫	0,20～22,0	53×64
4细胞期	0,1,30	54×48	壳顶初期幼虫	5～6,0,0	90×94
8细胞期	0,1,50	54×50	壳顶幼虫	7～10,0,0	131×149
16细胞期	0,2,10	52×50	壳顶后期幼虫	10～15,0,0	173×174
桑葚期	0,3,10	48×52	匍匐幼虫	15～20,0,0	218×241
囊胚期	0,4,20	50×57	初附着稚贝	18～24,0,0	237×251

5. 生长

（1）年龄　人工育苗时，D形幼虫期生长较缓慢，约增长6μm/天，壳顶幼虫期生长最快，为8～15μm/天，变态阶段的生长速度稍有下降，为6～9μm。幼虫附着变态后开始分泌棱柱质的贝壳，此时贝壳的生长很快，每天约为30～50μm，稚贝长到400～500μm时，其形态与成贝极为相似。培养60天的幼苗壳高可达（1771±179.5）μm，壳长为（2281±224.5）μm，这时贝壳的珍珠层明显可见。

在珠母贝的一生中，第一年生长最快，第二、第三年较快，第四、第五年生长迅速下降，第六年以后生长几乎停止。经1～5周年的生长，其壳高分别达到：4.64cm、5.28cm、7.27cm、7.82cm和8.05cm。

而贝壳生长的特点是：2龄阶段前珠母贝贝壳的生长几乎大部分时间是形成棱柱层，这时分泌力旺盛，贝壳增长迅速。随着年龄的增加，珍珠层的分泌逐渐增多，最后两层的重量接近相等。2～3龄阶段，珍珠层的重量超过棱柱层，以后二者的重量差距继续增大。3龄以后阶段，棱柱层几乎不再生长，仅分泌珍珠质。

(2) 季节　一年中，当12月至翌年3月水温下降至13℃以下时，马氏珠母贝的贝壳分泌机能下降甚至停止，因而贝壳生长非常缓慢；3～5月和9～11月，除了台风和淡水影响的时间外，是马氏珠母贝快速生长的时期。马氏珠母贝在不同季节的生长率差异实际上主要是水温和食料生物的影响所致。

(3) 环境　除水温外，密度对马氏珠母贝的生长也有明显影响，相对密度在1.013以下时，生长受到妨碍。此外，养殖的水层和密度以及养殖方式对马氏珠母贝（尤其是1～3龄的）生长的影响也较大。

马氏珠母贝的最大个体可达12.9cm×11.5cm，寿命一般是11～12年。

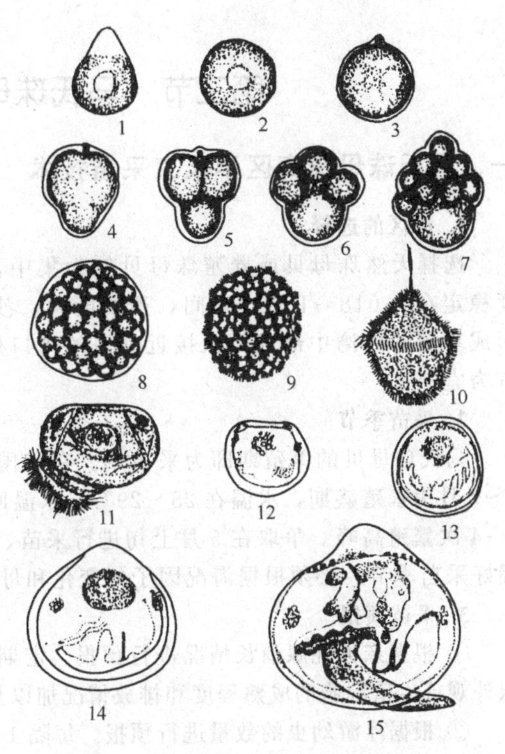

图10-5　马氏珠母贝的胚胎与幼虫发生

（引自谢忠明等，2003）

1—未成熟卵；2—成熟卵；3—受精卵；4—极叶伸出；5—2—细胞期；6—4细胞期；7—16细胞期；8—桑葚期；9—囊胚期；10—担轮幼虫期；11，12—D形幼虫期；13—壳顶初期；14—壳顶后期；15—匍匐期

6. 灾敌害

(1) 自然灾害　台风、淡水和寒流等自然环境条件的剧变，会对马氏珠母贝造成严重的影响。生产上曾有因大量淡水注入养殖场而造成50万个珠母贝死亡的事例；寒流南下，导致水温急剧下降，也会直接威胁珠母贝的生存。因此，应做好防寒避淡以及防风等工作。

(2) 敌害　珠母贝的敌害生物有很多。主要包括肉食性的鱼类、蟹类及贝类等；石蛏、海笋、开腹蛤及多毛类的凿贝才女虫（*Polydora cilliata*）等能穿透贝壳及软体部分，间接危害珠母贝的生命。另外，藤壶、海鞘、牡蛎、苔藓虫等附着生物大量地附着在贝笼及珠母贝上，堵塞水流，争夺食料，严重影响珠母贝的生长发育。

敌害生物及其防治方法基本如第一篇第三章第七节所述。对钻蚀在贝壳上的凿贝才女虫，可用饱和食盐水（36%）处理，具体操作是先进行清贝，将贝洗净→阴干10～15min，→放入普通海水中5～10min→移入淡水中浸泡10～15min→在饱和盐水中浸泡20～30min→取出阴干20～40min→放回海中，处理时温度以18～28℃为宜。处理中、小贝时，食盐水的浓度和处理时间要适当降低，在刚感染时进行处理效果最好，若凿贝才女虫已钻的很深，则效果不甚理想。此外加强管理及时清洗贝壳上沉积的浮泥，可以减少凿贝才女虫的感染。

平角涡虫（*Plamcocera*）等对小贝尤其是附着后不久的幼贝危害最严重，严重时被涡虫吃掉的幼贝达61%。涡虫大量繁殖是从6月底至7月初，7～10月生长最旺盛，在这段时间内涡虫逐渐长大、数量多，为害最甚。防治方法除人工拣除外，还可采用改变密度的方法，即将涡虫在饱和食盐水中浸泡5～10min之后，再放入淡水中浸泡5min就可将涡虫杀死。

第二节　马氏珠母贝的苗种生产技术

一、马氏珠母贝海区半人工采苗技术

1. 海区的选择

选择天然珠母贝或养殖珠母贝较为集中，风浪平静，流速在0.5m/s左右，海水相对密度稳定在1.018～1.022之间，透明度大，沙砾底或沙质底，饵料丰富，无工农业污染，能形成环流的内湾中部或不太接近外海的湾口处作为采苗海区。采苗水深以低潮线下到5m左右为宜。

2. 采苗季节

马氏珠母贝的繁殖期即为采苗期。在我国南海，合浦珠母贝的繁殖季节一般在5～10月，5～7月为繁殖盛期，水温在25～29℃。水温回升早的年份，4月下旬便进入繁殖盛期，其间有2～4次繁殖高峰。争取在5月上旬进行采苗，此时海况比较稳定，水温适宜，饵料丰富。要掌握好采苗季节，必须根据海况因子的变化和母贝的性状做好采苗预报工作。

3. 采苗预报

① 根据亲贝性腺消长情况进行预报。定期、定点、定量检查亲贝性腺的发育情况，可从性腺外观或生殖细胞的成熟程度和排放情况加以判断。

② 根据浮游幼虫的数量进行预报。每隔1～2天定点采集水样，检查各期幼虫的数量。浮游幼虫密度达8000～10000个/m^2时，一般可认为繁殖高峰的到来。若壳顶后期幼虫和匍匐期幼虫的数量达到总数的25%以上时，是投放采苗器的最佳时期。

③ 根据海况因子的变化进行预报。水温和密度是预报的重要条件，潮流与风向也应在观测时加以考虑。

4. 采苗方法

(1) 采苗器　采苗器主要为聚乙烯网笼，用网目为2mm×3mm颜色较深的聚乙烯网片缝成，四周以10#铁丝或竹片制成40cm×40cm的方形封闭式网笼。采苗时，以45.36kg拉力的胶丝每5笼连为一串，笼间距为25～30cm，下加沉石，然后挂于筏下。

此外，树叶、贝壳、旧贝笼等也可作为采苗器。

(2) 采苗器的投放时间　根据采苗预报所掌握的资料，应在附着高峰到来前的5～6天，也就是大量出现壳顶后期幼虫时，投放采苗器效果较好。过早投放，采苗器易招致浮泥的沉积，有碍幼虫的附着；过晚则会影响采苗效果。

海水浑浊的年份或海区，投放的时间可稍迟一些。

(3) 采苗水层　在正常情况下，附苗量较大的水层多数在0.5～3.0m，特别是在0.5～2.0m处。但在海况发生较大变化时，尤其是台风、阵雨时，附苗水层便往下降，并且变得分散与混乱。在海况较为稳定的第一个苗峰，投放水层可浅一些，以0.5～2.5m为宜；第二个苗峰以后，投放水层可加深，但不应深于5.0m。

5. 收苗

贝苗长到0.5cm左右便可收苗。收苗的方法依采苗器的不同而异。网笼及网片上的幼苗，可翻开在水中用力来回拖荡使其脱落，剩下的再用软刷刷下，或采用含漂白粉1.5%～2.0%的海水处理，使小贝苗脱落。树叶上的幼苗可剪取附苗的枝叶一起放入笼内，几天后，待苗附于笼壁上时，取出树叶。贝壳、瓦砾等硬质采苗器可在水中用泡沫塑料或软刷轻轻刷下。

收苗多在早晚进行。如需整天收苗时，应在室内或遮阴处操作。洗苗用水要不断更新，保持良好的水质。收下的苗按一定数量及时装入苗笼内，封口后进行海上吊养。

二、马氏珠母贝人工育苗技术

1. 亲贝选择

人工育苗中选用2～4龄的马氏珠母贝作亲贝。所用亲贝在上一年选好，按雌雄比为4∶1的比例垂养于饵料丰富的海区或在室内水泥池蓄养，育苗时随用随取。

亲贝辨别时，可用尼龙单丝从足丝窝通入，触碰软体部，待其开、闭壳时，用手从前、后端夹住贝壳，从腹面观察性腺颜色。

2. 育苗工艺

马氏珠母贝的人工授精、选幼、幼虫培育、投放附着基、稚贝培育等技术工艺与扇贝的育苗基本相同，仅受精卵的获得方法略有不同。

(1) 受精卵的获得

① 催产。催产方法主要有3种：阴干结合日晒升温法（阴干4h、日晒0.5h，使水温上升4～5℃）；阴干结合氨海水诱导法（阴干3～4h、移入0.03‰～0.06‰的氨海水溶液刺激40min）；日晒结合精液诱导法（海水经日晒后移入室内，放进亲贝，待亲贝外套触手伸出时加入少量雄贝精液和氨海水刺激）。

② 解剖授精。生产上也常采用人工解剖授精法。首先应判别亲贝的成熟度：成熟的卵近圆形，大小均匀，直径约50～60μm，卵膜光滑，卵核圆而透亮，细胞核与细胞质界线分明，这种卵的授精效果好；椭圆形或短犁形卵的授精效果也较好；而形状不一的多边形、长柄梨形以及卵膜皱褶甚至破裂者，授精效果较差。剖取的精子大多不活动或活动很弱，但在氨海水刺激下能活泼运动。

开贝抽取精卵：将挑选好的亲贝洗净后用解剖刀切断闭壳肌，去掉贝壳、外套膜、唇瓣和足丝等，经过滤海水冲洗干净后，用消毒脱脂棉花擦干，然后用消毒过的尖嘴吸管刺穿生殖腺表皮组织，细心抽取精、卵，分别置于装有少量过滤海水的烧杯中。开贝吸取精卵的动作要迅速，切忌弄破内脏。在玻璃水槽或其他容器里，加进过滤海水和氨水，配制成浓度为0.2‰～0.7‰的氨海水（具体浓度应根据现场的水温、密度和亲贝的成熟度而定）溶液。然后先将卵液倒入容器中搅动10min后，再倒入精液，用玻璃棒轻微而充分地搅动。精液和卵液加入前均需用筛绢过滤除去精液、卵液中的组织碎块。授精时一般以2～4个雌贝配以一个雄贝。

受精后约经4～5h的发育，胚体多数发育为囊胚和原肠胚，旋转运动并上浮于水中，逐渐密集成云彩状。这时即可用虹吸法把上中层的胚体吸出，然后再加水重复1～2次，最后去掉底部畸形的、不健康的胚体。

(2) 幼虫培育　胚体发育至D形幼虫后，经过进一步的优选，按1～4个/ml的密度移入育苗池培育。

马氏珠母贝的采苗器多为深色聚乙烯薄片或胶丝网布，一般是分批在2～3天内投完。此外，培育期间每周需倒池1次。

育苗阶段的适温为25～30℃，最适水温27～29℃；适宜相对密度为1.018～1.025，最适相对密度1.020～1.024。

(3) 收苗　壳高0.2～0.5mm即可收苗，移入海区进行暂养（中间育成）。收苗时用塑料海绵轻轻将苗刷下，集中在塑料大盆中，用海水反复冲洗，清除杂物；然后用胶丝网布滤出、称重、计数，最后装笼送到海上吊养。

第三节　马氏珠母贝的养成技术

马氏珠母贝的养成包括贝苗培育（中间育成）和大贝养成2个阶段。在养成过程中，不同的大小规格有不同的称谓：壳高 0.2～0.5mm 的稚贝经 3～4 个月的培育，至壳高 1.5cm 左右，称幼贝或幼苗；培育至壳高 1.5～3cm 时称为小贝；壳高 3～6cm 时称为中贝；壳高 6cm 以上的称为大贝或成贝，大贝可用于施术植核；育珠时则称为育珠贝。

一、场地选择

养成场应选在风浪较小、饵料丰富的海湾中部或湾口处，潮流畅通，水深在 2m 以上，海水的相对密度通常在 1.015 以上，雨季不低于 1.013，冬季水温在 12℃以上，夏季 30℃以下，浮泥及敌害生物较少，无污染的海区。

二、养殖设施

养成方式主要为浅海垂下式，垂下式又分为延绳式和竹筏 2 种。

1. 延绳式

延绳式的绠长一般为 50～60m，每隔约 1.5m 结上一个直径 25～30cm 的浮子。绠绳之间以 6～8m 距离平行排列，若干条绠绳连成一小区，脚绳两端的长应为水深的 2.5 倍，以适应涨落潮差或强风时位移的需要。贝笼垂挂于浮绠上。

2. 竹筏（浮筏）

一般用毛竹扎成坚固的竹筏，大小约 8m×6m，下加多个油桶作浮筒，四角以锚缆固定，单个或数个竹架连成一排，贝笼悬挂在竹架下。因清贝及其他管理工作都可在竹架上进行，所以，浮筏式更适合于贝苗培育。

此外，养成方式还有立柱拉绳垂下式和棚架垂下式等类型。

图 10-6　方形笼

3. 育成笼

育成笼多采用塑料网片制成的方形笼（图 10-6）或拱形笼，笼中套入统一规格的 8# 铁线拱形架，使网目适度张开，并利于疏苗换笼。室内人工育苗和海区半人工采苗的贝苗，育成笼的要求有所不同。依照网目的大小，海区采苗的可用 2 号、3 号、4 号苗笼，而室内人工育苗的则用 1 级、2 级、3 级、4 级、5 级苗笼（表 10-2）。

表 10-2　珠母贝苗笼型号及其装苗量

型号	室内育苗	1 级笼	2 级笼	3 级笼	4 级笼	5 级笼
	海区采苗			2 号笼	3 号笼	4 号笼
网目对角线大小/mm		0.5～0.8	1～2	2～3	5～7	10～12
方形笼网片边长/cm		40×40	40×40	40×40	40×40	40×40
拱形笼(边×边×高)/cm		36×36×13	36×36×13	36×36×13	36×36×13	36×36×13
装苗密度/个		3000～5000	1500～2000	500～1000	125～250	65～125
疏笼时间/天		12～20	15～20	15～30	30～60	
贝苗大小/mm		2～3	3～5	5～10	15～25	30～40

4. 养成笼

养成贝笼种类繁多规格不一，通常用 8# ～10# 镀锌铁丝或硬塑料制作笼框，外包胶丝网布制作笼网，网目依贝体的生长而加大。贝笼均用 80～100 磅（1 磅＝0.4536kg）拉力的胶丝作吊绳。常用的贝笼有双圈笼、拱形笼、单圈笼（锥形笼）和分层式立笼等。其中以锥形笼和分层式立笼较多使用。

三、养成方法

1. 贝苗培育（中间育成）

贝苗培育是将0.5cm的稚贝培育为3.0cm左右的小贝的过程。一般从6月下旬培育至10月底即可。主要采用筏架垂下笼养法，根据采苗器的不同可分为两种类型。

(1) 采育连贯法　此法用于封闭式网笼的采苗器，它既是采苗器，又是短期育苗笼。采苗后，在笼内培育约25天后，待贝苗壳高达0.6cm以上时，过密的疏散分笼，过疏的并笼，同时进行除害工作。以后每隔25天左右进行一次疏养，把幼苗移入高一级贝笼中培育。

(2) 洗苗培育法　采用开放式采苗器采苗，经过收苗和筛洗，按每笼5000个苗的密度放入一级贝苗笼中，吊养在1.0～1.5m水层，半个月后进行第一次疏散，并换上三级贝笼，每笼装苗1000个，约一个月后进行第二次疏散。

(3) 其他管理工作

① 除害。换笼时应同时拣除敌害生物。

② 调整水层。贝苗的中间育成多值夏、秋季，在适温范围内，应把贝笼吊在1.5m的较浅水层以促进生长，冬季则深吊越冬。

③ 勤冲洗。保持苗笼干净，防止附着生物和浮泥堵塞网目。1级和2级苗笼要求3天洗一次，由于苗笼网目较细，只有用毛刷或洗贝射枪才能冲洗干净；3级苗笼也用同样的方法每星期冲洗一次；4级、5级苗笼每半个月冲洗一次。

此外，还应做好防台风、检查养殖设施安全等工作。

2. 大贝养成

养成是将1.5～3.0cm的幼贝养至6.0cm左右的大贝的过程，一般从10月开始，历时1.5～2.0年。

(1) 养成方法

① 笼养。常用的有单圈网笼和多圈网笼，结构与贝苗笼相同，只是网笼和网目的规格及放养密度不同（表10-3）。网笼吊养在筏架下。笼养是目前珠母贝养殖的主要方式。

② 穿耳悬绳养殖。在珠母贝的左壳前耳突基部钻一小孔，用拉力10磅的胶丝穿过，打结后一个个绑在拉力80～100磅的主绳上进行吊养。

表10-3　珠母贝养成期间的放养密度与分笼时间

贝体大小/mm	贝笼规格/cm	网目大小/mm	每笼放养密度/个	分笼时间/天	洗笼时间/天
11～20	40×40×10	5～7	300～600	15～20	5～7
21～35	40×40×10	10～15	100～150	20～30	7～10
36～55	Φ35×10	15～25	60～80	30～40	15～20
56～70	Φ35×10	25～30	30～40	60～90	15～20

(2) 养殖期间的管理工作

① 清贝。养殖期间贝壳表面和贝笼上会附生许多杂藻、海鞘和藤壶等，造成水流不畅，影响摄食，因此要进行清贝。清贝的具体时间和次数应根据各养殖海区附着生物的特点进行安排，一般每年清贝2～4次。清贝后换入新笼吊养。清除的附着生物应集中带回陆地处理，严禁掉落于养殖海区。清贝后一般再换另一个网笼，所以清贝又称换笼。

② 调整养殖水层。养殖水层涉及水温是否适宜，饵料的丰贝，敌害的侵害等问题。一年中，春季水温回升后，浅吊于1.0～2.0m水层；夏季水温较高，宜深吊于2.5m以下水层；秋季到初冬温度适中，可浅吊于2.0m上下水层；晚冬水温剧降时，应深吊于3.5m左右水层。同时，还要根据本地区附着生物的季节变化和附着水层，对养殖水层进行适当的调整。

③ 调整养殖密度。随着珠母贝的生长，要及时疏散密度。

④ 防灾。防淡、防寒、防台风袭击等工作也应注意做好。

⑤ 越冬。冬季若水温低至接近 8℃时，需移到水温较高的越冬场越冬。

第四节 珍珠的培育

一、珍珠的定义

珍珠是由珠母贝或其他一些贝类外套膜的壳侧表皮细胞分泌的珍珠质交互重叠围绕一个共同的核心累积而成的，为圆形或其他形状。由于珍珠是由珠母贝等的外套膜分泌的物质所构成，所以珍珠的理化性质与产生珍珠的贝类贝壳的理化性质相类似。

珍珠的质量与珍珠的化学组成有着密切的关系。在一般被认为是最好的桃红色系列珍珠中，锰的含量特别多，镁、钠、硅和钛的含量也较多。

二、珍珠的种类

珍珠有天然珠和人工珠之分。根据珍珠形成的部位及质量的优劣又可分为多种类别。人工养殖的珍珠主要分为三个大类，即有核珍珠、无核珍珠及附壳珍珠。有核珍珠一般作为装饰观赏用，后两者则多用于药用。

三、珍珠的成因与育珠原理

1. 外因

珠母贝等贝类的外套膜受到异物（沙砾、寄生虫）侵入的刺激，受刺激处的表皮细胞以异物为核心，陷入外套膜的结缔组织中，陷入的部分外套膜表皮细胞自行分裂形成珍珠囊，珍珠囊细胞分泌珍珠质，层复一层地把核心包被起来即形成有核珍珠。

2. 内因

外套膜外表皮受到病理刺激后，一部分进行细胞分裂，发生分离，随即包被了自己分泌的有机物质，同时逐渐陷入外套膜结缔组织中，形成珍珠囊，形成珍珠。由于没有异物为核，称为无核珍珠。

3. 细胞异状增殖

受刺激的表皮细胞发生病理变化，引起这一部分的细胞畸形增殖，陷入结缔组织中形成无核珍珠。

上述关于珍珠的成因虽然不大一致，但可总结出一个共同的结论，即珍珠是由于母贝的外套膜细胞因上述某一原因陷入结缔组织中围绕着一个共同的核心而形成珍珠囊，并分泌珍珠质而成的。

根据这一原理，人工培育珍珠时，将外套膜小片和珠核同时植入珠母贝体中，被移植的外套膜小片在组织中经过一段时间后，小片的外侧上皮细胞从基底膜上脱落，变成星状或有许多细胞质突起的多角形细胞，这些细胞沿着珠核的表面移动并进行增殖，逐渐将珠核包围起来。此后，丧失移动性而形成珍珠囊。而小片的内侧上皮细胞不参加珍珠囊的形成，在移植后逐渐被吞噬吸收（图 10-7）。

四、马氏珠母贝的植核

（一）施术季节

每年 2 月下旬至 4 月下旬以及 10～12 月为合浦珠母贝施术较好的季节，水温在 16～25℃。水温 25℃以上是合浦珠母贝的繁殖季节，此时贝体虚弱，施术后死亡率高，脱核多，杂珠多；

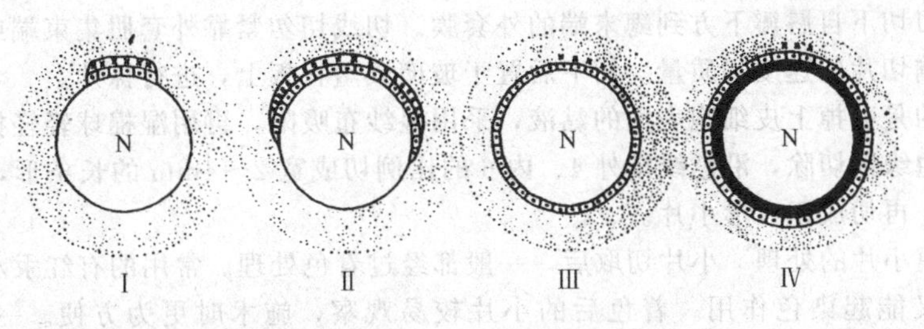

图 10-7 人工有核珍珠形成过程模式图（引自谢忠明等，2003）

水温在16℃以下，外套膜小片的增殖和珍珠囊的形成机能受到抑制。

（二）施术前的准备

1. 施术贝的准备

（1）施术贝的选择　选择2.5～3.5龄，壳高7cm以上、壳宽2.5cm以上，个体健壮完整，贝壳干净，生殖腺不发达，无病害感染的母贝。

（2）施术贝的处理　生殖腺发达的母贝在插核后易脱核，且污珠率及死亡率都较高，因此，要选择性腺不太发达的珠母贝。但施术工作多在繁殖期前后进行，所以施术前要控制母贝性腺的发育。

① 低温抑制生殖腺的发育。在繁殖初期采用抑制生殖腺发育的方法。在越冬之后，水温开始上升时，采用降低放养水层，增加放养密度，利用低水温、高密度抑制生殖腺的发育。

② 高温促进生殖腺的发育。在繁殖盛期时，白天提升放养水层，晚上降低放养水层，利用高温促进性腺发育，使其提早排放精卵。

③ 阴干刺激促使成熟精卵排放。将亲贝阴干3～4h，再放入海水中，经1～2h便可排放精卵。若一次不成，可反复刺激。

④ 利用多倍体亲贝。三倍体合浦珠母贝无繁殖力，可利用三倍体亲贝作为施术用母贝。

（3）施术贝的栓口　珠母贝在施术前2～3周应清贝一次，然后洗刷干净，剪去足丝，先排贝后栓口。其过程如下。

① 排贝。将珠母贝腹面朝上，一个个紧贴排列在开口笼内，然后吊养在筏架下，2～3h后便可进行栓口。如水温在28℃以下时，可在前一天傍晚排贝，吊养在较深的水层，次日早上栓口。

② 栓口。将贝笼提起放入盛有海水的水槽或木盆中，从排贝笼中抽出数个珠母贝，其余的贝便相继开壳，随即插入木锲栓口，或用开口器插入壳口徐徐用力张壳再栓口。栓口不宜过大，壳高约7cm的珠母贝，栓口宽度在1.7cm以内为宜。栓口后挑选优质贝在30min内进行施术。

2. 小片贝的准备

小片贝又称细胞贝，是在插核过程中提供外套膜小片的珠母贝。

小片贝的选择　一般选用2～3龄，壳高6cm以上，壳面略带红色兼有栗褐色放射线，壳内面珍珠层为银白色的珠母贝作小片贝。小片贝所需数量为插核用贝的12%～15%。

3. 外套膜小片的制备

（1）外套膜小片的大小和形状　小片的大小对所形成的珍珠质量影响很大。小片大，成珠速度快，但异形珠多；小片过小，施术时和育珠过程中容易失落，产生素珠多。通常使用的小片，以其边长为珠核直径的1/3～2/5为宜。小片的形状一般以正方形的效果最好。

（2）外套膜小片的切取　先用解剖刀从腹面将其闭壳肌割断，令其开壳，然后以平板针拨开两边鳃瓣，用刀切下自唇瓣下方到鳃末端的外套膜。切线切勿紧靠外套肌集束端或其内面，以免弯曲收缩，影响切片的速度和质量。切下后置于玻璃或塑料板上，进行抹片。

抹片的目的是去掉上皮细胞表面的黏液，采用湿纱布吸附，再用湿棉球轻轻抹一下即可。抹片后，将外套边缘部切除，沿色线按外4、内6的比例切成宽2～4mm的长条形，或中央大、两头小的钝棱形，再切成正方形小片。

(3) 外套膜小片的处理　小片切取后，一般都经过着色处理。常用的有红汞水和紫药水，它们既能消毒，又能起染色作用。着色后的小片较易观察，施术时更为方便。一般用红汞配成2%～3%的海水溶液，浸泡1～2min。此外，也可采用金霉素和PVP（聚乙烯吡咯烷酮）处理小片。

干燥、低温、淡水都会对小片产生不良影响，所以，小片切取后应尽快使用，最迟也要在1h内用完，以确保小片细胞的活力。

（三）珠核与插核部位

1. 珠核

珠核多用淡水产的背瘤丽蚌、多疣丽蚌和猪耳丽蚌的贝壳作原料，其制作过程如下：先将贝壳锯成条状，再切割成正方形，放入打角机打角，然后用同心沟石磨加水研磨成球形，最后用酸处理打光便成。成品的珠核要光洁圆滑，不应有裂缝。珠核在使用前，用肥皂水或精盐水擦洗，并用清水漂洗，擦干。

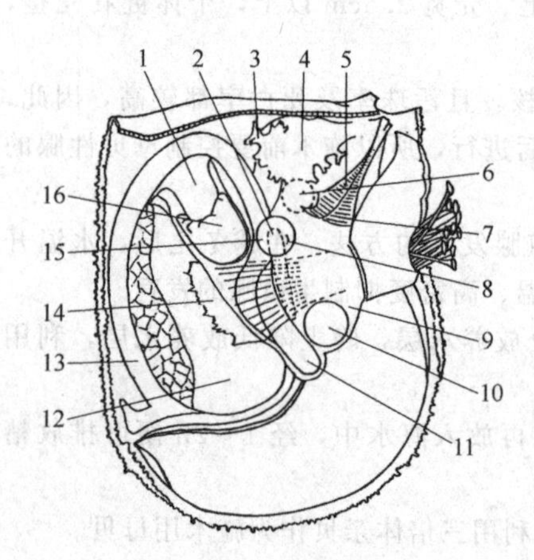

图10-8　插核部位

1—心室；2—消化盲囊；3—肾脏；4—胃；5—外唇瓣；6—核位（右袋）；7—内唇瓣；8—泄殖孔；9—腹嵴；10—袋位（左袋）；11—肠；12—闭壳肌；13—直肠；14—缩足肌；15—袋位（下足）；16—心耳

我国通常将直径3.1～5.0mm的珠核称小核，直径5.1～7.0mm的称中核，直径7.1～9.0mm的称大核，直径9.0mm以上的称特大核。

2. 插核部位

(1) 左袋　位于腹嵴稍近末端处，即肠道迂曲部的前方和缩足肌腹面的生殖腺中。此处空间较大，可以插入较大的核。

(2) 右袋　在珠母贝右边的消化盲囊与缩足肌之间的体表下。

(3) 下足　在珠母贝左边的消化盲囊与缩足肌之间的体表下（图10-8）。

（四）插核数量

一个手术贝的插核数量由其本身的大小和珠核的大小决定。手术贝大则植核多，反之则少；珠核小，植核个数多；珠核大，则插核个数少。特大核一般只能插一个，大、中核可植2～3个，小核可植5～8个。生产上，一般都是大、中、小三个规格珠核混合植入一个手术贝中，以达到充分利用手术贝的目的，从而提高珍珠的产量。

（五）植核

将手术贝的右壳向上，固定于手术台上（图10-9），用平板针拨开鳃，然后用钩钩住足的中部向后拉。在足部和生殖腺之间用开口刀薄薄切开一个开口，再用通道针插入刀口处，沿着插核部位的方向造成管道。

沿着第一个核位（左袋部位）通道完毕，然后将通道针退回原切口，从细胞台上取一外套膜小片，用送片针将小片送到管道末端，再植核（此法称先放）；或是先植核，后送小片（后放），以先放为多。无论先放或后放，外套膜外侧面一定要向着珍珠核。插完第一个核位后，再插第二个核位（右袋），然后插第三个核位。插核时应注意以下事项。

① 珠核事先要消毒，各种工具要保持清洁。

② 检查手术贝是否适于插核，若是性腺发育较好的则不用。

③ 插核过程中，不要损伤内脏主要器官（心脏、胃肠等）及缩足肌。

④ 各管道基部应彼此分开，不要连在一起。

⑤ 为防止脱核，刀口不能过大，刀口大小与珠核大小相当或稍小一点。

⑥ 珠核要紧贴着外套膜小片的外侧面。

⑦ 插核工作力求快而稳。

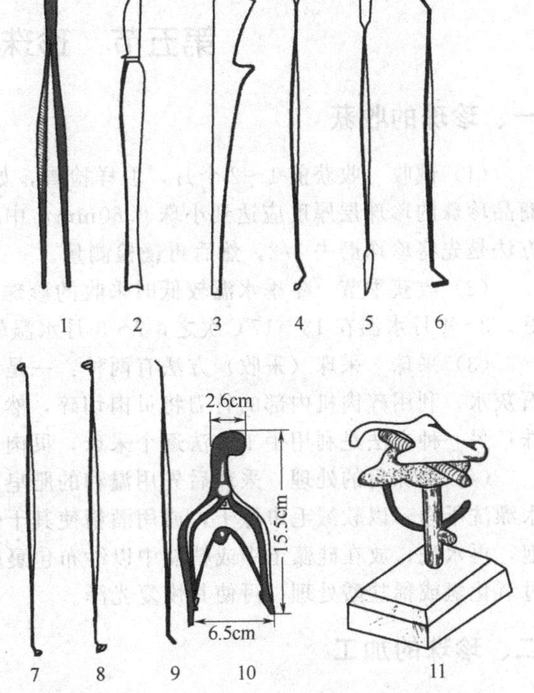

图 10-9 植核工具（引自谢忠明等，2003）

1—镊子；2—开贝刀；3—切小片刀；4—前导针（上）、通导针（下）；5—平针（上）、开切口刀（下）；6—推核针（上）、钩针（下）；7—小号送核器；8—中号送核器；9—小片针；10—开口器；11—手术台

五、珍珠的育成

（一）施术贝的休养

休养的目的一方面是让手术贝恢复健康，防止施术贝的死亡；但更重要的是通过休养使珠核不发生或少发生位置移动，以防止脱核或产生素珠、畸形珠。修养一般需十几天至一个月的时间。

（1）休养场的选择　休养场地应选择风浪小、水流缓慢、饵料生物丰富的海区。水温不超过 28℃，相对密度 1.016 以上，水深不小于 5m。

（2）休养笼　休养笼多为方形，边长 30～40cm，高 6～8cm，网目为 2～3cm。在笼底和周围铺上一层胶丝网片，以减少风浪冲击、预防敌害，也便于检查和回收脱出的珠核。每笼可放养施术贝 40 个左右。

（3）管理　术后的珠母贝身体虚弱，往往在一周左右时间里出现死亡和脱核现象，应在术后 20 天内，每两天检查一次，及时清除死贝。检查时要避免露空太久或强光暴晒，以免导致脱核和死亡。

（二）珍珠的育成

一般经过 20～25 天的休养后，施术贝已恢复健康，体内珍珠囊已形成，可从休养笼取出置于普通养贝笼中，再移到育珠场进行垂下养殖。

（1）育珠场　育珠场只限于养育经过施术后的育珠贝。在一个海区范围内，可适当地划分普通养贝场和育珠场。珍珠有各种色泽，主要与育珠场地有关。生产经验表明，有适量河川淡水流入、相对密度在 1.015～1.021、营养盐丰富、浮游生物量多的海区育成的珍珠多为白色系统的优质珍珠；反之，则多为黄色系统珍珠。

（2）育珠水层　珠母贝吊养的水层深浅会影响珍珠的形成与质量，所以要根据季节变化调整吊养水层。一般在春季水温回升时，吊养在水深 2m 处；夏季水温超过 28℃、冬季水温降到 10℃以下时，可移至 3～4m 深水层养殖。

（3）育成时间　珍珠育成时间随珠核大小不同而异，通常小核珠为 0.5～1 年，中核珠为 1.5～2 年，大核珠需 2～3 年。

（4）管理　育珠期间的管理工作与珠母贝养成基本一样，主要包括清贝（换笼）、调整养殖水层、避寒越冬、预防敌害和人为破坏等。

第五节　珍珠的收获与加工

一、珍珠的收获

(1) 试收　收获前1～2个月，取样检查，如果合格便可收获，否则便延至次年收获。一般商品珍珠的珍珠层厚度应达到小珠0.60mm，中珠0.75mm，大珠0.90mm。珍珠层厚度的测定方法是先将珍珠磨去1/2，然后再镜检测量。

(2) 收获季节　冬季水温较低时采收的珍珠光泽好。因此收珠时间以12月至次年2月为最好，3～4月水温在13～17℃次之，7～8月水温较高时收获最差。

(3) 采珠　采珠（采收）方法有两种：一是取出珠母贝软体部放入碎肉机中，加同量海水或石灰水，利用碎肉机内部的竹刀将贝肉切碎，然后将肉、珠混合液倒入沉淀槽中，取出游离的珍珠；另一种方法是利用手工方法逐个采珠，贝肉也可加工成副产品。

(4) 采珠后的处理　采珠后先用温和的肥皂水洗涤，再用软毛刷蘸优质香皂擦洗，用洁净淡水漂洗干净，以软绒毛巾擦干，或用酒精使其干燥。对表面粗糙的珍珠，可用稀盐酸做短时间浸泡，再水洗，放在硅藻土中或精盐中以纱布包裹摩擦，最后以绒布打光。对光泽较暗的珍珠，用过氧化氢或稀盐酸处理，可使其恢复光泽。

二、珍珠的加工

(1) 选珠　选择合乎一定商品规格的珍珠，根据不同情况分门别类进行加工处理。

(2) 穿孔　穿孔的作用是便于脱脂、漂白、增白和染色，根据需要可穿成全孔或半孔。

(3) 脱脂　脱脂又称去污。用有机溶剂如丙酮等，将珍珠表面上的油脂或污物去除。

(4) 漂白　漂白是珍珠加工的主要工序。通过漂白可使污珠（银灰色）或浅黄色珠除去原来的色泽变为白色。漂白需在减压下进行，常用的漂白剂有过氧化氢等。在过氧化氢漂白液中加入酒精或异丙酮或1，4-二氧六环为助剂，并以EDTA稳定剂将pH值调节在7.0～7.5，效果较好。

(5) 增白　将经过漂白的珍珠进一步增白，增白剂有SBRN、AT等。增白时也常在减压下进行。

(6) 染色　染色也称调色。珍珠漂白后再经染色，即可改进白度和光亮度，使之符合商品要求。常用的染色剂有荧光染料等。染色也常在减压下进行。经上述加工处理后，目前除深黄色珍珠外，一般均可达到商品珍珠的要求。

【本章小结】

培育珍珠是养殖珠母贝的主要目的。马氏珠母贝是众多珠母贝中的最主要的养殖种类。珠母贝为暖水性种，在我国主要分布在南海；生活方式与扇贝相似，也是用足丝附着生活，要求的海水盐度较高；珠母贝的繁殖季节主要在春季和秋季，繁殖活动多发生在大潮期、降雨时或刮风的日子。

珠母贝的海区半人工采苗和人工育苗技术工艺与扇贝大同小异，但其亲贝可用解剖法获取精卵进行人工授精。

珠母贝的养成方法以垂下式养殖为主，笼养是最主要的养成方式。养成分为贝苗培育（中间育成）和大贝养成2个阶段。养成期间的管理工作包括清贝、换笼、疏养、调整养殖水层、避淡防风和越冬等。

培育人工有核珍珠是海水珍珠生产的主要类型，其植核前需进行生殖腺的处理；插核植珠需要准备施术贝和小片贝，小片贝是用于制取外套膜小片（利用其形成珍珠囊），而施术贝则是用来插核培育珍珠的。珍珠核一般以淡水河蚌的贝壳为材料，有特大、大、中、小等几种规格，植珠的部位有左袋、右袋、下足等。植核后的珠母贝经过近一个月的休养后开始进行珍珠的培育。珍珠收获前需进行试收以确定其珍珠层是否达到商品要求。

【复习题】

1. 名词解释：珍珠、色线、贝苗培育、清贝。
2. 简单比较几种养殖珠母贝的形态特点。
3. 凿贝才女虫对珠母贝有何危害？如何防治？
4. 试述珠母贝人工育苗时如何进行解剖授精。
5. 试述珠母贝养成阶段的管理工作。
6. 试述珍珠的成因和人工培育珍珠的原理。
7. 如何确定珠母贝的植核季节？为什么？
8. 绘制马氏珠母贝人工施术（植核）的工艺流程图。
9. 小片贝的外套膜小片如何制取？
10. 简述珍珠的加工工艺。

第十一章　缢蛏的养殖

【学习目标】

1. 掌握缢蛏的形态结构和生态习性。

2. 掌握缢蛏海区半人工采苗的方法和基本技能；掌握缢蛏室内人工育苗和土池人工育苗的工艺流程与操作技能；熟悉蛏苗的收获方法。

3. 掌握蛏苗的运输及其质量鉴别的方法与技能。

4. 掌握蛏苗播种的知识与技能；掌握缢蛏养成的管理工作技能。

缢蛏（*Sinonovacula constricta* Lamarck）俗称蛏（福建）、蜻（浙江），北方则称跣，分布在中国、朝鲜和日本沿海。在我国海水贝类养殖中，它与蛤仔、泥蚶和牡蛎一起，有四大滩涂贝类的美称。

缢蛏肉味鲜美、营养丰富，是我国沿海群众喜爱的海味品。缢蛏养殖生产具有生长快、生产周期短、易管理、成本低、产量高、投资少、效益高、见效快等优点，所以养殖面积不断扩大。近几年来，福建闽东等地将缢蛏、泥蚶、蛤仔等滩涂贝类放养于土池中进行蓄水养殖或与对虾进行混养，大大提高了其生长速度，缩短了养殖周期，取得了良好的经济效益。

第一节　缢蛏的生物学

一、形态构造

缢蛏的形态结构见图 11-1。

1. 贝壳

缢蛏贝壳呈长方形，薄而脆，壳长为壳高的 3 倍、壳宽的 4～5 倍。壳顶低位，位于背缘略近前端 1/3 处。背、腹线近于平行，前、后端近圆形，两壳闭合时前后端开口。外韧带黑褐色，自壳顶斜向腹缘中部有一微凹的内缢沟，故名缢蛏。贝壳表面生长纹明显，披有黄绿色的壳皮，壳皮在壳顶部常脱落而呈白色。贝壳内面白色，右壳具有两个主齿，左壳主齿三个，中央齿大而分叉。前、后闭壳肌痕均为三角形，后闭壳肌痕较大，外套窦呈“U”形，明显可见。

2. 足

足位于身体前端，呈圆柱形，侧面观似斧状，末端正面形成一椭圆形的蹠面。足部肌肉发达，表面光滑，爬行时足充分伸展呈盘状，便于在穴中做升降运动。

3. 水管

缢蛏的出水管比入水管短小。

4. 内脏囊

缢蛏左右两侧内脏囊中部被深褐色的消化盲囊所包，在繁殖期则呈现生殖腺颜色，乳白色的为雄性，雌性则为浅黄色或浅淡粉红色；缢蛏成熟时性腺还向足部延伸。

2007 年厦门海洋职业技术学院的黄瑞等在福建长乐发现一种与缢蛏极为相似的新种，并定名为近江蛏（*S. rivularis* sp. nov.），近江蛏的形态和生态习性等与缢蛏相似，唯要求生活于较低的盐度。此外，自2005年起，大竹蛏的人工繁育技术在我国已陆续获得成功，其养成生产也已进入实验阶段。

二、生态习性

1. 生活方式

缢蛏栖息于软泥或泥沙底质的滩涂上，理想的栖息底质是滩面稳定，底质的表层有2～3cm的软泥，中层有30cm左右以泥为主的泥沙混合层，底层为沙泥层或沙层。这种底质结构渗透力强，滩下水体容易交换，有利于调节蛏穴中的水温，保持水质清新，并且有利于底栖硅藻的附着和繁殖，增加缢蛏的食料。

缢蛏一般只随潮水的涨落在巢穴中做升降运动，但当环境剧变如水质恶化、埕地被蜾蠃蜚破坏时缢蛏会采用喷水方式，集体转滩迁移，给养殖生产造成重大损失。

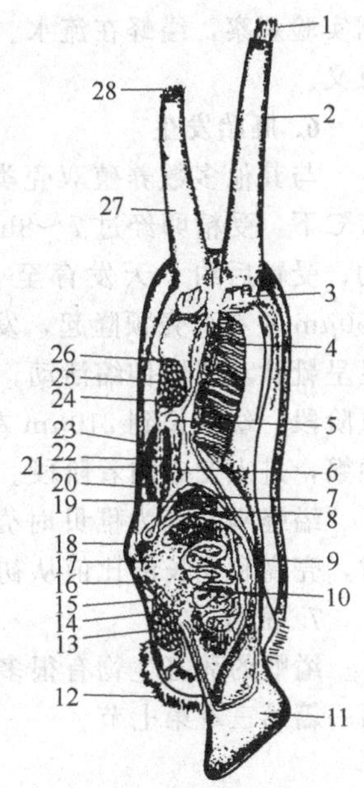

图11-1 缢蛏的形态结构
1—入水管触手；2—入水管；3—水管壁皱褶；4—鳃；5—肾管孔；6—心耳；7—伸入鳃上腔的肾管；8—晶体杆；9—胃盲囊；10—生殖腺；11—足；12—前外套膜触手；13—前闭壳肌；14—口；15—食道；16—消化腺；17—胃；18—韧带；19—生殖孔；20—围心腔；21—穿过心脏的直肠；22—通过围心腔肾管孔；23—心室；24—后收缩肌；25—后闭壳肌；26—肛门；27—出水管；28—出水管触手

2. 对环境因子的适应

（1）水温　缢蛏为广温性贝类。生存温度为0～39℃，生长适温为8～30℃。

（2）盐度　缢蛏是广盐性贝类。海水相对密度在1.005～1.022范围内都能正常生活；缢蛏对低盐适应能力很强，成贝在相对密度1.001的海水中能存活10天。在洪水暴发时，缢蛏发生的死亡现象主要是因浮泥等颗粒堵塞其呼吸器官而致，淡水并非主因。

3. 食性与食料

缢蛏对食料成分无主动选择性，只要颗粒大小适宜即可摄食。缢蛏的食性为滤食性，滤食的公式如第一篇第三章第三节所述。目前在福建等地进行的土池蓄水养蛏或与对虾混养，正是根据滤食公式增加了缢蛏的滤食时间和食料密度从而大大提高了缢蛏的生长速度。

4. 生长

缢蛏的生长随年龄及其生活环境的不同而异。一般满1周年的一龄蛏壳长4～5cm，二龄蛏壳长6～7cm左右。一龄蛏壳长增长较快，其壳长可达刚播种时的3～5倍；二龄蛏壳长增长减慢，其壳长仅比一龄蛏增长30％～50％，但体重增长较快。

一年之中，不论是体重还是壳长皆在春季开始显著增长，夏季增长最快，秋季进入繁殖期，在繁殖期前，软体最为肥满，冬季生长速度逐渐下降甚至停止。

影响缢蛏生长的因素除年龄外，水温（体现在季节和南北海区的不同）、盐度、底质构成、潮区、海区食料生物密度等环境条件都与缢蛏的生长密切相关。

5. 繁殖习性

（1）性别　缢蛏为雌雄异体，一年性成熟，性成熟时壳长一般在4cm以上，但生物学最小型为2.5cm。成熟雌贝的性腺呈乳白色，雄的颜色较深些，略带淡黄或淡粉红色；雌雄亲贝还可通过水滴法或镜检来加以区别。缢蛏的性比接近1∶1。

（2）繁殖季节　缢蛏的繁殖季节主要在秋季，与水温有关（25～20℃），闽浙沿海多在9～11月，盛期是10月。每年的繁殖季节中，缢蛏有多次排放的现象，一般能排放3～4次。在福建海区，缢蛏繁殖活动多集中在“秋分”、“寒露”、“霜降”、“立冬”四个节气前后，“立冬”以后缢蛏性腺大多消失，即使有零星排放，也没有什么生产价值。

（3）繁殖活动　缢蛏属卵生型贝类。繁殖活动多集中在大潮末的夜间进行。实践证明缢蛏产卵一般在退潮时的黎明前2～3h内；在此期间，若遇到寒流侵袭，排精产卵活动就更为集中。另据实验观察，缢蛏在流水、黑暗条件下排精产卵活动概率较大，这种规律对人工催产具有指导意义。

6. 胚胎发生

与其他多数养殖双壳类相比，缢蛏的卵径较大，为 85～90μm，平均约 88μm；在水温24～27℃下，受精卵经过 7～8h 的发育进入担轮幼虫期，担轮幼虫靠纤毛摆动在水中做螺旋型直线运动；受精后约 1 天发育至 D 形幼虫，壳长约 120μm；D 形幼虫经过 2～3 天发育，壳长达到 150μm 左右，壳顶隆起，发育为壳顶初期幼虫；再经 2 天左右的发育，壳长为 190μm 左右时，足呈靴状，能做伸缩活动，足基部具眼点，身体腹后方出现管状弯曲的鳃原基，进入壳顶后期幼虫阶段；幼虫长到 210μm 左右（受精后约 7～10 天），面盘开始逐渐萎缩、脱落，足部伸缩活动频繁，进入变态附着阶段。

缢蛏刚发育为稚贝时壳长多在 230μm 左右，大约 1 个月后形成出、入水管；壳长约 4mm 时，壳高和壳长的比值从初附着时的 0.8 左右降到 0.4 左右，接近成贝的比值，此时称为幼贝。

7. 敌害

缢蛏的敌害生物有很多，其中以裸赢蜚、须鳗、蛇鳗等底栖性敌害对缢蛏的危害最大，详见第一篇第三章第七节。

第二节 缢蛏的苗种生产技术

缢蛏的苗种生产有很多方式，如自然苗的采集并进行人工培育、海区半人工采苗、土池人工育苗、室内全人工育苗等，都能生产出一定数量的缢蛏苗种。从生产规模和生产效益来看，目前多以海区半人工采苗为主。但从发展趋势看，对缢蛏、蛤仔等埋栖型贝类来说，室内人工育苗（附苗以前）和土池育苗（稚贝阶段以后）相结合的生产方式有着明显的优势和发展前景。

一、海区半人工采苗

根据缢蛏的繁殖习性与幼虫浮游、附着习性，适时地进行整埕附苗和围塘整涂停苗，以获得大量的附着稚贝并进一步培育至蛏苗，这种生产方式称为海区半人工采苗。

1. 采苗场选择

和其他贝类一样，缢蛏海区半人工采苗场地必须具备以下三个条件。

① 有大量即将附着的后期面盘幼虫，即附近有一定规模的成贝养殖场。

② 有良好的理化环境条件。主要包括地形、潮流及其流速、盐度等，即选择在风浪平静、潮流畅通（流速 20～30cm/s）、有淡水注入的内湾中潮区。

③ 有良好的底质。采苗场底质以泥质或泥沙混合底质为好，这样的底质既适合附着又适合钻穴。过稀的泥浆底，稚贝足丝附着不牢；过硬的沙质底又不利于蛏苗潜钻，均不适于作为采苗场。

2. 苗埕类型

（1）蛏苗坪　在风浪较小的海区，构筑宽约 30～40cm、深 10cm 左右的水沟，建成一畦畦蛏埕，埕面宽度底质软者 3～5m，硬者 10m 左右，长度依地形而定，大多 10m 以上。这样的苗埕连成一片，称为蛏苗坪（图 11-2）。

（2）蛏苗窝　在风浪较大或潮区较高的场所，挖起埕土，四周筑堤，以减少风浪的冲击和降低埕面的位置，靠水沟的一面留一个 50cm 宽的水口。因其形状下凹如窝，故名蛏苗窝（图 11-3）。蛏苗窝面积为 60～130m²。

（3）蛏苗畦　在风浪不大的海区，将埕土挖起，堆积形成三面围堤的苗埕称为蛏苗畦。堤高为 0.5～1.0m，宽 2～3m，畦面宽度 5m 左右，长度依地形而定（图 11-4）。

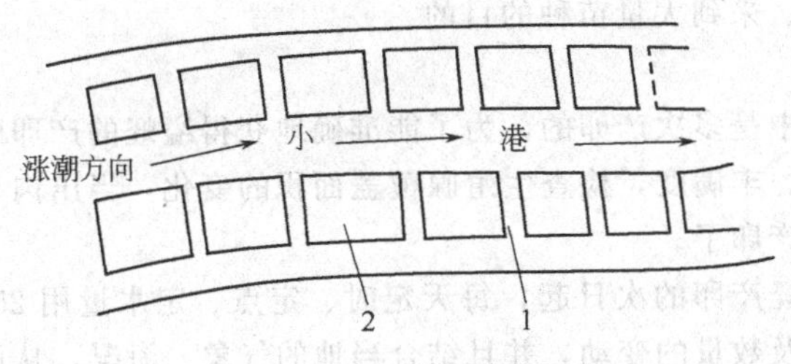

图 11-2 蛏苗坪示意图
(引自谢忠明等，2003)
1—小沟；2—蛏苗坪

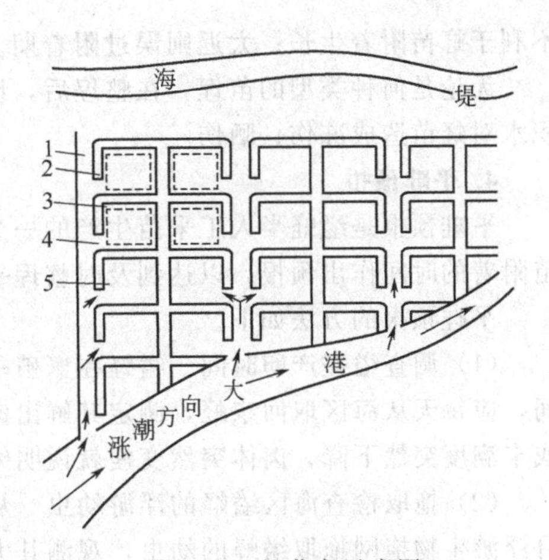

图 11-3 蛏苗窝示意图
(引自谢忠明等，2003)
1—小港；2—围土堤；3—水沟；
4—堤口；5—蛏苗窝

以上三种采苗场各有特点，蛏苗坪无需筑堤花工少，但只适用于风浪平静的海区；蛏苗窝花工大，但能将原来风浪较大、潮区较高、不适于附苗的场所改变为采苗场，而蛏苗畦则介于两者之间，是一种普遍采用的苗埕类型。

3. 整埕

整埕是缢蛏及其他埋栖型贝类半人工采苗的关键，分为锄埕、耙埕和平畦三步骤。

(1) 锄埕　将表层10～30cm的泥土翻锄或挖去埕土表层一部分，再把另一部分埕土挖起调到低处，让海水冲刷、烈日暴晒，然后整平成畦。作用是驱除底质内的敌害，并氧化埕土中的腐殖质。

(2) 耙埕　将块状的泥土用锄耙捣碎，再用铁耙(图11-5) 把埕土耙细。在苗埕周围挖出水沟，把埕地断面整成中间高、两边低的公路形，以便平畦。耙埕的作用是使埕土松软，以利于蛏苗钻穴。

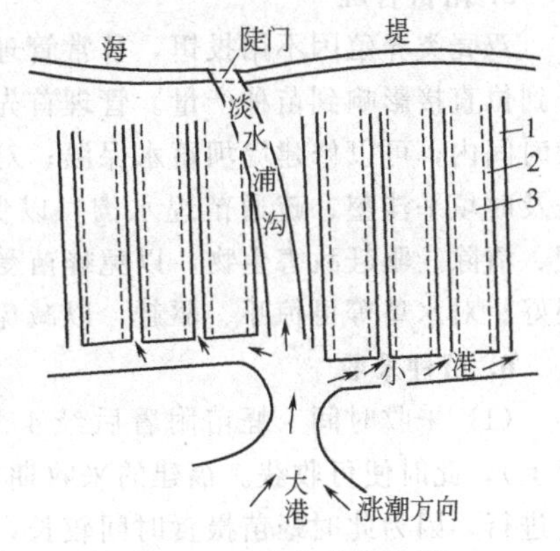

图 11-4 蛏苗畦示意图
(引自谢忠明等，2003)
1—土堤；2—小沟；3—蛏苗畦

(3) 平畦　平畦就是用泥马、寮板或“T”形木板在整好耙细的埕面上压平、抹光，使埕土稳定、埕面光滑，以利于蛏苗附着和生长。平畦应在蛏苗附着前1～2天进行，效果最好，若平畦太早，埕面变硬，

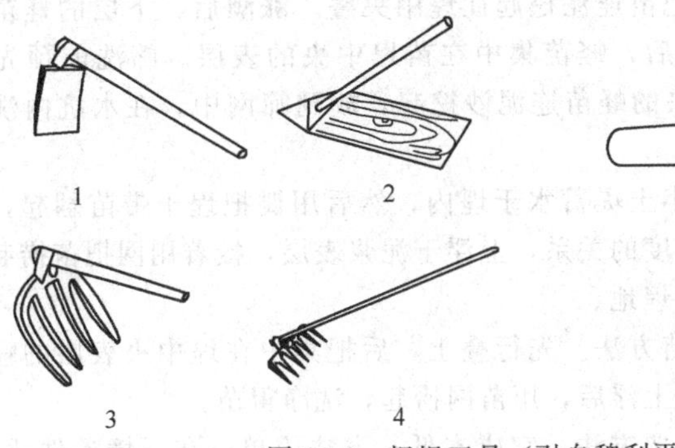

图 11-5 耙埕工具 (引自魏利平等，1995)
1—锄头；2—木锄；3—四齿耙；4—铁耙；5—泥马

不利于蛏苗附着生长；太迟则误过附着期。

无论是何种类型的苗埕，在整埕后，埕面必须建成中间高、两边或四周低，以防退潮时埕面积水对蛏苗造成冻伤、晒伤。

4. 平畦预报

平畦预报是缢蛏半人工采苗生产的一个关键。它是根据缢蛏的繁殖和幼虫的附着习性，对蛏苗附着的时间作出预报，以达到及时整埕平畦、采到大量苗种的目的。

平畦预报的方法如下。

(1) 调查缢蛏产卵时间　缢蛏在繁殖季节中是多次产卵的，为了能准确地获得缢蛏的产卵时间，应每天从海区取回亲蛏，测定其鲜出肉率、丰满度，检查生殖腺覆盖面积的变化，当出肉率或丰满度突然下降，肉体突然变瘦就说明缢蛏产卵了。

(2) 拖取检查海区缢蛏的浮游幼虫　从缢蛏产卵的次日起，每天定时、定点、定水量用250目浮游生物拖网拖取缢蛏的幼虫，观测其大小及数量的变动，并且结合当地的气象、海况，从而预测缢蛏幼虫附着的确切时间，进行平畦预报。由于天气和海况可能会有突然变化，进而影响幼虫的发育进程和附苗时间，因此应及时更正平畦预报。

(3) 平畦的效果　生产中有个实例，在预报附苗日期的前1天平畦的附苗量为18014粒/m^2；前6天平畦的附苗量为5958粒/m^2；前15天平畦的附苗量为4305粒/m^2；后1天平畦的附苗量为7346粒/m^2，说明平畦预报对采苗效果有显著影响。

5. 附苗管理

双壳类养殖因不用投饵，日常管理工作往往被忽视，而俗话说“三分养，七分管”，管理是否到位直接影响到苗种产量。管理首先是防冻，对含沙量较大的苗埕，自“冬至”到“立春”这段时间内，可以修建堤坝蓄水保温；对泥质埕面则要防止埕面积水，使蛏苗不被冻伤死亡。其次是及时填平洼壑；疏通苗埕水沟，以保持埕面平坦湿润，促进蛏苗的生长。此外，要有专人管理、清除、驱赶敌害生物，以免蛏苗受害。对中华裸赢蜚等甲壳类，可用烟屑浸出液喷洒，效果很好。对水鸟等可惊吓、驱赶，以减免损失。

6. 苗种采收

(1) 采收时间　蛏苗附着后经4个月左右的生长，一般都能达到商品苗的规格（壳长1cm以上），此时便可收获。福建的采收期主要在2月份左右，浙江略迟。采收每月两次，在大潮期间进行，因为此时蛏苗摄食时间较长，潮水流速大食料丰富，蛏苗生长苗壮，耐于运输，播种后潜钻率较高。其次，缢蛏养殖场在小潮期间，有的不能干露，有的干露时间甚短，不能播种。所以，大潮采苗比较适宜。

(2) 采收方法　各地的采收方法不一，主要有以下三种。

① 筛洗。筛洗法适用于含沙量较大的埕地。先划定一定面积：长约8m左右，宽依苗埕大小而定，一般3～5m，然后用手或锄把苗连泥挖起往埕中央叠。涨潮后，下层的蛏苗因索食而往上升，集中于表层。经2～3次重叠后，蛏苗集中在苗埕中央的表层。筛洗前预先在苗堆旁挖一水坑蓄水，隔潮下埕，把苗埕中央的蛏苗连泥沙挖起，放到筛网中，在水坑内洗去泥沙而得净苗。

② 锄洗。把苗埕水口堵住或筑一小土堤蓄水于埕内，然后用锄把埕土带苗翻起，反复搅动埕土，使之呈泥浆。蛏苗由于呼吸与密度的关系，上浮于泥浆表层，接着用网把苗捞起，洗去泥浆后得净苗。此法适用于含泥量较大的埕地。

③ 荡洗。荡洗是结合前两者的采苗方法。先行叠土，后把集中在埕中央表层的蛏苗，推进旁边挖好的水坑中，搅拌成泥浆。待苗上浮后，用苗网捞起，洗净得苗。

整埕附苗是目前缢蛏苗种生产的主要方法，它成本低，方法简单，在环境条件适宜的内湾，亩产量能达到500kg左右。

二、土池育苗技术

缢蛏土池育苗是根据其幼虫浮游与附着习性，采用人工的手段，在室外土池内大量生产蛏苗的方法。与室内人工育苗相比，土池育苗有几个特点。一是面积大，产量大。二是在稚贝培育阶段，可通过施肥、培养基础饵料、投喂代用饵料等来满足稚贝的生长所需，可较好地解决室内人工育苗难以供应大量单胞藻的问题。三是对于附着稚贝的培育，也更接近于自然生态环境，蛏苗抗逆性强，出苗后在养殖过程中有较高的存活率。但土池育苗也存在着一些缺点，如在浮游幼虫阶段的培育时，无法人为地有效控制浮游幼虫生存、生长的最佳环境条件，水温、盐度等因子在较大程度上依赖于自然环境，饵料的供应和敌害、病害的预防与防治工作难以做好，因此浮游幼虫的存活率明显低于室内人工育苗。

缢蛏土池育苗的工艺技术如下。

1. 准备工作

（1）清池、整埕　育苗土池的底质要求为泥底或泥沙底，土池面积一般为1～3hm^2。土池应选择在不受洪水威胁、大小潮均能进排水的内湾高中潮区交界处附近。堤岸两边砌石，堤高应高出最大潮时的水位线约1m，池内蓄水深度1.5～2.0m，并设有独立的进、排水闸门。由于土池建造成本较高，因此可利用对虾养成池与对虾进行轮养，即每年的9月至翌年的4月进行缢蛏土池育苗，而5～8月进行对虾养成。

在育苗前1个月开始进行整埕。先放干池水，曝晒15天左右，然后清除腐殖质，将池面翻耙一遍，以加速有机物的氧化分解并晒死敌害生物。对土池内的积水处，可用20～25g/m^{3}茶饼毒杀，以清除敌害；然后引入经150目过滤的海水冲洗2～3遍，最后再耙细、抹平。新池要充分浸泡、换水，直到pH值等水质指标正常为止。

（2）饵料准备　饵料供应是缢蛏土池育苗浮游幼虫培育成败的关键。仅靠繁殖土池中的基础饵料是不够的（因为其中的优势种往往是幼虫无法摄食的大型单胞藻），必须在土池附近配套修建简易3级饵料池，饵料池底部应高于土池最高水位，便于自流供饵。在育苗前1个月开始参照室内人工育苗的方法培养单胞藻。

（3）亲贝准备　应选择生殖腺肥满、外形完整、健康强壮的1～2龄个体作为亲贝，其次选用的亲蛏养殖区理化因子（其中主要是密度）必须与育苗点海区的相近。亲蛏用量每667平方米土池15～25kg。

（4）其他准备　缢蛏土池育苗还应配备施肥、投喂代用饵料用的小竹排或小船；进水闸门要配备有100～150目锥形筛绢网（浮游幼虫期使用）和20～40目的平面过滤网；在育苗土池旁边还应修建室内观察工作室等。

2. 催产

根据缢蛏的繁殖习性，催产主要有阴干、流水、降温等手段，催产多选择在大潮末夜间进行。缢蛏土池育苗的催产设施包括土池催产池、水泥催产池、催产架等三种。

（1）土池催产池　在育苗土池进水闸门的内侧修建一个面积约为育苗土池1%的土池催产池，催产池用埕土筑堤，做成蛇形流水催产池。催产时将亲蛏播种在催产池内，在夜间涨潮时开启闸门进行流水刺激。土池催产池花工大，催产效果一般。

（2）催产架　在育苗土池进水闸门的内侧修建两道石墙或石柱用于张挂网片，网片上铺放经过阴干的亲蛏，催产时在夜间涨潮时开启闸门进行流水刺激。

土池催产池和催产架进行流水催产时受到潮汐的限制，往往在下半夜退潮后无法再继续进行，所以需在育苗土池相邻的土池中先行蓄水。

（3）水泥催产池　由于缢蛏催产多在夜间进行，以上两种方法不易观察、操作，操作不当还会造成受精卵流失。而水泥催产池则可避免上述缺陷。水泥催产池是在紧靠育苗土池的附近地面或土池堤岸上修建一个长方形水泥催产池，宽度为1.5m，长度约20～30m，蓄水深度约

20～30cm，中间隔一道砖墙；池底铺设粗网片或横隔竹竿以防流水催产时亲蛏被冲走堆积在一起。

催产时，先将亲蛏阴干6～8h，再均匀铺于池底，用潜水泵注入过滤海水约10cm，在夜间开启潜水泵进行封闭式循环流水刺激，水流速度应保持在20～30cm/s以上。流水可每隔1～2h暂停0.5h，如此反复进行。同时可在水泥池中吊挂一些冰袋进行降温刺激，效果更好。水泥催产池造价低，易操作、观察，催产效果良好。

亲蛏若经过2天催产仍没有排精产卵的，则属无效，应放弃使用，重新再挑选。

3. 孵化

亲蛏排精产卵后，受精卵往往集中在一起，不利于孵化；且亲蛏还会大量滤食受精卵。所以，此时应及时用小船或竹排将受精卵均匀分散到育苗土池各角落。

4. 幼虫培育

受精卵经1天发育为D形幼虫，此时开始摄食。幼虫较理想的培育密度为1～2个/ml。从D形幼虫发育到壳顶后期幼虫下沉变态附着，约需要7～10天的时间，此期管理工作主要是饵料供应、水质控制和预防敌害等。

(1) 水质控制　幼虫正常发育的水质指标为海水相对密度1.005～1.020，以1.010～1.015为最适；水温16～30℃；pH值在7.5～8.5之间；溶解氧≥3ml/L。为了保持水质清新，在幼虫培育期间逐日添加新水，在培育初始阶段一般蓄水深度约为土池蓄水深度的40%，然后逐日加水10%左右，直到加水一周左右，池水满时，幼虫恰好下沉附着。因土池水体大，难于用细网目筛绢排水，所以该阶段的水质管理只能是只加新水不换水，若水位已经加到最高，则只能采取静水培育。

(2) 饵料供应　幼虫培育阶段的饵料供应有三种途径：投喂人工培养的单胞藻、施肥培养基础饵料、投喂代用饵料（酵母）。

由于基础饵料中大部分为个体较大的硅藻类，缢蛏浮游幼虫无法摄食，所以不能因为水色较深就认为饵料供应有保障，而必须镜检幼虫的胃肠饱满度；若幼虫的摄食量差，则应及时投喂人工培养的单胞藻，如果单胞藻也无法足量供应，此时就须投喂酵母。酵母投喂时应充分溶解静置4h后再取上层清液投喂，日投喂量为1.0g/m^3，分2～3次进行。

(3) 预防敌害　由于土池育苗的用水没有经过沙滤，只用100～150目锥形筛绢网过滤，一些敌害生物的卵及幼体不可避免地会进入土池，并在土池内发育生长。主要敌害生物有桡足类、球栉水母、虾类、沙蚕等。它们直接或间接危害浮游幼虫的生存与生长，应尽量捕捞除杀，桡足类和虾类可利用夜间灯光诱捕，以减少危害。另一方面应严防滤网破漏。

5. 附苗检查

缢蛏浮游幼虫经过7～10天的培育（发育快慢主要取决于水温）大部分变态附着为稚贝，此时应检查附苗量。可在变态前在土池中选取若干样点（一般为9个），用盘、碟等装上土池底泥放置于样点池底上，待镜检浮游幼虫基本下沉变态后，取回盘碟检查计算附苗量；也可在幼虫完全附着后，排干池水取样检查。正常情况下，附苗量可达0.5×10^5个/m^{2}以上。若附苗量达不到生产要求则再次清池、重新育苗。

6. 稚贝培育

(1) 换水　蛏苗附着后每天换水两次，每次换水15%～20%，换水增加了池内的饵料生物，同时换进的海水营养盐含量也较高，可使底栖硅藻大量繁殖。但换水时要注意滤网安全、无破漏。在晴天上午应下降水位，增大池底的光照度以利硅藻的繁殖生长。

(2) 防除敌害　稚贝培育阶段进排水都要用20～40目的平面过滤网过滤，防止大型敌害生物的侵入。附苗后半个月，在无霜冻的天气，每个月可以排干池水2～3次，以便下埕查苗和清除敌害生物。浒苔是缢蛏、蛤仔等土池育苗中的主要敌害之一（见第一篇第三章第七节），浒苔的防除方法：一是育苗前要曝晒埕地，消灭其孢子；二是用漂白粉（含氯量28%～30%）

除杀。

此外，气候寒冷时要适当蓄水保温。

7. 蛏苗收获

蛏苗经4个月左右的培育到翌年春节前后便可采收，收获方法与海区半人工采苗相同。

三、室内人工育苗

缢蛏室内人工育苗的育苗设施和育苗工艺技术与第二篇第四章介绍的贝类常规育苗方法大同小异，下面仅介绍缢蛏室内人工育苗的技术要点。

1. 亲蛏的选择

亲蛏应选择健康、活力强的个体，要求性腺丰满度达Ⅱ级和Ⅲ级的个体占70%以上、鲜出肉率达32%以上。若亲蛏性腺成熟度不好，也不宜勉强采用。此外，亲蛏产地的海水密度应与育苗场的相近。

2. 催产

亲蛏催产日子应选择在大潮末，即农历初三、初四和十七、十八左右的夜间进行。催产的手段一般为阴干、流水、降温等。具体做法是先阴干8h左右（包括亲蛏途中运输时间），再将亲蛏置于长方形催产池中，催产池中线隔一道高度为30cm左右的砖墙，池底铺设粗网片或横隔竹竿等物，目的是防止流水刺激时冲走亲蛏。亲蛏铺放好后即可用潜水泵抽水进行封闭式循环流水刺激，流量以3～5m^3/h为宜。流水可每隔1～2h暂停0.5h，如此反复进行。同时可在池中吊挂一些冰袋进行降温刺激，降温幅度为3℃左右。整个做法如同前述的土池育苗中水泥催产池的催产方法。

亲蛏排精产卵多发生在午夜零点至2点左右，因此，从亲蛏运输、阴干等操作时起就要计算好时间，即流水刺激应安排在上半夜10点左右进行。催产时不能有直射光照。

3. 洗卵

缢蛏的受精卵较大，因此可在产卵后一段时间内采用流水方式把产出的卵送入采集网箱或流到孵化池中。采集网箱用300目筛绢制成，受精卵收集在网箱内，多余的精子随海水流掉。

4. 浮游幼虫培育

(1) 选幼　受精卵孵化后发育至D形幼虫时应进行选幼（选优），选幼的方法宜采用虹吸法，为此要求孵化池池底应高于幼虫培育池。

(2) 培育密度　缢蛏浮游幼虫的培育密度一般为2～5个/ml（池水加满后）。

(3) 投饵　缢蛏发育至D形幼虫6h后开始摄食，适宜的饵料种类有角毛藻、叉鞭金藻、三角褐指藻等，单胞藻不足时可投喂酵母粉，日用量为1～2g/m^3。单胞藻日投喂量为(1～5)×10^4个细胞/ml，分2～4次进行。确切的投饵量应根据镜检幼虫的胃肠饱满度和水色的变化来调整。混合投喂两种或多种饵料的培育效果比单一投喂的要好。

投饵时还应注意：3级饵料池在投饵前应停肥2天；老化的、被原生动物污染的饵料不能使用。

(4) 病敌害防治　浮游幼虫培育期间的敌害主要是原生动物，原生动物等敌害的发现可在夜间用手电筒照射水体观察到，发现敌害时可及时根据二者颗粒大小的不同用一定网目的筛绢网过滤分离；在日常观察中，若发现幼虫的生长发育受阻或部分出现畸形，则可能是重金属离子中毒的表现，可用EDTA-Na_2盐螯合，用量为2～4g/m^3。

5. 采苗

幼虫经过6～7天的培育，壳长达190μm左右，进入眼点幼虫时就要进行倒池、采苗。缢蛏的附着基以粉沙为佳，经20g/m^3 $KMnO_4$消毒处理后，撒入加满过滤海水的新池中，让其沉入池底，厚度约0.5cm，再将收集的幼虫引入新池进行采苗。

稚贝适宜的室内培育密度为20万～50万个/m^2，按70%的附苗率计算，引入的幼虫应为30

万～70万个/m²。

6. 稚贝培育

稚贝培育阶段的主要管理工作有投饵、换水（后期可用沉淀水经200目筛绢过滤）和定期追加附着基。培育至壳长1cm左右的商品蛏苗约需3～4个月时间。

缢蛏等埋栖型贝类进行室内稚贝培育存在着以下几个实际困难：一是受到培育密度和水泥池面积的限制，苗种产量有限；二是单胞藻供应常常无法满足；三是追加底质花工大；四是蛏苗的质量不如自然海区的健壮。因此，较好的生产方式是将室内水泥池和室外土池结合起来进行苗种生产。即把整个育苗过程分为两个阶段：第一阶段从亲贝催产开始培育至眼点幼虫，这一阶段培育工作在室内水泥池进行。由于室内育苗过程中，无论是饵料的供应、水质的处理、温度和盐度等理化环境的控制，还是病敌害的防治等各方面都能进行有效的人为干预与控制，所以育苗成活率大大提高。第二阶段从眼点幼虫起开始移到土池进行培育，由于土池面积大，苗种产量大，可较好地满足生产要求。而且由于第一阶段的培育周期仅10天左右，可以进行多茬（轮）培育，因此可配合多口土池进行生产。

第三节　缢蛏的养成技术

自蛏苗播种后养到商品蛏，这一过程称为养成。缢蛏养成在我国主要有滩涂养殖和蓄水养殖两种方法。

一、滩涂养殖

1. 养殖场所的选择

（1）地形　缢蛏养成场所应选择在风平浪静、有淡水注入、滩面平坦的内湾及河口附近的海区。

（2）底质　表层有3cm左右的软泥，中层有20～30cm的泥沙混合层，底层为沙质，这种底质结构有利于蛏苗钻土穴居。

（3）潮区　缢蛏养殖区应选择在中潮区的中、下部和低潮区上部，这是因为这一区域露空时间相对较短，摄食时间长，栖息环境也较稳定；便于生产管理及观察，亦便于播种和收成。

（4）潮流　海区潮流畅通、饵料丰富，缢蛏生长较快。所以，只要潮流不影响滩面的稳定，则流速大些较好，一般要求40cm/s以上。

（5）盐度　缢蛏生长良好的海水相对密度为1.010～1.020，一般要求为1.005～1.022。

（6）水质　养殖海区不能有工农业污染源。

2. 养成场地的整理

养成场地的整理普遍采用整埕法。整埕工作如前述的海区采苗，包括翻锄、耙埕和平埕3个步骤。整埕工作在播苗前2天完成。

在河口附近的养成场所，为了防止洪水或风浪的冲击应在埕地四周筑堤用于防护。筑堤时挖土深30cm左右，宽50cm，随即把芒草（蕨类植物芝藤草）成束直立插下（直芒），接着用一束芒草横置土中（横芒），横芒与直芒成45°交角，然后推上沙土，芒草上端露出埕面30cm左右，成为芒堤。芒堤要建得笔直、高低一致、厚薄均匀，使它对洪水与风浪的冲击抗力均匀，以免芒堤承受压力不等而被冲出缺口。同时，为了防止山洪自养殖区上方灌入，必须在上端筑堤，同时挖水沟引淡水入海，以此来保护埕面不受破坏。

3. 蛏苗的选择与播苗

（1）蛏苗选择　商品蛏苗壳长一般在1.0cm以上（1000～2000个/kg）。锄洗的蛏苗因当天收成，苗体较壮，而筛洗、荡洗的蛏苗因经过数次叠土，体质较差。蛏苗质量的好坏对运输成活率和养殖产量有明显的影响。蛏苗质量可从表 11-1 所示的几个方面来鉴别优劣。

表 11-1　蛏苗质量的鉴别

内容	优质苗	劣质苗
外观	两壳合抱自然，壳缘完整，个体大小整齐	两壳松弛，壳缘有破损，个体参差不齐
探声	振动苗筐蛏苗反应敏捷且发出的"嗦嗦"声响整齐，再振无声响反应	振动苗筐蛏苗发出的"嗦嗦"声响不齐，再振仍有声响反应
活力	将苗置于埕面，能很快伸足并钻入埕面	钻入埕面的时间超过 20min
杂质	苗体清洁，泥沙等杂质少，死苗、碎壳苗低于 5%	泥沙等杂质多，死苗、碎壳苗超过 5%

(2) 蛏苗运输　蛏苗多用箩筐或塑料筐装运，每筐装 25kg 左右，装苗量不要满出筐面，以上下筐重叠时不会压苗为宜。筐与筐之间应紧靠，不能留有间隙，以免运输过程因颠簸振动而倾倒。

蛏苗运输途中应注意以下几个方面。

保湿：运输时间较长的，途中每隔 2～3h 用干净海水淋苗 1 次，保持苗体湿润。

加盖：不论车运或船运都要加蓬加盖以免日晒雨淋造成损失。

通风：车厢或船舱都不能密闭，防止蛏苗窒息死亡，但也不能吹风。

此外，贝类苗种或成体运输时，还应注意保持低温，尤其是夏季气温高时更要采用降温措施，降温方法可在车厢或船舱内设置一些冰桶或冰袋，使车厢或船舱内的气温保持在10～15℃。因蛏苗的运输、播种季节一般是在春节前后，此时气温较低，可不考虑此项因素。

(3) 播苗

① 播苗时间。福建沿海 1～2 月就可出苗播种，浙江沿海可延长到 3～4 月后播种。若播苗太迟，蛏苗个体大，养殖成本高。播苗时间与潮汐有关，大潮期间因干露时间长，无论采苗还是播种都较有利，可以当天采苗，当天播种；小潮则大多要隔日才能播苗。

② 播苗方法。蛏苗的播种方法有两种，分为"撒播"和"抛播"。在埕面狭窄的软泥质一般采用"撒播"，撒播时把盛蛏苗的竹筐放在泥马上，推到埕间沟中，然后左右两手同时轻轻地抓起蛏苗，掌心向上用力向埕上撒去。抛播适用于埋面较宽的蛏埕，抛播时左手持苗筐，右手轻抓蛏苗，掌心向前，五个手指紧密相靠，用力向上往前成弧形向埕面抛去。

播种要求均匀，除在播种过程中认真操作外，还应留下约 15%左右的蛏苗，补在播得较稀的地方。

③ 播苗密度。播苗密度依据蛏埕底质硬软、潮区高低和蛏苗个体大小而定。底质硬的比软的要多播 30%左右；潮区低的播种量要适当增加；苗种大的单位播苗的重量要增加。而个体数量可适当减少。一般沙泥埕每 667 平方米播种 1.0cm 大小的苗 100 万个；泥沙埕 70 万～80 万个；软泥埕地 50 万～60 万个。

④ 播苗注意事项

a. 苗运到后应放在阴凉处 1h 左右，然后把苗挑到海边在海水中洗涤，后用筛把苗分成两个大小不同的规格，分别放养。

b. 潮水涨到养殖埕地前 0.5h 应停止播种，否则尚未潜穴的蛏苗会被潮水冲走流失。

c. 雨季海水密度下降，蛏苗钻穴慢，应在埕地上撒盐提高盐度，用量为 7～13kg/667m²。

d. 播苗时如果适逢降雨，要用耙将埕面耙一遍，再播苗，然后用荡板把埕土推平，将蛏苗覆盖在土中，以利于蛏苗潜穴。

(4) 养成期间的管理工作　"三分苗，七分管"，确切地道出了管理工作的重要性。缢蛏播种后要经常下埕巡视，进行补种蛏苗、清沟盖埕、修补堤坝、防止人为损害等项工作。

① 补苗。蛏苗播种后1～2天要下埕检查是否有空埕或漏播，发现后应及时补播，以免影响养殖产量。

② 防积水。水沟被堵塞会使埕面积水，埕面积水处经烈日暴晒，水温上升会导致缢蛏死亡；大量雨水积蓄在埕地也会导致死亡。所以要及时修补堤坝、疏通水沟、平整埕面。

③ 清沟盖埕。清沟盖埕一般每月两次，在小潮期间进行，即挖起蛏埕水沟中的淤泥盖到埕面上。清沟盖埕有利于底栖硅藻的繁殖生长，从而促进缢蛏生长，提高成活率。

④ 勤巡埕。在养殖期间，要经常下到埕地巡查、驱除敌害生物。

⑤ 防治敌害。缢蛏的敌害生物主要有蛇鳗、裸赢蜚、玉螺和章鱼等，其危害方式和防除方法见第一篇第三章第七节增养殖贝类的灾敌害。

二、蓄水养蛏

蓄水养蛏（包括蓄水养殖泥蚶、蛤仔等埋栖型贝类）是福建、浙江、广东等省目前常见的一种养殖生产方法。蓄水养蛏选择的养殖海区与滩涂养殖的相同，养殖蛏塘建设在选定的养殖区的中、高潮区交界处。

1. 蛏塘构造

（1）蛏塘面积　以1～3hm^2为宜，太小滩涂利用低，太大管理不便。

（2）塘堤　蛏塘四周筑土堤。堤的宽度、高度根据地形底质而定，在风浪较大、底质较软处，塘堤应宽些。一般堤高1m，堤底宽3m，坡度1∶1。塘堤要分潮建造，待新建的塘堤泥土干硬后再行加高。

（3）环沟　在塘堤与埕面之间挖一条宽2m，深50cm左右绕埕地的环沟。环沟对海水进入蛏塘有缓冲作用，可保护埕面稳定，在盛夏和严冬还能起调节水温的作用，有利于缢蛏的生长。

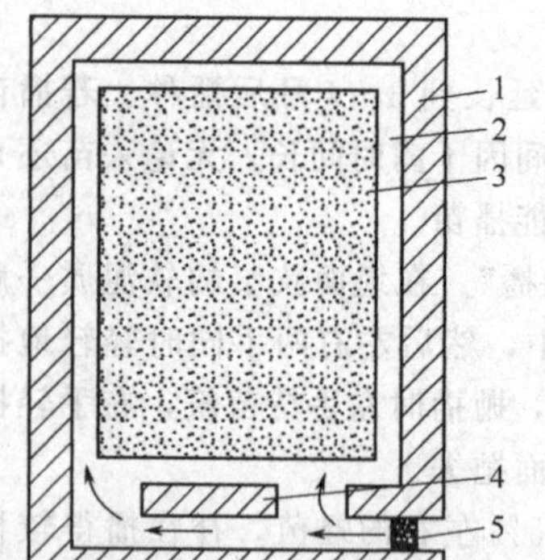

图11-6　蛏塘构造

1—塘堤；2—环沟；3—埕面；4—挡水坝；5—闸门

（4）进出水口　水口宽2m，比堤面低30～50cm，上面铺石板。退潮时多余的海水从此口溢出，使塘内保持所需的水位。水口一般开在蛏塘风浪小的侧堤上段，水口处若底质软、水流急的应用石砌，以免泥土流失决堤。

（5）埕面　沟的内侧就是用来养蛏的埕面（图11-6）。

2. 整埕播种

（1）整埕　将埕面锄翻整成3～5m宽的蛏埕，长度依蛏塘大小及地形而定，一般在10～20m。蛏埕间隔以宽30～40cm水沟，连成一片。蛏埕座向一般与岸线垂直，由高到低，以利排水。涂面整成畦后，经耙细抹光便可播种。整埕方法与滩涂养殖的基本相同。

（2）播种　蓄水养殖的蛏埕较窄，播种方法一般采用撒播。由于缢蛏生长快、养殖敌害生物少，所以每667平方米仅播蛏苗10万～15万个左右。

3. 防护管理

蓄水养殖埕地潮区较高，敌害生物少，管理较为方便，日常管理工作主要如下。

（1）修补塘堤　土堤在风浪冲击、雨水冲刷下可能会软化，甚至被冲出缺口，塘堤倒塌。为此，要经常巡视，及时修补，以免破损扩大，造成决堤、溃堤。

（2）清除敌害　鱼虾、青蟹等随潮水进入塘内，潜居于环沟中，可侵入蛏埕为害。为此，可在大潮前几天下午排干塘水（半个月一次），捕捉除害。

排水除害同时也是一项很好的副业收入。

4. 蓄水养蛏的优点

① 蓄水养蛏利用了大片的高潮区荒废滩涂，扩大了滩涂养殖面积。

② 蓄水养蛏的敌害少（因有筛网过滤），苗种存活率高，可大大节约苗种。

③ 蓄水养蛏由于缢蛏摄食时间长，而且土塘因可施肥饵料丰富，所以大大提高了缢蛏的生长速度，缩短了养殖周期，可实现稳产高产，产量一般比滩涂养殖增产30%～40%。

④ 蓄水养殖的缢蛏钻穴较浅，起捕方便。

⑤ 蓄水养殖需要筑堤，花工大，成本较高。

蓄水养蛏由于有许多的优点，这种养殖方式（包括蛤仔、泥蚶的养殖）越来越受到养殖户的欢迎。

三、缢蛏的收获与加工

1. 收获

（1）收获季节　缢蛏播种后经5～8个月的养成，壳长达5cm左右即可收获，收成的一年蛏也称“新蛏”，达不到商品规格的，继续养殖或移殖到翌年收成的为二年蛏，或称“旧蛏”。二年蛏肉质肥，质量高，产量也较稳定，广受养殖户欢迎。

收获从“小暑”开始到“秋分”前结束，前后历经2个月。10月以后由于产卵排精，肉质瘦小，不宜收获。而蓄水养殖的缢蛏由于生长快，收获季节可提前1～2个月。二年蛏的收获季节一般在“立夏”以后。

（2）收获方法　缢蛏的收获方法各地不一，主要有手捉、挖捕、钩捕三种。

① 手捉。软泥底质的缢蛏收获时可直接用手捉，方法是目视缢蛏的出入水孔，在其洞穴旁边伸手迅速插入到一定深度（一般20cm左右），手指转向蛏穴，把蛏捉起。

② 挖捕。泥沙底质的缢蛏，多用蛏刀、蛏锄（图11-7）等挖捕。挖蛏时，首先在埕头一侧挖一宽70cm左右、深度与缢蛏洞穴深浅相当的埕地，然后按蛏孔下挖，直到蛏体出现，捡起放在埕上的容器中。挖起的土放在后方下凹的埕面，前面则空出70cm左右的空埕，直到全部挖尽。

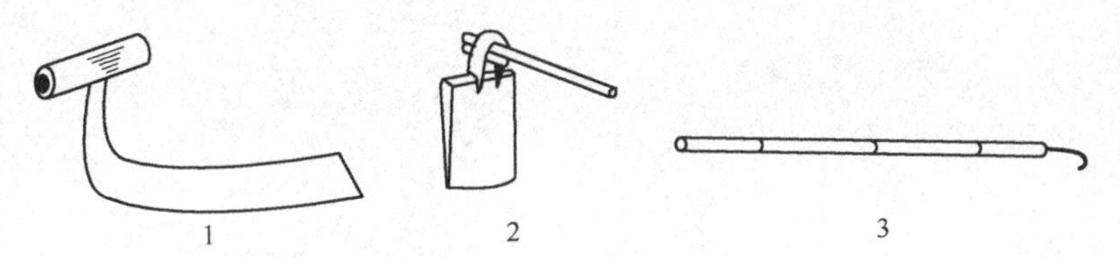

图11-7　缢蛏收获工具（引自魏利平等，1995）
1—蛏刀；2—蛏锄；3—蛏钩

③ 钩捕。在质地坚硬、密度又稀的埕蛏上，用蛏钩从蛏穴边缘插入至蛏体前端，然后把钩转向蛏穴，钩住蛏壳前端往上拉，把蛏从洞穴中钓出。

2. 加工

缢蛏除了鲜食外，还可以加工制成鲜干、熟肉干、咸蛏、蛏油和罐头等。

【本章小结】

缢蛏为典型的广温、广盐性埋栖型滤食双壳类，多生活于软泥或泥沙质中、低潮区。繁殖季节主要在秋季，繁殖活动受到潮汐、水流、温度、光照（昼夜）等因素的影响。

海区半人工采苗和土池育苗是目前缢蛏苗种生产的主要方式，但室内人工育苗与土池育苗相结合的生产方式有着显著的优点。蛏苗（商品蛏）运输时应注意保湿、通风、加盖、低温等原则；蛏苗质量的优劣、播种时的操作（注意事项）、播种密度等直接影响到其养殖产量。不论是苗种生产还是养成，管理工作至关重要，主要是要做到一个“勤”字。

蓄水养蛏方式虽然成本较高，但由于生长快、敌害少等优点，生产效益显著。

【复习题】

1. 缢蛏的形态构造有何特点？
2. 缢蛏理想的栖息地构成如何？为什么？
3. 简述缢蛏的繁殖季节，其繁殖活动受哪些因素影响？
4. 如何选择缢蛏海区半人工采苗场地？
5. 整埕分几个步骤？其作用是什么？
6. 蛏苗埕有几种类型？各有何特点？
7. 如何进行缢蛏平畦预报？蛏苗如何收获？
8. 比较缢蛏土池人工育苗的催产设施及其特点。
9. 试简述缢蛏土池人工育苗浮游幼虫培育期间的主要工作。
10. 为什么说室内人工育苗和土池人工育苗相结合是缢蛏等埋栖型贝类苗种生产的发展趋势？
11. 蛏苗质量如何鉴别？蛏苗如何运输？蛏苗播种时应注意哪些事项？
12. 蓄水养蛏有何优点？

第十二章　蛤仔的养殖

【学习目标】

1. 掌握蛤仔的形态结构与生态习性。

2. 掌握蛤仔海区半人工采苗和土池人工育苗的工艺流程与操作技能。

3. 掌握蛤苗运输的技术方法。

4. 掌握蛤苗播种的方法与技能；掌握蛤仔养成的主要管理工作；掌握虾蛤混养的方法与技能。

蛤仔俗称花蛤、砂蚬子等，广泛分布于我国南北沿海，是我国四大滩涂贝类之一。蛤仔自然资源量十分丰富。由于蛤仔生长迅速，对环境适应力强，养殖方法简便，生产周期短，投资少，收益大，因此是滩涂贝类养殖的重要品种。近年来，随着蛤仔土池大面积人工育苗技术和蓄水养殖、虾蛤混养（与对虾混养）等生产方式的推广，蛤仔养殖生产的地区遍及全国南北，养殖规模也日益扩大。

第一节　蛤仔的生物学

一、形态构造

我国人工养殖的蛤仔主要是菲律宾蛤仔（*Ruditapes philippinarum*）和杂色蛤仔（*R. variegata*）。菲律宾蛤仔的贝壳较坚厚，呈卵圆形，两壳大小相等。壳顶稍突出，位于背缘前端约1/3处，小月面椭圆形，楯面梭形，外韧带长且突出。壳前缘稍圆，后缘略呈截形。壳面颜色及花纹多变，通常为淡褐色、红褐色的斑点或花纹。壳面同心生长轮脉及放射肋细密。壳内面灰黄色，或带有紫色。两壳的铰合部各具主齿3枚。前闭壳肌痕半圆形，后闭壳肌痕圆形，外套痕明显，外套窦深。

杂色蛤仔在外观形态上与菲律宾蛤仔略有不同（表12-1，图12-1）。蛤仔的形态构造如图12-2所示。

表12-1　菲律宾蛤仔和杂色蛤仔的形态区别

形态特征	菲律宾蛤仔	杂色蛤仔
壳高/壳长	2/3～4/5	2/3
放射肋条数	90～100	50～70
水管	充分伸展时为壳长的1.5倍，出入水管的基部愈合	充分伸展时为壳长的1/3，出入水管完全分离

二、生态习性

1. 分布

菲律宾蛤仔为我国南北沿海广泛养殖的种类；而杂色蛤仔则为我国南方一些地区的养殖种类，其养殖规模和养殖效益均不如菲律宾蛤仔。蛤仔喜栖息在有淡水流入、波浪平静的内湾，其垂直分布从潮间带至10余米水深的海底。

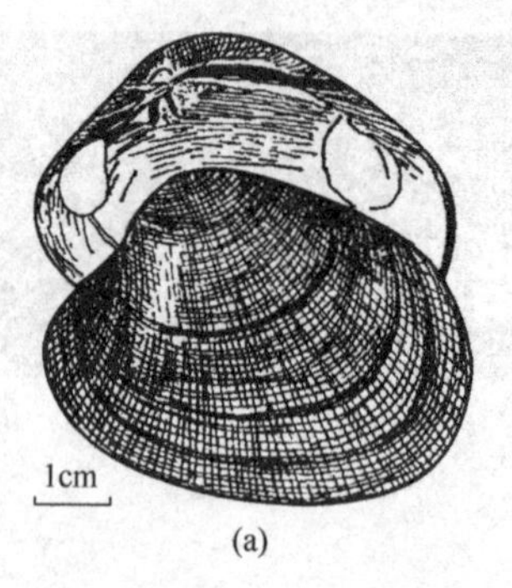

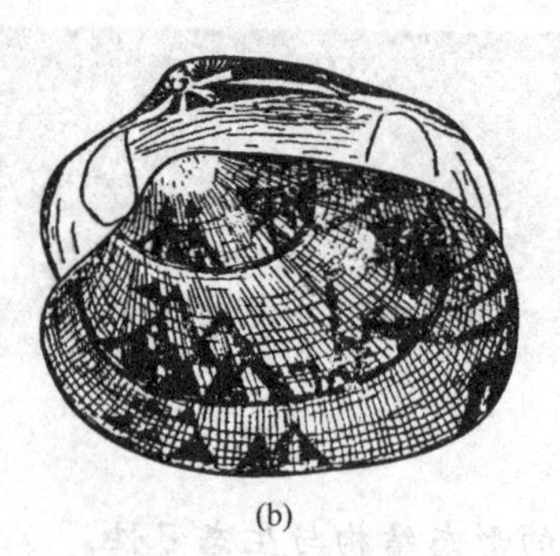

图 12-1 蛤仔外观
(a) 菲律宾蛤仔；(b) 杂色蛤仔

2. 生活习性

蛤仔属于典型的埋栖型贝类，其栖息的底质一般为沙和沙泥底质（含沙量以70%～80%为宜），但在含沙量为10%～50%的广阔滩涂上也能生活，生活于含泥量较大的蛤仔其贝壳颜色较黑；在底质多浮泥而不稳定的滩涂，蛤仔是不能长期生存的。蛤仔的穴居深度与其大小、季节和底质组成有关，一般在3～15cm；当环境条件较差时，栖息深度较深。

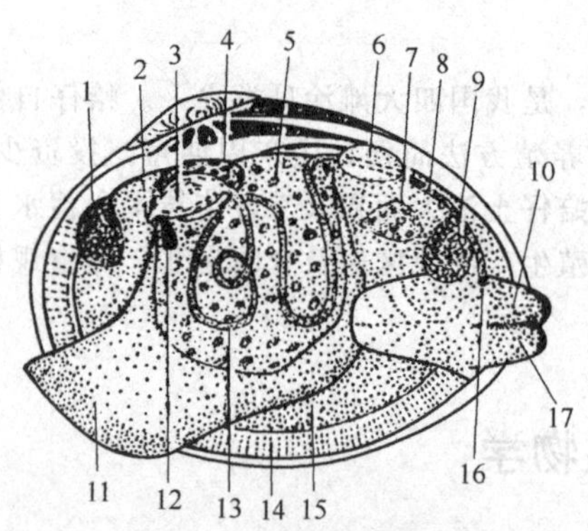

图 12-2 蛤仔的内部构造
1—前闭壳肌；2—口；3—胃；4—肝脏；5—生殖腺；6—心脏；7—肾脏；8—直肠；9—后闭壳肌；10—出水管；11—足；12—唇瓣；13—肠；14—外套膜边缘；15—外套膜；16—肛门；17—入水管

3. 对环境的适应

(1) 适温　蛤仔是广温性贝类。在自然海区中，生长适宜水温为5～35℃，而以18～30℃生长最好。水温在37.5℃、40℃、42℃、44℃时的存活时间分别为10.4h、5.3h、1.5h和0.6h。当水温下降到0℃时，其鳃纤毛停止运动，摄食停止。在−2～3℃，经三周，死亡率仅10%。

(2) 适盐　在自然海区中，由于海水密度的变化而造成蛤仔的损失，不论是在苗区或是养殖区都发生过。洪水不仅使海水密度下降，洪水带来的大量泥沙还会堵塞蛤仔的呼吸器官而使蛤仔窒息，造成严重损失。从养殖蛤仔的生长情况看，海水盐度稳定在19～26之间的，生长较好。据试验，蛤仔对高密度海水的适应能力较强，海水的相对密度在1.029时，只有少数死亡；相对密度在1.005以下，大蛤经66h后开始陆续死亡，71h则全部死亡。

(3) 耐干能力　蛤仔的耐干能力较强，耐干时间与蛤仔的个体大小、气温等关系密切（表12-2）。此外蛤仔的耗氧量较小，在溶解氧为1mg/L的海水里就能正常生活。

表 12-2 蛤仔的耐干时间/h

气　温	20.0℃	27.0～31.5℃	25.8～28.5℃
壳长 0.5cm	35	24	
壳长 1.0cm	48	24	
壳长 2.0cm	72		36

4. 食性

蛤仔的摄食方式是被动滤食，潮水上涨到埕面时，蛤仔随之上升，伸出水管在海水中滤食。蛤仔对食料没有主动选择性，如无特殊刺激性，只要颗粒大小适宜便可摄食，其食料主要是底栖硅藻，如圆筛藻、舟形藻等。蛤仔的滤食公式见第一篇第三章第三节。

5. 生长

蛤仔在第一、第二年壳长生长最快，以后壳长增长率逐渐下降（表 12-3）。

表 12-3　蛤仔的生长率

年龄/周年	壳长/mm	生长度/mm	生长率/%
1	12.5	12.5	100
2	23.0	10.5	84
3	36.0	13.0	57
4	44.0	8.0	22

蛤仔的生长与环境条件密切相关，环境对蛤仔生长的影响与本篇第十一章介绍的缢蛏的生长大致相同。

据记载，最大的蛤仔壳长达 70mm，寿命为 8～9 龄。

6. 繁殖习性

（1）性别　蛤仔为雌雄异体，一年达性成熟，雌、雄比例相近。性腺成熟时雌性呈乳白色，雄性则为淡粉红色，这一点与缢蛏相似，而与其他多数双壳类不同。

（2）繁殖季节　蛤仔的繁殖季节随地区而异，但繁殖盛期都在夏秋季，辽宁为 6～8 月；山东为 7～9 月；福建为 9 月下旬至 11 月，10 月份为盛期。

（3）繁殖方式　蛤仔为卵生型贝类。壳长 3～4cm 的亲蛤怀卵量可达 200 万～600 万粒，但产卵量远远小于怀卵量，亲蛤每次产卵量为：1 龄的 30 万～40 万粒；2 龄的 40 万～80 万粒；3 龄的 80 万～100 万粒。

（4）繁殖活动　在整个繁殖期，蛤仔是分批排放的，一年可排放 3～4 次，排放间歇期有的不到半个月，有的长达一个月左右。蛤仔不论在大潮还是小潮、白天或者黑夜都能产卵，但多发生在大潮期，尤其是在冷空气侵袭时排精产卵更为集中。在自然海区中蛤仔平时埋栖在滩面 3～5cm 以下，产卵前一天上升至滩面，这通常是产卵的前兆。产卵时身体后端露出埕面、伸出水管，精卵从生殖孔排到外套腔内，经出水管缓缓地往上冒，随后扩散在海水中，一个雌蛤产卵的时间可以持续 1h。在自然海区里，蛤仔的繁殖活动常发生在埕面潮水即将退干时，而当潮水退出埕面后，便可看到埕面上留有一块块乳白色黏液，腥味刺鼻，群众俗称蛤仔吐的“浆”。

7. 胚胎发生

蛤仔的精子全长为 57～62μm。卵子具有一层厚约 6μm 的胶质膜，卵径（含胶质膜）为 71～85μm。其胚胎发育（表 12-4）历程与缢蛏大同小异，但胚体较小，且第一和第二极体为左右并

表 12-4　蛤仔的胚胎发育时间/h，min

胚胎发育期	流水催产（水温 22℃、相对密度 1.018）	解剖（0.03％氨海水浸泡 10min；水温 26℃、相对密度 1.015）
第一极体	0,38	0,13
第二极体	0,43	
2 细胞期	0,48	
4 细胞期	1,01	1,27
8 细胞期	1,20	1,50
16 细胞期	1,41	2,05
32 细胞期	2,15	2,17
桑葚期	2,45	2,30
囊胚期	3,50	4,25
担轮幼虫期	7,50	8,45
D 形幼虫期	22,0	24,0

列（缢蛏为上下排列）。担轮幼虫长约80μm；刚出现的D形幼虫壳长为94.6～102.0μm，经3～4天发育为初期壳顶幼虫，壳长为129～137μm；再经5～6天发育为壳顶后期幼虫，壳长为163～186μm，壳顶后期幼虫的足部具有较强的伸缩能力，此时的幼虫既能浮游，也能匍匐爬行；刚变态附着的稚贝体形近圆形，壳长为194～220μm，壳高为178～194μm，体色为金黄色。从受精卵发育到初附着稚贝约需10～14天。

稚贝期生长迅速，约7～8天后壳长可达400μm，并形成出水管；再过1个月左右壳长可达1.4mm，出、入水管完全形成；受精后约2个月，稚贝壳长达2～4mm，即为“砂粒苗”；受精后约5～6个月，可发育为“白苗”，壳长为5～8mm。

8. 蛤仔的灾、敌害

蛤仔的灾害、敌害及其防除方法与本篇第十一章介绍的缢蛏的灾敌害内容相似。

第二节　蛤仔的苗种生产技术

蛤仔的苗种生产以海区半人工采苗为主，福建等地的土池人工育苗也颇具规模。蛤仔的土池人工育苗技术工艺与第十一章介绍的缢蛏相似，本节仅介绍蛤仔的海区半人工采苗。

一、采苗场选择

1. 要有大量即将附着的壳顶后期幼虫

影响采苗场壳顶后期幼虫数量的因子主要有两个：一是海区的亲贝数量；二是采苗场水团的替换程度。亲蛤的数量是采苗场的主要条件之一，但不是决定的因素，如果海区水团交换过大，面盘幼虫可能大量流失而采不到苗。在生产上，有亲蛤却采不到苗而没有亲蛤反而可采到苗的事例并不少见。

2. 要有良好的理化条件

(1) 地形　良好的地形就是要有漩涡流或往复流，这样的海区通常是口小套深的内湾，面盘幼虫在湾内能长期停留，不易流失。

(2) 比重　采苗场需要有适量的淡水注入，相对密度稳定在1.016～1.020之间为最适。

(3) 流速　良好的采苗场应是风平浪静、潮流畅通而又不太急，流速为20～40cm/s。若流速太大，则可采用插竹等方法进行缓流。

(4) 底质　底质为沙泥底，含沙量以70%～80%最为适宜，若含沙量偏低，则可加沙改良底质。

(5) 潮区　一般选择中潮区和低潮区上中部来进行采苗。

二、苗埕的建造与整埕

1. 筑堤

受洪水冲刷、泥沙覆盖威胁的埕地，在采苗之前应筑堤防洪。防洪堤分为外堤和内堤。

(1) 外堤　阻挡洪水激流，堤坝要高大坚固，采用松木打桩，垒以石块，夹上芒草。堤底宽约1.0～1.5m，堤高0.6～1.0m。外堤应顺着水流修建，以减少洪水的冲击。

(2) 内堤　一般只用芒草埋在土里，露出埕面20～30cm。内、外堤多成垂直，把一大片苗埕隔成一个个小块。若无洪水威胁的地方，则无需筑堤。

2. 整埕

埕堤建好后，紧接着是整埕。先捡去石块、贝壳等，再挖高埕补低埕，填平沟壑，然后耙松整平埕面，以利附苗。

三、防护管理

蛤苗的埕间管理，要因时间与苗区的不同而有所侧重。多年来的生产经验总结了“五防”、“五勤”的管理措施。“五防”即防洪、防暑、防冻、防敌害、防人为践踏。“五勤”即勤巡埕、勤查苗、勤补堤、勤清沟、勤除害。

四、苗种采收

1. 蛤苗规格

（1）砂粒苗　蛤苗附着后约2个月，壳长约为2～4mm，与粗砂大小相当，故得名。砂粒苗采收时，一般连砂带苗一起收获。

（2）白苗　蛤苗附着后经半年左右，到翌年“清明”前后，壳长达0.5mm，贝壳花纹不明显，呈灰白色，故称为白苗。

（3）中苗　白苗培育到“冬至”前后，壳长达1cm左右，苗体中等大小，称为中苗。

（4）大苗　中苗培育到翌年秋季，生长慢的个体，壳长仅为2cm左右，达不到收成规格，需移殖养成的称为大苗。

2. 采收方法

蛤苗采收方法各地不一，有干潮采苗、浅水采苗和深水采苗等。前两种方法用于采收潮间带的蛤苗，后一种方法适合于采收潮下带水深10m以内的蛤苗。

（1）干潮采苗　此法分为推堆和洗苗两个步骤。

① 推堆。分两潮进行。第一潮退潮时，将宽约5m、长约10m的苗埕用荡板连砂带苗从苗埕两边往中央推进1m左右；第二潮退潮时再推进一步，将蛤苗集中在苗埕中央宽约1.5m的小面积上。推堆后，被压在下层的蛤苗涨潮时上升索食，即集中在苗堆的表层，下一潮水退潮后即可洗苗。

② 洗苗。在苗堆边挖一个长3m、宽2m、深0.3m的水坑。洗苗时，把苗堆表层的蛤苗连带沙泥挖起，放在苗筛上，在水坑中筛去沙泥，便得净苗。

（2）浅水采苗　退潮时，先将苗埕分为长、宽各8m左右的小块，然后用荡板把埕地四周的苗连带沙泥堆成一个直径约6m的圆块。隔潮把圆块中央的蛤苗用荡板撑开一个直径约3m、深约3cm的空地，群众俗称“撑池”。下一潮水退潮时，把圆环形苗堆上的蛤苗往中央空地集中，即俗称“赶堆”，接着就是洗苗。洗苗时驾船于埕地上，当潮水退至1m左右深时，即可下埕洗苗。当水较深时，采苗者在苗堆四周用脚击水，在表层上索食的蛤苗，被脚激起的水流推向中央集成堆，最后用竹篓将苗捞起、洗净、装船。

（3）深水采苗　在船上用聚乙烯胶丝网捕捞。先选定位置下锚，放松锚缆，使船随流后退至30～50m处下网，随即收缆前进，网也随船前进，将苗刮入网袋中。到距锚10m处起网，拉动荡网绳，将沙泥洗净，起苗倒入船中，然后重复进行。

除海区采苗外，土池人工育苗也是蛤仔苗种生产的主要途径之一。如福建省莆田市下尾村每年的蛤仔土池人工育苗均取得了良好的经济效益。蛤仔的土池人工育苗技术工艺与第十一章介绍的缢蛏相似。但土池的底质要求应是以沙为主的沙泥质；且稚幼贝培育期间还要根据苗体大小进行疏苗，壳长0.2cm的蛤苗，其适宜的培育密度为5万个/m^{2}以下。若蛤苗过密则应疏养到自然海区或直接出售。

第三节　蛤仔的养成技术

蛤仔的养成方式有滩涂播养、蓄水养殖和虾蛤混养等。

一、滩涂播养

1. 养成场的选择

蛤仔的养成场应选择风浪较小，潮流畅通（流速40～100cm/s），地势平坦，有淡水注入的内湾滩涂；潮区以中潮区至低潮区为主。底质为沙泥底（含沙量为70%～90%）。海水盐度以19～26为宜。

2. 蛤苗运输

蛤苗的运输方法与缢苗大同小异，因蛤仔的贝壳较厚，可不用箩筐而直接用网袋装运，每袋约装20～30kg。运输时必须遵守保湿、通风、加盖、低温（气温20℃以上，运输时间超过24h的需在车厢内设置冰袋等降温）等原则。

3. 整滩播苗

(1) 播苗季节　播苗季节依苗种大小的不同而异。白苗一般在4～5月播种；中苗播种大多在12月，有些地方因天气寒冷可推迟至翌年春天播种；大苗一般在产卵前播种。

(2) 整埕　蛤仔在播种前应先在滩涂靠近低潮线和港道一侧用芒草筑堤，以防止蛤仔移动散失。芒草堤堤宽30～40cm、堤高25cm。大片的滩涂，也要分隔成数块，便于管理。随后，捡去石块杂物，整平滩面。若埕地较软，则需开挖排水沟，以防滩面积水。最后，在播苗前一星期用漂白粉（每667平方米用量15kg）或茶籽饼（每667平方米用量8kg）泼撒埕地，杀除敌害生物。

(3) 播苗方法　播苗可分为干播和湿播两种。

① 干播。白苗因个小体轻，易被潮水带走而流失，多用干播方法播种：在退潮埕地干露时，把苗均匀地撒播在滩上，不可成堆集结。若蛤苗运到时正值涨潮，则不能马上播种，否则会造成蛤苗流失。此时应将苗种浸没于海水中，待退潮后再行播种。

② 湿播。湿播是在潮水未退出滩面时，把蛤苗装上小船，运到插好标志的埕地上，在标志范围内按量均匀播种。播种应在平潮或潮流缓慢时进行，以免蛤苗流失。湿播的优点是延长了作业时间，提高了工效和蛤苗成活率，但缺点是播种较不均匀。适用于中苗和大苗。

(4) 播苗密度　播种密度直接影响到蛤仔的生长速度和产量，应力求适量。如播得太密，饵料不足，蛤仔生长太慢；播种太疏，单位产量低，生产成本高，又不能充分利用滩涂生产潜力。

播苗密度因各地气候条件、养成场条件及苗种规格等不同而有很大差异。主要应考虑潮区的高低、底质的硬软和苗种大小等因素。低潮区露空时间短，蛤仔摄食时间长，生长较快；另一方面由于潮区低，生物敌害多，蛤仔死亡率高，所以低潮区要适当多播。底质硬，稳定性大，也可多播些，反之要适当少播。在蛤苗供应不足时，可以适当稀播20%～30%，虽然稀播会使单产略为降低，但稀播可加速蛤仔的生长。蛤苗的播种密度见表12-5。

表12-5　蛤苗的播种密度

蛤苗种类	规格		每667平方米播苗量/kg			
	壳长/mm	每个体重/mg	沙泥底质		沙质底质	
			中潮区	低潮区	中潮区	低潮区
白苗	5～10	50～100	125	175	150	200
中苗	14	400	350	400	400	450
大苗	20	700	500	500	600	700

此外，蛤苗的播种密度还应根据海区食料生物的多寡、流速的大小而酌情增减。

4. 养成管理

俗话说"三分养，七分管"。做好养成期间的管理工作是提高产量的重要措施。

(1) 移殖

① 疏养移殖。个体小的苗种，播种的潮区较高，经一段时间养殖后，个体增大，摄食量增

加，体质健壮，抗病力增强，便应移入低潮区放养，同时适当降低养殖密度以促进蛤仔的生长。

② 季节移殖。根据泥层保温性好、冬季不易冻死苗和沙滩贮水量大、温度较低、夏季不易晒死苗的特点，随不同季节移殖到不同场地，以提高成活率。可采用边收获（收大蛤）边移殖（留小蛤）的方法进行。

③ 繁殖移殖。蛤仔产卵、排精后体质较弱，对环境适应能力差，易造成死亡。所以，应在繁殖季节前，将蛤仔移殖到低潮区、饵料丰富、风平浪静的地方，以利于繁殖后能快速恢复体力，减少死亡。

(2) 防止灾、敌害　蛤仔的自然灾害主要是洪水和台风。蛤仔的灾害和敌害及其防治方法见第一篇第三章第七节增养殖贝类的灾敌害。

(3) 日常管理工作　蛤苗播种后，要经常到埕地巡查，检查蛤苗是否有流失、蛤仔的生长速度和成活率、敌害的危害情况等，以便及时补苗或采取相应措施。同时，要疏通水沟、填补埕面、修补堤坝等。特别是刚繁殖后的蛤仔，体质虚弱，多数上浮在埕地表面，若被人为踩踏，死亡率更大。所以，应加强埕间管理。

二、蓄水养殖

蛤仔的蓄水养殖与缢蛏的类似，唯要求底质应是含沙量较大的沙泥底。

三、虾、蛤混养

蛤仔与对虾混养即在对虾养成池里兼养蛤仔。其优点是能充分利用养殖设施，提高虾池的利用率，增加收入；虾池内水质肥沃，蛤仔滤食的饵料丰富，而且滤食时间长，因而蛤仔生长较快，养成周期短；虾池中敌害生物少，若管理得当，既可节省苗种，又可提高产量。

1. 虾池选择

虾池最好为半沙底，且进、排水畅通，水质无污染，有淡水注入，水质肥沃，海水相对密度在1.016～1.020之间。虾池面积以1～3hm^{2}为好。虾池池底要选择划片，以上埕和中埕养蛤，蛤埕距闸门、池岸远些为好，一般养蛤面积只占虾池面积的20%～40%，并需做好标记。

2. 清池消毒

虾池在蛤、虾放养前要清除淤泥、杀除敌害。淤泥可经暴晒干裂后除弃，底质较硬的池子应浅锄数厘米并捣碎泥块，再纳进过滤海水（网目为60目）浸泡。1～2天后用钉耙边排水边耙埕，将埕地荡平抹光。最后用漂白粉（每667平方米用量15kg）或茶籽饼（每667平方米用量8kg）杀死池中的敌害生物。2天后注入过滤海水冲洗虾池1～2次，除去余毒。此项工作在播苗前约半个月完成。

3. 培养基础生物饵料

消毒后，选择大潮汛进水，进水时闸门要挂60～80目的锥形筛绢网，预防大型敌害生物进入，蓄水30～40cm，于晴天上午开始肥水培养基础饵料：尿素1g/m^3、过磷酸钙0.3～0.5g/m^3。

4. 蛤苗播种

蛤苗要争取比虾苗先放养，越早越好。蛤苗越早播，穴居越深，受对虾伤害的概率就越小。蛤苗的播种密度应小一些，白苗每667平方米放养150kg、中苗每667平方米放养300kg、大苗每667平方米放养500kg。播苗以湿播方法进行。

5. 养成管理

养成期间要注意虾池内的饵料生物密度，尤其是虾苗放养前，水色较清，应施肥以繁殖蛤仔的基础饵料，一般在小潮期间施肥一次。

蛤仔与对虾混养要做到虾饵定位，蛤埕上禁投各种饵料，如中埕养蛤，则四周投饵；或一片养蛤、一片投饵。若设对虾饵料台，则更为理想。此外，对虾投饵量一定要足够，否则，对虾四处寻食，会危及蛤仔的生存。

6. 收获

虾、蛤混养要求对虾先收获。收虾时，应注意蛤埕干露的时间不宜过长，并及时进水，防止蛤仔死亡。

蛤苗（白苗）经7～8个月的养成，壳长达3.0cm左右即可收获。收蛤时，不能进水作业，否则淤泥四起，满池臭气，严重威胁蛤仔的生存。虾蛤混养的蛤仔难免有些受到对虾的伤害而死亡，死蛤壳内存有污臭的泥沙，故蛤仔收获后，必须进行“淀桯”以剔除死蛤。方法是：在桯（高60～70cm、口径100～150cm的木桶）内盛入等量的海水、海泥和细沙，拌成泥浆，然后将蛤仔倒入桶中，用木棍搅拌，死蛤和砾石等沉在桶底，好蛤则浮在上中层。将好蛤捞起，用水冲洗干净后即可上市。

第四节　蛤仔的收获与加工

一、收获

1. 收获季节

蛤仔收获时间应根据各地蛤仔的生长和肥满程度情况而定，收获规格为壳长3cm以上。一般在繁殖季节之前，北方多在春末夏初；南方从3～4月开始直到9月结束。繁殖期蛤仔肉质较瘦，不宜收获。

2. 收获方法

由于各地作业习惯和滩涂底质的不同可分为锄洗、荡洗和挖拣等方法。

（1）锄洗法　适用于泥沙质埕地，操作方便，工效高。收获时，将埕面划分成若干小块（面积约60～100m²），然后在小块四周筑堤，堤高20cm、宽30～40cm，并在小块地势低的一侧挖一出水口，上置竹帘，竹帘后放一收蛤的蛤篮。收蛤时用四齿耙翻滩，深约10cm左右。然后将预先拦蓄在小块上方的海水引入翻好的埕块内，经不断耙锄搅拌，埕土成为泥浆，蛤仔随即上浮到表层。再用戽桶舀水泼洒，将蛤仔集中到出水口竹帘处，然后用手耙将蛤仔往竹帘上耙，泥沙从竹帘上漏下，蛤仔则落入竹帘后面的蛤篮中。经洗净，拣去杂物和破蛤，即得纯净的蛤仔。

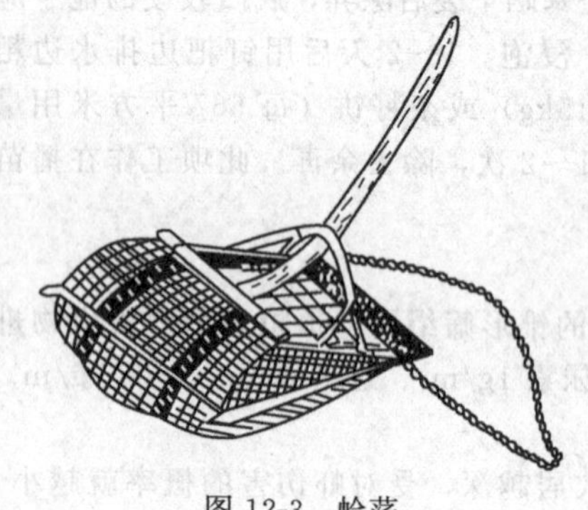
图12-3　蛤荡

（2）荡洗法　沙质埕地多采用此法。收获时先在埕地上插好标志，在下一潮水未退出埕地之前即下到埕地用蛤荡（图12-3）顺流往后荡，到一定距离（约10～20m）后将蛤荡内的蛤仔倒在篮内，另一人借水的浮力把蛤篮拖到筛蛤处，用蛤筛筛选。筛蛤时，在埕地上边走边筛，小蛤均匀地落在原来的埕面上，继续留养。筛起的大蛤去除砾石等杂物，洗净后即可上市。

荡洗法花工较大，其好处是能先收大蛤，留养小蛤。

（3）挖拣法　不论蛤埕的底质组成如何，都可采用此法。收获时每人相距约1m左右，横列并排用锄翻土挖起蛤仔，一个个拣起放在蛤篮中。这种方法采收的蛤仔较纯净，杂质少，且能利用半劳力，但工效较低。

二、加工

蛤仔除鲜售外，还可加工制成蛤干（熟肉干）或腌制成咸蛤。加工前必须经过24h的“吐沙”净化处理，以提高产品的质量。

【本章小结】

菲律宾蛤仔和杂色蛤仔外形略有不同。蛤仔为广温、广盐性埋栖型贝类，其栖息的底质以沙多泥少的沙泥质为好；蛤仔在大小潮均可产卵，但多发生在大潮期，尤其是在冷空气南下时；蛤仔的繁殖期以及胚胎发育历程与缢蛏相似，但胚体大小显著小于缢蛏。

海区半人工采苗和土池育苗是蛤仔苗种生产的主要方式；蛤苗的种类主要有砂粒苗、白苗、中苗和大苗等几种，蛤苗的采收方法各地不一，主要因苗种大小、底质条件和潮区等的不同而异。

蛤苗的播种方法有干播和湿播两种；蛤仔的播种密度与苗种大小、底质组成、潮区高低、海区食料生物多寡等密切相关。移殖是蛤仔养成中的一个重要管理工作。蛤仔的收获方法有锄洗法、荡洗法、挖捡法等。虾蛤混养是对虾和蛤仔养殖中的一项增产措施，虾蛤混养收获的蛤仔必须经过“淀�”后才能上市。

【复习题】

1. 菲律宾蛤仔与杂色蛤仔有何区别？
2. 比较蛤仔与缢蛏繁殖活动的异同点。
3. 比对蛤仔与缢蛏的胚胎和浮游幼虫。
4. 蛤仔海区半人工苗采苗的管理工作主要有哪些？
5. 蛤仔苗种主要有哪几种？如何播种蛤仔苗种？
6. 如何采收蛤仔苗种？
7. 如何确定蛤苗的播种密度？
8. 蛤仔养成期间的管理工作主要有哪些？
9. 试述虾蛤混养的技术方法及其优点。

第十三章　泥蚶的养殖

【学习目标】

1. 能识别泥蚶与毛蚶、魁蚶等经济种类；掌握泥蚶的形态结构与生态习性。
2. 掌握泥蚶人工育苗的技术方法与操作技能。
3. 掌握蚶种培育的技术方法与操作技能。
4. 掌握泥蚶蓄水养成的管理工作与基本操作技能。

泥蚶俗称粒蚶、血蚶、青子等，为我国四大滩涂贝类之一，是山东、浙江、福建、广东等地重要的养殖对象。泥蚶肉质细嫩爽滑，味道鲜美，蚶血鲜红、可口，营养丰富，含有丰富的蛋白质和维生素 B_{12} 及肝糖等，其血浆所含血红素是铁的化合物，为补气益血之物，所以泥蚶向来被人们当作滋补名菜。在我国南方，人们喜欢将其用沸水烫伤，待其闭壳肌闭合能力大大下降时，用手掰开，鲜食其肉。20 世纪 90 年代，我国泥蚶人工育苗技术获得规模化生产突破，进一步推动了泥蚶养殖生产的稳步发展。

第一节　泥蚶的生物学

一、形态结构

1. 贝壳

泥蚶 [(*Tegillarca granosa* (Linnaeus)] 贝壳坚厚，两壳相等，鼓圆形，壳面放射肋发达，约 18～22 条，肋上具有极显著的颗粒状结节。壳面白色，被褐色薄皮。生长轮脉在腹缘明显，略呈鳞片状。壳内面灰白色，边缘具有与壳面放射肋相对应的深沟。铰合部直、铰合齿细而密。前闭壳肌痕较小，呈三角形。后闭壳肌痕大，四方形（图 13-1，图 13-2)。泥蚶个体较小，壳长一般不超过 40mm。

图 13-1　泥蚶

蚶科种类除了泥蚶外，较常见的还有毛蚶和魁蚶。毛蚶因常携带甲肝病毒而被许多省市禁止销售，其外形与泥蚶有些相似，但放射肋有 30～34 条，且较为细弱，颗粒状结节较不显著。魁蚶俗称“赤贝”，个体较大，放射肋平滑无粒状结节，约 42～48 条。魁蚶在我国北方已成功进行人工育苗与养成，其肉加工成的“赤贝肉”常远销日本等地。

2. 足

泥蚶足部外形与蛤仔等相似，但颜色却呈特有的橙黄色。

3. 内脏囊

泥蚶无水管，外套膜属简单型。性腺成熟时包裹在消化盲囊之外并延伸至足的基部，雌性性腺呈杏黄色或杏红色；雄性性腺呈乳白色或淡黄色。

二、生态习性

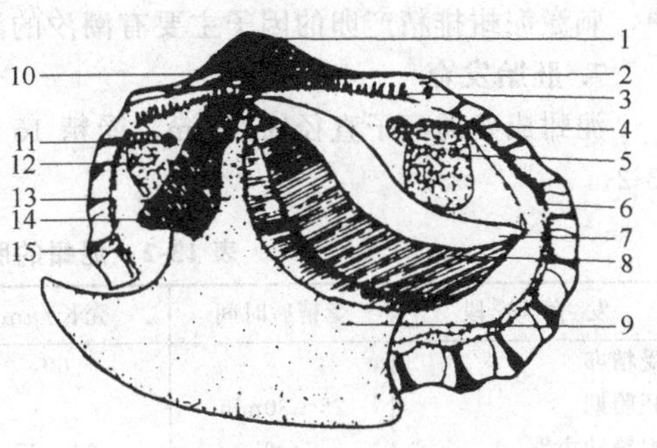

图 13-2 泥蚶形态构造
（引自谢忠明等，2003）
1—放射肋；2—韧带；3—铰合齿；4—后缩足肌；5—后闭壳肌；6—外套膜触手；7—鳃轴；8—鳃；9—足；10—壳顶；11—前缩足肌；12—前闭壳肌；13—内脏团部位；14—唇瓣；15—外套膜

1. 分布

泥蚶是亚热带、温带种，广泛分布于印度洋及太平洋沿岸。在我国主要分布于河北、山东、江苏、浙江、福建、广东和海南等沿海。

2. 生活习性

泥蚶一般栖息在有淡水注入的内湾、河口或浅海区域风浪较小、水流畅通的软泥滩涂上。泥蚶因没有水管，不能潜入较深泥层生活，仅靠足部挖掘软泥将自身埋在滩涂表层。稚贝多生活在表层下 1～2mm 的泥中，成贝则生活在 10～30mm 处。泥蚶成贝不仅能在软泥底生活，也能在泥沙底和沙泥底生活。

3. 对环境的适应

(1) 温度　泥蚶属广温性贝类，生活水温为 2～38℃，生长适温为 20～30℃。

(2) 盐度　泥蚶对海水盐度的适应能力强，在相对密度 1.006～1.025 的范围内均能存活，最适相对密度为 1.012～1.018。当相对密度降至 1.004 时，蚶苗能存活 4 天，成蚶则为 6 天。

(3) 耐干能力　泥蚶是耐干能力最强的种类之一，在 11～13℃条件下，可存活 15 天。这为泥蚶的运输与储存提供了有利条件。

4. 食性

泥蚶的食性与食料组成与缢蛏、蛤仔等相似。

5. 生长

泥蚶的生长速度较慢，一般养殖 1 周年壳长可达 1.4～2.0cm；2 周年可达 2.2～3.0cm。3 龄以上的泥蚶生长速度明显下降。影响泥蚶生长的因素除年龄外，水温（体现在季节和南北海区的不同）、盐度、底质构成、潮区、海区食料生物密度、养殖方式（如蓄水养殖）等环境条件都与泥蚶的生长密切相关。分析环境因素对泥蚶生长的影响可参考第一篇第三章第三节“贝类的食性”和第一篇第三章第四节“贝类的生长”。

6. 繁殖习性

(1) 性别　泥蚶雌、雄异体，在性腺成熟时可从性腺颜色来区分雌雄。1 龄蚶的雌、雄比例相近；自 2 龄蚶始，由于雌贝产卵后死亡率较高，因此随着年龄的增长，雌贝比例逐渐下降，雌、雄比例甚至可达 1∶4。

(2) 繁殖季节　泥蚶的繁殖季节随地区而异。山东沿海为 7～8 月；浙江为 6 月下旬至 8 月；福建南部为 8 月下旬至 10 月（表 13-1）。繁殖时水温为 25～28℃。泥蚶的繁殖季节虽然各地不一，但可通过人工促熟方法提早并延长其繁殖期。人工促熟可在室内水泥池或海区土池进行，促熟的手段包括升温、提高饵料密度（投饵或施肥）、适当降低培养密度等。

表 13-1　我国部分沿海地区泥蚶的繁殖季节

地　区	产 卵 期	产 卵 盛 期	地　区	产 卵 期	产 卵 盛 期
山东乳山湾	7～8 月	7 月底至 8 月初	福建云霄	8～10 月	9 月
浙江乐清湾	6 月下旬至 8 月	7 月	广东惠阳	9～12 月	9～11 月

(3) 繁殖活动　泥蚶属卵生型贝类，性成熟年龄为 2 龄。在繁殖季节里，泥蚶每年可排放 4 次左右。壳长 3cm 的雌贝，第一次的产卵量可达 300 万粒，以后几批逐渐下降。

性腺成熟的泥蚶，若没有适当的外界环境因子刺激，则可能不会排放精、卵。在自然海区中，刺激泥蚶排精产卵的因子主要有潮汐的涨落、降雨、干露和水温的变化等。

7. 胚胎发育

泥蚶成熟的卵子直径约 60μm，受精 15～16 天后变态为稚贝。其胚胎发育和幼虫发育见表 13-2。

表 13-2　泥蚶的胚胎发育（水温 26～28℃）

发育阶段	受精后时间	壳长/μm	发育阶段	受精后时间	壳长/μm
受精卵		60	壳顶幼虫前期	6～7 天	130～140
胚胎期	25～30min		壳顶幼虫后期	9～11 天	180～190
担轮幼虫期	7～8h	63～67	匍匐(眼点)幼虫期	12～14 天	200～220
D形幼虫期	15～18h	95～100	稚贝期	15～16 天	210～230

第二节　泥蚶的人工育苗技术

泥蚶的人工育苗技术工艺流程与其他双壳类基本相同，主要包括：准备工作（制订生产计划、饵料准备、亲贝准备、生产设施设备的检测、采苗器等准备）；催产；受精、洗卵、孵化；浮游幼虫培育；采苗；稚贝培育；出苗等。本节仅介绍泥蚶室内人工育苗的技术要点。

一、亲蚶促熟

在泥蚶繁殖季节前 1～2 个月（虾池促熟需提前 3 个月），将挑选的亲蚶移到室内或虾池中进行促熟，通过促熟，可延长并提早泥蚶的繁殖期，多批次育苗生产。

1. 亲蚶选择

亲蚶应选择壳长达 3cm 以上的健壮个体，经洗刷、消毒后入池培养。一般每千克亲蚶可获得 D 形幼虫 0.5 亿个。

2. 亲蚶促熟

(1) 密度　亲蚶的蓄养密度一般为 $0.5 \sim 1.0 kg/m^2$。

(2) 管理　管理工作主要包括投饵、换水、控温等。投饵量为水中单胞藻密度保持在 $(20 \sim 30) \times 10^4$ 个细胞/ml。亲蚶入池 2 天后开始升温，每天升温 3℃，逐渐提高到 25～28℃。每天换水约 1/3～1/2，加进的新水必须先行预热。蓄养后期，性腺接近成熟时，应降低换水量，同时停止充气，目的是尽量避免对亲蚶产生刺激而流产。

二、催产

成熟的亲蚶鲜出肉率一般达到 28%，此时可通过镜检进一步验证：成熟的卵子多为圆形或近圆形，大小整齐，遇水能很快散开、不会粘块；成熟的精子则能在海水中活泼游动。

催产时，先用 $30g/m^3$ 高锰酸钾浸泡消毒亲蚶，冲洗干净后阴干 10～18h，然后进行流水刺激。流水刺激方法有两种，一是像缢蛏育苗那样用潜水泵进行封闭式循环流水刺激；二是在水泥池中蓄水 50cm 左右，在水面下约 10cm 处吊挂平面筛网，将亲蚶铺放于筛网上，筛网下的散气石以大气量进行充气刺激。

亲蚶排放精、卵时应停止流水，让其自然排放，并根据雄性亲蚶排精时呈烟雾状的现象尽可能将其剔除。

三、浮游幼虫培育

泥蚶浮游幼虫的培育密度以 10 个/ml 为宜。饵料以金藻为主，辅以角毛藻等，培育至壳顶幼虫时可加投扁藻。

四、采苗

1. 采苗器准备

泥蚶的采苗器（附着基）选自海区高潮区滩面下5～10cm处的软泥。泥土应为土黄色，黑色的泥土不宜选用。选用的采苗器经暴晒、粉碎后收藏。使用前用海水软化开，经200目筛绢带水筛取细泥浆，再将泥浆煮沸30min，冷却后备用。

2. 采苗

泥蚶眼点幼虫比例占50%时开始倒池采苗。采苗时先在附苗池中加水30cm左右，再将处理好的泥浆均匀泼洒在水中，充气5min，使泥浆分布均匀，然后停气10h，让泥浆沉淀，泥浆厚度约为2mm左右。充气用的散气石要求必须固定，不可移动。

采苗器布置好后，用200目筛绢收集幼虫，移入附苗池中采苗。移入幼虫的数量按附苗密度150个/cm^2、附苗率60%计算。附苗时，同时投喂饵料。

五、稚贝培育

稚贝培育期间除投饵、换水（流水）、观测等日常管理工作外，主要要定期进行倒池和分苗。稚贝培育期间，泥蚶的排泄物、死亡的稚贝与残饵等无法通过换水完全去除，底质环境会逐渐恶化，因此必须定期更换底质，即倒池。倒池的操作是：在出水口安装150目（网目视稚贝的大小而定，后期可用80目）的筛绢网箱，用压力较大的水管冲洗池底，将泥蚶稚贝冲洗到网箱中，泥土及杂质等随水流流走，泥蚶苗则集中在网箱中。收集的泥蚶苗用带水泼洒的方法，均匀地泼洒到新池中培养。倒池一般每隔4天进行一次。

倒池时可结合泥蚶的生长进行分苗疏养。0.5mm的稚贝适宜的培育密度为50个/cm^2以下。

泥蚶等底栖性贝苗的日常观测一般是用直径20mm的塑料硬管利用水的静压力取样，样品经清洗后，在解剖镜下观测。当泥蚶苗壳长平均达0.5mm时即可出苗销售或移到海区进行蚶豆培育。

第三节 泥蚶的养成技术

泥蚶的养成分为蚶豆（蚶种）培育和成蚶养成两个阶段。

一、蚶种培育

由于泥蚶苗规格较小（每千克约数百万个，俗称蚶沙），不能直接进行养成，必须经过6～8个月的中间培育，培育至蚶种（每千克约0.5万～2.0万个，俗称蚶豆），此阶段称蚶种培育。

1. 场地选择与整理

(1) 场地选择　蚶种培育场一般选择在风浪平静、背风向阳的中潮区，底质要有20～30cm深的软泥，土表层呈灰黄色或黄褐色，每个培育区面积以5×667～10×667m^2为宜。

(2) 场地整理　场地选好后，要划区分片进行整理。一般顺潮流划分为0.5×667～1.0×667m^2的长条形畦，畦宽4.5～6.0m，长度不定。畦与畦间隔0.5m左右，挖一小沟作为通道和排水用。每一培育区四周要修筑高0.5～0.8m、宽1.0m的土堤以保护场地，在土堤较低处要留一缺口，作为排干场地积水之用。堤的四周用竹棒支撑安装40目网衣以防敌害生物侵入。苗堤整理好后要进行消毒，一般以每667平方米用0.25kg剂量的鱼藤精或2.5kg的茶籽饼毒杀，也可用1%漂白粉溶液泼洒。消毒之后，在放苗前1～2天用小钉耙将埕地耙松，除去鱼、虾、蟹类等敌害生物，再用压板压平，插好标志，以便放苗。

为确保饵料供应，一般将多个培苗区分为三等分，其中1/3用于播苗培育，2/3培养底栖硅藻，并兼作轮养之用。

山东等北方地区多在高潮区修建土塘或利用蓄水池进行蛏种培育。

2. 蚶苗运输

蚶苗运输同样要求要严格按低温、保湿、通风、加盖等原则来进行。运输时用80～100目筛绢将蚶苗包扎成球形随车运输。运输途中若气温较高，应采用降温方法将气温控制在15℃左右；时间较长时应每隔4h喷淋洁净海水一次。

3. 播苗

播苗密度一般为10kg/667m² 蚶沙左右。播苗方法有两种：一种是带水泼洒，适合于播种壳长小于0.5mm的蚶沙；另一种是在蚶苗中拌入适量的细沙，然后干撒于埕面上，适合于播种规格较大的蚶苗。

4. 日常管理

（1）水位调节　正常水位控制在40～50cm；阴天时适当降低水位以利于增强光照强度，促进底栖硅藻的繁殖生长；而当天气晴朗、气温较高时，应适当提高水位，防止水温过高，同时防止杂藻大量繁殖；冬季水温较低或强冷空气侵袭时也应适当提高水位防冻。

（2）换水　每隔2天换水1/3～1/2，在小潮期若无法纳入海水，则需用水泵抽水。

（3）耙埕　杂藻大量繁殖后老化死亡，会形成一层"土皮"覆盖滩面闷死蚶苗。此时应用钉耙或铁刺网耙动滩面，使"土皮"随水漂走。

（4）疏养与轮养　每隔10～15天，用适宜的网目制成的淌苗袋（即手网，图13-3）全埕刮起蚶苗，拣除杂贝、鱼、蟹等敌害生物。同时用手轻搓蚶苗表面附生的生物，移入轮养的埕地继续培育。

疏养应根据蚶苗的生长，逐渐扩大培育面积，降低放养密度。

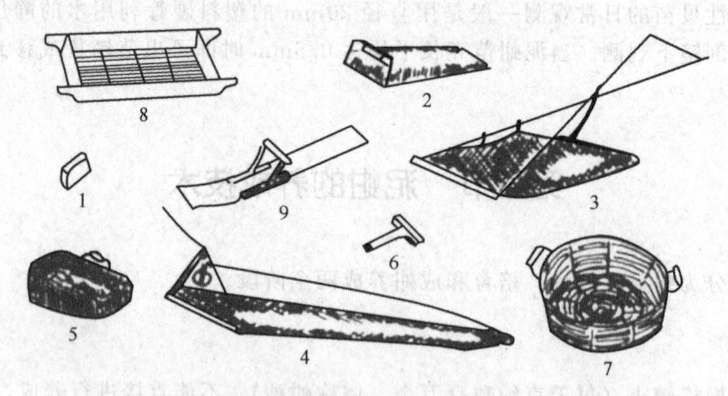

图13-3　泥蚶养殖工具（引自谢忠明等，2003）

1—刮苗板；2—手网；3—推网；4—拖网；5—铁丝子；6—耙子；7—蚶箩；8—蚶筛；9—泥马

二、成蚶养成

蚶的养成阶段，是指将规格为5000～20000粒/kg的蚶种养至150～200粒/kg商品蚶（壳长大于25mm）的过程。这一阶段的养成时间北方需2～3年，福建闽南地区仅需15～16个月。泥蚶的养成方式以往多为滩涂养殖（蚶田养殖），滩涂养殖泥蚶的方法基本与缢蛏养殖相似。

因滩涂养殖的生产周期较长，所以目前泥蚶蓄水养殖的生产方式逐渐为群众所采用。泥蚶蓄水养殖的优点及其土塘（蚶塘）建造、场地整理等与缢蛏蓄水养殖类似。但养成期间有一项重要的管理工作与缢蛏不同，即分埕疏养。

分埕疏养就是将养殖的泥蚶全部收起，调整密度重新放养。一般每年疏养 1～2 次，每次疏养后的密度多下降为原放养密度的 3/4～4/5。刚放养的蚶豆密度为 100kg/667m²，以后逐渐调整到 250kg/667m²。疏养的同时也可清除敌害。

此外，泥蚶也可与对虾进行混养。

第四节　泥蚶的收获

泥蚶经 2 年左右的养成，一般每 667 平方米产量可达 2000kg 以上，高者可达 5000kg。

一、收获季节

泥蚶一年四季都可收获，但冬季蚶肉较为肥满鲜嫩，血多味美，且气温低易于贮存运输。

二、收获方法

泥蚶收获方法较为简单，各地有所不同。广东是用蚶耙在船上抖淘捞起，边抖去泥沙边捞起泥蚶；福建和浙江等地是用蚶耙、山东等北方海区则用铁刺耙，在退潮后将蚶集中，再放入筛子中洗净，并除去杂贝等杂物，即可上市。

三、运输

泥蚶耐干能力较强，在气温 11～13℃条件下，存活时间可达 15 天。一般以每 50kg 为一袋包装，包装要严实，防止两壳张开，同时又要透气。

【本章小结】

泥蚶为味美价优的海产品，与毛蚶的主要区别之一是放射肋的条数和粒状结节。泥蚶因没有水管，一般埋栖滩面表层，仅以壳后缘露出埕面进行呼吸、摄食。泥蚶的耐干能力很强，这对泥蚶的储运非常有利。泥蚶的繁殖期虽然各地不一，但可通过人工促熟方法提早并延长其繁殖期。

泥蚶人工育苗技术的一大特点是稚贝培育阶段需每隔 4 天左右进行一次倒池疏养（更换底质）。泥蚶苗培育至 0.5mm 左右时即可出苗，此时的蚶苗称为“蚶沙”。蚶沙需进行中间培育至“蚶豆”后才进入养成阶段。无论是蚶豆的培育还是成蚶的养成，其养殖过程中的一项主要工作是疏养，即将泥蚶全部起捞，降低养殖密度；疏养的同时也较好地清除了敌害，优化了底质。与其他埋栖型双壳类相比，泥蚶的收获方法要简易得多。

【复习题】

1. 名词解释：蚶沙、蚶豆。
2. 简述泥蚶、毛蚶和魁蚶的外形区别。
3. 试分析影响泥蚶生长的环境因素。
4. 如何用人工手段改变泥蚶的繁殖季节？人工促熟泥蚶有何意义？
5. 试简述泥蚶人工育苗的技术方法。
6. 为什么要先行进行蚶种培育？试述蚶种培育的技术方法。
7. 如何缩短泥蚶的养殖周期？

第十四章　鲍的养殖

【学习目标】

1. 能够通过比较掌握皱纹盘鲍、杂色鲍和九孔鲍的形态构造和生态习性。

2. 掌握鲍室内人工育苗及中间育成的设备设施、工艺流程与操作技能。

3. 掌握鲍的陆上工厂化养殖的主要设施、养成方法和技术要点。

4. 能够根据不同的养殖方式选择鲍的养成海区，掌握海上筏式养殖及其他养殖方式养成管理的主要工作。

鲍俗称鲍鱼，为海产八珍之冠。其以味道鲜美、营养价值高而驰名中外，又因其自然资源量低而成为珍稀食品。鲍的足部发达，占整个软体部的40%以上，其肉质细嫩可口，营养丰富。鲍除鲜食外，又可冷冻、制成干制品或加工成各类风味独特的罐头。鲍壳又称“石决明”，是有名的中药材。

鲍在世界上分布很广，全世界鲍的现存种有70种以上。在我国北方仅皱纹盘鲍1种，是重要的经济贝类；南方有6种，其中杂色鲍和九孔鲍是重要的经济种类，九孔鲍是杂色鲍的一个亚种，它是台湾、广东、福建等省养殖的主要种类之一。

我国鲍的养殖主要始于20世纪80年代后期，90年代初飞跃发展，现已覆盖了全国有条件养殖的省份。为推动鲍养殖业的持续健康发展，广大科技工作者和生产企业纷纷开展陆地工厂化养殖、杂交鲍的人工育苗和养殖、“北鲍南养”等尝试，取得了较好的成果。

第一节　鲍的生物学

一、鲍的形态构造

鲍隶属于软体动物门（Mollusca）、腹足纲（Gastropoda）、前鳃亚纲（Prosobranchia）、原始腹足目（Archaeogastropoda）、鲍科（Haliotidae）。

1. 外部形态

皱纹盘鲍（*Haliotis discus hannai* Ino）贝壳大，坚实，椭圆形，螺层约三层，壳顶钝。体螺层大，几乎占贝壳的全部，其上有1列由突起和4～5个开孔组成的螺旋螺肋。壳面被这列突起和小孔分成左右两部分。左部狭长且较平滑。右部宽大、粗糙，有多数瘤状或波状隆起。壳口大，卵圆形。壳表呈深绿褐色，生长纹明显。贝壳内面银白色。最大壳长可达15cm（图14-1）。

杂色鲍（*H. diversicolor* Reeve）贝壳呈耳形。壳面的左侧有一列突起，突起约20余个，前面的7～9个有开口，其余皆闭塞。壳表多呈绿褐色，生长纹细密。生长纹与放射肋交错使壳面呈布纹状。贝壳内面银白色，具珍珠光泽。壳口大，外唇薄，内唇向内形成片状遮缘。无厣，足发达，最大壳长可达10cm（图14-2）。

2. 头部

头位于身体的前端，背面两侧有一对深色细长的触角。触角基部各伸出一粗的眼柄，1对黑色的眼点生于其顶端。两触角之间，有一棕叶状突起的头叶，其腹面有一发达可以活动的吻，吻

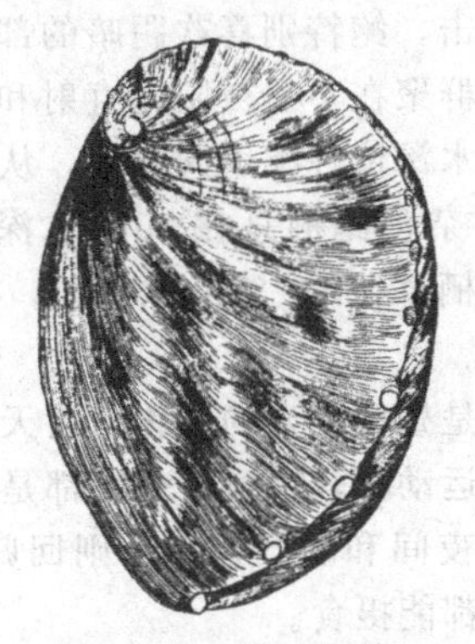

图 14-1　皱纹盘鲍
（引自王如才等，1993）

图 14-2　杂色鲍
（引自王如才等，1993）

中央有一纵裂的开口即是鲍的口。口周围生有许多小突起称为小唇。

3. 足部

足部位于腹面，大而扁平，几乎与壳口相等，因为适应于匍匐爬行与吸附的生活方式而变得非常发达。食“鲍”实际上食用它的足部肌肉。足分上足和下足两部，上足在边缘表面有许多深的色素沉淀，周围生有许多上足触手和上足小丘；下足在中央呈盘状。足背面中央隆起为一大的圆柱状肌肉，即右侧壳肌，左侧壳肌甚小。

4. 内脏囊

内脏囊的主要部分环绕右侧壳肌的后缘，呈一大块状。在其末端呈角锥状游离环绕于右侧壳肌的后方至右后方，称为角状器官。该部分常因占其最大面积的消化腺和雌雄生殖腺的不同色泽而呈现不同的颜色。一般消化腺为深褐绿色。性成熟季节生殖腺的颜色掩盖了消化腺，此时在角锥体相连的基部，胃与嗉囊仍为消化腺的颜色。

5. 消化系统

鲍主要摄食藻类，其消化道较长，相当于体长的 3 倍多。整个消化系统可分为口区、食道、嗉囊、胃盲囊、胃、消化腺、肠、肛门等部分。

在吻腹面前端中央处有一纵裂的开口，即是口。在口腔两侧有 1 对黄褐色的角质腭片，附于透明的基膜上。口腔底部的舌软骨上有 1 条棕色带状齿舌。在齿舌上排列有许多角质小齿，皱纹盘鲍的齿式为∞·5·1·5·∞。齿舌一部分裸露，一部分包在齿舌囊中。口腔内具有唾液腺，位于头部皮肤下面与口球背部两侧。入口的食物先用腭片切成碎片，然后用齿舌上的小齿磨碎，再与唾液混合，经食道送入嗉囊。

鲍的消化腺特别发达，是一个大型腺体，占整个角锥体与内脏团的大部分。背面几乎覆盖了整个嗉囊、胃及胃盲囊。其颜色一般呈褐绿色，但随食物的色泽而有所变化。

6. 生殖系统

鲍是雌雄异体，但无显著的两性特征，无交接器，也无其他的附属腺体，只有在生殖季节中，雌雄生殖腺色泽有显著不同，一般雌性呈浓绿色，雄性呈奶黄色。生殖产物充满整个生殖腔，该腔位于体背部，包盖于整个的胃、嗉囊及消化腺的表面，延展到右侧壳肌的左缘。

鲍的内部构造如图 14-3 所示。

二、鲍的生态习性

1. 生活习性

（1）栖息环境　鲍在自然海区的栖息场所，一般是在盐度较高、水质澄清、潮流畅通、海藻丛生的岩礁海域，特别是水深、崖陡的海岛沿岸，以及在远离河口、内湾与受淡水影响少的大陆沿海岩礁海岸地区。鲍营匍匐生活，平时以宽大平蹠且有力的足吸附在岩礁或大块乱石等附着基

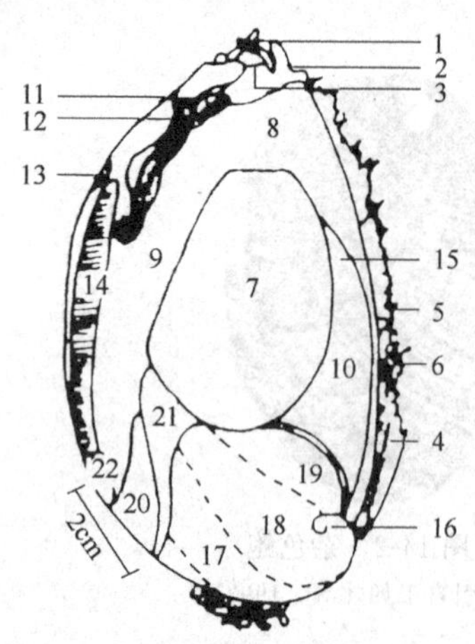

图 14-3 皱纹盘鲍将贝壳移去后显示各器官的部位（背面观）（引自王如才等，1993）

1—触角；2—眼柄；3—头叶；4—下足；5—上足触角；6—上足小丘；7—右侧壳肌；8—外套；9—外套腔；10—外套袋；11—外套裂缝；12—外套触角；13—左侧壳肌；14—左黏液腺；15—内脏圆锥体；16—内脏螺旋；17—胃；18—嗉囊；19—消化腺；20—心脏；21—右肾；22—左肾

质上。为了躲避敌害袭击，鲍特别喜欢阴暗的部位，如岩礁裂缝、石棚洞穴之中，喜群聚在不易被阳光直射和背风、背流的阴暗隐藏处。鲍的栖息水深依种类不同而异，从潮间带至水深40m以上处皆有分布。杂色鲍栖息在20m水深以内，以3～10m处最多。皱纹盘鲍栖息在1～20m水深处，栖息在20m以上的水深处比较少见。

（2）活动习性　鲍是昼伏夜出的动物，白天只在涨落潮时稍做移动。鲍在觅食时运动比较明显，一般都是在日落开始索寻饵料场，摄食时间在夜间和凌晨，白天则回归到洞穴栖息，但在饥饿时，白天夜晚都能摄食。

鲍随着水温的季节变化、年龄大小等因素而有一定的上下移动。冬春季水温最低时向深水移动，初夏水温回升后便逐渐向浅水移动，盛夏表层水温最高时，又向深处下移，秋末冬初水温有所下降时，又移向浅处。当台风来临，海况发生变化时，又会向深水方向移动。鲍的年龄越大，生活在水深处越多；年龄越小，生活在水浅处较多。在繁殖季节有向浅水移动和聚居现象。

鲍的水平移动是以寻找食物或藏身洞穴为目的的行为。鲍在生活条件较好和饵料比较丰富的条件下，一年的移动性不大，有的种类和个体，一年运动距离不超过200m，幼鲍和老龄鲍定居性更强。皱纹盘鲍10个月仅移动100～150m，杂色鲍1年只在30～50m范围内活动。总而言之，鲍是定居性较强的动物，只要环境条件合适，便不会长距离迁移，根据这一特点，鲍可作为人工放流增殖的良好对象。

2. 对温度、盐度的适应

皱纹盘鲍为北方沿海的种类，耐寒性强，抗高温力弱，其生活水温下限为2～3℃，上限为28～29℃。15～20℃时皱纹盘鲍摄食旺盛，7℃以下摄食逐渐减少，0℃摄食基本停止。杂色鲍在10～28℃条件下，生活正常。

鲍生活于高盐度海区，属狭盐性动物。各种鲍较适应的生活海水盐度通常在30以上。皱纹盘鲍和杂色鲍在盐度为28～35范围内都能生活，25以下生活不正常。

3. 鲍的摄食习性

（1）匍匐幼虫和稚鲍的食料　鲍在浮游幼虫生活阶段，主要依靠卵细胞内的卵黄物质供应幼虫发育所需要的能量。因此，鲍的人工育苗在浮游幼虫阶段一般不需要投喂任何饵料。幼虫发育到围口壳幼虫后，利用吻部的频繁伸缩活动，齿舌以舔食的方式从基面上获得较多的底栖单胞藻类。进入上足分化后的匍匐幼虫，其摄食量显著增大。稚鲍主要摄食附着性硅藻类、小型底栖生物、单胞藻类及微小的有机碎屑、质地柔软藻类的配子体和孢子体。

在人工育苗的条件下，必须根据不同发育阶段及时投喂一定数量、易消化、易吞食、富有营养的人工培育的饵料和自然饵料。在幼虫发育到幼鲍以前，随着幼虫的发育生长，不断地增加投饵量和饵料品种，以适应幼虫生活的需要。

（2）幼鲍和成鲍的食料　5mm以上的幼鲍开始摄食小型柔嫩的海藻，如浒苔、石莼以及海带、裙带菜的嫩叶等。幼鲍发育到1cm，食料与成鲍基本相同，摄食各种海藻和含有石灰质的有孔虫、石灰藻等，但底栖硅藻仍是其喜欢的良好饵料。

成鲍为杂食性动物，食料种类中以大型褐藻为主，兼食红藻、绿藻以及附着性硅藻等。在褐藻中尤其喜欢海带、裙带菜和马尾藻。皱纹盘鲍的饵料主要为海带、裙带菜、鼠尾藻，也夹杂有黑顶藻、刚毛藻、水云、附着性硅藻类等。动物性食物有球房虫类、腹足类、桡足类、有孔虫类、水螅虫类及其幼虫等。

鲍对食料具有主动选择的能力。成鲍的食料中，以褐藻类和红藻类的江蓠为最好。此外，底栖硅藻作为成鲍的饵料也具有一定的重要性。对于成鲍的生长，硅藻仍然是高效饵料。在自然界缺少大型海藻时，底栖硅藻作为鲍饵料的重要性仍然是不可忽视的。

饵料种类的不同与鲍壳的颜色变化有密切关系，尤以幼鲍更为明显。鲍肉的营养成分与饵料成分也有一定的关系。

4. 繁殖

(1) 繁殖季节与水温　不同海区皱纹盘鲍与杂色鲍的产卵水温与季节见表14-1。

表 14-1　不同海区皱纹盘鲍与杂色鲍的产卵水温与季节

种　类	地　区	产卵时间	水温/℃
皱纹盘鲍	大连长海县	7月中旬～8月上旬	20～30
	山东长岛县	7月中旬～8月上旬	17～20
	青岛	6月中旬～7月中旬	17～20
	福建东山县	3～4月	21～24
	日本北海道	8～9月上旬	20
	日本青森县		17～24
	日本岩平县		18～20.5
杂色鲍	福建东山县	5月中旬～7月中旬	25～26
	广东遮浪	4～5月	20.4～27.2
九孔鲍	福建省	4～6月,9～10月	20～27
	中国台湾省	10月～翌年1月	20～26
	日本千叶县	6～11月	25

表14-1中同一种鲍在产卵温度或产卵时间上有较大的差别，主要受各海区的水温影响，尤其是与有效积温有关。

(2) 生殖行为　鲍的群体组成中，雌性稍多于雄性，2～3龄左右开始生殖。杂色鲍生物学最小型是35mm，黄渤海的皱纹盘鲍生物学最小型是43～45mm，56mm以上者性腺已全部成熟。性成熟时，掀起足及外套膜即可分辨雌、雄。雄性生殖腺为奶黄色，雌为浓绿色。排放精卵时，生殖细胞由生殖腺进入右肾腔，通过呼吸腔，再从呼吸孔排出体外。

杂色鲍在排放精、卵时，雌雄个体均将贝壳上举下压，然后急剧地收缩肌肉，借此把精、卵从呼吸孔排至水中。雄性个体附着于水槽的底部或接近底部的壁上，精液有节奏地从第2～4呼吸孔排出，呈烟雾状。雌性个体大量产卵时，用腹足部后端附着于水槽壁上支撑身体而充分接近于水面，足的前端离壁而弯曲，随即很快地边闭壳边把卵从第3～6呼吸孔排出，产完1次卵后即下沉水槽底部，几分钟后再爬上接近水面处进行第2次产卵活动，一般经过3～4次大量产卵，生殖腺中的卵子几乎放散殆尽。

雄鲍精子排放量很大。雌鲍的产卵量与个体大小有关，8cm以上个体产卵量可达120万粒，6cm左右个体产卵量一般在80万粒左右，最大个体产卵量可达200万粒以上。

(3) 鲍的发生　鲍受精卵的发育，与水温、盐度等有着密切的关系。皱纹盘鲍的胚胎和幼虫发生过程如图14-4所示。几种养殖鲍的发育过程和时间的比较见表14-2所示。

5. 生长

(1) 稚鲍、幼鲍和成鲍的生长　在人工培育条件下，皱纹盘鲍的前期稚鲍，平均日增长为100～150μm，当年4月底、5月初采苗至6月中旬剥离时，稚鲍壳长可达3～5mm。剥离后的稚鲍，平均日增长100μm左右，再经4个多月的生长，至11月，一般壳长可达1.3～1.4cm，大者可达1.6～1.7cm。

表 14-2 皱纹盘鲍、杂色鲍和九孔鲍发育过程的比较

发育阶段	皱纹盘鲍(水温 22～23℃)	杂色鲍(水温 24～26℃)	九孔鲍(水温 26.2～26.8)
卵径	220μm	200μm	200μm
第一、第二极体	15min	20min	20min
2 细胞期	40～50min	45min	30～60min
4 细胞期	80min	60min	90min
8 细胞期	120min	80min	100min
16 细胞期	160min	100min	120min
桑葚期	195min	150min	170min
原肠期	6h	4.5h	4h
未孵化的担轮幼虫	7～8h	6h	4.5～5h
孵化后的担轮幼虫	10～12h	8～10h	6h
初期面盘幼虫	15h	10～12h	14h
后期面盘幼虫	28h	16.5～20h	24～27h
初期匍匐幼虫	3～4 天	2 天	43～46h
围口壳幼虫	6～8 天	3.5 天	65h
上足分化幼虫	19 天	12.5 天	14 天
稚鲍	45 天	24 天	23 天

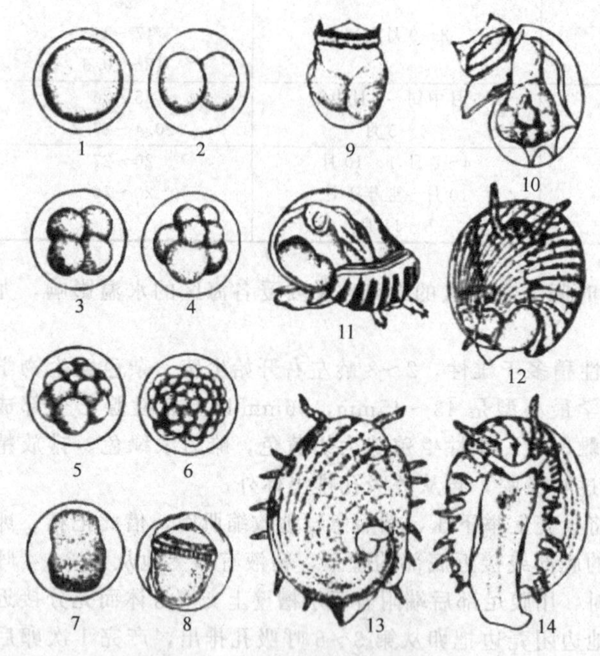

图 14-4 皱纹盘鲍的胚胎和幼虫发生（引自蔡英亚等，1994）

1—受精卵；2—2 细胞期；3—4 细胞期；4—8 细胞期；5—16 细胞期；6—桑葚期；7—原肠期；8—膜内担轮幼虫；9—早期面盘幼虫；10—扭转后的面盘幼虫；11—围口壳幼虫；12—上足触角分化幼虫；13—出现第一呼吸孔的稚鲍（背面观）；14—出现第一呼吸孔的稚鲍（腹面观）

在人工养殖条件下，皱纹盘鲍的生长速度往往与养殖条件和管理水平有很大关系，各地不尽一致。如 1998 年蓬莱江成海珍品有限公司育苗场培育的日本盘鲍（*H. discus discus*）与皱纹盘鲍杂交苗，当年年底平均壳长达 1.8cm。此时，运到福建莆田海区，至翌年 7 月初平均壳长为 5cm（其中 6cm 以上占 30％左右）。但在山东海区养殖，平均壳长只有 4cm。在青岛地区岩礁潮间带围池养鲍，当年 3 月底平均壳长 2.5cm 的鲍苗，养殖 20 个月，多数个体可长到 7cm 以上。

(2) 影响鲍生长的因素

① 年龄。鲍的个体大小随年龄的增长而不断增长，从生长速度上来看，一般前 3 年增长速度最快，以后随着年龄增大而减慢。

② 水温。在适温范围内，鲍的新陈代谢、生长等生理活动随水温上升而增强，皱纹盘鲍以 15～25℃生长较快。

③ 光照。鲍是夜行动物，夜间进行摄食活动，如果受到光照刺激，会躲避于黑暗的角落。实践表明黑暗条件能加速鲍的生长，缩短养殖周期。

④ 饵料。鲍的幼虫在摄食不同的饵料时，其生长发育有显著差别。摄食扁藻的幼虫，排遗物呈短棒状，排出频繁，每小时达 30 次，排遗物散开后，藻体萎缩，仍呈颗粒状，没有被充分消化，幼虫生长较差。摄食底栖硅藻的幼虫，排遗次数减少，每小时排遗 10 次，排遗物呈絮团状，绝大部分为色素完全消化的藻壳和残渣，幼虫生长较好。

不仅不同饵料对鲍的生长有影响，而且同一种饵料，软硬程度不同也有影响。柔嫩海藻可以促使鲍的生长。例如，幼鲍食同一种柔嫩的藻体，每天生长125μm；食粗硬藻体，每天生长26μm。同一种海藻干燥后饲养幼鲍，其生长率仅为新鲜海藻的70%～90%，但海藻干品可以随时弥补新鲜海藻淡季供应不足的缺点。

第二节 鲍的人工育苗技术

在我国，皱纹盘鲍、九孔鲍和杂色鲍的人工育苗均已取得成功，并广泛在生产中应用。下面以皱纹盘鲍为例介绍鲍的人工育苗技术。

一、育苗前的准备工作

1. 亲鲍升温促熟蓄养

(1) 亲鲍促熟蓄养池的要求　选用保温和控制光线的池子作为亲鲍促熟蓄养池，池子以深且面积小的方形或长方形为好，池深一般为1.3～1.5m，容水量1.5～2.0m^3。通常每1000平方米的育苗面积，需配亲鲍蓄养池30m^3水体。池子应有升温、控温和充气的装置。

(2) 促熟蓄养开始时间　每种鲍的有效积温，必须达到一定值之后，生殖腺才会成熟。皱纹盘鲍性成熟的有效积温大约在1000℃左右，用以下公式计算有效积温：

$$Y_n = \sum_{i=1}^{n}(T_i - 7.6℃)$$

式中，Y_n为有效积温；T_i为蓄养水温；7.6℃为皱纹盘鲍的生物学零度，即有效积温等于蓄养期每天蓄养水温减去鲍生物学零度7.6℃后的总和（当$T_i \leqslant 7.6℃$时不计入）。因此，当蓄养水温18～20℃时，要使有效积温达1000℃，大约需要3个月的时间，所以亲鲍促熟蓄养需在计划采苗前3个月开始，一般在2月中下旬。

(3) 亲鲍的选择和蓄养量　亲鲍应选择人工养殖3年以上、大小在8～9cm以上、性腺成熟的个体，体质健壮，无创伤，足肌活动敏捷。一般每100g雌鲍能产卵100万粒，可根据计划采苗量来确定亲鲍数。为确保获得充足的优质卵，亲鲍的数量可增加4～5倍。雌雄比例为4∶1。

(4) 亲鲍的促熟培育方法　池内养殖方式可采用悬挂式网箱（网箱内放一黑色的大波纹板作附着基）或多层塑料箱。亲鲍蓄养密度20～30只（2～3kg/m^3），前期可雌、雄混养，当雌、雄性腺区别明显后，要进行分池蓄养。亲鲍入池后，先在自然水温中稳定适应2～3天，然后每天按1℃的幅度递增，逐渐升至20℃后进行恒温培育。每天傍晚投喂1次新鲜海带或裙带菜，翌日晨清除残饵，投喂量视摄饵量多少而增减。一般每天按体重的10%～20%投喂，如果每天摄食量低于5%，则说明健康状况或培养条件不佳，应及时进行调整。做到每天清饵后全量更换新鲜海水，移笼换池，换池温差应小于0.5℃。在培养过程中，昼夜连续充气，使海水含氧量保持在5.0mg/L。

2. 饵料板的准备

饵料板即采苗板（图14-5），饵料板的制作方法见第二篇第四章。

饵料板上底栖硅藻的培养，应在采苗之前1.5～2个月进行。接种用的底栖硅藻，可选择舟形藻、菱形藻和卵形藻等小型底栖硅藻作为种源。

在接种饵料之前，要彻底清除板面和框架上的污物。方法是使用0.05%氢氧化钠浸泡1～2天，然后用清水反复洗刷干净。将洗刷干净的采苗板，一片片交叉重叠捆绑成捆，紧密排列平放于池内。加入适量的新鲜海水，以浸没采苗板为宜。然后将浓度很高的藻种，经300目筛绢过滤2～3遍后倒入培育池内，充分搅拌均匀静止勿动。第2天将采苗板轻轻倒置，再用同样的方法

图 14-5 附生底栖硅藻的波纹饵料板

图 14-6 塑料薄膜饲料板

接种采苗板的另一面。第 3 天即可将采苗板装入框架，并把框架有序排列于池内培养。饵料板与水流成平行方向，这样既可以使波纹板能够均匀地接受光照，有利于底栖硅藻的生长繁殖；又能使水流畅通，有利于稚鲍的生长。

我国南方培育九孔鲍苗则多用塑料薄膜作为饵料板（图 14-6）。

饵料接种后，要避免阳光直射，光照强度以 1500～2500lx 为宜。应经常上、下倒转采苗板，这样不仅可以抑制绿藻的繁殖，而且能使饵料生长均匀。在培养期间，每周换水 2 次，每次换水量为 1/2 左右，换水后应相应地补充氮、磷、硅、铁等营养盐。水温最好保持在 10～15℃，定时或连续充气。在培养饵料过程中，往往会出现桡足类的大量繁殖，如不及时清除，会导致饵料全部覆灭。清除方法是在培育池中加入 1～2g/m³ 敌百虫，24h 后彻底清池换水，再重新补充营养盐。

二、诱导产卵与人工授精

1. 诱导方法

皱纹盘鲍约经 3 个月的升温培育后，当有效积温达到 1000℃左右时，生殖腺发育成熟，外观丰满，略向外凸，覆盖角状器官的大部分，雌、雄颜色鲜明。这时可采用紫外线照射海水法、活性炭处理海水法、过氧化氢法、阴干流水刺激、变温刺激等方法进行诱导。生产中常采用紫外线照射海水法，具体操作如下。

（1）设备　目前国内比较常用的紫外线照射装置是静水照射槽。静水照射槽的规格为长 1m、宽 0.5m、深 0.5m，其数量按每 200 平方米的育苗池 1 个计算。每个水槽安装 30W 的带臭氧的紫外线灯，两端用环氧树脂密封，可深入水中。紫外线灯管可用市场上出售的波长为 2537Å、功率为 30W 的紫外线杀菌灯（一般需备用 2～4 支）。玻璃钢水槽内加入 30cm 的经活性炭过滤的洁净海水，水温控制在 22℃，2～3 支灯管为 1 组，吊挂于水面以上 5～6cm 处，盖上黑布后开始照射。

（2）紫外线照射海水的使用剂量　实践证明以 300～500mW·h/L 照射剂量诱导较好。若过小，无诱导作用；若过大，则容易把不成熟的精卵刺激排放，造成孵化和培育的困难。

2. 催产

催产一般在夜间进行。尽量挑选角状部膨起、性腺饱满、覆盖面积大、性腺与肝脏交界处界限清晰的亲鲍。雌、雄比例为 4∶1。将亲鲍腹足朝上，盖上经海水湿润的干净纱布，阴干 1h，然后将雌、雄分开。每 4～5 只亲鲍放在 1 个产卵盆或缸中，放入后便可向盆或缸中注入经紫外线照射的海水，保持黑暗的环境，尽量不要人为惊动亲鲍。在亲鲍进入经照射的海水 1h 之内，多数个体还不能排放，这时如果更换一次照射海水，一般在换水之后 30～40min，可见排放精卵。通常在 17℃左右室温条件下，傍晚 17 时开始阴干刺激，到 23～24 时就能达到产卵高峰。

3. 人工授精

发现雄体大量排放时，从中上层水体中收集一部分精液备用。对于继续大量排放的雄体，也可不断收集和更新海水，使精子保持高活力，随时取用。雌体产卵旺盛时，也要经常倒出含卵的海水悬液，更换新鲜海水，保证卵子能及时受精，也保证亲鲍和卵子都有良好的水质条件。卵子悬浮液中的大型颗粒，可用40～50目的网滤出。

人工授精时，最好取2只以上雄鲍的精液混合，稀释后加入盛有卵子的容器中，进行充分搅拌，约10min后即可检查卵子受精的情况，一般1个卵子周围约有3～4个精子（侧面观）即可。可在短时间内分几次加入精液，避免一次性加入精液过多。上述操作尽量在性产物排放后的1h内完成，否则会影响受精率。受精卵密度一般为15～20粒/ml。

4. 洗卵

受精后30～40min，卵子全部下沉时，即将中上层的清水轻轻倒掉（以不倒出卵子为原则），然后注入经活性炭过滤的新鲜海水，每隔30min洗卵1次。如此反复，进行6～8次。洗卵水温要稳定在17℃以上。

三、浮游幼虫的培育

在水温21～22℃条件下，受精卵约11～12h，担轮幼虫破膜孵出而上浮。此时密度以15～20个/ml为宜。培育浮游幼虫阶段应注意保持水质清新，每隔2h用200目筛绢过滤器换水1次，换水量为1/2～2/3，或采用流水培育。从担轮幼虫到面盘幼虫，需经过多次选优，淘汰不健康的幼虫和死亡的个体，以保证水质新鲜。浮游幼虫培育期间不需投饵。

四、采苗

(1) 采苗前的准备　在采苗的前1～2天，应对采苗板及采苗池等进行清洁处理。首先要杀灭采苗板上的桡足类及其卵子，每立方米水体加入1～2g敌百虫，待12～16h后结合换水，再彻底冲洗采苗板以及池底、池壁等，将死亡的桡足类、老化的硅藻以及污泥、杂物等一切有害物都清除干净，再注入新水，注水量高于采苗板5～10cm即可。同时将水温升至18～20℃。

(2) 采苗时间　皱纹盘鲍的受精卵，在21～22℃下约70h，开始由浮游面盘幼虫进入底栖匍匐生活。采苗多在傍晚进行，也就是在催产的第4天傍晚计数投池。

(3) 采苗密度　附苗密度主要是根据饵料板上硅藻的生长情况与幼虫的健康状况而定，在晴天、硅藻生长良好而且持续时间较长时，可适当增加幼虫的附着量。试验证明：投入幼虫密度按采苗板面积计算，以附苗后0.1只/cm^2较为合适；附苗率一般为40%～50%。

五、采苗后的培育管理

(1) 换水与倒池　在幼虫尚未完全附着之前，出口处需用200目筛网拦阻，以防幼虫流失。采用边进水、边排水的方式，每天早、晚各换水1次，每次换水1/2左右。水温最好不低于18℃。在大多数幼虫进入附着生活以后（一般在投放幼虫后的2～4天左右），即可撤掉筛网并逐渐加大换水量，由1个量程增加到2～4个量程。在夏季水温超过25℃后，换水量应增加到4～5个量程。但采用流水法换水仍不够彻底，需每周倒池1次，以彻底清除池底杂物，达到全量换水的目的。

(2) 控制光照度　为提高采苗板上的硅藻饵料增殖速度，抑制其他杂藻繁殖生长，光照度仍控制在1500～2500lx之间，以延长鲍苗培育时间，提高剥离规格。同时在整个培育阶段，定期（约1周左右）将框架和波纹板上下倒置，尽量使饵料板各个部位的硅藻都能得到更好的生长繁殖环境。

(3) 补充饵料

① 施肥。一般采苗后半个月，随着鲍苗的生长，采苗器上的底栖硅藻逐渐减少，甚至为白

板（俗称“透亮”），此时需在育苗池中适当施加营养盐（N：P：Si：Fe=10：1：1：0.1），促进底栖硅藻生长、繁殖，以保证在采苗后1个月左右内稚鲍的摄食需要。

② 投喂扁藻。为防止饵料不足，可提前培养大量扁藻，在每天晚上流水停止后投喂，每天投喂的藻液量为培育水体的2%～3%为宜。

③ 投喂裙带菜、海带子孢子。在6～7月，取回成熟的裙带菜或海带，先洗刷、阴干2h，然后放入高于海区水温3～5℃的过滤海水中，即可放散出子孢子。在培育池流水停止后，把孢子水打入池内投喂。

④ 倒板。饵料板上的硅藻会因稚鲍的摄食或其他原因造成脱落，变为光板。在稚鲍个体小、达不到剥离规格时，最有效的手段是尽量留出部分有底栖饵料的附苗板不采苗，以备出现光板时倒板用。具体操作方法是，将备用饵料板铺在育苗池内架好的网箱内（板与板朝一方向遮盖约2/3），用软毛刷把光板上的鲍苗剥离到备用板露出的1/3波纹板上，5min后再以同样的方式剥离到备用板的另一面，然后插入框架内。

（4）日常管理 每天测量水温2次，并根据水温变化，随时调整换水量。定时测量育苗池水的pH值、溶解氧、海水盐度等。观测鲍苗的生长，根据生长情况，判断是否正常。培育中，注意池壁水面上是否有鲍苗，若发现应及时刷入池内，防止干死。

此外，稚鲍培育期间还应做好敌害防治工作。

六、稚鲍的剥离

稚鲍的剥离操作是育苗中必不可少的环节，即把稚鲍从初期采苗板上剥下进行网箱中间培育。稚鲍壳长达4～5mm时，原采苗板上的底栖硅藻往往耗尽，此时就要将稚鲍剥离进行苗种中间育成；如果底栖硅藻供应不上，壳长2～3mm左右的稚鲍便可以开始剥离。

稚鲍剥离的方法有多种，如麻醉剥离法、温差剥离法、电击剥离法等。麻醉剥离法有氨基甲酸乙酯（$C_3H_7O_2N$）麻醉剥离（1%）、酒精麻醉剥离和FQ-420麻醉剥离。但在国内普遍采用的还是酒精剥离法。具体操作步骤是：在盛放药液（2%～3%的海水酒精溶液）的水槽底部，铺放一层粗网目的筛绢（以不漏掉鲍苗为准），将附着鲍苗的板浸入3～4min后，由于麻醉的作用，鲍足部肌肉麻痹收缩，使贝壳举起原地扭动，此时用海绵或毛刷轻刷将鲍苗刷下。注意剥离后的鲍苗，在药液中停留时间不可太长，一般不要超过10min。剥离后的鲍苗，要用新鲜海水反复冲洗干净。

鲍苗剥离也可以不经任何麻醉，采用直接剥离法，用毛刷或海绵剥离波纹板上的稚鲍；吸附在框架上的稚鲍用2%～3%的酒精浸泡或4%的酒精喷洒后，使用软毛刷剥离。

七、鲍苗中间培育

中间培育，是指从稚鲍剥离后平面培育开始，至壳长达1.0～1.2cm的规格，可以下海或在室内越冬养殖的阶段。中间培育的稚鲍规格最好在壳长5mm以上，成活率可达90%以上。但在饵料板上的底栖硅藻严重不足时，壳长2～3mm的稚鲍，也可开始中间培育，只是成活率低些。鲍苗中间培育采用网箱流水平面培育的方法。

1. 设备

（1）培育池 可用前期的长方形育苗池。

（2）网箱 用于放养剥离后的稚鲍，网箱的宽度比池子宽度略小些。为便于操作，长度约1.0～1.5m，深0.2～0.3m。初期网箱可用1mm网目的塑料纱窗网或专织的聚乙烯网，后期随着个体的长大逐渐改用大网目的网箱，以便于网箱内外的水流交换。网箱水平悬挂于池中，底部与池底保持10～15cm的距离，以利于水流畅通及池底沉淀物的清理。网箱上部应高出水面3～4cm，以防止稚鲍爬出网外。

（3）附着板 既是稚鲍附着生活的基质，又是承接饵料的基质。稚鲍长至壳长4～5mm以后逐渐转为避光性，白天聚集在附着板的阴面，夜间活动频繁，进行摄食。附着板可用深色的聚氯乙烯制成的波纹板，并在板上钻一定数量的直径 2cm 左右的圆孔，便于幼鲍上下爬行。附着板表面要求光滑，既利于剥离操作，还可避免损伤稚鲍。

2. 网箱流水平面培育管理

(1) 培育密度　稚鲍的培育密度按不同壳长而定，一般壳长 3～5mm 的稚鲍，其密度以 6000 只/m^2 为宜，过密会影响生长。

(2) 日换水量　日换水量的多少直接影响到鲍苗的正常摄食、生长和培育的存活率。日换水量的多少与水温、个体大小、密度等有关，尤其是稚鲍剥离后，饵料改为配合饵料，容易引起水质败坏，因此必须加大换水量。但如过多，则会增加设备与能源上的浪费。一般在稚鲍壳长 5～6mm 之前，日换水量应不少于培育水体的 5～6 个量程。在壳长 6mm 之后，流水量应不少于培育水体的 8 个量程。

(3) 饵料　配合饲料和海藻饵料如海带、裙带菜等相比，来源方便，不受季节限制，饲料利用效率高，因此可自始至终采用人工配合饲料。壳长 6～7mm 以前的稚鲍摄食能力弱，需投喂粉末状人工配合饲料；壳长 7mm 以后，投喂片状圆形饲料效果较好。

饵料的投喂量与个体大小和水温有关。一般每天的投喂量，可掌握在按鲍体重的 2%～5%，但必须依据鲍的大小、水温、水质和稚鲍的实际摄食状况，进行适当的调整。

由于稚鲍的摄食活动在夜间，每天傍晚在投喂粉末饲料之前，需先用海水调匀，关闭充气阀门，停止流水，然后将饲料均匀地泼洒到附着板上面，投饵后 0.5h 开始供气与流水。片状饲料则可直接投喂。

(4) 光线　稚鲍在 4.5mm 前，适当的光照对底栖硅藻的繁殖有利，同样对它们摄食生长也是必要的。但发育到 4.5mm 以后鲍苗开始具有负趋光性特点，转向夜间摄食，这也是鲍苗开始趋向摄食大型海藻的转变。因此可以根据这一特性，减弱光照强度，造成较长的黑暗日周期，增加鲍的摄食时间，促进生长。

(5) 其他管理工作　因投喂人工配合饵料，所以保持水质清洁是管理的主要工作之一。每天清晨用虹吸法清除附着板上、网箱底部和池底的残饵和排泄物等。每周倒池 2～3 次，彻底清理池底杂物。平时还应注意将爬到网箱壁上的稚鲍及时刷入波纹板上，定期观察稚鲍生长，测量水中溶解氧和水温等。出现异常情况应及时处理，如水质状况不佳，尤其是缺氧时，大量稚鲍爬向水面附近时，立即大量换水，就会很快恢复正常。

北方一般在 11 月中、下旬，水温降至 10℃左右，鲍苗壳长已达 1.2cm 以上，可下海挂养，鲍苗下海规格最好在 1.5cm 以上。对于 1.0cm 左右较小的个体，需要及时转入室内升温越冬。室内越冬可采用电升温或其他热能，用封闭循环海水系统培育。

自 20 世纪 90 年代以来，九孔鲍和皱纹盘鲍等的育苗及养殖生产都出现了不同程度的大量死亡现象，业者普遍认为主要原因之一是种质下降所致。鉴此，广大科研和生产工作者纷纷进行了杂交鲍的培育研究与生产，并取得了显著的成效。鲍的杂交主要有：日本西氏鲍（*H. sieboldii*）与皱纹盘鲍杂交、日本盘鲍与皱纹盘鲍杂交、杂色鲍与皱纹盘鲍杂交等。

第三节　鲍的养成技术

我国鲍的养殖从 20 世纪 80 年代后期开始，主要在 90 年代初飞跃发展，现已覆盖了全国有条件养殖的省份。由于自然海况的多样性和各地经济发展程度不同，鲍的养成方式多种多样，大体有陆上工厂化养殖、海区筏式养殖、岩礁潮下带沉箱养殖、潮间带围池养殖、潮下带垒石蒙网养殖和底播放流增殖等。

一、陆上工厂化养殖

1. 养殖方式与器材设施

(1) 网箱平流饲养(图 14-7) 养殖池由水泥或玻璃钢制成，长 8～9m、宽 0.8～0.9m、深 0.4～0.5m，有效面积 7～9m²。网箱由 1cm 网孔的聚乙烯挤塑网制成，长 70～80cm、宽 80～90cm、高 28cm，有效面积一般为 0.6～0.7m²。波纹板由黑色玻璃钢制成，供鲍匍匐、掩蔽之用，还具有承接饵料的作用。为便于鲍摄食爬行，波纹板上应钻若干个圆孔，孔径要大于鲍的壳长。

每池放网箱 10 只。壳长 1.4～2.7cm 鲍苗的越冬育成，密度大体以 600 只/箱为宜，按养殖池有效面积计算以 800 只/m² 左右为宜；壳长 2.5～4.0cm 的，200～250 只/箱为宜；壳长 4～6cm，150 只/箱；如果养殖 7cm 以上大规格的商品鲍，可放养 100～120 只/箱。

(2) 多层水槽式网箱养殖(图 14-8) 多层式水槽可采用高压聚丙烯注塑成型、玻璃钢或混凝土制成，规格可因地制宜，一般长 3～8m、宽 70～80cm、深 40～50cm。水槽设置2～6 层，水循环以 2～3 层作为一个系统，以尽量不减小流速。网箱规格一般为 65cm×65cm×30cm，用网目为 1.2～1.5cm 的聚乙烯网制成。多层式水槽具有占地面积小、利用率高、节约用水等优点，但是上下层水流不均匀、流速较慢。

图 14-7 网箱平流饲养

图 14-8 网箱多层(立体)养殖

(3) 深水池塑料箱养殖 水池以长方形为宜，每池面积 20～40m²，深度1.2～1.8m。养殖容器采用黑色有孔塑料箱(图 14-9)，规格为 40cm×30cm×12cm，箱的一侧有一小活动门便于投饵。根据池的深度，将 7～12 个塑料箱用绳捆为 1 串，上面的箱底作为下面的箱盖，最下面一个箱距池底约 20cm，最上面一个箱用砖块等重物压住，以免随水漂移。捆好的塑料箱沿池的纵向成排摆放在池中，池边两侧为单排箱，中间各排为双排箱，每两排箱之间留有 60～80cm 的间隔作为人工操作时的通道，有活动门的一侧均朝向通道，便于投饵、清理时下池操作。一般放塑料箱 20～25 个/m³，塑料箱体积实际占水池体积的 1/3 左右，这样既有利于水流通畅、又可保持一定的放养密度。

(4) 四角砖平面养殖 四角砖是用水泥沙浆烧铸而成的，砖体呈正方形，边长 30cm，厚 3cm，四只脚长 3cm；投放四角砖 15～18 块/m²，行距 20cm，如图 14-10 所示。

2. 养殖管理

(1) 供水 供水量主要根据水温的高低、鲍的大小和放养密度进行调整，供水量范围在升温越冬期为 8～12 倍，在常温期则为 10～16 倍。越冬升温期的日供水温差应控制在小于 2℃，并按时按量加钙。在海水浑浊时，要经过沙滤或使用回水循环工艺。

(2) 投饵 饵料种类有鲜海藻和人工配合饵料两种。两种饵料可混合使用。2cm 以下的幼鲍可全部投喂配合饵料；2cm 以上的幼鲍 12 月至翌年 8 月以投海带、江蓠和裙带菜等海藻为主，海藻缺乏时以配合饵料为主。

图 14-9 塑料箱立体养殖

图 14-10 四角砖平面养殖

投喂人工配合饵料时，壳长 1.5～7.0cm 的鲍，每日投饵量占鲍体重的 2%～5%。在越冬低温期，每 2 天投饵一次，清一次残饵；18℃以上每天投饵一次，清一次残饵。投饵时间一般在下午 4～6 时，早晨 7～8 时清残饵。

鲜海藻的日投饵量按实际摄食量的 2 倍计算，以保证鲍有较多的摄食机会。投喂时将海带、裙带菜去根洗净，大藻切成段。若水温在 20℃以下，每 4 天投一次，上午清残饵，下午投新饵。20℃以上的高温期，每 2 天投一次。注意禁投烂藻，清理残饵要彻底。

二、海区养殖

养殖海区的选择：根据鲍的生态习性，要求水质无污染，低潮时水深在 10m 以上，水质澄清，透明度大，水流交换好，流速 20～30m/min 为宜，水温变化平稳，海水盐度较高，附近无淡水流入，或受淡水影响较小的海区。筏式养殖的底质以泥底最好，泥沙底次之，岩礁底因无法设置筏架最差。其他养殖方式的底质以选择岩礁地带，临近海区无泥沙淤积，不易受敌害袭击为宜。

1. 筏式养殖

(1) 养成器 目前国内使用较为普遍的多层网笼。养殖网笼由 4～6 层聚乙烯方形或圆形盘所组成，盘为黑色，直径或边长约 50cm，盘的边高为 6cm，每个盘的底部有 4 个直径为 7cm 的圆孔，用于交换海水。盘的中心，有一根铁棍串联，中间均用聚乙烯管固定隔开。盘口朝下，在框架四周以网片包围，用塑料拉链开启以便于投饵。网目的大小，随养鲍的个体大小而定，可以随时更换。

(2) 养殖规格与密度 在低水温期，幼鲍个体越小，死亡率越高，壳长在 8mm 以下，死亡率达 90%以上。如遇上特殊寒冷天气，平均壳长 1.2～1.3cm 的个体，也会大量死亡。据此，在北方以壳长 2.0cm 左右的个体，作为海上养殖的苗种为宜。

放养密度，主要考虑养殖鲍占有的附着面积和有一定的活动空间。以上养殖器材养殖皱纹盘鲍的密度，一般壳长 2.0cm 的小型鲍苗每层放养 200～300 个；壳长 3cm 的大苗每层放养 100～150 个；壳长 5cm 以上的鲍每层放养 20～60 个。

(3) 海上养成管理

① 投饵。国内养鲍使用的天然饵料，南方以海带和江蓠为主，北方以海带和裙带菜为主。一般每 6～10 天投喂一次。投喂量根据笼内鲍的数量、重量和水温高低等因素来掌握。如皱纹盘鲍，在水温 20℃时，若 8 天投喂 1 次，投喂量掌握在鲍体重的 2 倍左右；14℃以下或 23℃以上时，投喂量为鲍体重的 1 倍左右。一般残饵量控制在 15%～20%为宜。投喂新鲜海藻时，要先将藻体冲刷干净，若用海带还需切成小块。在缺乏新鲜藻类时，可用干海带等作饵料，还可投喂人工配合饵料，一般每 4～5 天投喂 1 次，残饵量控制在 10%左右。

② 清除敌害与残饵。清除残饵工作可结合投饵进行，特别是在高温季节，要严防腐烂的饵

料滞留笼内而影响水质。敌害生物主要是贻贝、牡蛎、杂藻等附着生物，因其大量附着，堵塞网笼，影响水质交换，与鲍争夺生存空间，还会磨断吊绳造成掉笼。防止办法是在敌害生物繁殖季节，通过调节水层，避开敌害生物的附着，或适时进行人工刮除。

③ 换网。随着鲍的生长和附着物的增多，为了保持水流畅通，要及时更换大网目的干净网片。网目大小，根据笼内鲍的个体大小而定，以鲍不能从网孔内钻出为宜。

④ 调节水层。鲍的养殖水层一般调节在2～6m间。在养殖过程中，需要根据季节和海况灵活调节水层。在附着生物附着高峰期、冬季低温和夏季高温期要调深，生长适温期调浅；雨季、有赤潮、有污染时调深，正常环境时调浅；大规格鲍养殖比小规格鲍养殖水层宜深。调节水层靠延长或缩短网笼吊绳来实现。

⑤ 检查与洗刷笼子。检查笼子与网片有无破碎，以防鲍丢失或钻入敌害生物。要防止网笼堵塞，经常洗刷。在越冬之前，要加固浮力，以防吊绳绞缠和器材漂于水面。当气温在1℃以下和30℃以上作业时，要严禁把养殖笼提出水面操作。

2. 其他养殖方式

(1) 岩礁潮间带围池养殖　围池养鲍是指在条件适宜的海岸边，人工造池，并投入苗种进行养殖。这种养殖方法系集底播放流增殖与沉箱养鲍的优点而发展起来的，也是当前较受欢迎的养殖方法之一。

① 建池要求。在海区确定之后，在中潮区选择有利的地形建池。池子要保持足够的水深，低潮时不低于2.5m；池堤要牢固，尤其是受风浪冲击的一面，并在外堤的最低处留出排污孔，以便在最低潮时清理池底。池子大小、形状不限。池底可多投些人工鲍礁，增加鲍附着面积和提供栖息场所。为防止鲍的逃逸和敌害生物的侵入，可在围堤上方盖上网片。

② 放养密度及投苗。围池养鲍的投苗量，一般放2～3cm的苗种50～60只/m² 比较合适。在投苗之前，要尽量清除敌害生物。以水下投苗为佳，即由潜水员将鲍苗和附着板一同放置在池底，待鲍苗离开附着板后，再把附着板收回。

③ 日常管理。皱纹盘鲍在一年之中，不同季节摄食饵料的种类和摄食量不同，因此，应根据季节不同制订投饵计划。1～3月，水温低于7℃时，投喂1次即可；4～6月，每10～15天投喂1次；7～9月，每4～5天投喂1次；10～12月，每5～6天投喂1次。要经常潜水观察，根据残饵量来调整每次的投饵量。如果有条件，应尽量多向池内移植一些鲍喜食的大型藻类，如海带、裙带菜等。此外，还要由潜水员下池捕捉和投网笼诱捕敌害生物，也可配合排污大换水时拣出。

(2) 岩礁潮下带沉箱养殖（图14-11）　网箱的网片用无结网、聚乙烯网或尼龙网均可。网箱骨架一般采用直径14mm的铁棍或螺纹钢焊接而成，为防止铁锈磨破网片，可缠上塑料薄膜，周围披覆上网片。网箱多为“田”字形，边长为2m、高0.5m左右，为了有利于固定，底部可多焊几根铁棍。每个网箱表面中央留一拉链口（长50～60cm），以便供投饵和观察之用。在网箱内投放些不规则的石块，以供鲍附着之用。石块大小为30～40kg/块。

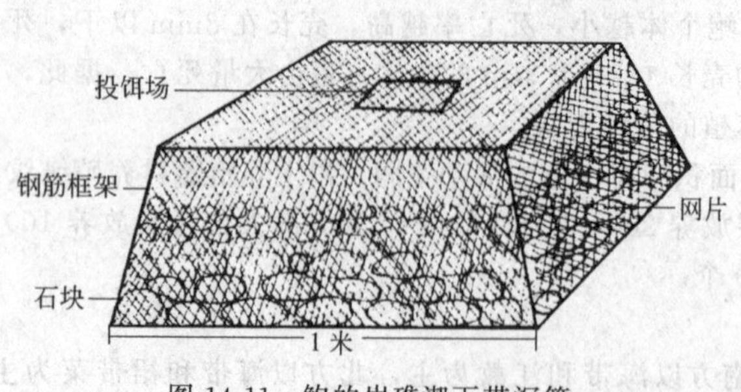

图14-11　鲍的岩礁潮下带沉箱养殖（引自李琪，2006）

放苗时间可选在春天当海水水温升至12～13℃时进行。春天放苗个体，壳长不应小于2cm；秋天放苗个体，壳长不应小于3cm。一般壳长2～3cm的鲍苗，放养150～250只/m² 比较适宜。

(3) 潮下带垒石蒙网养殖（图14-12）　在低潮线以下的浅海，大潮退潮后可保持水深60～70cm以上处，在岩礁区垒起一垛垛石头，外面用聚乙烯网包起来，垄横断石呈梯形，底宽3～6m，顶宽2～3m，长10～20m，高约为1～2m左右，垄间距5m左右，长轴与潮流方向平行。

石块外围有两层网衣，内衣主要作用是保护外层网衣，防止石块磨损。网衣网目大小以不漏掉鲍为原则。在垒石蒙网的区域设有投饵袖口，以备低潮时向蒙网内投放饵料。放养密度一般为500只/m^3石块左右。

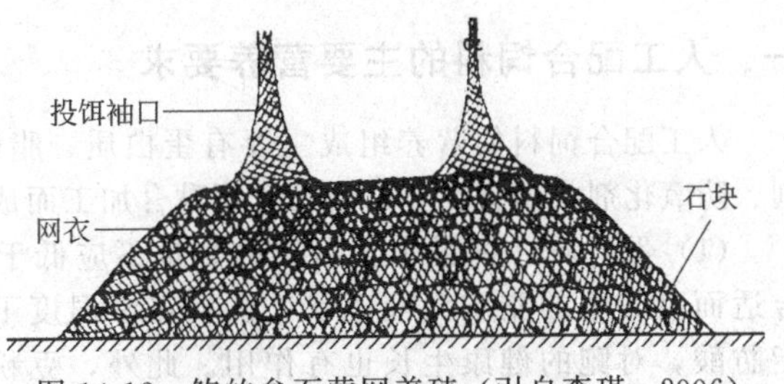

图14-12 鲍的垒石蒙网养殖（引自李琪，2006）

养殖管理主要是根据不同季节鲍的摄食情况，定期投饵，投饵量一般为鲍体重的20%～30%左右；经常检查围网是否破损，防止鲍逃逸；随时清除蟹类、海星、海胆、红螺等敌害生物及腐烂变质的残饵。

三、鲍的疾病与防治

在鲍的工厂化和其他养殖方式中，鲍常见的疾病及其发病原因、主要症状和防治方法见表14-3。

表14-3 鲍常见疾病的种类、发病原因、主要症状和防治方法

病害种类	发病原因	主要症状	防治方法
气泡病	工厂化养殖中，在光照强烈并且水流不畅时，由于海藻的光合作用，产生大量氧溶解于水中	鲍的内脏团鼓起气泡，严重时鲍可浮起来，主要危害幼鲍	加强水质净化，严防光照过强，禁止投腐烂饵料
缺钙碎壳症	长期大量使用循环水；投喂钙量不足的配合饵料	壳薄易碎，以致壳顶掉下来，露出软体部	按时按量人工添加2～3mg/L氯化钙
脓胞病	荧光假单胞杆菌、河流弧菌感染	皱纹盘鲍的足肌上，呈现1～10个微隆起的白色脓胞，足部肌肉产生不同程度溃烂，病鲍附着力减弱	复方新诺明3.12g/m^3浸浴3h，1次/天，连用3天为一个疗程，隔3～5天再进行下一个疗程
破腹病	弧菌侵入鲍体	外套膜与鲍壳连接处变成褐色，重者会使内脏角锥体处的外套膜破裂，造成内脏裸露	复方新诺明2片/m^3，首次加倍，用药时间在下午5时左右，并停止池内流水4～6h，坚持5天为宜
肿胀病	水质污染，鲍摄食变质的海藻	外套腔内液体增多，呈淡红色，并产生气泡，内脏团锥体肿大而突出体外	施用土霉素1～2mg/L
裂壳病	由球状病毒感染引起，或残饵污染水质，由细菌分解后产生微量有机酸	足部变瘦，失去韧性，贝壳变薄，壳孔间因壳的腐蚀形成相互连通形状	尚无有效的治疗方法，如发现少量发病时，应隔离以防止互相感染传播
溃疡病	溶藻弧菌感染	上、下足之间肌肉溃烂，鲍的附着力大大减低，肌体溃烂死亡	用8mg/L CP_{95}静水药浴，浸泡2h；或隔离病鲍用4mg/L浓度，浸泡24h
肌肉萎缩症	海水中重金属离子超标；近亲繁殖	肌肉消瘦，足部萎缩，外套膜萎缩，肌肉失去水分和光泽	处理好养殖用水；培养出抗病能力强、自身免疫力高的优良品种

第四节 鲍的人工配合饲料

人工配合饲料具有加工简便、便于储存、方便投喂，且无毒无菌，供应不受季节的限制等特点，解决了鲍的海藻饵料因受养殖生产性强而无法足量供应的矛盾，而且配合饲料比海藻的营养成分更加全面、合理。

一、人工配合饲料的主要营养要求

人工配合饲料的营养组成主要有蛋白质、脂肪、碳水化合物、维生素和矿物盐，加上防腐剂、防氧化剂、诱食剂等，由黏合剂黏合加工而成。

(1) 蛋白质　饲料中蛋白质的含量不应低于30%。鱼粉是理想的蛋白源，其氨基酸配比合适而且其中的脂肪为液态状，能在正常温度下被鲍吸收，此外鱼粉还含有高浓度的不饱和脂肪酸，对鲍的健康生长也有作用。此外，豆粉、干酪素也是较好的蛋白质。

(2) 脂肪　饲料中脂肪含量以5%为宜。而且在饲料中含有一些不饱和脂肪酸也是很重要的，如果饲料中没有这一成分，鲍的生长就受阻，所以在加工饲料时应确保有一定量的不饱和脂肪酸。目前，鲍饵料中使用的脂肪源有鳕肝油、沙丁鱼油、豆油、菜油，或是它们的混合物。但以鱼粉为蛋白源时，鱼粉中所含的脂肪量已足够，可不用另加。

(3) 碳水化合物　目前的人工配合饲料中碳水化合物含量多在30%～50%。用于配制饲料的碳水化合物有面粉、谷类、玉米、豆粉、淀粉、糊精、海藻粉等。

(4) 矿物质　加入矿物质和微量元素对鲍的生长有一定的促进作用，因此在配合饲料中往往加入一些矿物质和微量元素，但是其含量不超过总量的4%，因为矿物质含量越高，饲料的保形性越差。

(5) 维生素　由于鲍的饲料投喂后，在水中停留时间较长，水溶性维生素损失较多，若能改用维生素微囊制品与高稳定水溶性维生素C如L-2-多聚磷酸酯维生素C，将会取得较好的效果。

(6) 黏合剂　配合饲料的各成分都是粉状物，需要将其黏合成片状剂，并要求在水中稳定，以便鲍的摄食。制成片状剂的方法之一是用高压法，另一方法是加入黏性的胶状物质，即黏合剂。黏合剂一般占总量的20%～45%。鲍配合饲料中最常用的黏合剂是褐藻酸钠，它是用海带等海藻制成的。除黏合作用外，因为来源于海藻，还起到诱食剂的作用。

(7) 诱饵剂　在饲料中添加一些有诱食味道、吸引鲍摄食的物质是必要的。在褐藻与红藻中都含有鲍的诱食物质，因此在配合饲料中加入适量的海藻粉，效果很好。

二、九孔鲍的配合饲料

(1) 原料　主要为鱼粉、大豆粉、褐藻胶钠、淀粉、混合维生素、混合矿物质和海藻粉末等。

(2) 营养成分　主要营养成分为粗蛋白（36.42%）、粗脂肪（2.61%）、粗灰分（23.51%）、可消化性糖类（9.94%）、粗纤维（14.07%）、其他（1.1%）、水分（12.35%）。

(3) 使用效果　实验表明，九孔鲍摄食人工饲料后的壳长平均日增长104.44μm，为对照组（投喂江蓠）的2.7倍；平均日增重9.70mg，为对照组的3.28倍。

(4) 适口性及形状

① 粉末状。适合投喂壳长5mm以下的稚鲍。

② 细粒状。适合投喂壳长5～10mm的小型幼鲍。

③ 条状。适合投喂壳长10～20mm的大型幼鲍。

④ 片状。适合投喂壳长20mm以上的成鲍。

第五节　鲍的收获与加工

一、鲍的收获

(1) 采收规格　皱纹盘鲍的采收规格一般养殖鲍为壳长6～7cm，自然鲍为壳长7cm以上，便可收获。九孔鲍为小型鲍，当个体达到6cm以上，即可采收上市。

(2) 采收季节　采捕的原则是捕大留小。人工养殖鲍的采收季节，在北方多在入冬之前，这样可避免由于在漫长的冬季低温期，鲍不摄食、不生长，造成体重下降；在南方多在夏季来临之前采捕，以减少高温季节易死亡和台风带来的损失。

(3) 采收方法　工厂化养鲍采收时，可关闭充气阀门，把养殖笼从池子中提到池边，将达到商品规格的个体采捕下来，未达到商品规格的个体，仍留在池内继续养殖；潮间带水池养鲍采收时，先把池水排干，然后按顺序将石头、水泥板等附着器逐个翻起，进行捕大留小；网箱、筏式和沉箱养鲍的采收方法是将鲍连同附着器一起提出水面，直接进行抓捕。

由于鲍的吸附力很强，充分吸附时很难取下来，如果硬取下来，容易损伤鲍体。大量采收养殖鲍时，可采用3%～4%的酒精麻醉后进行剥离。少量采收或采捕自然鲍时，必须乘其活动时采用圆头钝边的不锈钢片迅速铲取。

二、加工

1. 干制品

(1) 加工方法

① 除去外壳和内脏。

② 将肉足部置于7%～8%食盐溶液中浸泡，隔夜捞出，搓洗去足周边的黑色素和黏液。

③ 入锅加水，煮熟。

④ 捞起鲍肉足部，穿在线上，置于网席上晒干即可。鲍干一般为整块晒干，因其肉较厚，完全晒干一般需要20天以上。

(2) 加工质量　由新鲜原料加工的干品，色泽淡黄、鲜艳，呈半透明，质量上乘，称为“明鲍”；而由变质或质量稍次的鲜鲍制成的干品，色泽暗淡，不透明，外覆一层粉状盐迹，质量较差，称为“灰鲍”。

(3) 鲍干品出成率　一般10～12kg带壳的鲜鲍，可以加工成鲍干品1kg，鲍干品出成率为8%～10%。

2. 罐头制品

干制品容易失去鲜品固有的美味，故罐头制品为较好的加工方法。水煮鲍罐，就是将鲍去壳及内脏，刷洗干净后，经杀菌、封罐而成。

3. 冷冻品

将鲜鲍除去壳及内脏，洗净装入保鲜袋内封口，入库速冻冷藏即可。

【本章小结】

鲍是珍稀的海产品，皱纹盘鲍、杂色鲍及其亚种九孔鲍是我国南北沿海经济贝类养殖的重要种类。本章介绍了鲍的形态构造、生活习性和繁殖习性，并以皱纹盘鲍为例介绍了鲍人工育苗技术的工艺流程和鲍苗中间培育的方法，其中皱纹盘鲍亲鲍的促熟培育需在计划采苗前3个月开始，饵料板上底栖硅藻的培养，应在采苗之前1.5～2个月进行。

鲍的陆上工厂化养殖有网箱平流饲养、深水池塑料箱养殖、多层式水槽网箱养殖和四角砖养殖等方式，养成过程中要做好换水、投饵和防治疾病的工作。在海区养殖，要根据不同的养殖方式选择合适的养成海区。鲍的海区养殖方式有筏式养殖、岩礁潮下带沉箱养殖、潮间带围池养殖、潮下带垒石蒙网养殖和底播放流增殖等。鲍采捕的原则是捕大留小，一般在冬季之前采收6cm以上的个体，可以鲜食、冷冻、加工成干制品或制成罐头。

在鲍的各种养殖方式，尤其是工厂化养殖中，要做好疾病的防治工作。人工配合饵料可以在鲍的人工育苗及成体养殖中使用，以提高生长效率。鲍的人工配合饲料具有营养全面、方便投喂、不受季节限制等优点，应加强研究和应用。

【复习题】

1. 如何从外部形态上区分皱纹盘鲍和杂色鲍？
2. 简述鲍在自然界栖息的环境条件和生活习性。
3. 简述鲍的食性与食料。
4. 试述鲍的繁殖习性和胚胎发育过程。
5. 试述皱纹盘鲍人工育苗的主要设施。
6. 诱导鲍产卵的方法有哪些？
7. 在皱纹盘鲍的人工育苗中，如何进行采卵？
8. 试述皱纹盘鲍在采苗后的培育管理过程。
9. 如何进行稚鲍剥离？
10. 试述皱纹盘鲍中间培育的过程和方法。
11. 鲍的养成方式有哪些？
12. 试述鲍陆上工厂化养殖的技术要点。
13. 试述筏式养鲍的方法及其管理内容。
14. 鲍常见的疾病有哪些？
15. 简述鲍人工配合饵料的营养要求。
16. 简述鲍干制品的加工方法。

第十五章　东风螺的养殖

【学习目标】

1. 掌握东风螺的分类地位和生活史。
2. 掌握东风螺不同发育阶段的食性及其适口饵料。
3. 掌握方斑东风螺人工条件下适宜的密度、温度、盐度、pH值、底质等环境因子参数。
4. 掌握东风螺人工育苗的工艺流程及其操作技能。
5. 掌握方斑东风螺养成期的日常管理及其关键技术。

东风螺（*Babylonia*）俗称旺螺（闽南）、花螺（广东、海南），分类上属软体动物的腹足纲、前鳃亚纲、新腹足目、蛾螺科、东风螺属。东风螺广泛分布于东南亚及我国东南沿海，是我国东南沿海海产腹足纲的主要经济种类。包括方斑东风螺（*B. aerolata* Link）、台湾东风螺（*B. formosae habei*，亦称波部东风螺）和泥东风螺（*B. lutosa* Lamarck），以方斑东风螺最多。东风螺肉质鲜美、风味独特，是深受人们喜爱的海珍品。

东风螺适应性好，生命力强，嗅觉灵敏，生长迅速，适合开展人工养殖生产。早在20世纪50年代，日本就开始了东风螺养殖的研究；我国台湾地区于20世纪70年代开展了东风螺人工育苗和养殖的实验；我国大陆对东风螺的研究始于20世纪90年代，包括东风螺的形态、繁殖、摄食、营养等基础研究内容和人工育苗技术、人工养殖技术等应用研究内容。近年来，东风螺人工养殖有了较大的发展，对养殖生态因子也有比较系统的实验研究。此外，对其养殖病害的实验也有报道。目前东风螺人工养殖主要在海南和广东，福建也有少量的育苗和养殖生产。

第一节　东风螺的生物学

一、东风螺的形态构造

东风螺贝壳外形近似长卵圆形，壳质厚实（图15-1）。壳塔短，体螺层膨大。壳表面具外皮，随不同种类或光滑或有肋。壳口具水管沟，具角质、长卵圆形的厣。足宽大，前端呈截形。眼位于触角基部外侧，水管长。吻长，具舌齿。

方斑东风螺缝合线明显，各螺层间形成一窄而平坦的肩部。壳面光滑，生长纹细密，壳面白色，被黄褐色壳皮。壳皮具长方形的紫褐色斑块，斑块在体螺层有3横列，上方的一列斑块最大。壳口半圆形，壳口内面瓷白色。前沟宽短，成U字缺刻，脐孔大而深。方斑东风螺壳面斑块排列通常比较规则，但个体变异较大。有体螺层不同横列的斑块连成纵带的个体，还有壳面白化的类型。

台湾东风螺也具有深大的缝合沟，壳底有脐孔。壳面光滑，有红褐色斑纹，体螺层的斑纹呈波形的条带状，与浅黄色波形条带相间。体螺层也有明显或不明显的2条横带分隔成3横列。个体比方斑东风螺小。

泥东风螺外形与方斑东风螺相似，缝合线明显。壳面光滑，生长纹细而明显。壳面被黄褐色壳皮，无明显斑块。壳口长卵圆形，前沟短而深，呈V形。脐孔明显，不深。

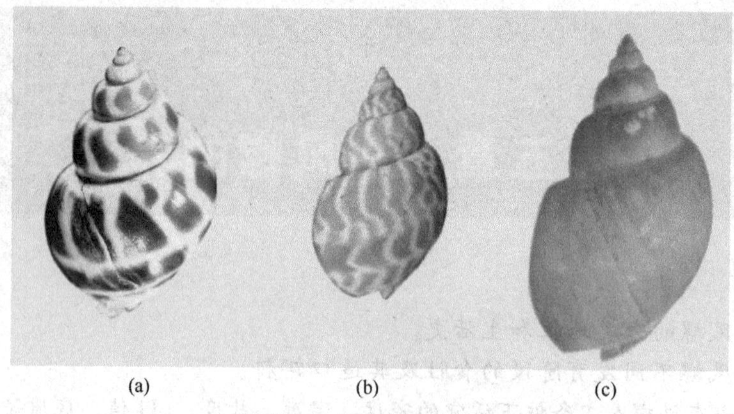

(a) (b) (c)

图 15-1 东风螺贝壳外形

(a) 方斑东风螺；(b) 台湾东风螺；(c) 泥东风螺

二、东风螺的生态习性

1. 生活习性

东风螺栖息于潮下带数米到数十米水深的沙质、沙泥质海底，除摄食活动外，多数时间潜居于底部的泥沙之中，仅露出水管；有昼伏夜出的习性。少数未潜沙的东风螺也是壳口朝下，腹足张开着地。在水泥池养殖条件下，壳高小于 10mm 的幼螺有攀爬池壁的习性，特别是在人工投喂饵料时，幼螺常被水面飘浮的鱼油、鱼浆等吸引到水面（腹足伸张、螺壳倒挂在水面飘浮），并因此爬上池壁直至离水，容易造成死亡。换水时也有明显的爬壁现象。

2. 对环境的要求

(1) 适温　方斑东风螺可以忍耐 7℃的低温和 34℃的高温，适宜的水温为 22～30℃，最适生长水温为 24～28℃。

(2) 适盐　方斑东风螺是耐高盐种类，耐低盐能力差，一般盐度不能低于 21，15 是方斑东风螺生存的下限盐度。

(3) 底质　方斑东风螺有潜沙的习性，除了摄食以外，方斑东风螺多数时间潜居在沙里，因此底质与其生长、存活密切相关。水泥池人工养殖，池底必须铺沙，以适应东风螺潜沙的习性。

人工养殖条件下，pH 值在 8.0 左右东风螺都能适应。

3. 食性与食料

东风螺浮游幼虫期以角毛藻、金藻等浮游单胞藻为食。变态后营底栖生活，食性转变为肉食性。东风螺捕食能力弱，栖息在自然水域的东风螺多以动物尸体为食。东风螺嗅觉灵敏，口吻发达。正常情况下，水泥池养殖的东风螺，对投下的饵料在 0.5min 内能作出寻食反应，即原潜居在沙底的东风螺会钻出沙层，从四面八方向饵料集结。摄食时硕大的腹足覆盖在食物上，若遇到障碍，其口吻可伸长达其壳高的 2 倍（15～20cm），伸达食物以齿舌舔食。人工养殖条件下，亲贝多在夜间摄食；但水泥池养殖的幼螺可在任何时间摄食。

方斑东风螺在水温低于 20℃时，摄食量明显减少，低于 15℃时基本不摄食。在水温低于 13℃的冬季，基本不需投饵，此时方斑东风螺不摄食，但不影响存活。因此在养殖过程中，冬季水温低时可不投饵，水温回升时少量投喂。

东风螺的摄食率与环境条件密切相关，不同生长阶段也有很大差别。方斑东风螺稚螺日摄食率（摄食量/体重）可达 20%以上，随个体的生长日摄食率降至 10%以内。养殖后期日摄食率仅为 1%～2%。

4. 繁殖习性

(1) 繁殖季节　我国东、南沿海的东风螺繁殖季节在 4～9 月份。广东、海南较早，福建闽南沿海一般在5月下旬以后。海区水温达到25℃左右时，东风螺陆续进入繁殖期。

（2）繁殖习性　东风螺雌雄异体，从外表较难区分性别。解剖检查性腺颜色，雌性性腺为黑灰色，雄性性腺为橘黄色或浅黄褐色。繁殖方式为雌雄交配体内受精，交配后产卵。东风螺产出的卵由透明胶质膜包裹，数百上千粒受精卵包裹在一起，称为卵囊或卵袋。卵囊内的受精卵浸润在透明胶状液中。卵囊的形状、每个卵囊的卵数随不同种类而异。方斑东风螺的卵囊为叶片状，外形近似等腰三角形，高约25mm，底宽约12mm，顶端有约15mm长的柄（图15-2），产出的卵囊柄的端点黏附在基质上，卵囊倒悬于水中。每个卵囊含卵1000粒左右，卵径约270～290μm。台湾东风螺的卵囊呈梯形薄片状，卵囊宽6～9mm，数十片粘贴在一起，附着在基质上。每个卵囊含卵400粒左右，卵径稍小（图15-3）。

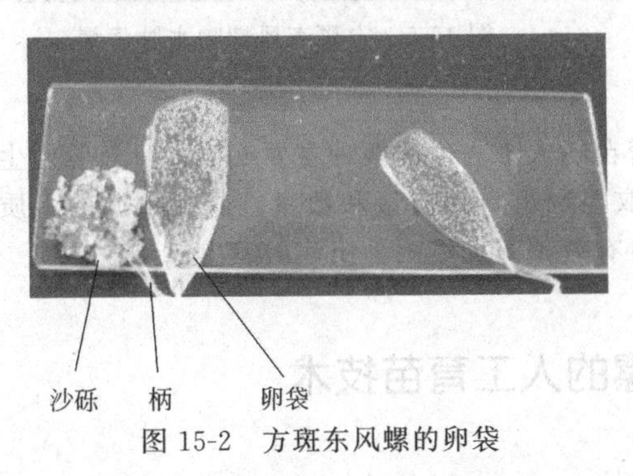

图15-2　方斑东风螺的卵袋

图15-3　台湾东风螺的卵囊

东风螺多在夜间产卵，也有个别在白天产卵的。方斑东风螺产卵时亲螺在池底缓慢移动，身后留下一列卵囊，卵囊单个排列，相隔约5cm。每只亲螺每次产出卵囊可达40多个，总卵量可达4万粒。一年中，东风螺在繁殖季节可多次交配和产卵，总产卵量可达几十万粒。

5. 生长与发育

方斑东风螺产卵后约7天，卵囊从底边裂开孵出幼虫。受精卵只能在卵囊中孵化，若离开卵囊直接置于水中，隔天尚有发育，2天后全部死亡。因此，破裂的卵囊多数不能孵化。刚孵出卵囊的浮游幼虫壳高约450μm，饵料充足的条件下，方斑东风螺浮游幼虫壳高生长速度可达78μm/天。孵化后约11～15天浮游幼虫壳高可达1.4mm，此时浮游幼虫面盘逐渐萎缩、消失，变态为稚螺，营底栖潜沙生活，食性由植物性转为动物性。变态1个月后，壳高可达5mm以上，成为可供养殖生产的幼螺。壳高5mm以上的方斑东风螺幼螺，在海南等气候较热地区，养殖6个月可达到10g/粒的食用成品规格。

方斑东风螺养成期的生长，在不同环境条件下、不同的生长阶段以及不同个体之间，其生长速度差异较大。小水体试验时，密度低、投饵充足情况下，壳高1cm左右的方斑东风螺，体重日均增长20～30mg，壳高日均增长140μm。

6. 主要病害

在养殖生产中，东风螺常见的疾病主要有脱壳病和吻水肿病。

（1）脱壳病　初发病时，东风螺摄食量减少以至完全不摄食，持续5～20天，出现软体脱离螺壳的症状。脱离螺壳的软体外观完整，能正常爬行，也能吸附池壁或潜埋于底沙，但不摄食，数天内死亡。尚未脱壳的病螺不潜沙，壳口向上平躺在池底，软体与螺壳粘连松弛；用手夹住腹足轻拔，软体与外壳可完整分离（图15-4）。解剖发现，粘连于螺壳螺旋部（或体螺层的后端）内壁的一束肌肉有萎缩症状。

（2）吻水肿病　发病时吻部露于体外，极度伸长水肿，病螺平躺于池底，腹足伸出壳外，受到刺激有时会缩进壳内，但肿大的吻部无法缩回。严重时腹足亦水肿，挤压腹足流出大量液体（图15-5）。从摄食量明显减少开始，经2～3天停止摄食；随后幼螺不潜沙，爬动少，出现吻部水肿症状，不潜沙躺在沙面的病螺和具有水肿症状的个体快速增加，开始出现死亡。亲贝在暂养

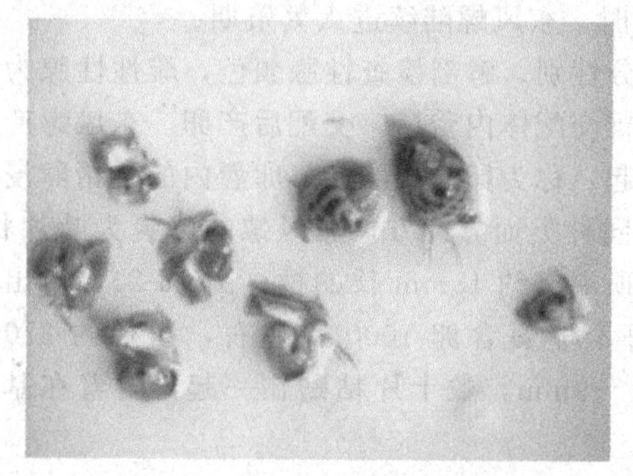

图 15-4　方斑东风螺脱壳病螺

图 15-5　方斑东风螺吻水肿病螺

产卵过程中也有爆发吻水肿病的现象。

脱壳病和吻水肿病是目前东风螺水泥池人工育苗、人工养殖的两种主要疾病，可对养殖生产造成毁灭性破坏。目前病原还不十分清楚，但采取控制饵料的质量和数量、监控水源的水质变化、避免高温、控制养殖密度等综合预防措施，可有效预防上述两种疾病的发生。

第二节　方斑东风螺的人工育苗技术

一、设施设备

1. 育苗设施

包括鱼虾贝藻的水产苗种场的水泥池都可用于东风螺的人工育苗生产。以鲍的育苗场，面积 10～20m^2、池深 80～100cm 的水泥池最为合适。室内池优于室外池。供气、供水设备完善。

2. 浮游单胞藻培育池

配备足够面积的浮游单胞藻培育池。金藻、角毛藻、扁藻等浮游单胞藻供应的充足与否，是东风螺人工育苗成败的关键。一般要求 3 级单胞藻培养池的面积应为浮游幼虫培育面积的 1/3 左右。

二、育苗技术工艺

1. 准备工作

(1) 亲螺的培育　在繁殖季节从自然海区采捕亲螺。体重 50～125g 的方斑东风螺都可用作繁殖亲贝。刚采捕的亲贝要经过暂养培育。在繁殖季节的早期，采捕后暂养时间较长。若在繁殖盛期，经暂养 2～3 天就可产卵。但如果运输过程大幅度降温，则暂养培育时间会延长。

亲贝培育密度为 15 只/m^2 左右，池底铺粗沙 5cm，投喂缢蛏、牡蛎或小杂鱼，有蟹肉更好。不间断充气。日换水量不小于 100%或采用流水方式培育。

(2) 单胞藻准备　育苗前至少提前 1 个月开始培育角毛藻、金藻或扁藻等单胞藻。

其他准备工作诸如换水器的制作，设施、设备的消毒与检测等同其他贝类的常规育苗。

2. 产卵

在东风螺繁殖季节，取自自然海区的亲贝入池后隔天就有少数产卵，培育 1 周产卵达到高峰。方斑东风螺多在夜间产卵，也观察到个别在白天产卵的。每天上午换水时收集卵囊。附在沙粒上的卵囊连同沙子一起采收。附在池底或池壁的用金属刀片刮离。

3. 孵化

(1) 孵化条件　方斑东风螺的适宜孵化水温为 25～30℃。适宜的孵化盐度为 28～36，低盐会延长受精卵的孵化时间。盐度低于 24，卵囊内可见孵化的浮游幼虫，但其活力较差，孵出卵囊时其成活率也很低。适宜的 pH 值偏高，pH 值 8.8 时孵化率最高。

在水温28.0～29.0℃，盐度29的条件下，产卵第3天，卵囊内出现能缓慢转动的胚体；产卵第4天，卵囊内受精卵已发育成能游动的浮游幼虫；产卵第6～7天，卵囊从底边裂开孵出幼虫，产卵第8天，卵囊里的幼虫全部孵出。

（2）孵化　用30cm×20cm×15cm的塑料筛或直径约30cm的小网箱（筛孔或网目大小以隔住卵囊又可放出浮游幼虫为准）作为放置卵囊的孵化框。孵化池注入过滤海水，孵化框筛两边绑两小块泡沫使其浮在水面，顶部边缘高出水面3～5cm，以卵囊不会溢出为准。

（3）孵化期管理　不间断充气保持水体流动，但不冲击卵囊。为使育苗用水尽量新鲜，可在第4天以后尚未孵化之前，把卵囊移入新池，让浮游幼虫孵化在新鲜的水体里，便于幼虫的培育。同期收集的卵囊、甚至同一个卵囊幼虫孵化时间都有所差异，所以，应把不同时间产出的卵囊放在同池孵化，当孵出的幼虫数量达到要求时再把卵囊移走。这样可以做到同一培育池的幼虫孵化时间基本相同。

4. 浮游幼虫培育

（1）培育密度与换水　浮游幼虫培育密度一般为（10～20）×10^{4}个/m^3。第1～2天采用添水，第3天开始换水，日换水2次，每次换水50%～60%，随幼虫生长换水量逐渐加大。

（2）饵料与投喂密度　浮游期饵料以人工培育的浮游单胞藻为主。孵化24h内开始投饵，日投饵2次，每次换水后投饵。浮游早期投喂角毛藻、金藻效果最佳；浮游4～5天后可添加扁藻；小球藻是不得已时的替代品，单独投喂小球藻时，浮游幼虫生长缓慢，存活率、变态率都比较低；而单独投喂个体较小的云霄微型藻（*Chorella* sp.），浮游幼虫生长极为缓慢，并最终不能变态全部死亡。投饵量为育苗水体中单胞藻的密度保持在：角毛藻(5～10)×10^{4}个细胞/ml，金藻(10～15)×10^{4}个细胞/ml，扁藻1×10^{4}个细胞/ml。

在单胞藻供应不足时，可用少量藻粉补充。但大量使用藻粉或单纯用藻粉培育，幼虫成活率很低。目前东风螺人工育苗中浮游幼虫尚无理想的人工替代饵料。

台湾东风螺孵化后首次投饵时间不得超过36h，因为随着首次投饵时间的推迟，幼虫的生长速度、存活率、变态率都显著降低。首次投饵时间若距孵化时间超过105h幼虫最终不能存活。

（3）幼虫的发育与变态　孵化后第7～8天，方斑东风螺浮游幼虫壳高800～900μm，圆滑的外壳出现突起的壳顶形成明显的螺层。在饵料充足的条件下，浮游幼虫从孵出卵囊之日起，第11～13天开始出现变态的稚螺，第18天全部完成变态。接近变态的浮游幼虫最大壳高可达1400μm，在饵料不足或人工诱导变态的条件下，变态稚螺壳高仅750μm。

（4）注意问题　浮游幼虫靠面盘纤毛轮做波浪式的摆动带动幼虫游动，受刺激时面盘和软体部缩进壳内，则失去游泳能力沉底。实验观察结果表明，受刺激沉底的浮游幼虫，会分泌黏液，使沉底幼虫粘连成团，严重影响幼虫的浮游和摄食；而且幼虫沉底容易黏附残饵、粪便等污物，还可能被聚宿虫附生。

试验还表明，角毛藻、金藻等单胞藻的密度越高（可达25×10^{4}个细胞/ml），幼虫生长越快、变态时壳高越大、变态日龄也越短。但在大水体的育苗生产中，高密度投喂单胞藻时，藻细胞容易产生大量沉淀，诱使原生动物和聚宿虫的大量繁殖，严重影响幼虫的存活率。另一方面，多种单胞藻混合投喂的培育效果优于单种投喂。

5. 稚螺培育

（1）变态前准备　在浮游期进入第10天前后，要准备好稚螺培育池。主要是池底铺细沙约1cm，沙子要过筛，沙粒直径0.2～0.5mm；沙粒入池前要先行消毒：按有效氯10g/m^{3}浓度计算，漂白粉经溶解、沉淀，取滤清液消毒（严禁带入漂白粉颗粒）。消毒浸泡24h后排干冲洗，再进少量清水（掩过沙即可），投硫代硫酸钠5～10g/m^{3}中和余氯，再经24h后排干冲洗，最后摊平铺底，即可使用。

在水深50cm处的池壁，沿水平线贴上海绵条。海绵条宽10cm、厚1cm，目的是防止稚螺、幼螺沿池壁爬离水面。

(2) 倒池　浮游幼虫开始变态后，在投喂单胞藻的同时，投喂少量的虾、蟹肉糜或卤虫无节幼体（投入前用温水烫死）。投喂时要先停气，让饵料沉底。当幼虫变态比例达到半数左右时（约浮游15天），用倒池的方法，先把浮游幼虫收集出来，移入其他浮游幼虫培育池继续培育或用人工方法诱导变态。再将附底的稚螺移入稚螺培育池。

具体的操作是：倒池前先停气，让浮游幼虫浮上水面，用抄网捞出。最后排干池水，收集稚螺。收集稚螺时，先将池水水位降至10～20cm以后，排水口接上集苗网箱，通过排水口排水。变态稚螺会吸附池底或池壁，不会自动随水流移向排水口。因此，排水过程中要用水瓢打水，把已经离水、干露在池底或池壁的稚螺向出水口方向冲洗，把已经干露的稚螺冲洗进水位稍深的地方，并逐渐向排水口集中。最后使稚螺全部随冲洗水流进入集苗网箱。

(3) 稚螺培育

① 培育密度。稚螺培育密度一般控制在0.6万～1.0万粒/m^2，并根据苗种大小、水质条件、培育水温、投饵情况等适当增减。

② 投饵。方斑东风螺浮游幼虫变态成稚螺后，爬附于池底或池壁并有潜沙习性，营底栖生活，食性转为肉食性。刚变态的稚螺壳高约1.3mm，小的只有0.8mm。刚变态的稚螺可投喂烫死的卤虫无节幼体、剁碎的虾蟹肉或鱼肉。由于刚变态的稚螺移动范围小，难以远距离觅食，所以，饵料以卤虫无节幼体为好，因卤虫无节幼体个体小，分布均匀，有利于稚螺的摄食。变态4～5天的稚螺可投喂小块的鱼肉、虾蟹或剥开贝壳的缢蛏等。用虾、蟹肉培育的稚螺，生长明显好于投喂鱼肉。一般日投饵量为总体重的7%～8%，分2～3次进行。

剁碎的鱼、虾肉投喂前要用清洁海水冲洗，以免污染水质。另外，投喂时要先停气，以便碎肉或卤虫无节幼体沉入池底。

③ 管理。人工培育条件下，稚螺有强烈的攀爬池壁的习性，直至离开水面。稚螺个体小，重量轻，抗离水能力弱，一旦离水附在干燥的池壁，自身的黏液把稚螺粘在池壁上。由于稚螺体重很轻，粘住池壁后不会掉落，长时间干露后会大量死亡。鉴此，育苗生产上常沿池壁四周水平线贴上海绵条，水面保持在海绵条的中下部位，使爬壁离水的稚螺附在含水的海绵上不致干死。

此外，培育期间日换水量100%，有条件的可使用流水，日流水量100%以上。

6. 人工诱导变态

人工条件下，方斑东风螺浮游幼虫自然变态时间参差不齐，成苗以后个体差异巨大，给育苗和养殖生产带来不利影响。通过KCl溶液处理，可使具有变态能力的浮游幼虫同时变态。具体操作方法是：当浮游幼虫孵出约15天时（多数具有变态能力），此时浮游幼虫变态达到半数左右，把稚螺移入铺沙的培育池，而把尚未变态的浮游幼虫高密度（15万～20万粒/立方米）集中起来用KCl处理。KCl浓度为$(11\sim14)\times10^{-3}$mol/L，浸泡时间不超过12h。KCl对东风螺浮游幼虫毒性明显，处理浓度和浸泡时间要严格掌握，处理后经清水冲洗并立即移入清水中。用KCl处理变态的稚螺，对其后期的生长和存活无不良影响。

稚螺嗅觉灵敏，摄食旺盛，生长迅速。正常条件下变态15天后，稚螺壳高可达3mm。稚螺培育约1个月，壳高可达5mm，生存能力大为提高。壳高5mm以上的可作为养殖生产用的苗种，称为幼螺。

7. 注意问题

稚螺阶段还比较弱小，抗饥饿能力、抗逆性差，死亡率高。变态后刚移入铺沙池的稚螺，投饵时一定要均匀泼洒，保证任何角落都有饵料，找不到饵料的稚螺会很快死亡。另外，高温期稚螺密度过高、换水不足、投饵过量，也会发生脱壳病导致大量死亡。

贴海绵时要先沿池壁画出水平线，保证海绵贴在同一水平面上。进水后才能保证水面正好淹在海绵条的中下部。幼螺壳高达到2cm以后，爬壁现象减少，爬上去也能自行掉落，此时海绵可以拆除。

人工诱导变态时KCl用量较大，约1kg/m^3，为减少用量应提高处理密度。但药物的毒性及高密度可能造成缺氧，使人工诱导变态工艺具有一定的风险。操作时在药物浓度、处理密度、处理时间等方面要通过计算周密计划。

第三节 方斑东风螺的养成技术

一、养成方式

目前东风螺养殖有陆上水泥池养殖、潮间带围网养殖、池塘养殖和浅海沉笼养殖等方式。

1. 陆上水泥池养殖

养殖池是陆地上的水泥池，池底铺沙。现有的鱼、虾、贝、藻海水苗种场的设施都可利用。水泥池养殖处在全人工环境，可控性强，养殖密度比较高。但大量换水消耗能源，全人工环境条件控制和管理，要求要有较高的技术水平。

2. 潮间带围网养殖

在水质好、风浪小的港湾滩涂，用网片围栏养殖。网目大小根据东风螺个体大小而定。放苗前要进行场地的消毒。围网养殖依靠人工投饵，水体交换则靠自然水流。围网养殖处在半人工管理状态，成本较低；但易受灾害天气影响，易发生破网逃逸等事故，安全性较差。日常管理以安全维护为主，主要是修网、防逃、防敌害生物进入、防灾害天气破坏等。投苗密度约为50～100粒/m^2。

3. 池塘养殖

池塘养殖靠自然潮差换水，饵料靠人工投喂，在安全性、成本方面都有优势。放苗前要经过清塘、曝晒、消毒等常规工作。进水要经筛网过滤，以防鱼、蟹、螺等敌害生物进入。池塘放养密度为50粒/m^2左右，每月利用大潮期大量换水，养殖期8～10个月。池塘养殖对池塘底质、换水条件要求较高，必须有良好的底质，最好是沙底或沙泥底，底质含沙量较大的池塘。经过多年养殖、污泥沉积的池塘则不宜养殖东风螺。另外，南方酷暑季节，室外土池如果换水条件不佳，池塘水温可能达到33℃以上，长期高温对东风螺生长、存活极为不利。

4. 浅海沉笼养殖

用延绳挂笼垂于海底，定期提出水面进行清污投饵。笼养东风螺无可供潜居的底沙，环境不适，不利于东风螺的生长。

方斑东风螺是目前我国东风螺养殖的主要品种，养殖方式以陆上水泥池养殖为主，水泥池养殖技术相对比较成熟。沿海地区众多的鱼、虾、贝、藻海水苗种场，都可作为东风螺养殖的场所。开发东风螺水泥池人工养殖，可充分利用现有海水苗种场的水泥池生产设施。

二、养成场地选择

东风螺养殖对场地的要求，除了海区水质达到水产养殖水质指标，水清、无工农业污染等水产养殖的一般要求外，对盐度要求比较高。东风螺适应盐度高，盐度低于21的水域不适宜方斑东风螺育苗、养殖生产。因此，场地选择要避开河流出海口和盐度容易受陆地淡水、降雨影响的海区。围网养殖和挂笼养殖还要考虑海底的底质，淤泥多的海域不适宜。此外，还要考虑作为东风螺大宗饲料的低值鱼、虾的来源。

三、苗种运输

东风螺苗种可用离水、保湿包装运输。在温度25℃、湿度94%的条件下，台湾东风螺稚螺可耐干露2h。运输螺苗时，在塑料薄膜袋底部铺上含洁净海水的湿纱布，螺苗离水铺在纱布上，螺苗上面再盖上湿纱布。充入氧气，扎紧袋口，薄膜袋放入泡沫箱。泡沫箱内放置用薄膜袋密封包装的冰块，最后泡沫箱密封运输。保持箱内温度在20℃以内。

四、方斑东风螺水泥池健康养殖模式

东风螺水泥池养殖可以直接利用现有的海水苗种场生产设施。养成期8～10个月，可以达到10g/粒的上市规格。湛江、海南等地，常年水温较高，当年育苗当年可以收成。快的6～7个月就达到上市规格。在福建由于育苗季节要到6月份以后，且冬、春季节水温低，养成期要10个月以上。

1. 水泥池设施

东风螺水泥池养殖水深只需50cm左右，海水虾苗场、鱼苗场、鲍鱼场、紫菜育苗场等设施都可利用。在福建以室内池为宜，利于冬、春季节的保温，适合跨年度养殖。在湛江、海南等地，冬季水温较高，也可使用室外池。水泥池规格以面积10～15m^2、池深1m以内为好。池面积、池深过大不便操作。由于养成初期，稚、幼螺还有爬壁的习性，因此要沿池壁四周的水平线贴上海绵条予以防护。东风螺养殖经常要清底、冲洗底沙，因此，水泥池要设置口径4英寸的地漏型排水口，可快速排干池内积水，便于操作和管理。

池底铺沙，沙粒直径0.5～1.0mm，后期可使用较粗的沙子。但不能掺入大于幼螺的沙粒，否则移池、筛苗时极为不便。养殖早期沙层的厚度控制在1cm以内，随着幼螺生长，沙层逐渐加厚至2～3cm。

水泥池养殖，由于池底与土壤隔离，环境自净能力很差。考虑到含泥底质可涵养更多的微生物，可增强底质和水体的自净能力，因此，应在底沙中加入少量海泥，这样形成的沙泥底质更接近自然环境。但加入的海泥量不宜过多，实验表明，底泥占30%时，东风螺的生长受到明显的不良影响。底泥占10%时生长正常，与全沙底质无明显差异。

2. 东风螺苗种

（1）苗种规格　苗种规格一般要求壳高5mm以上，但幼螺期壳高达到7～8mm以后存活率才比较稳定。因此，如果螺苗不是养殖场自己培育而是向外购买时，选择壳高大于7mm的比较好。东风螺个体生长差异较大，同批螺苗个体大小参差不齐。实践证明，个体最小的部分日后在养成期生长缓慢，与同批的大个体螺苗生长速度差异巨大。因此在购苗时，应避免购买大个体已被筛选的同批剩余的小个体螺苗。

（2）养成密度　养成密度是关系到东风螺生长速度、单位面积养殖产量的养殖综合效益的主要因素，还是防控疾病的重要技术措施。方斑东风螺水泥池人工养殖，不同规格适合不同的密度。密度过高不仅影响东风螺的生长，还是发生病害的重要原因。方斑东风螺不同生长阶段适宜的养殖密度见表15-1。

表15-1　方斑东风螺养殖密度

苗种壳高/mm	5	10	15～20	25	25～30
个体重量/g			1～2	3～4	4～5
放养密度/(粒/m^2)	6000～8000	2000	1500	900	600～900

3. 日常管理

（1）投饵　东风螺食性为肉食性，鱼、虾、蟹、贝肉都可摄食（图15-6）。从东风螺的喜食程度和生长速度来看，蟹肉、虾肉明显优于鱼肉。所以，在幼苗期适当投喂蟹、虾肉，有利于螺苗的快速生长和存活率的提高。方斑东风螺日摄食率随个体的生长逐渐下降。壳高小于10mm的幼螺期，日投饵量为总体重的7%～8%，此时每日可投饵2次，每次投饵量为总体重的3%～4%，每次投饵量以1h内完全摄食为宜。壳高10～15mm以后，日投饵1次，以低值杂鱼为主，日投饵量为总体重的2%～3%，同样也是以1h完全摄食为宜。随着幼螺的生长，日投饵率逐渐降至1%。

方斑东风螺有过量摄食的习性，摄食量比人为控制的投饵量大，因此，必须控制好投饵量。

适宜的投饵量不仅可节约成本，也可减少饵料存留在水中的时间，降低对水质、底质的污染；同时，养殖生产中还发现，东风螺过量摄食与暴发疾病有某种联系。所以，方斑东风螺水泥池养殖的投饵量应控制在小于实际摄食量。另外，作为饵料的鱼类要新鲜，个体较大的饵料鱼要去除内脏后切块投喂；并均匀撒在池底，避免抢食的东风螺聚集成堆，造成缺氧。

图 15-6　方斑东风螺摄食图

(2) 换水　东风螺水泥池养殖，一般日换水 1～2 次，每次换水量 70%～80%。取水条件好的可换水 1 次后再微流水，流水量约为总水体的 100%。实验表明，日换水量小于 50%，对东风螺的生长、存活有严重影响。而换水量达到 100%后，换水量的继续增加对提高东风螺的生长率、存活率无明显促进作用。因此，对取水条件一般的养殖场，只用换水不流水，也可以满足东风螺养殖的需要。换水量与东风螺的摄食、水温有关。福建闽南地区东风螺养殖多数要跨年度，春、冬季自然水温低，而水温低于 15℃东风螺基本不摄食，此时东风螺活动减少，代谢缓慢，多数潜居沙中，可以几天才换 1 次水。

(3) 池底的清理

① 清理底沙表面。在壳高 20mm 以后，随着摄食量、投饵量的增加，池中鱼骨、残渣增多，每 2～3 天要清理底沙表面 1 次。清理时先排干水，用喷头状的塑料管头装在潜水泵的出水口，喷洗底沙表面(图 15-7)。清理过程中只冲洗表面，水流尽量不要冲入沙层，以减少干扰潜埋在沙层中的幼螺。

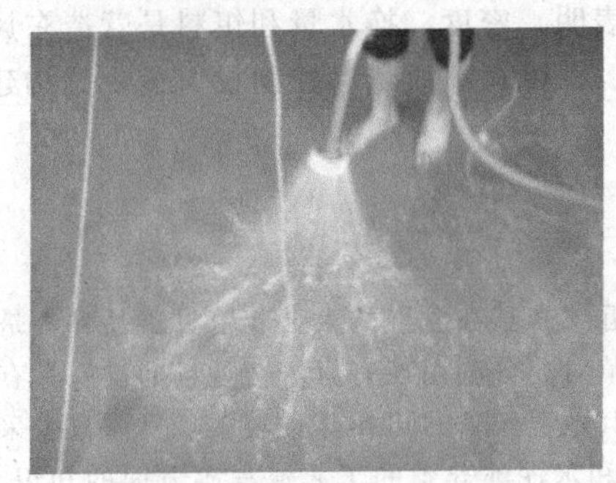

图 15-7　清理底沙表面操作图

② 清底。在夏、秋季节，东风螺摄食旺盛，生长迅速，残饵、粪便的污染使底沙极易黑化。在经常清理残渣、污物的同时，每 7～10 天要彻底冲洗底沙 1 次。每 1～2 个月要移池 1 次，把底沙彻底清洗、消毒，消毒方法与稚螺培育的相同。

(4) 疏苗　在移苗和清洗底沙的同时，进行筛苗和分苗。随着幼螺的生长，要及时降低养殖密度。方斑东风螺个体生长差异很大，随着养成期的延长，个体分化逐渐明显。因此分苗时要过筛分拣，根据东风螺的生长情况、个体规格进行分池，一方面用以降低养殖密度；一方面使每池个体规格基本一致，以便于管理。

4. 病害预防

方斑东风螺水泥池养殖目前已经发现的、会造成东风螺毁灭性死亡的疾病就是脱壳病和吻水肿病。发病时采取分池、降低密度、加大换水等措施，有时可以缓解病情，但效果不稳定。一旦发病，目前尚无有效的药物治疗方法。因此，养殖过程中应以综合预防为主。吻水肿病除高水温和可能存在条件致病菌弧菌的病因与脱壳病有所不同外，两种疾病的非生物性病因相似。目前对这两种疾病的研究还不够深入，具体的病因还不十分明确。初步的结论是属于综合性因素，是综合性因素造成的环境条件恶化长期作用的结果。尤其与养殖密度、水温、投饵数量、投饵质量和海区水质突变等因子的协同作用密切相关。常见抗生素类药物对病螺基本无治疗和预防作用。防治手段应以改善环境等综合预防措施为主。实践表明，采用控制投饵的质量和数量、监控水源的水质变化、避免高温、控制密度等综合预防措施，有明显的预防效果。

(1) 水温与密度　水温 35.5℃时东风螺出现吻水肿症状且最后死亡，而在密度较高时 34℃就出现同样症状。长期高水温，可能是诱发吻水肿的重要因素。结合不同水温的生长情况，养殖水温应控制在 30℃以内。

虽然高密度未直接导致发生疾病，但密度试验表明，长期处于高密度条件下的东风螺，在密度降低、改善环境以后却出现大规模脱壳现象。在临界高水温状态下，密度对吻水肿病的发生起到重要的诱发作用。因此避免高水温、高密度是东风螺室内水泥池养殖预防疾病的重要措施。

(2) 饵料　目前东风螺养殖所用饵料以生鲜杂鱼为主。生鲜饵料的品质是东风螺健康养殖的重要因素。为避免长期投喂同一种饵料而可能引起的某些营养元素的缺乏，饵料鱼要求要新鲜、种类多样。投饵量、摄食量要严格控制，以投饵 1h 内完全摄食为宜，以防东风螺过量摄食及残饵污染水质、底质。

(3) 水质　生态试验结果表明，在日换水量约 100%的情况下，水质的氨、氮、磷酸盐和 COD 等主要指标不会发生异常。即使在日换水量仅 30%，上述指标明显升高的情况下，对东风螺的正常生长亦无明显的影响。因此，正常情况下对水质指标的变化，东风螺表现并不敏感。常见水质指标的变化，难以反映东风螺的健康状态。但是，异常气象引起的海区水质变化与疾病的发生却存在着某种联系。如突降或连降大雨而盐度尚未超出东风螺适宜范围、连续大风近岸海底被剧烈扰动使水源浑浊、天文大潮带来的超高潮位等，很多典型病例与这些大幅度的海况变化在时间上存在一定的联系。因此，当水源海区海况异常时，要尽量减少换水量甚至不换水，防止海区水质变化导致疾病发生。在减少换水的同时要减少乃至停止投饵，以延缓水质恶化。

东风螺水泥池养殖，水位比较浅，通常只有 50cm 左右。水位浅，充气时压入的空气在水中停留时间短，不利于水中溶解氧的提高。因此东风螺养殖池要不间断充气，且气石分布要有一定的密度。不要忽视足够的充气量，以保证充足的溶解氧。

健康养殖关键就是营造健康的养殖环境。试验和分析表明，密度、换水量和饵料是营造东风螺养殖健康环境的关键因素。因此，密度适当、换水充足、保障饵料质量、控制投饵量，是构建东风螺水泥池健康养殖环境、预防疾病的重要技术措施。

【本章小结】

东风螺是我国东、南沿海海产腹足纲的主要经济种类，是近年来正在发展的人工养殖贝类品种，是可以在陆地水泥池养殖的少数海产贝类之一。东风螺水泥池养殖对充分利用现有海水苗种场的设施具有重要的意义。水泥池养殖是目前东风螺人工养殖的主要方式，其他养殖方式可操作性较差，目前较少采用。学习本章内容，重点掌握有关东风螺的生活史、人工育苗和水泥池养殖的工艺流程等方面的知识。特别注意水泥池健康养殖技术中，对密度、饵料、水源的掌握和监控，这是预防毁灭性疾病的重要技术手段。目前，对东风螺的研究还不够全面、深入，育苗、养成技术还尚未成熟，养殖技术工艺还在逐步完善。特别是对两种主要疾病的研究才刚刚起步，对病因、病理的研究几乎还是空白。因此，及时了解这方面的研究进展，及时补充和更新东风螺的相关知识，利用新知识对现有的技术工艺进行完善，是学习本章内容更为重要的目标。

【复习题】

1. 掌握东风螺的分类地位、国内分布情况及繁殖季节。
2. 简述方斑东风螺的形态特征。
3. 简述东风螺的生活史。
4. 试述方斑东风螺人工育苗的工艺流程以及注意事项。
5. 试述方斑东风螺水泥池养殖生产中的日常管理工作。
6. 描述脱壳病、吻水肿病的症状。
7. 简述通过调控环境因子预防病害的技术措施。

第十六章　其他经济双壳类的养殖技术

【学习目标】

1. 掌握文蛤、西施舌和栉江珧的形态构造和生态习性。

2. 掌握文蛤海区采捕自然苗和半人工采苗的方法和技能；能够开展文蛤室内人工育苗与室外土池育苗相结合的生产试验；掌握文蛤围网养殖和虾蛤混养的方法及其养成管理的主要工作；能够改进文蛤的养殖技术，提高文蛤养殖的经济效益。

3. 掌握西施舌和栉江珧人工育苗的工艺流程和养成的主要方法。

第一节　文蛤的养殖

文蛤（*Meretrix meretrix* Linnaeus）属于软体动物门（Mollusca）、瓣鳃纲（Lamellibranchia）、异齿亚纲（Heterodonta）、帘蛤目（Veneroida）、帘蛤科（Veneridae）、文蛤属（*Mertrix*）。文蛤为蛤中上品，素有天下第一鲜的美称。其肉嫩味鲜，营养丰富，除鲜食外，还可加工制成干品和罐头食品。活文蛤和冻鲜文蛤肉均是出口创汇的水产品。

文蛤是我国滩涂传统养殖的主要贝类之一，我国文蛤苗源丰富，又有广阔的适于养殖文蛤的沙质海滩。文蛤养殖，具有面广、量大、成本低、成效快、技术操作简便、容易为群众所掌握等优点，发展文蛤养殖的前景十分广阔。

一、文蛤的生物学特性

1. 形态构造

（1）外部形态特征　贝壳近心脏形，壳长略大于壳高，前端圆，后端略突出，背缘略呈三角形，腹缘呈圆形，两壳大小相等。壳顶突出，铰合部外面有1个黑褐色的韧带，连接双壳，并起张开双壳的功能。贝壳壳质坚厚，表面膨胀、光滑，被有一层黄褐色光滑似漆的壳皮。同心生长轮脉清晰，由壳顶开始常有环形的褐色带。壳面花纹，随着个体大小差异较大。小型个体，贝壳花纹细致，清晰、典雅、花样多端；大型个体，则较为恒定，通常在贝壳近背缘部分，有锯齿状或波纹状的褐色花纹，贝壳中部及边缘部分壳皮常磨损脱落，使壳面呈白色。

贝壳内面白色，前、后缘有时略呈紫色。铰合部宽，右壳具3个主齿及2个前侧齿，左壳具3个主齿及1个前侧齿。前闭壳肌痕小，略呈半圆形；后闭壳肌痕大，呈卵圆形。外套痕明显，外套窦短，呈半圆形（图16-1）。

除文蛤外，在我国进行养殖的还有丽文蛤（*M. lusoria* Rumpnius），丽文蛤与文蛤外形极为相似，但后缘较尖。个体一般也较小。

（2）内部构造　文蛤的内部构造如图16-2所示。

2. 生态习性

（1）栖息环境与地理分布　文蛤多分布于较平坦的沙质或沙泥质沙滩中，含沙率为50%～90%，尤以含沙率在70%以上为最好。纯沙的滩面底质较松软，适于文蛤潜居，生长快，色泽也好。沙砾大小以细、粉沙较好，放养在砾石和泥质海滩上的文蛤，很快地迁移至临近的沙

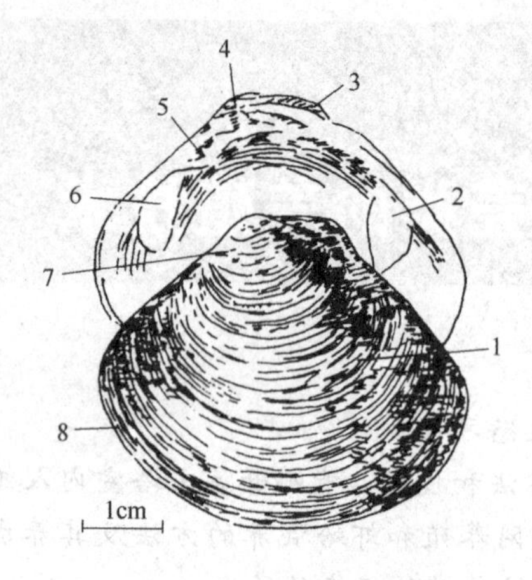

图 16-1 文蛤的外形
（引自谢忠明等，2003）
1—左贝壳；2—后闭壳肌痕；3—韧带；
4—壳顶；5—前侧齿；6—前闭壳肌痕；
7—花纹；8—壳缘；

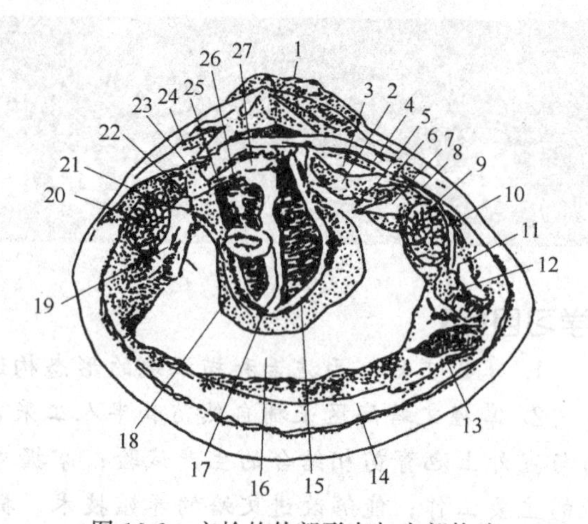

图 16-2 文蛤的外部形态与内部构造
（引自谢忠明等，2003）
1—韧带；2—心耳；3—心室；4—围心腔；5—生殖孔；
6—动脉球；7—肾脏；8—后大动脉；9—内脏神经结；
10—后闭壳肌；11—肛门；12—出水管；13—进水管；
14—外套膜；15—生殖腺；16—足；17—肠；18—足
神经结；19—唇瓣；20—前闭壳肌；21—脏神经结；
22—口；23—前收足肌；24—食道；
25—肝胰脏；26—胆管；27—胃

滩潜居。幼贝多分布在高潮区下部，随着生长逐渐向中、低潮区移动；成贝分布于中潮区下部，直至低潮线以下水深 5～6m 处。适宜文蛤生长的水温为 10～32℃，最适水温为 15～25℃；适宜文蛤生长的海水相对密度为 1.014～1.025。

文蛤属于广温、广盐性贝类，地理分布较广，分布于受淡水影响的内湾及河口附近。我国南北沿海均产，以辽宁辽河口附近的盘锦蛤蜊岗海区、山东黄河口附近的莱州湾海区、江苏长江口附近的吕四海区、广西的北部湾以及台湾的西海岸一带，资源尤为丰富。

(2) 生活方式 文蛤营埋栖生活，文蛤的足极大，呈斧状，有强大的钻沙能力，依靠足的伸缩活动潜钻穴居，2～3cm 的文蛤，穴居深度约为 8cm 左右；4～6cm 的文蛤，穴居深度为 12cm 上下，并随着个体的增大而加深。

外套膜在身体的后端愈合成为 2 个水管，背部为出水管，腹面为进水管。生活时，身体埋栖于泥沙中，海水从进水管进入体内，通过鳃进行呼吸、摄食。废水及排泄物经过出水管排出体外。涨潮时，文蛤将水管伸出滩面，进行海水交换；退潮时，缩回水管。

(3) 食性 文蛤的饵料主要是以微小的浮游和底栖硅藻类为主，兼食其他的浮游植物、原生动物、无脊椎动物幼虫（幼体）及有机碎屑等。文蛤是滤食性动物，这些浮游的微小生物，随着水流经文蛤鳃上纤毛的摆动，流入体内，再经鳃的过滤，送入口中。

(4) 文蛤的移动习性 文蛤具有随着生长，由中潮区向低潮区或潮下带移动的习性，群众称之为“跑流”。跑流的文蛤一般在壳长 1.5cm 以上，以 3～5cm 的文蛤移动性最强，5cm 以上的文蛤移动性较弱，只是在天暖流急的情况下偶尔移动。

文蛤移动方式有三种。第一种方式是壳长 2cm 左右的小文蛤，个体小而轻，大潮时，顺潮流冲力向下滚动。第二种方式是壳长 2～5cm 左右的文蛤，由水管分泌出无色透明的黏液带，长达 2m 多，漂于水中，贝体借助潮流的力量和黏液带的浮力贴地向下拖行，有时文蛤也伸出斧足弹跳协助运动，加快移动速度。这种移动方式一般发生在大潮期间或台风季节，当潮水退至 6 成，水深 40cm 左右时开始出现，至退到 7～8 成时最多，此时水深约10～25cm，流速每分钟 3.5m，移动速度每分钟可达1m 以上，有的个体一潮移动距离可达 60～70m。第三种移动方式是壳长5cm以上的文蛤，个体大而重，分泌的黏液量较少，形成的黏液带较短、较窄，只能依靠斧足的伸缩在滩面上爬行，速度极慢，方向不定，一昼夜移动的距离一般不超过2m远。

文蛤的移动习性有利于种群的保护和延续，但给人工养殖带来了一定的困难。因此，在进行文蛤的增养殖时应该根据它的生态习性，采取防逃的有效措施。

3. 繁殖习性

(1) 性别　文蛤雌、雄异体，一般2龄性成熟。成熟文蛤的性腺分布在内脏团周围，并延伸至足的基部。通过外形难以鉴别雌、雄。性成熟时，雌性性腺呈乳白色，雄性性腺呈奶黄色。

(2) 繁殖季节　文蛤的繁殖季节，因海区水温的差别而异。辽宁、山东在7～8月，江苏、浙江、福建在6～7月，广西在5～6月，台湾则在3～4月。繁殖期水温一般在20℃以上，最适水温为21.5～25.0℃。3龄文蛤的怀卵量大约为200万粒左右。成熟的文蛤一年繁殖一次，但文蛤的生殖细胞是分批成熟，分批排放的。适宜条件下受精后9天左右可变态为稚贝。

4. 文蛤的生长

文蛤的生长受水温、饵料等海况条件的限制。一般春季从水温11℃开始生长，秋季水温降至10℃以下停止生长。文蛤生长速度较慢，1龄达2cm左右，2龄达4cm左右，3龄达5～6cm，4龄达7～8cm。

二、文蛤的苗种生产

文蛤苗种生产有采捕自然苗、半人工采苗和人工育苗三种方法。人工育苗技术在我国已有新的突破，但至今工厂化育苗尚未形成生产能力。目前文蛤增养殖的苗源，主要依靠采捕自然苗或半人工采苗。

1. 采捕自然苗

(1) 采苗场　天然的文蛤采苗场地大多分布于文蛤喜欢栖息的河流入海口附近的沙滩、三角洲或潮水能涨到的浅海沙洲等地方。良好的自然附苗场，一般滩面平坦、松软，含沙率不低于70%，以细、粉沙为好；退潮干露时间5～9h的高潮区下部或中潮区上、中部；饵料生物丰富，水域环境优良，敌害生物少；潮流畅通、水流较缓，尤其以能产生旋涡，底质比较稳定的沙洲和水沟两侧幼苗数量最多。

(2) 苗种采集　苗种采集的规格、方法和时间各地都不同，主要有两种类型。

① 采集稚贝苗。台湾地区将小型稚贝苗采捕后，经过苗种培育，再采收放养。一般从9月至翌年5月，在发现苗区后，用筛子筛取0.5mm左右的稚贝苗连同部分沙砾，投放在水深为0.3～0.6m的池塘中进行培育，培育池底质以沙质土壤为好。根据池内水的肥瘦情况决定是否施肥。海水相对密度保持在1.014～1.025，池水以略带硅藻褐色但澄清者为好。投放密度一般为200万～300万粒/667m^2。在培育过程中，要注意防除敌害生物。经过几个月的培育管理，到幼苗长至每800粒/kg左右时，再用纱笼制的筛子筛出，供养殖成贝用。

② 采集较大规格的贝苗。江苏等省多数是采捕规格较大的文蛤苗种，直接放养，不经过苗种培育阶段。采苗季节一般在3～5月以及10～12月，此时气温、水温对贝苗运输和放养后的潜居都比较适宜。采苗在潮水刚退出滩面时进行。采苗时数人或10多人平列一排，双脚不断地在滩面上踩踏，一边踩踏，一边后退，贝苗受到踩压后露出滩面即可拾取；另一种方法是退潮后用专用工具“铁刨儿”(蛤拖，图16-3) 插入沙滩中约8～10cm，向后拖动，若埕地中有文蛤苗，则其正对的滩面会凸起裂开，即可挖捡。大风过后，贝苗往往被打成堆，此时，用双手捧取贝苗装入网袋即可。采苗时，应避免贝壳及韧带损伤，防止烈日暴晒。采集好的贝苗应及时投放到养殖场。较远距离运输苗种，最好选择气温在15℃以下时进行，以避免或减少在运输途中的损伤，影响苗种的存活率。

2. 半人工采苗

根据文蛤的生活史和生活习性，在繁殖季节，利用人工平整滩涂和撒沙等方法，改良滩涂底

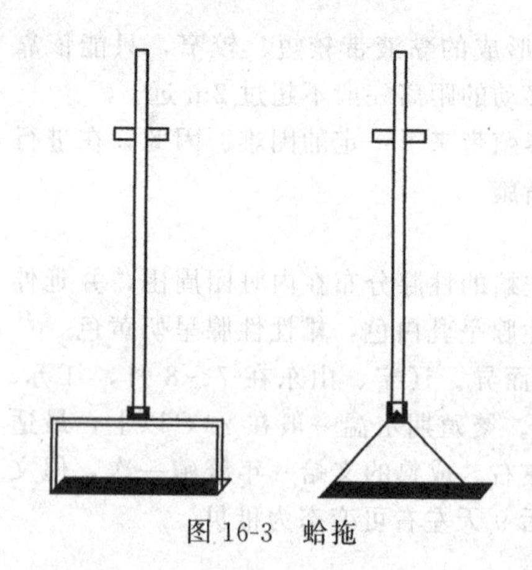
图 16-3 蛤拖

质，供幼虫附着变态、发育生长，从而获得文蛤的苗种。由于浅海滩涂无序、无度的开发，部分区域文蛤资源受到严重破坏，产量逐年下降。文蛤半人工采苗技术的推广有利于文蛤资源的有效恢复。

(1) 采苗海区的选择　一般选择在高潮区下部和中潮区之间，滩面平坦而稳定，附近有大量文蛤亲贝，饵料生物丰富，潮流畅通平缓，底质含沙量在70%以上的海区。

(2) 采苗预报的方法　通过解剖亲贝和浮游生物网拖网调查方法进行采苗预报。在繁殖期间，每隔2～3天对文蛤亲贝的性腺发育进行解剖观察；繁殖后则采用浮游生物拖网进行海上拖网调查，每隔3～5天利用浮游生物网拖网1次，一旦发现海上大量文蛤浮游幼虫出现，应立即进行采苗。一般在文蛤排放精卵后第6天进行整滩撒沙为宜。

(3) 采苗方法

① 撒沙。沙砾直径为0.2～0.5mm，退潮后均匀撒在滩面上，平均每平方米滩面撒沙量1kg。撒沙能有效增加附苗量。

② 耙滩。用齿长15～20cm的铁耙沿着海岸平行方向依次将滩面耙松、耙平。耙滩区的附苗量比撒沙区效果略差，但其成本低，操作方便。

③ 插草耙。用长30cm、直径10cm的稻草耙垂直插入沙滩中，使其露出滩面10cm，平均播耙1个/m^2。

④ 耙滩与拦网相结合。耙滩后，在耙滩面上沿着海岸平行方向每隔100～150cm，用网目规格1cm左右的网片以网纲和木桩固定。

3. 全人工育苗

(1) 亲贝的选择　选择无损伤、活力强、性腺发育较好的3龄文蛤作为亲贝。亲蛤用量每立方米育苗水体10～20个。

(2) 亲贝促熟　通过亲贝促熟可使亲贝比海区提早成熟近2个月以上。亲蛤促熟培育的理化环境条件控制在：海水相对密度1.015～1.020，pH值8.3左右，溶解氧不低于6.8mg/L，水温26℃左右。每天彻底换水1次，并冲洗底质。换水后投喂饵料，饵料生物量不低于50×10^4个细胞/ml水体，饵料生物最好是海区的"油泥"或人工培养的底栖硅藻。亲蛤连续充气培育，定期观察亲蛤性腺发育情况，掌握好育苗时机。

(3) 催产　通过解剖观察亲贝性腺成熟后（卵子多为圆形、大小一致；精子在氨海水刺激下能活泼运动）开始催产。方法为：阴干3～10h、流水刺激3～5h、加氨海水1.5%～3.1%浸泡20～30min，再升温3～5℃，亲蛤排放率可达到50%以上。排放时，雄贝出水管喷射出烟雾状浅黄色的精液，很快使水体变得浑浊。雌贝从出水管排放出乳白色的卵粒或卵块，沉淀于水底。

(4) 幼虫培育　受精卵在水温25℃，相对密度1.018的条件下，经12h发育至D形幼虫，此时即可进行选优并进入浮游幼虫培育阶段。

幼虫培育密度一般控制在5～7个/ml水体。培育技术工艺与前述的缢蛏等瓣鳃纲种类人工育苗相似。培育期间理化环境控制为：水温不要超过26℃，海水相对密度1.019～1.023，pH值8.0～8.3，溶氧含量5～6mg/l。

(5) 采苗　受精后6天进入附着变态期，第9天完成变态发育成稚贝。文蛤附着变态前也出现眼点，但不太明显，易被忽略而影响及时投放附着基。即将附着变态的文蛤幼虫足伸缩频繁，镜检时会在载玻片上依靠足部的伸缩翻动身体，此时应及时投放细沙进行采苗。一般在受精后7天开始投放，厚度以0.5cm左右为宜。细沙取自中、高潮区，经水洗，用120目筛绢筛选，再经高温煮沸处理，除去一切生物及有机污物。

文蛤稚贝有分泌黏液的习性，在育苗室内常因黏液缠身使稚贝死亡。为了避免这种情况的产生，变态前先向池底投放 2～4mm 大小的沙砾。在幼虫分泌黏液基本终止后，进行倒池。用40目筛绢将沙贝分离，再将稚贝投入备有细沙底质的池水中培育效果较好。有条件的最好将眼点幼虫滤选后移至室外土池中附着变态，以提高附苗量。

(6) 稚贝培育　文蛤稚贝阶段死亡率很高。为了提高成活率，应采取以下措施：保持水质清洁，加大换水量，进行流水和充气培育；投喂混合适口饵料，防止饵料下沉；尽量降低水温；保持适宜密度，稚贝培育密度控制在 50 万个/m^2 左右；清洗基质、及时倒池。

稚贝在室内经过 40 多天的饲育，壳长达 1mm 时，室内水池环境已不适合其生长，此时可移到室外土池中暂养，经 20 多天的培养，壳长可达 2mm 以上。

(7) 文蛤幼苗运输　文蛤幼苗由于个体小，壳薄，耐干性差，运输时必须尽量缩短时间，而且不能过分挤压。运输方法为干运法，必须坚持低温、保湿、通风、防晒等原则。

4. 室内水泥池与室外土池结合育苗

(1) 室外土池准备　在亲蛤人工催产前，预先做好土池的准备工作。主要是翻耕池底 20cm，加入少量的生石灰，与底泥搅匀、耙平。池底经暴晒一周后，引进海水（经 100 目筛绢网过滤）20cm。在播苗之前 3 天，安装好气泵、气管等充气装置。

(2) 移池时间及方法　在室内人工育苗培育的幼虫全部下沉、完成变态后，放干池水，连苗带沙铲起，取样计数后，分装入塑料袋中，加入适量海水，充氧后运送至培育土池。

打开培育土池的气泵，将幼苗带沙均匀撒播于培育池中；连续 3 天每日泼洒 1.5g/m^3 的土霉素，以防因起捕、运输引起的感染。

培育过程中，保持充气。加入预先培养好的肥水，使水位提高至 40cm。在播苗后的第 2 天，观察稚贝是否正常，镜检见斧足伸缩有力，肠胃饱满，说明幼苗生活正常。

(3) 控制饵料投喂量　饵料以人工投喂结合肥水来进行。在初期，水体中单胞藻密度为10×10^4个细胞/ml，逐渐增加至50×10^4个细胞/ml。若肥水不能满足供应要求，则每日应补充3～5g/m^3 的代用饵料。海洋酵母、鲜酵母、生淀粉等均有较好的效果。

(4) 调节水温　在高温季节，采取在池边、池埂搭起棚架，上盖芦苇帘、草等方法，用以遮阳，以降低水温，使幼苗培育期间培育池的最高水温控制在 31.6℃以下，能较好地解决文蛤大规格苗种培育过程中幼苗因高温引起死亡的难题。

(5) 调节相对密度　在培苗期间，最好将培育池海水的相对密度控制在 1.010～1.020 之间。在大暴雨之前将培育池的水位加满，在暴雨过后及时排掉上层池水，以防盐度剧降。盐度低于 1.010 时，则应采取加入盐卤的办法，使培育池的盐度保持在适当的范围。

(6) 防治敌害　初期用 80 目筛绢过滤海水，防止敌害生物随着海水而进入培育池。及时用捞网将浒苔、水云等繁生的成体捞出，以免过度蔓生，对文蛤幼苗造成危害。

三、文蛤的养成

1. 养殖场地的选择

选择风浪较小，潮流畅通，有少量淡水注入的沙泥质滩涂作为养成场地。潮位以中、低潮区为宜，尤以小潮干潮线附近最好。滩面平坦宽广，泥沙底，含沙量在 50%以上，海水相对密度在 1.010～1.025 范围内，最好在 1.015～1.024 之间，无工农业污染。

2. 养殖方法

(1) 文蛤围网养殖

① 养成场设备。围网养殖文蛤是应文蛤有随潮流移动的习性而建造的，即在养成场潮位低的一边设置拦网，拦网有两种。一种是采用双层网（均为聚乙烯网）拦阻，内网主要是防止文蛤逃逸，网目较小，约 1.5cm，下缘埋入沙中，拦网高出埕面 0.7m；外网主要防止敌害侵入，网目较大约 5cm，其高度超过满潮线水位，一般用竹桩固定。另一种只设 1 层拦网。拦网高度为

65～100cm，网目2.0～2.5cm，将拦网一部分埋入沙中，另一部分露出滩面，并用竹竿或木桩撑起，木桩或竹竿直径10～15cm，高3m，插入滩中深度为60～70cm。网场规模以13hm^{2}左右为宜。

② 苗种规格与播放密度。文蛤养殖所选用的苗种规格大小，以壳长2.5～3.0cm为宜。播放密度视苗种大小而定。原则上是掌握密而不挤、疏而不空，壳长2～3cm的蛤苗放养密度为200～300kg/667m^2；壳长1cm（4000粒/kg）的为20～30kg/667m^2。播苗多采用湿播方法，即在涨潮时播苗。

③ 养成管理。主要工作是修整网具，防止“跑流”，疏散成堆的文蛤，防治灾害等。由于文蛤有移动的习性，如果拦网损坏会随潮流跑走，发现拦网损坏或倒塌要及时修整好。拦网前的文蛤密度较大，应及时疏散。大潮或大风后，拦网内的文蛤被风浪打成堆，应及时疏散，避免堆积造成死亡。对养殖场内的敌害生物要经常捕杀和捡除。如局部发生死亡，应及时捡除死壳，并用漂白粉消毒杀菌，严防疾病的传染和扩散。

④ 收获。初春投放壳长2.5～3.0cm的文蛤苗种，到冬季就可捕捞上市。通过脚踩取贝、石滚压蛤、锄扒取蛤、打桩采捕等方法采捕文蛤。活体文蛤出口，一般从每年的9月份开始，到翌年的5月份结束。因此，收获文蛤的时间应根据国内外（出口规格为壳长4cm以上）市场的需求和文蛤生长状况来决定，进行有计划地适时采捕。

文蛤养殖的防逃措施除了设置围网外，还有挖沟、密插树枝、拉线（可切断文蛤的黏液带）等简易方法。

(2) 文蛤与对虾混养

① 养殖池。池形以长方形为好，大小以2～4hm^{2}为宜，池深1.5～2.0m，进排水方便。有环沟的池底优于平底池底，环沟可以把对虾饵料台和文蛤生活区（中央平台）分隔开。底质含沙量以60%以上为宜，如底质含沙量偏低，可适当加入细沙。文蛤苗比对虾苗进池早，投放文蛤苗种前应清池（旧池要去污），将池底翻耕20～30cm深，经消毒后碾碎、耙平，使底质松软，便于文蛤潜居。清池消毒常用的药品主要有鱼藤精、漂白粉和生石灰等。

② 进水与肥水。在养殖池底质处理好后，要及时进水。放进的海水要用60～80目的筛绢过滤，防止敌害生物入池。水深以20～30cm为宜。进水后施肥肥水。

③ 苗种播放密度。苗种以壳长2.5～3.0cm的苗种为宜，播放密度为250～500kg/667m^2，均匀播放。

④ 管理。文蛤生长的最适水温为25～27℃。在高温季节，可通过提高养殖池的水位，维持下层水温的稳定。在相对密度1.015～1.025范围内，文蛤均能正常生活。在大暴雨之前，可通过提高池内水位，以稳定养殖池下层海水的盐度。暴雨过后，应及时抽排上层低盐度的海水，以防止池内海水的急剧下降，影响文蛤的正常生长及引起死亡。

其他管理工作与前述的蛤仔与对虾混养的基本相同。

⑤ 收获。收获时排干池水，采用铁搭、小铁锹进行人工翻土、手拾、叉拾即可。

⑥ 脱色。池塘养殖的文蛤，贝壳表面呈黑色，这是由于长期不干露引起的，不影响软体部分的质量。如需脱色，可在采捕后冲洗干净，再经阴干2～3天，黑色即可脱去；也可选用无毒无异味的氧化剂，进行快速脱色。但日本不少客商对这种壳色的文蛤很感兴趣，把它作为食肉率高的标志，一般池塘养殖的文蛤比自然海区生长的文蛤，含肉量高5.0%～13.6%。因此对池塘养殖文蛤的壳色，可不做处理。

⑦ 吐沙。将收获的文蛤，用篓框吊养在吐沙池中，暂养两天，肠胃中沙泥可基本排净；如进行流水暂养，则吐沙效果更好。

(3) 蓄水养殖　文蛤的蓄水养殖方法与蛤仔、缢蛏等埋栖型贝类相似。

3. 文蛤的死亡及预防

(1) 死亡症状　一般文蛤先钻出滩面，俗称“浮头”，闭壳肌松弛，出水管喷水无力，贝壳光泽淡化，肉质部由乳白色变为粉红色，乃至黑色，两壳张开而死亡。从少量“浮头”，到出现大批死亡，仅3～4天的时间。死亡后，滩面上呈现一片死蛤，散发出极难闻的臭味，污染海区，使底质变黑。

(2) 死亡原因　在文蛤养殖过程常常发生大批死亡。文蛤的死亡，有明显的季节性、区域性和流行性等特点。

① 季节性。江苏省的文蛤死亡大都发生在8～9月的高温季节。此时文蛤产卵排精后，体质虚弱；又处于雨水较多、密度较低、滩温过高的季节，容易发生大批死亡现象。

② 区域性。潮区较高、底质较硬、含泥量较大的地区最易发生死亡。特别是小潮汛期的高潮区滩涂，文蛤会由于干露时间过长而死亡。

③ 流行性。死亡的文蛤软体部很快腐烂，污染滩涂。由于细菌等微生物的作用，使文蛤死亡从潮区较高滩涂，蔓延到低潮区甚至潮下带，造成整个海区文蛤大批死亡。

(3) 预防方法

① 移殖疏养。将潮区较高的文蛤，移殖到低潮区或浅海辐射沙州养殖，这不仅腾出采苗区，更重要的是避免了文蛤产卵后因盐度降低、滩温过高而造成的死亡。

② 与对虾混养。在对虾养成池中，将文蛤与对虾混养，既能有效地预防文蛤死亡，又有利于文蛤生长，同时还可净化虾池水质，促进对虾生长，获得对虾、文蛤双丰收。

③ 池塘暂养。利用池塘暂养方式来预防高温期海区文蛤的死亡。

④ 加强管理。掌握适宜的放养密度；苗种采捕与放养间隔时间不宜太长；及时疏散因“跑流”而堆积的文蛤；及时清除滩涂上“浮头”和死亡的文蛤。

第二节　西施舌的养殖

西施舌（*Mactra antiquate* Spengler）隶属于瓣鳃纲（Lamellibranchia）、异齿亚纲（Heterodonta）、帘蛤目（Veneroida）、蛤蜊科（Mactridae）。俗称“海蚌”，其足大如舌，白里透红，故美其名为西施舌，是一种个体较大、肉质细嫩、味道鲜美、营养丰富、经济价值较高的海珍品。

一、生物学特性

1. 形态构造

(1) 外部形态特征　西施舌（图16-4）的贝壳较大，略呈三角形，壳顶位于贝壳中央，稍偏前方。腹缘圆，左右膨胀，体高约为体长的4/5，体宽约为体长的1/2。铰合部宽大，左壳有主齿1枚，右壳主齿2枚，前后侧齿发达。外韧带黄褐色不甚明显，内韧带棕黄色，极发达，位于三角形的韧带槽中。前闭壳肌痕略成方形，后闭壳肌痕呈卵圆形。外套痕清晰。外套窦宽而浅，半圆形。壳薄，易碎，壳面光滑，生长纹细密。壳色随着个体的生长而变化，体长在6cm以下的西施舌，壳表呈紫色或紫褐色；体长7cm以上的西施舌，壳顶淡紫色，壳表具有米黄色发亮的角质外皮。

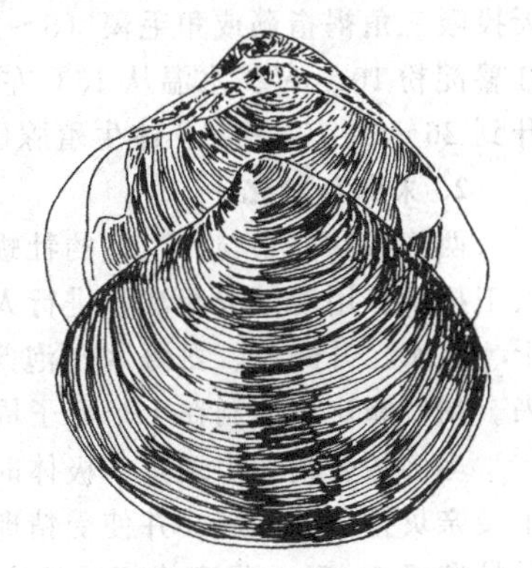

图16-4　西施舌
（引自谢忠明等，2003）

(2) 内部构造　西施舌的内部构造如图16-5所示。

2. 生态习性

(1) 栖息环境　西施舌为太平洋西部广布种，在中国、日本和印度半岛沿海均有分布。在我国尤以山东半岛、福建闽江口一带产量较多。主要栖息在潮间带下区和浅海的沙滩或沙泥底中，营埋栖生活，成体的埋栖深度达7～10cm。索饵和呼吸时升到表层，后端朝上伸出水管，退潮时潜居沙中，滩面上留

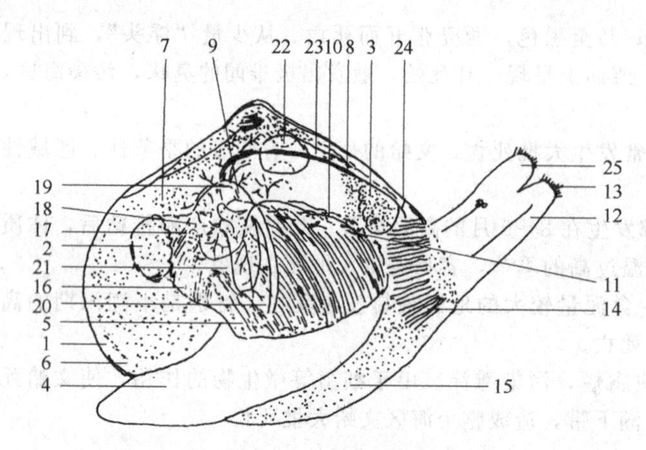

图 16-5 西施舌的内部构造（引自谢忠明等，2003）

1—右壳；2—前闭壳肌；3—后闭壳肌；4—足；5—鳃瓣；6—外套膜触手；7—足前伸缩肌；8—足后伸缩肌；9—生殖腺；10—生殖导管；11—生殖孔；12—进水；13—进水管触手；14—进出水管伸缩肌；15—外套膜；16—唇瓣；17—口；18—食道；19—胃；20—晶杆体；21—中肠；22—心脏；23—直肠；24—肛门；25—出水管

下一个“8”字形的进出水孔痕迹。

西施舌对环境的适应能力很强，生长适温为 8～30℃，最适水温为 17～27℃。合适盐度为 17～35，最适为 20～28，但在短时间的淡水影响下不至于死亡。西施舌具有明显的迁移习性，随着个体的生长，从河口附近的低潮区，向浅海较高盐度水域迁移。

(2) 繁殖习性 西施舌的生殖腺分布在内脏的两侧和腹足基部横纹肌的间隙中，呈树枝状分叉，末端膨胀成为滤泡。在性成熟期，每一分支的生殖腺，像一串串葡萄。西施舌为雌雄异体，雌性生殖腺呈乳白色；雄性生殖腺呈米黄色。满 1 周龄的西施舌，开始性成熟。西施舌的性别与个体大小有关。1～2 龄的西施舌，多数呈雄性，生物学最小型为壳长 46.5mm，壳高 37mm，壳宽 20.5mm，体重 18.3g。3～4 龄的西施舌，雌性略占多数。

西施舌一般在春夏季进行繁殖，在福建沿海，每年 5～7 月间为繁殖期，山东为 6～9 月。西施舌的产卵量较大，壳长 9cm 的个体一次可排放 400 万～500 万粒卵，成熟卵直径约为 68μm，外包一层厚约 15μm 的胶质膜。

(3) 生长 西施舌的生长较快，从受精卵发育到 1cm 的幼贝大约需要 2 个月。在自然海区生长的个体，1 周年体长可达 4～6cm，平均体重 20g 左右；2 周年体长可达 8～9cm，体重 110g 左右；3 周年体长可达 10～11cm，体重为 140～150g。最大个体体长可达 14cm，重达 450g。

二、人工育苗

1. 亲贝培育

人工繁殖用的亲贝，应选择壳薄、壳表为米黄色、生长在潮下带水深 4～5cm 处、3～4 龄的野生西施舌。一般在 4 月中旬左右开始进行亲贝的室内蓄养。池底铺上粒径为 0.1～0.5mm 的纯沙，厚度 15cm，水深 50～120cm。培育密度为 8～10 个/m^2。盐度 16～31，pH 值 7.8～8.6，溶解氧在 4mg/L 以上。每天早、晚换水 2 次，换水形式采用细水长流，流量为 1.0～1.2m^3/h。每天投喂三角褐指藻或角毛藻 (5～7.5)×10^4 个细胞/ml，2 次/天，配合投喂经尼龙筛绢过滤后的红薯淀粉 10g/m^3。水温从 16℃左右开始升温，日升温 0.5℃，亲贝经 20～25 天的培育，当水温升到 26～27℃，多数个体生殖腺已成熟，可用于催产。

2. 采卵与孵化

西施舌的卵子与卵生型的牡蛎一样，只要性腺成熟，用解剖方法取得精子和卵子，即可进行人工授精。用解剖取卵法，进行人工授精时，雌、雄亲贝的用量比例为 (4～5)∶1。也可采用阴干、流水、升降温、氨海水浸泡等方法进行催产。催产时，当看到雄贝排精时，应把它先移出来。精、卵比例控制在 1 个卵子周围有 3 个左右的精子即可。

当多数受精卵出现第一极体时，采用沉淀法洗卵 4～5 次，排出上、中层海水，除去多余精子及亲贝排放的黏液，并使受精卵保持悬浮状态，孵化率可达 95%以上。在水温为22～28℃时，受精卵经 6～8h，发育成担轮幼虫，担轮幼虫具有明显的趋光性，成群成束地趋向光亮的表层四周。用胶皮管将担轮幼虫虹吸到培育池中，加入过滤海水，使担轮幼虫的密度为 40～50 个/ml，遮光静置12～18h，即发育成D形幼虫。

3. 幼虫培育

(1) 培育密度　D形幼虫至壳顶幼虫期幼虫培育密度为3～4个/ml；壳顶后期幼虫1～2个/ml。

(2) 饵料投喂　壳长82～93μm的D形幼虫，就开始摄食微小型的单细胞藻类。叉鞭金藻是西施舌幼虫的良好开口饵料，幼虫培育期间的主要饵料有湛江叉鞭金藻、牟氏角毛藻和扁藻等。投饵量为湛江叉鞭金藻 $(1\sim2)\times10^4$ 个细胞/ml；大部分幼虫壳长超过130μm后，加扁藻 $(0.3\sim0.4)\times10^4$ 个细胞/ml。

(3) 日常管理

① 日常观测。西施舌幼虫发育的适宜水温为20～28℃，适宜盐度为18～28、pH值为8.0～8.2，溶解氧4mg/L以上，光照强度为200～1000lx。每天应观测幼虫的生长、胃饱满度以及育苗池内的水温、盐度、pH值、含氧量等。注意镜检观察水体中敌害生物繁殖情况，出现异常情况及时采取相应措施。

② 水质管理。海水从沉淀池经严格过滤和灭菌处理后，输入育苗池。D形幼虫入池后2～3天，每天加水2次，每次加水提高水位10～20cm。幼虫发育到壳顶幼虫后，每天早晚各换水1次，每次换水量1/4～1/2。换水时，温差不超过1℃，盐度不超过4。

每隔1天用吸污器清除沉淀物1次，吸污时，暂停充气，注意清除池边池角的沉淀物。在壳顶初期和壳顶后期，各倒池1次。适当微波充气。

4. 稚贝附着及培育

(1) 稚贝附着　采用直径0.1～0.3mm的细沙作为附着基。细沙使用前用 $30\sim50g/m^3$ 的高锰酸钾浸泡3～4h，用过滤海水淘洗干净后，铺于洗刷、消毒后的稚贝附着池内，沙层厚度约1cm左右。注入过滤海水至30cm水位，然后将收集出来的壳顶后期幼虫移入附着池中附着。

(2) 稚贝培育　初期稚贝培育，投入湛江叉鞭金藻 $(8\sim10)\times10^4$ 个细胞/ml和扁藻 $(0.3\sim0.4)\times10^4$ 个细胞/ml。初期稚贝经20～30天培育，大多数壳长达到1.0mm，入水管形成，开始进入较稳定的穴居生活。再经过20～30天培育，稚贝壳长达3～5mm，大者可超过1cm。

(3) 稚贝培育时应注意的事项

① 应根据稚贝的生长情况，逐渐增加其潜居的细沙。细沙在使用之前，应经多次筛选、淘汰，并经 $30\sim50g/m^3$ 的高锰酸钾或0.02%的漂白粉消毒。

② 要注意观察稚贝的摄食状态，根据稚贝的生长情况，逐渐增大投饵量，并严防从饵料中带进原生动物。

③ 要及时清除稚贝排泄物和沉积物，有条件时，每隔3～5天清洗一次沙子或每隔15～30天更新一次底质。

④ 稚贝培育期间，水温应保持在29℃以下。西施舌的室内人工育苗时间一般在每年5月开始，培育至壳长3cm以上的可供浅海人工养殖的规格需3～4个月时间，即8～9月出苗，而这个时段海区的水温和气温偏高，因此，西施舌人工育苗后期的水温控制是提高幼贝成活率的关键点。为了调节水温，西施舌人工育苗应配备海水冷却降温设备；若通过沙井抽取海水，一般水温比海区表层水温低1～2℃，育苗时加大换水量也可缓解高水温的影响。

西施舌的人工育苗工艺流程见图16-6。

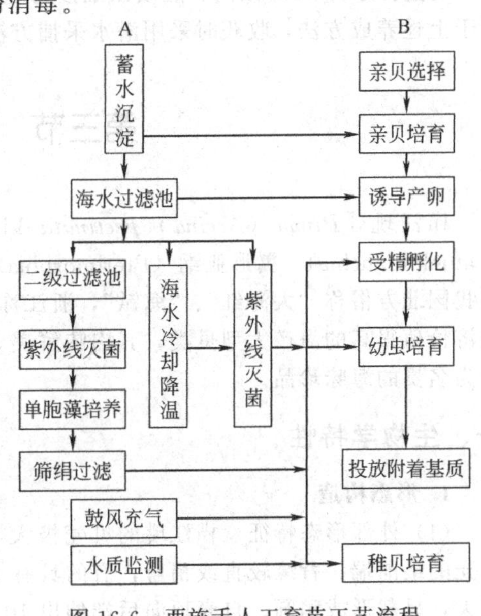

图16-6　西施舌人工育苗工艺流程示意图（引自刘德经等，1998）

三、养成

1. 低潮区围网养殖

选择细沙底质、潮流畅通、最高水温不超过30℃、最低盐度不低于13、地势平坦的低潮区，在大潮退潮时，沿场地四周挖一条宽20～3cm、深40cm的环沟，将用6#～8#尼龙线编织成的、网目2～4cm、高120cm的尼龙网片，下端连同底网埋入沟底35～40cm。埋网片时应将底网拉直。接着在网片的内侧每隔1.5～2.0m用长140cm的木棍插入沙中40～50cm，撑起网片。

放养密度为1龄西施舌400～500kg/667m² 或2～3龄西施舌700～1000kg/667m²。养成期间经常清除红螺、玉螺等敌害生物，刮除附着在木桩上的藤壶和牡蛎。大潮期间，应将迁移到围网周边的西施舌收集起来，重新放到埕内分散放养。发现损坏的围网，应及时修补，防止逃脱。

在低潮区养殖壳长4～6cm的西施舌，经过1～1.5周年的养殖，壳长可达8cm左右即可收获。一般在大潮退潮时用短柄铁锄或铁耙翻沙，逐个采收。

2. 潮间带建池养殖

选择风浪较小、地势平坦、海区盐度及地下渗透水盐度不低于13的高、中潮区或垦区建池。

(1) 石砌水泥池养殖　在潮间带的中、上潮区，用混凝土石砌水泥地，池深1.6～1.8m，池底铺上泥沙60cm。池宽10～20m，长100～200m，池面积1000～4000m²。水池的前后端设独立的进、出水闸，进水闸应装有网目1～2mm的滤水网片。一般放养1～2龄西施舌500kg/667m²。水深保持1m左右，大潮期间每天换水1～2次，大潮过后或水色清澈，可施加尿素700g/667m² 及过磷酸钙300g/667m²，以促进池内单细胞藻类的繁殖生长。每次大潮应排干池水一次，及时清除浒苔，捕捉鱼、虾、蟹等敌害生物。收获时把池水排干，观察西施舌的出入水孔，直接用手挖取。

(2) 垦区土池养殖　利用已围垦的滩涂，在垦区内建造土堤，每口西施舌养殖池面积为200～1800m²。池底应消毒、铺沙、平整。放养密度、搭盖遮阳、清除敌害生物等同水泥池养殖西施舌。但池内水深一般仅30～50cm，大潮过后通常使用水泵注水，夏季水温接近30℃时，或雨季盐度低于13时，可采用潜水泵抽取地下渗透水，来调节水温和盐度。

3. 浅海增殖

可选择水深10m以内、底质以细沙为主的浅海进行移苗增殖。苗种以1～2龄为宜，放养量低于上述养成方法，收获时采用潜水采捕方法。

第三节　栉江珧的养殖

栉江珧［*Pinna*（*Atrina*）*pectinata* Linneaus］，隶属于软体动物门（Mollusca）、瓣鳃纲（Lamellibranchia）、翼形亚纲（Pterimorphia）、贻贝目（Mytiloida）、江珧科（Pinnidae）。栉江珧在我国北方俗称“大海红”、“海锨”，浙江称“海蚌”，福建称“马蹄”，广东称“割纸刀”。它是经济价值很高的海产大型贝类，其肉味鲜美，后闭壳肌极为粗大，制成干制品称“江珧柱”，是极为名贵的海味珍品。

一、生物学特性

1. 形态构造

(1) 外部形态特征　栉江珧的贝壳极大，呈三角形，一般壳长20～30cm。壳顶尖细，位于贝壳的最前端，背缘较直或稍弯，有的具有小锯齿，腹缘前端直或稍弯，向后逐渐膨出，后缘极宽大，呈截形或稍圆。自壳顶向后端伸出10多条较细的放射肋，肋上具有鳞片或斜向后方的三角形小棘。生长线细密不规则，腹缘处多呈褶状。铰合部占背缘的全长，无铰合齿，韧带细长，沿背缘为直线形，呈褐色或黑褐色。足丝孔位于腹面，狭长形或不明显。贝壳表面略凸，左右两壳相等，但两壳闭合时，壳后端不能完全闭合。壳面的颜色，小型个体呈淡褐色，成体多为黑褐色（图 16-7）。

（2）内部构造　软体部比贝壳小，呈淡红褐色，被两片外套膜所包裹。外套膜薄，但边缘较厚，有一列短小的触手。左右外套膜在鳃的末端愈合，形成一个相当大的出水孔。口为横裂状，唇瓣较大，三角形。胃大部分被绿色的消化腺所包围。直肠的背面具有一粗壮的外套腺，用以清除泥沙或其他外物。生殖腺位于内脏块中。前闭壳肌小，后闭壳肌极为肥大，约占体长的 1/3～1/2。足小，呈圆锥状，末端尖，腹面有一条纵裂的足丝沟。足丝淡褐色，多而柔软（图16-8）。

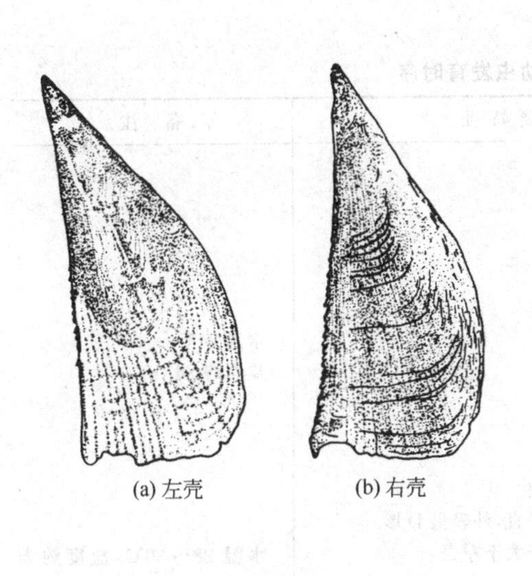

图 16-7　栉江珧的贝壳
（引自王如才，1993）

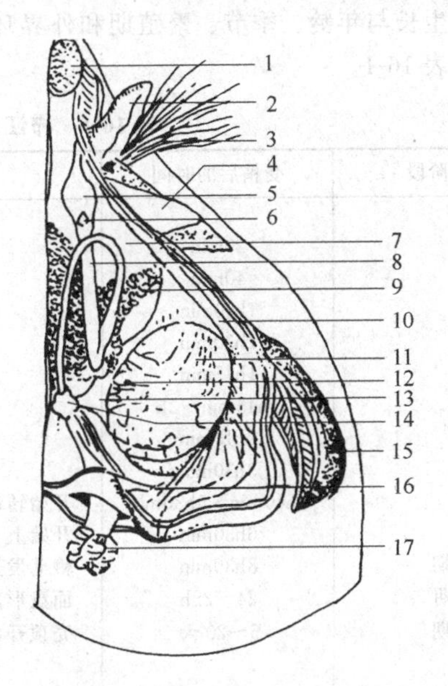

图 16-8　栉江珧的内部构造（引自谢忠明等，2003）
1—前闭壳肌；2—足；3—足丝；4—唇瓣；5—胃；6—胃楯；7—肝脏；8—肠；9—生殖腺；10—外套纤毛管；11—后闭壳肌；12—足丝收缩肌；13—心耳；14—心室；15—鳃；16—肛门；17—外套腺

2. 生态习性

（1）栖息环境　栉江珧广泛分布于印度洋和太平洋地区。我国沿海，北起辽东半岛，南到琼州海峡，均有其生活的踪迹。小个体一般在潮间带低潮区采到，较大个体多在潮下带，需拖网、潜水或以夹子采捕，通常多采自 50m 以内的浅湾。栉江珧多栖息在水流平缓，风平浪静的内湾及浅海，栖息的底质一般为泥沙质，含沙率（包括细沙、粗沙、沙砾等）70%左右。栉江珧是广盐、广温性贝类，其适宜水温范围为 8～30℃，最适水温为 15.2～29℃。适宜的海水相对密度为 1.010～1.026，以 1.018～1.024 为最适宜。主要以菱形藻、圆筛藻、小环藻、舟形藻及海链藻等硅藻为食料。

（2）生活方式　栉江珧以贝壳的尖端直立插入泥沙中，以足丝附着在沙砾、碎壳或石砾上，仅以宽大的后部露出滩面。当它附着在沙泥中后，终生不再移动。在自然海区中，两壳稍微张开，外套膜竖起，悠然地摆动于海水中，极为美观。退潮时，或遇到刺激后，仅留壳后缘稍露出滩面，似一条裂缝，采捕时不注意观察，很难发现。栉江珧有群栖习性，在采捕中曾有人发现，栉江珧成片群栖在一起，数量较多，人们称之为“海底森林”。栉江珧在海区中也有迁移现象。当栖息环境的生态因子发生变化时，就会迁移。因此，在开展养殖时，应采取防范措施。

(3) 繁殖习性　栉江珧为雌、雄异体，1年即可达性成熟，性成熟最小个体约为7cm，但作为繁殖亲贝一般采用壳长18cm以上的2～4龄贝。在繁殖季节，成熟的亲贝性腺覆盖内脏团，精巢呈乳白色或淡黄色，卵巢呈橘红色。繁殖季节为5～9月，在广东汕尾海域6～7月为产卵盛期，8～9月也是一个产卵小高峰期；在福建沿海，5月中旬至7月上旬为繁殖盛期，8月底或9月初又是一个产卵小高峰。繁殖期水温一般在22～30℃。栉江珧亲贝的怀卵量与壳长有很大的关系，平均壳长18.6cm的亲贝，怀卵量达4000万粒；平均壳长17.1cm的亲贝，平均可产卵1071万粒。

(4) 生长　栉江珧的生长特点表现为贝壳的增长与软体部的生长不同步，在1～3龄期间主要表现为壳长的增长、体重的增长较缓；在4～5龄以后，表现为体重增长加快，壳长增长显著减慢。它的生长与年龄、季节、繁殖期和外界环境因子的变化有密切关系。栉江珧的胚胎和幼虫发育时序见表16-1。

表16-1　栉江珧胚胎和幼虫发育时序

发育阶段	受精后的时间	主要特征	备注
受精卵			
第一极体	20min		
第二极体	40min		
2细胞期	1h20min		
4细胞期	1h30min		
8细胞期	1h45min		
16细胞期	1h45min～2h		水温24℃
32细胞期	2h15min		盐度约28
桑葚期	3h30min		
囊胚期	4h40min～5h30min	开始转动	
原肠期	6h30min	开始上下游动	
担轮幼虫期	8h30min	鞭毛发达,游动较快	
D形幼虫期	24～28h	面盘形成,铰合部平直,外表呈D形	
壳顶幼虫期	5～20天	壳顶开始隆起,右壳大于左壳	水温28～30℃,盐度约为26.3～30.13
匍匐幼虫期	21～23天	壳顶略呈等腰三角形,足大且长,面盘未全部萎缩	
附着稚贝	23天	新生壳出现,营半附着半埋栖生活	

二、苗种生产

1. 采捕野生苗

野生苗采捕多在3～7月份进行，选择低潮区或浅海，一般在大潮期，待大潮水退干后，采用江珧镘或小铁锹挖取7～10cm的贝苗。采捕时应尽量避免破损或拉断足丝，损伤内脏。

2. 全人工育苗

(1) 亲贝的选择与培育　亲贝从自然海区采集，一般选用壳长18cm以上、体质健壮、贝壳无创伤、性腺发育较好的2～4龄成贝作为亲贝。

在繁殖季节采捕亲贝，其性腺发育程度有差别，需要进行催熟培育，以保证其精卵的质量和性腺发育同步。促熟时先将把亲贝壳表的附着生物除掉。亲贝培育可在室内或室外进行。室内培育多采用浮动网箱培育，控制好适宜的水温、盐度，并加足饵料，以促使生殖细胞的发育，促进性腺成熟。蓄养密度一般3～4个/m^3，每天换水、投饵3～4次，饵料以扁藻为主。也可利用降温或其他方法延长其产卵的时间，延长繁殖期。

室外培育，可把亲贝挂养于海区，也可播养于沙泥底的海底蓄养，但必须保证水质好，饵料充足，水温、盐度相对稳定，以促使亲贝生殖细胞成熟度的提高。

在山东威海沿海，栉江珧繁殖盛期一般在7月中旬前后，可进行升温促熟培育。亲贝蓄养期间的管理措施主要有：入池后在自然海水稳定5天，以后每天升温1℃，至22℃恒温待产；饵料种类以小新月菱形藻、青岛大扁藻为主，淀粉、螺旋藻等为辅，每天投喂8～12次，日投喂量由20×10^4个细胞/ml逐渐增至40×10^4个细胞/ml；换水3～4次/天，每次1/3，每隔3天倒池1次；并及时挑出死贝，定期加入1～2g/m^3土霉素抑菌。一般经过30～45天促熟培育，亲贝逐渐成熟。

(2) 精卵的获得　选择性腺饱满、颜色鲜艳的成熟个体，可以采用解剖法获取精卵，进行人工授精。但栉江珧的生殖细胞是分批成熟、分批排放的，解剖出来的精卵，有些是不够成熟的，可进行人工诱导排放精、卵。主要的诱导方法有两种：一是阴干、流水、升温刺激法，将亲贝先阴干5～6h，再经0.5～1.0h流水刺激后直接放入高出恒温培育水温3～4℃的海水中，一般经1～2h适应期后亲贝能自行排放精、卵，排放率为80%左右；二是阴干加紫外线照射海水诱导法，可选择性腺成熟度好的亲贝阴干5～6h后置于100L的海水中，用30～40W紫外线灯照射2～3h后能使成熟亲贝排放精、卵，其排放率可达70%左右。

受精卵经2～3次洗卵后，在水温24℃、盐度28的海水中经5～12h发育到担轮幼虫期云集上浮，继而发育为D形幼虫，即可选优培育。

(3) 幼虫培育

① 培育密度。栉江珧育苗期间，水温较高，一般水温都在24～30℃间，同时栉江珧的幼虫个体较大，培育时间较长，因而栉江珧D形幼虫的培养密度不宜过大，应控制在3～4个/ml。栉江珧的幼虫在小水体中都漂浮于水面上，难以育成。因此在培育栉江珧幼虫时，不能采用小水体的容器。由于幼虫培育期间时间长，幼虫大小分化较大，应及时进行筛选，整个培育期间筛选2～3次，有利于幼虫生长发育。

② 理化环境控制。根据栉江珧的生态习性，培育海水的水温应控制在24.0～30.0℃，较适宜水温为27.0～29.0℃；盐度为25.7～31.0；pH值为8.1～8.5；溶解氧含量6.1～7.3mg/L；光照强度1000～2000lx左右，每天光照时间8～12h。

幼虫刚入池时，保持水深100cm，第1天采用逐渐加水至满池，以后改为换水。换水3～4次/天，每次换水量为1/4～1/3。每隔2～3天倒池1次。连续均匀微量充气培育。定期施加1～2g/m^3土霉素或青霉素等抑菌。

③ 饵料投喂。栉江珧发育到D形幼虫时就开始摄食。在幼虫培育前期，投喂等鞭金藻、叉鞭金藻和角毛藻等饵料。在后期，可增加投喂扁藻。在幼虫培育的前期，叉鞭金藻和钙质角毛藻投饵量应控制在$(1\sim2)\times10^4$个细胞/ml，扁藻日投饵量为$(0.3\sim0.5)\times10^4$个细胞/ml；在培育后期，投饵量可适当增加，一般为$(2\sim5)\times10^4$个细胞/ml，另再加$(0.5\sim0.8)\times10^4$个细胞/ml扁藻。日投喂量应随时根据镜检幼虫胃饱满度与水色做适当调整。

(4) 采苗　栉江珧的幼虫发育到稚贝时，既不像缢蛏、泥蚶等那样营典型的埋栖生活，也不像贻贝和扇贝那样单纯依靠足丝附着在其他物体上营附着生活，而是两者兼有。栉江珧的稚贝先是用足在附着基、池壁或池底爬行，在适宜的时候，足丝腺分泌足丝附着于沙砾上，随后以壳顶插入底质，营半附着、半埋栖的生活。根据栉江珧的这种附着特性，栉江珧稚贝的采苗器应该盛有沙砾。用何种采苗器效果较好，现在还在探索之中。目前的做法有以下几种：①直径0.3mm的细沙铺底，沙层厚度10～20cm；②沙盘内装细沙，吊挂于池中采苗；③用50目筛绢做成网袋，内装聚乙烯网片与细沙，吊挂采苗。采苗器应在匍匐期幼虫眼点出现后投放（壳长380～400μm）。

(5) 稚贝培育　用采苗袋采苗的，应移到沙层中继续培育。稚贝采用流水式培育，流量为两个量程；饵料以扁藻、角毛藻和金藻混合投喂，投饵量为$(15\sim20)\times10^4$个细胞/ml，分4～8次投喂；每4天左右清理沙层1次。稚贝附着后，生长速度明显加快，附着7天后，贝体平均壳长×壳高为2.88mm×1.28mm。稚贝在池内经17～20天的培育，贝体壳长×壳高平均为8.5mm×3.0mm。壳长1cm左右时可移至海区育成，育成方法以用装有粗沙的网袋吊养效果较好；2.5个月后，平均壳长达5cm以上时，可分苗进行养殖。

三、成贝养殖

(1) 养成场地的选择　栉江珧的养殖场应选择在水流不急、风浪较平静、底质为泥质沙或沙质泥的内湾低潮线上1～2m滩涂及10m水深以内的浅海，理化因子相对较为稳定，海水相对密度在1.015～1.022范围为适宜，最低不应低于1.010。

(2) 养殖方式　目前栉江珧养殖主要有以下两种方式。

① 插养。养成苗种为外壳无破损的壳长7～10cm的野生苗种或人工育成苗种。选择在低潮线以下1～2m，底质为沙泥、泥沙的滩涂或浅海区；用三角形木楔在涂面上凿孔，然后将江珧壳顶朝下插入挖好的孔中，壳的后端露出滩面1～2cm，腹缘与潮流平行；插养密度以60个左右/m^2为宜。

② 塘养。选择中潮区上层滩涂加以改造，利用废弃的旧蛏塘或挖掘1.0～1.2m深的蓄水土塘，塘底掺入沙砾，使含沙量接近自然海区的栖息环境。把采捕到的或人工育成的苗种，按上述方法插殖，生长速度也很快。插养后的栉江珧一般3～5天原足丝脱落，重新分泌足丝附着。栉江珧苗种放养1.5～2年后，体长可达20cm左右，即可收获上市。

【本章小结】

文蛤是广温、广盐性埋栖型贝类，是我国滩涂传统养殖的主要贝类之一。目前文蛤增养殖的苗源，主要依靠采捕自然苗或半人工采苗。工厂化人工育苗技术尚未形成生产能力，采用室内人工育苗和室外土池育苗相结合的生产方式可以提高育苗的成活率，是文蛤苗种生产的发展趋势。文蛤养成的方式主要有海区围网养殖和虾池混养文蛤，在夏季高温季节要采取措施预防文蛤大面积死亡的发生。

西施舌是个体较大的埋栖型双壳类，对环境的适应能力较强，生长较快。西施舌室内人工育苗时海区的水温和气温偏高，要配备海水冷却降温设备调节水温或经沙井抽取较低水温的海水，以提高幼贝成活率。采用直径0.1～0.3mm的细沙作为稚贝的附着基，并根据稚贝的生长情况，逐渐增加其潜居的细沙。西施舌的增养殖方式主要有低潮区围网养殖、潮间带建池养殖和浅海增殖。

栉江珧是经济价值很高的海产大型贝类，属广盐、广温性，在我国广泛分布，它以贝壳的尖端直立插入泥沙中，以足丝附着在沙砾、碎壳或石砾上。栉江珧的繁殖季节为5～9月份，在育苗期间，水温较高，要控制合适的温度，进行水质管理。栉江珧的稚贝营半附着、半埋栖的生活，使用何种采苗器以达到较好的采苗效果还需要进一步试验研究。养殖方式主要有低潮区或浅海插殖和中潮区塘养。

【复习题】

1. 简述文蛤的形态构造。
2. 文蛤对温度和盐度的适应能力如何？对底质的要求如何？
3. 文蛤的移动方式有哪几种？文蛤的移动习性有什么生物学意义？在养殖时应如何防止文蛤的跑流？
4. 简述文蛤的繁殖习性。
5. 进行文蛤半人工采苗的方法有哪些？
6. 在文蛤的室内人工育苗中，如何降低幼虫进入底栖后的死亡率？
7. 在海区进行文蛤围网养殖的养成管理工作有哪些？
8. 文蛤与对虾混养应注意哪些问题？
9. 简述西施舌的形态构造和生态习性。
10. 试述西施舌人工育苗的工艺流程和注意事项。
11. 简述西施舌的养殖方法。
12. 栉江珧的形态构造有何特点？
13. 简述栉江珧的栖息环境。
14. 栉江珧的生活方式如何？
15. 在栉江珧的人工育苗中要注意哪些问题？
16. 栉江珧的养成方式有哪些？

第十七章 海水贝类增殖技术

【学习目标】

1. 掌握海水经济贝类增殖的定义及其意义。

2. 掌握海水经济贝类增殖的技术措施与方法。

第一节 海水贝类增殖概述

一、定义

海水贝类增殖就是在一个较大的海域（一般是在内湾）采取一定的措施，包括人工孵苗放流、改良底质及其他环境条件、限制采捕等，以恢复或增加某种海水经济贝类的资源量。

增殖的意义不仅可以恢复或增加贝类的资源量，而且由于许多贝类经过人工累代养殖后，其种质下降，抗逆性差，病害频发，严重危及贝类养殖业的健康发展；通过自然海区的增殖，可使海水经济贝类的种质资源得到较好的改善。

二、我国海产经济贝类增殖概况

针对我国海水经济贝类的自然资源和养殖现状，国家及沿海各省、市地方政府近年来逐渐增加了贝类增殖的力度，也取得了良好的成效。

在我国，目前已经开展增殖的海水经济贝类主要如下。

1. 瓣鳃纲

泥蚶、毛蚶、魁蚶、虾夷扇贝、海湾扇贝、华贵栉孔扇贝、日本日月贝、马氏珠母贝、厚壳贻贝、栉江珧、近江牡蛎、太平洋牡蛎、日本镜蛤、中国仙女蛤（*Callista chinensis*）、紫石房蛤、波纹巴非蛤、四角蛤蜊、杂色蛤仔、菲律宾蛤仔、青蛤、紫石房蛤、西施舌、文蛤、彩虹明樱蛤、双线血蛤［*Sanguinolaria*（*Psammotaea*）*diphos*（Linnaeus）］、中国绿螂、缢蛏、大竹蛏、长竹蛏、砂海螂、大沽全海笋、红肉河蓝蛤等。

2. 腹足纲

皱纹盘鲍、杂色鲍、九孔鲍、大马蹄螺、蝾螺、象牙凤螺（*Babylonia areolata*，注：台湾地区）、脉红螺（*Rapana venos*）、方斑东风螺、泥东风螺、管角螺、泥螺、海兔等。

3. 头足纲

金乌贼、曼氏无针乌贼、真蛸、长蛸等。

第二节 海水贝类增殖技术

一、生物措施

1. 人工孵苗放流

人工孵苗放流就是采捕自然海区的亲贝或人工养殖的亲贝进行人工育苗并培育至一定规格后

再成批量地放入选定的海区，让其自然生长、发育，以增加其海区资源量。

由于人工孵苗放流的苗种是经过人工培育的，与在海区自然繁殖、生长、发育的经济贝类相比，其受精率、孵化率、浮游幼虫及稚幼贝的成活率大大提高。因此，是一种非常有效的增殖措施。

(1) 放流场地的选择　为了提高放流后苗种的成活率，必须根据经济贝类的生物学特性选择好放流海区，一般选择在有自然贝苗或成贝分布的内湾海区，海区的环境因子要求与一般经济贝类养殖场的选择相同，主要要素有潮区、海流、风浪、温度、盐度、食料生物与敌害生物等。

(2) 放流规格与密度

① 放流规格。放流的苗种大小是关乎增殖效果的重要因素之一。由于小规格的贝苗对环境因子的适应能力、防御敌害的能力较弱，重捕率低，重捕重量甚至低于放流时的总重量，所以，放流的苗种必须达到一定的规格。例如，壳长 2cm 的九孔鲍放流 1 年后的存活率低于 10%；壳长 3cm 的为 30%～60%；壳长 4cm 以上的可达 70%～80%，也就是放流规格越大，重捕率越高。九孔鲍一般秋季育苗经室内越冬到翌年 5 月壳长可达 2.5cm 左右，此时放流比较理想，因为这以后的一段时间正是鲍生长的旺盛季节，而且自然海藻茂盛；若是春季育苗在秋季放流的，因秋季水温逐渐降低，鲍生长缓慢，放流规格应在 3.0cm 以上。

再如，底播增殖所用的扇贝苗种规格一般要求为 3.0cm 以上的幼贝。其他经济埋栖型贝类多要求壳长 1.0cm 以上。

② 放流密度。放流密度应根据种类的不同、海区的环境条件、苗种的大小而定。壳长 2.5～3.0cm 的鲍苗以 10 只/m^2 左右为宜；扇贝的底播密度则为 8 个/m^2 左右。

(3) 放流方法与技术要求　放流时如同贝类养成的苗种放养、播种，应注重考虑贝苗的质量、天气海况、运输与播苗的技术方法。

鲍的放流一般连同饵料板（波纹板）一起运输，放流时在饵料板上绑上两吊坠石，沉入海底，由潜水员下海码放在一定的位置上，再用两吊坠石把波纹板压好，使其自然展开。待 3～4 天后，幼鲍全部离开波纹板分散到藻丛岩礁缝隙中时，即可把波纹板收回。

(4) 管理　由于多数放流贝类移动性小，放流后，应在放流区域设置标志，防止人为采捕、破坏。

2. 受精卵放流

曼氏无针乌贼的增殖则多采用受精卵放流。曼氏无针乌贼的生殖习性是把受精卵产附于枝状或棒状附着物上，由于自然海区中可供曼氏无针乌贼附卵的底栖生物如珊瑚、大型海藻等有限，不利于曼氏无针乌贼的繁殖、发育。鉴此，浙江等地通过曼氏无针乌贼的亲体捕捞、驯化培养，待其交配产卵后，将受精卵用特制的网笼保护（图 17-1），再放流于原亲体产卵场，这种方式称为“原位放流”。

图 17-1　曼氏无针乌贼受精卵保护网笼

3. 移植驯化

即将原海域没有的经济贝类种群引进移入，使之适应新环境，并逐步定居繁殖，形成新的种群。移植时应注意“生态入侵”，即严防新种群破坏该海域具有经济价值的经济贝类或生物群落，并严防随之带进病虫害。

我国已经进行移植驯化的海水贝类主要有从日本引进的虾夷扇贝、太平洋牡蛎；从美国引进的海湾扇贝；从北方移殖到南方的紫贻贝、皱纹盘鲍等。

4. 移殖饵料生物与防除敌害

在底播贝类和珍稀贝类增养殖区进行移植海藻和敌害生物的诱捕、防除等。如在皱纹盘鲍的底播增殖时，采用人工方法将成体海藻移殖到增殖海区，同时捕抓该海区的海星、蛸类、蟹类、海胆等敌害生物。

二、工程措施

主要是对海水经济贝类的生活环境进行保护和改造。如营造人工藻礁（场）、人工鲍礁、人工海滩或构筑抗风浪设施、改造湾口、改良或调整底质等。

1. 投放人工鲍礁

大连獐子岛在进行皱纹盘鲍人工孵苗放流时，同时投放人工鲍礁并人工捆绑海带，取得了较好的增殖效果。其人工鲍礁为梯形空心、钢筋水泥结构，每座重2t、体积为1.5m^3，四周均匀地分布有流通孔和捆绑槽，可供2000个皱纹盘鲍栖息生活。

此外，废旧的汽车轮胎（外胎）等也可作为鲍的简易人工鲍礁。

2. 设置人工附着基

山东等地根据金乌贼的产卵习性，在金乌贼产卵海区采用野生柽柳（*Tamarix chinensis*）枝条或黄花蒿（*Artemisia annua*）枝条作为其附卵器进行增殖。

选用的柽柳或黄花蒿枝条整理后结扎成束，制成树冠状附着基。单束附着基基部直径4～5cm，单束附着基材料重0.25～0.50kg。附着基基部绑缚用水泥或石头制成的沉子，沉子重1.0～2.5kg。为防止附着基淤陷，附着基基部与沉子之间留有10～15cm的间距。

在4月中旬至7月下旬的金乌贼产卵季节，将其均匀投放到海底。附着基投放完毕后，在增殖海域设置增殖标志。待6月中下旬，金乌贼产卵结束后，现场随机提取标志投放的附着基不少于100束，计算附着率。增殖效果良好的附着率超过70%，回捕率大于3%。

3. 改良环境条件

一些海区温度、盐度、食料生物等环境条件原本适宜于菲律宾蛤仔、文蛤等贝类的繁殖生长，其周围海区也有大量的亲贝种群，但由于底质含沙量较少或因水流较急，因此，采不到海区苗也难以进行增养殖。经过人工加沙或插竹缓流后，即可采到大量的海区苗或进行人工增养殖。

三、限制保护措施

1. 限制措施

包括限制采捕区、限制采捕规格、限制采捕季节、限制采捕量等。

例如，福建长乐的西施舌和福建平潭的中国仙女蛤就由当地的渔业执法部门限制了采捕区和采捕限度。一般来说，对资源量稀少的经济贝类的采捕季节应限制在其繁殖季节后，而贝苗也不能采捕。

2. 保护措施

除设立保护区禁止采捕外，应严格控制工农业及生活污水等污染物排入贝类的增养殖区。

此外，在一些环境遭受严重破坏或发生意外环境污染，危及稀有经济贝类生存时，应及时将其移殖到新的海区进行管养保护。

【本章小结】

海水经济贝类的增殖技术方法包括生物措施、工程措施和限制保护措施等。我国已进行增殖的海水贝类众多，一些种类是在规模化养殖的同时，也进行增殖；一些种类是由于资源、技术等原因，尚未形成规模化养殖，增殖就成为一种重要的增收手段；还有一些则是生产水平的技术方法尚未突破，多以增殖措施进行保护、增加资源量。

【复习题】

1. 简述海水贝类增殖的定义与意义。
2. 举例说明海水贝类增殖的措施与方法。

实验项目指导

实验一　贝类生物学数据测量方法

一、实验目的

正确测量贝类的长、宽、高，并掌握不同时期鲜出肉率、肥满度和性腺指数的变化规律。

二、实验仪器

解剖盘、解剖刀、量尺、游标卡尺、电子称。

三、实验材料

鲜活海湾扇贝、虾夷扇贝、菲律宾蛤子等。

四、实验内容

1. 向度测量

瓣鳃纲长度指其壳前端和后端的最大距离，常用“L”表示。壳高是指背腹缘最大距离，用“H”表示。壳宽是左右两侧的最大距离，用“b”表示。一般说来，贝壳长、宽、高之间有一定的比例关系，因此测定一个向度便可了解其他两个向度的大小，常用的是长度法。大多数种类，壳长与壳高或壳长与壳宽之间成直线正相关，符合 $y=kx+b(L=kH+b)$ 的经验公式。

2. 重量法测量

因为贝类贝壳与软体的生长不是一致的，养殖的目的是为了获得最丰满的软体，因此在生产中常采用鲜出肉率和肥满度来表示软体丰满的程度和确定合理收获的年龄和季节。

(1) 鲜出肉率　操作步骤：取30个扇贝，测定鲜贝重；弃掉贝壳，完整取下贝肉；用滤纸吸取水分，测量鲜肉重，记下数据。

鲜出肉率＝鲜肉重量/鲜贝重量×100%

(2) 肥满度　由于含水量不同误差较大，比较精确的方法是测定肥满度。它是将贝壳与贝肉剥离，分别在恒温干燥箱中（70℃左右）烘至不再减重时取出分别称其重量，公式为：

肥满度＝软体干重/贝壳干重×100%

3. 扇贝性腺指数

从新鲜的扇贝中随机取10个，清洗干净后，放到已煮沸的水中，继续加热，壳张开后捞出，用解剖刀取出软体部，用吸水纸将水分吸干，将其放到电子秤进行称重。然后用剪刀和镊子将性腺从软体部取出，进行称重。公式为：

性腺指数＝性腺重/软体重×100%

生产上可根据性腺指数来判断扇贝性腺发育情况，并结合实际情况合理安排苗种生产任务。

五、作业

1. 求出贝类长度和宽度的线性关系公式 $L=kH+b$ 中的 k 值。

2. 求出贝类的鲜出肉率和性腺指数。

实验二 瓣鳃纲和腹足纲动物代表种贝壳形态观察

一、实验目的

通过实验，进一步掌握海水经济贝类的外形特征，掌握贝壳上各部分构造的名称与分类术语，为识别经济贝类种类、学会描述贝类外形特征打下基础。

二、工具和材料

1. 解剖盘、游标卡尺等。

2. 干制或鲜活标本：扇贝、贻贝、蛤仔等经济双壳类；荔枝螺、东风螺等经济螺类。

三、实验内容

1. 瓣鳃纲

本纲种类均具有左右双壳，包被肉体，左右两壳的形状因种而异。

(1) 壳表面　壳背面突起的小丘为贝壳最初形成的起点，为壳顶。壳顶之前有一平坦呈椭圆形或心形的区域，为小月面。由壳顶向后，有一个与小月面相对的长卵圆形面，称为楯面。扇贝、珠母贝等还有壳耳。

在壳顶后方，两壳相接部位有韧带，韧带为黑褐色，一般分为外韧带和内韧带两种，前者在壳外，后者常附着于铰合部延伸的韧带槽中。壳表面有以壳顶为中心的生长线，有的种类还有自壳顶放射出的放射线，放射线之特别突起者，名为放射肋。壳表或有各种花纹和色彩。

(2) 壳内面　壳顶之下部内面有凹凸不平的双壳衔接处，名铰合部。铰合部有齿状突起，其位于中央者为主齿，位于壳顶之前、后缘者为前、后侧齿。壳内面有外套膜环走肌附着所遗留的线状痕迹，称外套痕。有些种类外套痕在后端形成一凹形弯曲，名外套窦，为水管肌的附着处，如水管发达，则弯曲亦深。在壳内前端与后端，有前、后闭壳肌遗留下的痕迹，名为前闭壳肌痕和后闭壳肌痕。

(3) 方位　双壳类前后端的确定方法一般为：以壳顶为准，则韧带所在的一侧为后端，相反一端即前端，活的个体，其水管均由后端伸出，足则从腹面前端伸出。

左右之分辨为：以壳顶为上，后端朝向观察者，在左者为左壳，在右者为右壳。

(4) 向度测量　壳前后端的距离为壳长，壳顶至腹缘的距离为壳高，左右壳最突出的点间垂直距离为壳宽，双壳类各部分名称如图1所示。

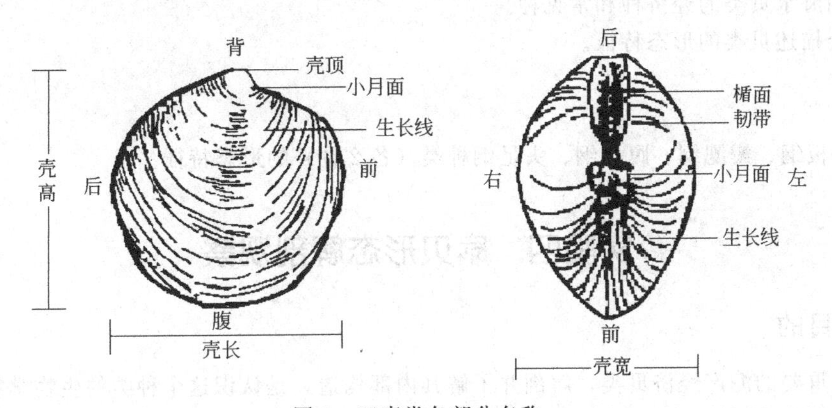

图1　双壳类各部分名称

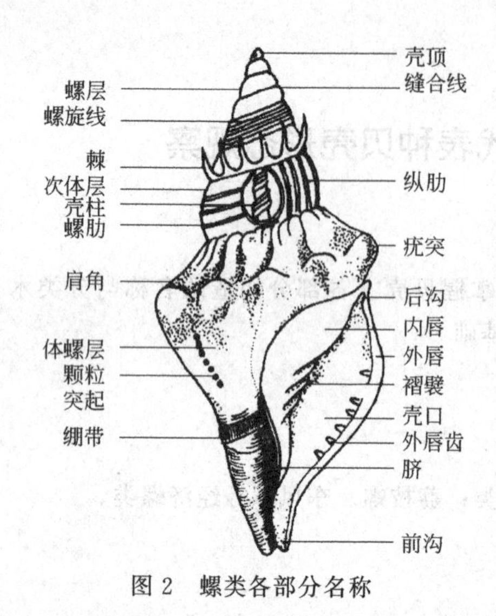

图 2　螺类各部分名称

2. 腹足纲

壳之顶点称为壳顶，由此开始螺壳盘旋而下，每一回旋为一螺层，最下一螺层特别大，名体螺层，其上之小螺层合称为螺旋部。螺层间之交界线为缝合线，螺旋的中心为螺轴。与壳顶相反的一端为螺底，螺壳的开口为壳口，壳口之近螺轴的边缘为内缘（或内唇），向外的边缘则名为外缘（或外唇），螺轴末端之凹陷处名为脐孔。近脐孔处壳口卷曲一凹沟名为前沟，为容纳水管处，与前沟相对之壳口对面有后沟，为排泄粪便的经路，螺壳表面与壳口外缘平行的条纹为生长线。海产螺类多数为右旋，如以左手食指按壳顶，拇指按螺层，使壳顶向上，壳口向观察者，则其壳口在螺轴之右；相反，则为左旋。肉体缩入壳内后，壳口为厣遮盖，厣上有螺旋纹，纹的中心为核，为生长的开始之点。由壳顶至壳口的最下缘为壳高，体螺层的最宽部分为壳宽。螺类各部分名称见图 2。

四、作业

绘出瓣鳃纲、腹足纲代表种类（各 4 种）的外形图，并注明各部分名称。

实验三　海水贝类经济种和常见种识别

一、实验目的

1. 通过标本的直观感受，熟练掌握经济贝类的主要外部形态特征。
2. 能独立对经济贝类进行形态描述，并能识别经济种和常见种。

二、实验材料

贝类经济种或常见种干制标本或浸制标本（头足类）。包括多板纲、瓣鳃纲、腹足纲、头足纲等。

三、实验内容

1. 识别海水贝类的经济种和常见种。
2. 学会描述贝类的形态特征。

四、作业

描述多板纲、瓣鳃纲、腹足纲、头足纲种类（各 2 种）的形态特征。

实验四　扇贝形态解剖观察

一、实验目的

扇贝是重要的海产经济贝类，解剖并了解其内部构造，是认识这个种类的生物学特点以及与结构相适应的生活习性和生活环境的重要手段。

二、实验工具

解剖刀、解剖盘、解剖剪、解剖针以及尖头镊子等。

三、实验材料

鲜活或甲醛固定的栉孔扇贝或海湾扇贝标本，每人一个。

四、实验内容

1. 内部解剖

解剖步骤如下。

① 取扇贝样品，放到解剖盘。

② 左手拿扇贝，将扇贝左壳朝下，右手拿一条尼龙单丝从足丝窝通入轻轻触碰闭壳肌。

③ 当贝壳张开，左手卡住贝壳前后端；将手术刀紧贴右壳内表面切断闭壳肌；掀开右壳，即可进行内部观察（图 3）。

2. 循环系统观察

循环系统包括心脏、动脉和静脉系。动脉主要由真正的动脉管构成，静脉除了静脉管外，还有大型的静脉窦。

在闭壳肌的背面，消化腺之后即是围心腔，直肠穿行其间并穿过心脏；剪开围心腔，可见附在直肠上的心室，心室壁疏松褶皱如海绵体；心室两侧附两个性状不规则的心耳，心耳的尖端连于出鳃静脉，心耳表面凹凸不平，覆有围心腔腺，呈棕色；心室向前分出一支前大动脉，位于消化管的背面，后大动脉由心室后端分出，附于直肠腹面右侧。

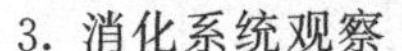

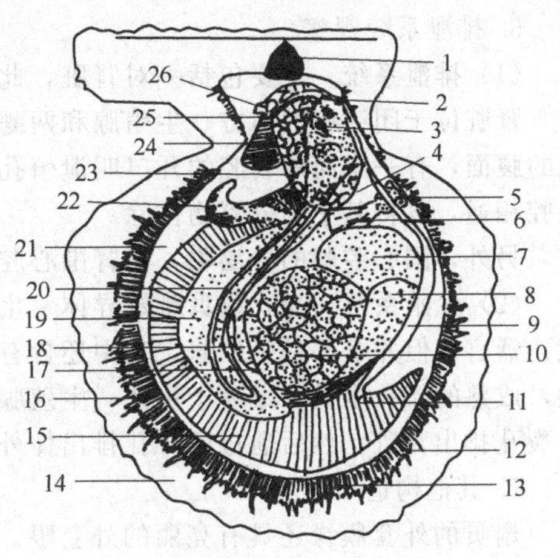

图 3 栉孔扇贝左侧面观（左侧的贝壳、外套膜、鳃和肝等的一部分已移去）

1—韧带；2—食道；3—胃；4—围心腔；5—心室；6—心耳；7—收足肌；8—平滑肌（闭壳肌）；9—直肠；10—横纹肌（闭壳肌）；11—肛门；12—外套眼；13—左侧外套膜内层的帆状部；14—右壳；15—右侧鳃；16—外套膜缘的触手；17—肾外孔；18—肾；19—生殖腺；20—肠；21—外套腔；22—足；23—肝；24—唇瓣；25—口；26—口唇

3. 消化系统观察

消化系统共分为唇瓣、口、食道、胃、肠、直肠、肛门和消化腺等几个部分。

① 唇瓣。位于口唇的外侧，鳃的终末，左右各一对；唇瓣除推进食物向口的方向运行外，还能防止食物倒回。

② 口唇。在口边上下两条纵嵴上，向外分生出的树枝状突起即是口唇；在口闭合时，上下两枝互相嵌合，可以把口紧密的闭合起来。

③ 口。两唇中央的一个横裂即为口。

④ 食道。口内侧为微微弯曲的细而短的食道，长约 1cm，宽约 3～4mm。食道经胃囊的背面，在顶部稍后和稍左边通入胃囊；食道和胃的外面，完全为消化腺所包围。

⑤ 胃。背腹扁平，略呈椭圆形，消化腺环绕其周围，一般以腹面的消化腺较厚，并有开口通入胃腔内。胃部经常藏有一个透明的胶状物质，其形状大小变化不定，有时充满整个胃腔，有时则变得很小，名为胃楯。

⑥ 肠。可分为下行肠、上行肠和直肠 3 段，3 段的长度几乎相等。在下行肠的肠腔内，有一条黄色透明的棒状物，叫做晶杆，向前伸入胃中，与胃相连。

4. 肌肉系统观察

肌肉系统包括闭壳肌、足伸缩肌、外套膜肌以及足肌、鳃肌和心肌等。

① 闭壳肌。扇贝闭壳肌退化仅剩下一个后闭壳肌，非常发达，连接在两壳上。大体可分为两部分：大的由横纹肌构成，起到迅速闭壳的作用；小的由平滑肌构成，使壳长时间持续性的紧闭。

② 足收缩肌。单柱类的足收缩肌仅保留后收足肌，位于闭壳肌的后背处。

③ 外套膜肌。分为放射肌和环状肌。

④ 足肌。包括环绕足部的环足肌纤维和在足中央延伸纵轴方向排列的一系列的纵肌纤维，以及放射状的肌纤维。

⑤ 鳃肌。在鳃轴的表层以及内面都有肌纤维层，沿着中轴的两侧在鳃叶的始端，还有两小束致密的肌束，其作用是控制鳃的收缩。

⑥ 心肌。心室和心耳都有肌肉纤维支持，这些纤维相互交织，来自不同方向，形成海绵状的心脏内壁。

5. 呼吸系统观察

扇贝的鳃属于瓣鳃，每一侧鳃可以分为内外两瓣，每一鳃瓣由许多并列的、与鳃轴垂直的鳃丝组成。鳃丝的终末呈三角形，在鳃轴的背面有入鳃血管，腹面有出鳃血管。此外，外套膜也兼有辅助呼吸的作用。

6. 排泄系统观察

(1) 排泄系统　主要包括一对肾脏，此外还有围心腔腺。

肾脏位于闭壳肌的前方、生殖腺和两鳃之间，呈纺锤形，棕褐色，左肾略大于右肾。每个肾脏的腹面，有一个向外套腔的开口叫泄殖孔，排泄物和生殖产物都由此孔排除。肾脏的前端与围心腔相通，可将其中的分泌物排除。

另外，围心腔腺的分泌物，由肾围心腔孔带出，进入肾腔，然后由肾孔排除。

(2) 生殖系统　栉孔扇贝雌雄异体。生殖腺位于闭壳肌的前方，为一个大型的新月形（橘瓣状）器官，但并非都是生殖腺，其中还含有弯曲的上行肠和下行肠。生殖腺周年的变化具有周期性，成熟的栉孔扇贝雌雄易于辨认；生殖腺的左右两侧肾生殖腺孔与肾孔相通，生殖产物均由这个裂孔排出肾脏，然后通过两肾孔排出体外。

7. 其他构造

扇贝的外套膜缘还具有亮丽的外套眼。

五、作业

1. 绘制栉孔扇贝内部解剖图并注明各部分的名称。
2. 思考栉孔扇贝、海湾扇贝和虾夷扇贝的生殖腺的异同点。

实验五　红螺形态解剖观察

一、目的

红螺为暖温带种类，食用价值高，广泛分布于我国沿海。通过对其形态的解剖和观察，进一步认识和熟悉腹足类的构造特点及其与生活环境的关系。

二、工具和材料

1. 解剖刀、解剖盘、解剖剪、解剖针等。
2. 新鲜、煮熟、冷冻或甲醛浸泡的红螺标本，每人一个。

三、实验内容和方法

方法一：煮熟后将壳打碎，取出软体部，用水冲洗黏液。从背部正中将外套膜剪开，左右分开。从头部下方开始，沿着外套膜基部将露出的皮肤肌肉囊剪掉，露出吻、食道及食道腺等器官。从鳃下方开始，将表皮揭掉，露出其下的围心腔和胃。从食道基部开始，向上至吻将消化腺管剥离。

方法二：冷冻解冻后将壳打碎，取出软体部，冲洗黏液。从背部中央将外套膜剪开，左右分开，用大头针固定于蜡盘上，将外套膜全部展开。从头部下方开始，沿外套膜基部将露出的皮肤肌肉囊剪掉，露出吻、食道及食道腺等器官。从鳃下方开始，将表皮揭掉，露出其下的围心腔和胃。

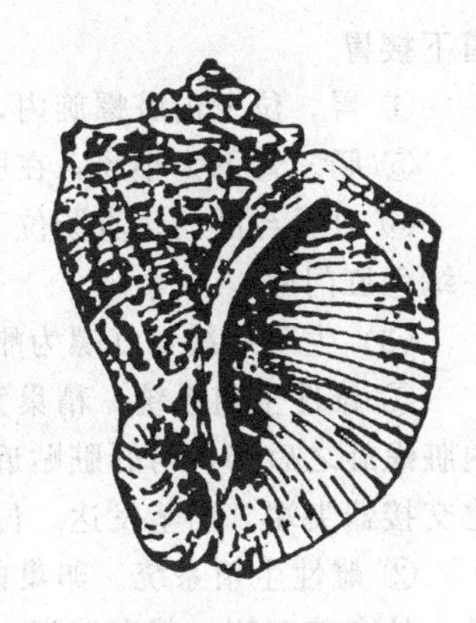

图 4　红螺外部形态

1. 外部形态

(1) 贝壳　壳质坚厚，为石灰质螺旋状。分为螺旋部和体螺层。如图 4 所示。

(2) 软体部　包括头、足和内脏三部分。

① 头部。位于足的背面，前端生有触角一对，在每一触角的外侧近基部处，有一黑色小突起，即眼。在头部的前端近腹面有一口。在捕食时其吻即由口伸出；雄性红螺头部右侧尚有一扁形肉柱的交接器，其顶端尖细而曲，色淡，雄性生殖孔即位于此。

② 足。在软体部的前端腹面，甚宽大，表面具有许多色素，故呈灰黑色，红螺利用足部吸附在物体上，或钻入泥沙；足可分为前足、中足和后足 3 部分。足内有单细胞腺，可分泌黏液，起到润滑作用。

③ 内脏团。内脏诸器官都位于足上部之囊状部分，全部的内脏团在壳内呈螺旋状，因此名为内脏螺旋，外面包围着一层薄膜，即外套膜，此膜边缘变厚名为领，生有色素。

④ 外套腔。外套膜之下有一腔，即外套腔，外套膜之前部左侧，褶有一沟状物，叫水管；海水由此处进入外套腔与鳃接触，以营呼吸。外套腔的右侧为肛门、生殖孔和排泄孔的所在地。

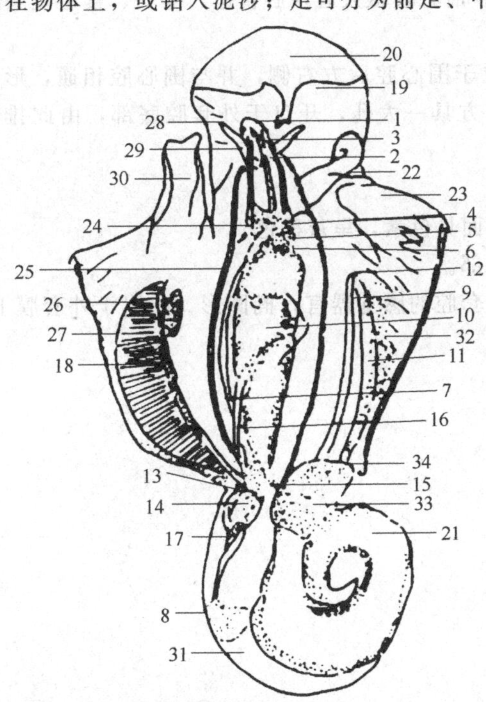

图 5　红螺的内部构造（引自谢忠明，2003）

1—吻；2—口；3—齿舌；4—前食道；5—嗉囊；6—唾液腺；7—后食道；8—胃；9—直肠；10—食道腺；11—直肠腺；12—肛门；13—围心腔；14—心室；15—心耳；16—前大动脉；17—后大动脉；18—出鳃血管；19—前足；20—中足；21—生殖腺；22—阴茎；23—外套膜；24—齿舌囊；25—皮肤肌肉囊（已切开）；26—嗅检器；27—栉鳃；28—触指；29—眼；30—入水沟；31—肝胰脏；32—黏液腺；33—肾脏；34—肾孔

2. 内部构造

红螺的内部构造如图 5 所示。

(1) 呼吸系统　鳃 1 个，栉状，位于外套腔左方，贴服于外套膜的右壁中部；鳃表面密生纤毛，可不断摆动激发水流，进行呼吸。

(2) 消化系统　包括消化管和消化腺。

① 口与吻。口位于头部下方，足的背面，突出呈吻状。平时吻返折缩在体内，摄食时伸出，伸出后呈长管状。

口腔的腹面后端有一突出的齿舌囊，内有一条依附在左右载齿软骨之间的齿舌带。红螺的齿式为 1·1·1，即中央齿一个，侧齿左右各一个，无缘齿。

② 咽。为口腔与食道之间的短管。

③ 食道。咽后面接一细长食道，其后端接嗉囊，呈长圆管状，嗉囊两侧各附生一黄色的唾液腺；嗉囊之后接一细长的后食道，后食道一部分埋于食道腺，食道腺呈黄色、为三叶状；后食

道下接胃。

④ 胃。位于内脏螺旋内，呈“U”字形，部分包埋于肝脏中。

⑤ 肠。胃下为小肠，在肝脏内做曲折而由后方折向前方，后接直肠。

⑥ 直肠与肝门。直肠位于外套腔右边，最后开口于外套缘下方，即为肛门。在直肠旁边有一绿色肛门腺。

(3) 生殖系统　红螺为雌雄异体，只有1个生殖腺。

① 雄性生殖系统。精巢为淡黄色，是由许多长管状精小管构成的一个紧密的块状体，位于内脏螺旋之后部，与肝脏贴近；输精管白色，为卷曲之管，其后则较细而直，开口于体前端右侧之交接器尖端。阴茎发达，位于头部右上方，靠近右触角；形似鸟头，顶端有生殖孔。

② 雌性生殖系统。卵巢的位置与精巢相同，呈杏黄色，在成熟期为橙黄色。输卵管白色，通入外套腔右侧，其末端膨大，而具副性腺。此部与直肠平行，顶端开口，即产卵孔。

(4) 循环系统

① 心脏。位于体螺层的背部偏左侧，鳃后方偏右，存在于围心腔内，围心腔外包有透明薄膜。心脏由一心室、一心耳组成。心室成三角形，大于心耳，壁厚，居于心耳后方。

② 血管和血液循环。血液无色，鳃中之血液（充氧血）由归心的血管运到心耳回到心脏，再由心室的大动脉向体前、后端流动。大动脉的出发点在心室的后端，分为2支：一支向体前端延伸称前大动脉；一支向体后端延伸，称后大动脉。前者较粗大通入后食道、嗉囊、食道及头部各处，后者较细小，通入内脏各处。

(5) 排泄系统　肾脏一个（左肾），浅褐色，位于围心腔后方右侧，并与围心腔相通，形如囊，为海绵状结构，囊壁富含腺体和血管；肾孔前方具一大孔，开口于外套腔底部，由此排除废物。

(6) 感觉器官

① 触角。位于头部前端，一对，专司感觉，表面具色素，呈灰黑色。

② 眼。为一对黑色小突起，位于触角外侧近基部。

③ 嗅检器。一个，墨绿色，位于鳃左方，为外套腔的感觉器官，椭圆形，贴附于外套膜上。专司鉴定所进入海水的清洁。

四、作业

绘制红螺的内部解剖图，并注明各部位名称。

实习项目指导　扇贝工厂化人工育苗技术

【技能目标】

通过生产实习，使学生将理论知识应用于生产实践，经过实际生产锻炼和实践后，掌握贝类人工育苗技术和实践操作技能，采用科学方法分析问题、解决问题，为今后从事贝类育苗、养殖生产以及科学研究奠定基础。

1. 掌握贝类人工育苗的各个技术环节；熟练掌握贝类人工育苗的实际操作技能。

2. 熟悉育苗场的基本设施和主要设备及其性能。

3. 学会制订苗种生产计划和苗种市场需求的分析。

4. 掌握单胞藻保种、扩种的实际操作技能。

5. 掌握贝类（扇贝）的催产方法及其操作技能。

6. 掌握受精卵、浮游幼虫、稚贝定量方法；掌握受精率、孵化率、附着率、出苗量等计算方法。

7. 观察扇贝发生过程和各发育阶段的特性。

8. 掌握附着基的处理方法和使用。

9. 掌握贝类人工育苗水质的要求、水质的变化规律及其调控技术方法。

10. 综合生产实习中的内容、日记和自身的观察，能对实习结果进行科学分析、归纳，并进行总结，完成实习报告。

一、设施与设备

进入生产单位，应首先了解育苗场的规划布局，了解并熟悉基本设施与主要设备。与此同时，必须在现场学习人身安全和生产安全等注意事项，遵守相关实习纪律、生产纪律。

1. 给排水系统

包括取水点、水泵、沉淀池、沙滤池（沙滤罐）及给排水管道等设施。

2. 育苗系统

包括育苗室与育苗池的规格、布局及其进出水、控温、充气等配套设施。

（1）培育池规格　了解培育池水体与计划生产苗量的关系。熟悉育苗池的配套设施：散气石、进排水阀门、排水沟等。

（2）控温　除预热池加温外，有的单位加温时采用在车间安装暖气片，室内温度高出池内水温4℃，即可保持池内水温；有的单位采用培育池中加暖气管，暖气管需要用塑料包裹好，防止海水腐蚀。

（3）其他　包括工作室、采光设施、照明设施等。

3. 供饵系统

包括饵料室、饵料池等。

其他设施与设备还包括锅炉、发电机组、充气设备等。

二、亲贝蓄养

1. 选择

从海区选择未发生过疾病、死亡，附着物少的腹嵴丰满、无损伤、个体较大健壮的贝类为亲贝。

2. 处理

用坚硬粗铁丝或细钢筋全面处理，将贝壳上的附着物和污物清除干净，然后用毛刷清洗干净，放入培育池中。

3. 培育密度

海湾扇贝开始培养时100～150个/m^3，产卵时80～100个/m^3，采用吊笼培养。虾夷扇贝培养密度大约30～50个/m^3。

4. 升温与控温

结合有效积温推算产卵时间，前期每天升温1～2℃，后期每天升温0.5～1.0℃。

5. 投饵

前期以小新月菱形藻等为主，混以小球藻、扁藻、金藻，中期适量用蛋黄等满足性腺发育的营养需要，蛋黄需要用300目网袋过滤，蛋黄新鲜，隔日不能使用。

6. 暂养管理

每天倒池1～2次，并挑选出死贝，出现产卵迹象时，操作动作要轻；并采用对流方式进行换水，避免流产。

三、产卵与孵化

1. 成熟精卵的获得

根据有效积温或性腺指数等推算大致的产卵时间，把握好产卵时间并及时催产。

(1) 自然产卵　通过人工控温，精心暂养后，亲贝性腺发育充分成熟。利用倒池或换新水方法，可使亲贝产卵，这种方法精卵质量高，受精率、孵化率高，幼虫质量好。

(2) 人工诱导　将亲贝池水排干，进行阴干，一般阴干30～40min，流水冲洗扇贝笼，清除粪便等污物，并挑出死贝；阴干后，将扇贝笼放入产卵池中，水温一般高于暂养水温3～5℃。这种方法产卵量大，操作简单。

2. 受精卵处理

(1) 受（授）精　利用卵的沉性可以洗卵1～2次，但目前生产上洗卵较少。海湾扇贝属于雄雌同体，很难控制精子量，所以需要及时清除精液形成的泡沫。用搅耙不停地上下搅动，用100目的筛绢网捞取泡沫，直到池水清澈没有泡沫为止。虾夷扇贝等则是将雌雄亲贝分开催产，催产后将精液泼到产卵池中，镜检受精率，并根据需要及时补充精液。

(2) 孵化密度　一般孵化密度控制在40～60个/ml，密度大要及时进行分池孵化。

(3) 孵化管理　每隔40～60min搅池一次，或采用充气孵化；搅池效果好，不存在死角。

(4) 定量　将池水充分搅匀，从搅起水花处取样，取多个点于塑料桶中，用烧杯在桶中继续搅匀后，取出一部分于烧杯中。用吸球或嘴吸刻度吸管顶部，迅速取出1～2ml放入培养皿中，幼虫可用碘液杀死，在显微镜下计数，反复操作3次以上，算出平均值，单位为个/ml，并计算出产卵量、受精率、孵化率。

四、幼虫选育

根据浮游幼虫发育过程和观察，确定选育时间。选育前2h停止搅池。

1. 幼虫选优标准

① 直线铰合部平直。

② 壳缘圆滑无缺壳。

③ 壳表面平滑无凸凹不平。

④ 面盘健壮浮游能力强。

2. 选育方法

操作方法采用拖网或浓缩方法，操作注意防止幼虫受机械伤害。

(1) 浓缩法　便于布池（即移入培养池培育），选育前定好量，然后根据刻度比计算出需要布池的幼虫量。底层的废弃不用。目前生产上多采用浓缩法。

(2) 拖网法　用 300 目筛绢制成的拖网拖取中上层幼虫。此法操作烦琐，但幼虫伤害较小。

培育池提前备好水，将选育的幼虫贴近水面倒入，最好倒在气头处，便于散开，或用搅耙搅动，以利于幼虫及时散开，选育结束后，投少量开口饵料。

五、幼虫培育

1. 培育密度

海湾扇贝以 8～15 个/ml 为宜，最多不超过 15 个/ml；虾夷扇贝以 7～12 个/ml 为宜。

2. 投饵

一般日投喂四次，投饵量以镜检适量为准，每次投喂量计算方法：

$$V_1=C_2V_2/C_1$$

式中，V_1 为投喂藻液体积（即需投入的藻液量）；C_1 为藻液中饵料细胞密度；V_2 为培育池水体积；C_2 为投喂密度（生物饵料在水中的要求密度）。

饵料一般从饵料室用潜水泵抽取。先测出流速，然后根据所需体积和流速，即可算出每池需要抽进饵料的时间。

3. 换水

换水温差应小于±1℃；采用网箱换水，开始使用 300 目筛绢网，随着幼虫生长更换不同目数筛绢网，每次换水前检查筛绢网，对着阳光检查筛绢网是否有破漏。网箱换水有两种方法：①将网箱放到培育池中，然后将吸水管放到网箱中虹吸，吸水管两头最好用滤鼓，防止吸力过大；定时用搅耙搅动网箱防止幼虫大量吸附在网绢周围。这种方法的优点是操作简单、节省人力；弊端是池底水质较坏，不能及时更换。②将大水盆放到地沟下，网箱放到盆内，将虹吸管虹吸后放到网箱内，换水过程中，操作人员不时地用双手抖网袋四周，防止幼虫大量附在筛绢上，并及时更换网袋，将网袋苗重新倒入培育池中。这种方法操作烦琐，人力要求较多，操作要小心，否则易机械损伤幼虫；优点是对水质改善有较大好处。

4. 倒池

每隔 4～5 天倒池 1 次，可彻底清除粪便、残耳和死亡幼虫，倒池操作同上述第二种换水方法，倒池后进行定量。

5. 日常观测与生长测量

① 观察幼虫分布及运动状态。分为肉眼观察烧杯水样和镜检。

② 投饵后 1h 取样镜检幼虫的胃饱满度，并据此结合水色修正下一次的投饵量。

③ 取池底幼虫观察其发育情况。

④ 每天定时取样测定幼虫的生长发育情况和密度变化情况。密度测定一般需取 5 个样点；生长发育一般测量 20～30 个幼虫。算出平均值，及时掌握幼虫生长发育情况。

面盘幼虫活体观测方法：用烧杯取出水样（七分满）后，将滴管伸入，顺时针快速搅动十几下，幼虫纷纷收缩面盘下沉，并逐渐堆积在杯底中央，呈白色粒状，肉眼可见。用滴管吸出，即可在显微镜下观测。观察幼虫的运动、摄食（面盘纤毛打动水流）时，若幼虫运动速度较快，可加入适量的淡水麻醉，以降低其运动速度，进行观察。

⑤ 敌害生物观察。在黑暗条件下，用手电筒照射池水，若有敌害生物，可从其大小、运动方式、色彩等与面盘幼虫的不同进行区别。

6. 幼虫培育条件

(1) 水温　保持适宜的水温（海湾扇贝 22～24℃，虾夷扇贝 15～16℃），日温差不超过±1℃。

(2) pH值　pH值为7.5～8.2，最高不超过8.4。

(3) 盐度　一般在30左右，降雨量大时应给予高度重视。

(4) 溶解氧　一般不低于4mg/L。

(5) 氨态氮　≤100mg/m³。

(6) 光照强度　400～600lx。

7. 药物使用

培育过程中为提高育苗效果，可采用EDTA-Na_2络合重金属；并施用土霉素、青霉素等抗生素预防细菌的繁殖生长，根据具体情况酌情处理。

在参与生产实践的同时，每天必须按要求填写生产工作记录、做好实习日记，对当天的生产、实习进行记录，并加以思考、分析。

六、采苗

1. 附着基处理

(1) 红棕绳帘（帘长50cm，直径5～6mm）处理　浸泡（加火碱3‰～5‰）、蒸煮（煮沸后文火保持4h以上）、捶打（除净污物）、再浸泡处理后备用。使用前经简单的再处理，用10mg/L青霉素浸泡30～40min冲洗干净，即可使用。

(2) 聚乙烯网片处理　用0.5%氢氧化钠浸泡24h清洗油污等，再经反复锤打、浸泡，清除碎屑、杂质及可溶性有害物质等。

2. 附着基投放数量

聚乙烯网片按3.0～3.5kg/m³水体投放；棕帘按400～500m/m³水体投放。

3. 附着基使用

① 棕帘由于处理烦琐，目前采用较少，普遍使用聚乙烯网片。

② 聚乙烯网片一般选择18股或24股，处理后长度根据培育池深度定，如1.5m深培育池，网片长度1.0m左右即可，将两个网片底部用绳子拴一个坠石，绳子长度10～15cm，根据网片和池深可适当调节。

4. 附着基的投放时机

幼虫足部呈靴状、有30%以上出现眼点时投放附着基。一般配合倒池，先把底帘铺好，移入幼虫，投底帘的次日再投上表帘，网衣作为表帘时可拴上坠石；棕帘作表帘时，可均匀地悬挂在浮动于水面的塑料框架上，尽量分2～3次投齐。投帘后应加大换水量和投饵量，附苗结束后，可采用流水方式换水。

七、后期管理

(1) 观察和测量　取样观察稚贝是否变态长出次生壳，观察其发育情况及变态情况，3～5天后取样测定附苗量。

(2) 增加投饵量　附着变态后稚贝生长速度加快，应保证其生长的营养需要，适量增加饵料量和饵料种类，促进其生长发育。

(3) 加大换水量　每天换水两次，每次1/2至全量，根据水质情况及时调整换水量和次数，附着后可间歇充气改善水环境。

八、出池

当稚贝壳长600～800μm，育成海区或虾池水温适宜时即可移出，进行中间育成。

(1) 出池前环境调节　出池前应逐步降温到正常水温；育苗期间，光线较暗，出池前，应逐渐恢复正常光线；同时进行适当的振动、加大充气量、减饵等锻炼。

(2) 稚贝定量　在不同点、不同层进行取样，用碘液将稚贝杀死，用毛刷将稚贝刷下来，进行计数。计算单位水体出苗量（万个/m^3）等。

(3) 装袋　一般选择 60 目或 40 目网做成 40cm×30cm 网袋，用挤朔网将袋撑起（效果好），每袋可放稚贝 2 万个，密度大的可将网袋剪开，或是放入大的网袋。装好后网袋绑在聚乙烯绳上，下面拴有坠石。一个聚乙烯绳拴 20 个网袋，每两个网袋系一个扣，间距适当调节。装袋尽量避免机械损伤，露空时间要短，绑好的网袋先放到培育池中充气，最后一起放到车上，出苗一般选择在凌晨至天亮前。

(4) 出池　选择风平浪静，水流平稳，最好选择水温接近气温的凌晨和阴天出池，运输时应防止日晒、风干、雨淋。尽量缩短时间，及时挂到海区和虾池进行中间暂养。

附 录

附录一 无公害食品海水养殖用水水质 NY 5052—2001

（中华人民共和国农业部，2001年10月1日起实施）

项目序号	项 目	标 准 值
1	色、臭、味	不得使鱼、虾、贝、藻类带有异色、异臭、异味
2	大肠菌群，个/L	≤5000，供人生食的贝类养殖水质≤500
3	粪大肠菌群，个/L	≤2000，供人生食的贝类养殖水质≤140
4	汞，mg/L	≤0.0002
5	镉，mg/L	≤0.005
6	铅，mg/L	≤0.05
7	六价铬，mg/L	≤0.01
8	总铬，mg/L	≤0.1
9	砷，mg/L	≤0.03
10	铜，mg/L	≤0.01
11	锌，mg/L	≤0.1
12	硒，mg/L	≤0.02
13	氰化物，mg/L	≤0.005
14	挥发性酚，mg/L	≤0.005
15	石油类，mg/L	≤0.05
16	六六六，mg/L	≤0.001
17	滴滴涕，mg/L	≤0.00005
18	马拉硫磷，mg/L	≤0.0005
19	甲基对硫磷，mg/L	≤0.0005
20	乐果，mg/L	≤0.1
21	多氯联苯，mg/L	≤0.00002

附录二　食品动物禁用的兽药及其他化合物清单

（中华人民共和国农业部公告第193号，2008年3月4日）

序号	兽药及其他化合物名称	禁止用途	禁用动物
1	β-兴奋剂类：克仑特罗 Clenbuterol、沙丁胺醇 Salbutamol、西马特罗 Cimaterol 及其盐、酯及制剂	所有用途	所有食品动物
2	性激素类：己烯雌酚 Diethylstilbestrol 及其盐、酯及制剂	所有用途	所有食品动物
3	具有雌激素样作用的物质：玉米赤霉醇 Zeranol、去甲雄三烯醇酮 Trenbolone、醋酸甲孕酮 Mengestrol Acetate 及制剂	所有用途	所有食品动物
4	氯霉素 Chloramphenicol 及其盐、酯（包括：琥珀氯霉素 Chloramphenicol Succinate）及制剂	所有用途	所有食品动物
5	氨苯砜 Dapsone 及制剂	所有用途	所有食品动物
6	硝基呋喃类：呋喃唑酮 Furazolidone、呋喃他酮 Furaltadone、呋喃苯烯酸钠 Nifurstyrenate Sodium 及制剂	所有用途	所有食品动物
7	硝基化合物：硝基酚钠 Sodium Nitrophenolate、硝呋烯腙 Nitrovin 及制剂	所有用途	所有食品动物
8	催眠、镇静类：安眠酮 Methaqualone 及制剂	所有用途	所有食品动物
9	林丹（丙体六六六）Lindane	杀虫剂	水生食品动物
10	毒杀芬（氯化烯）Camahechlor	杀虫剂、清塘剂	水生食品动物
11	呋喃丹（克百威）Carbofuran	杀虫剂	水生食品动物
12	杀虫脒（克死螨）Chlordimeform	杀虫剂	水生食品动物
13	双甲脒 Amitraz	杀虫剂	水生食品动物
14	酒石酸锑钾 Antimony Potassium Tartrate	杀虫剂	水生食品动物
15	锥虫胂胺 Tryparsamide	杀虫剂	水生食品动物
16	孔雀石绿 Malachite Green	抗菌、杀虫剂	水生食品动物
17	五氯酚酸钠 Pentachlorophenol Sodium	杀螺剂	水生食品动物
18	各种汞制剂，包括：氯化亚汞（甘汞）Calomel、硝酸亚汞 Mercurous Nitrate、醋酸汞 Mercurous Acetate、吡啶基醋酸汞 Pyridyl Mercurous Acetate	杀虫剂	动物
19	性激素类：甲基睾丸酮 Methyltestosterone、丙酸睾酮 Testosterone Propionate、苯丙酸诺龙 Nandrolone Phenylpropionate、苯甲酸雌二醇 Estradiol Benzoate 及其盐、酯及制剂	促生长	所有食品动物
20	催眠、镇静类：氯丙嗪 Chlorpromazine、地西泮（安定）Diazepam 及其盐、酯及制剂	促生长	所有食品动物
21	硝基咪唑类：甲硝唑 Metronidazole、地美硝唑 Dimetronidazole 及其盐、酯及制剂	促生长	所有食品动物

附录三 禁用渔药

（摘自中华人民共和国农业行业标准 NY 5071—2002，
无公害食品 渔用药物使用准则）

药物名称	化学名称(组成)	别名
地虫硫磷 Fonofos	*O*-2 基-*S*-苯基二硫代磷酸乙酯	大风雷
六六六 BHC(HCH) Benzem, Bexachloridge	1,2,3,4,5,6-六氯环己烷	
林丹 Lindane, Agammaxare, Gamma-BHC Gamma-HCH	γ-1,2,3,4,5,6-六氯环己烷	丙体六六六
毒杀芬 Camphechlor(ISO)	八氯莰烯	氯化莰烯
滴滴涕 DDT	2,2-双(对氯苯基)-1,1,1-三氯乙烷	
甘汞 Calomel	二氯化汞	
硝酸亚汞 Mercurous Nitrate	硝酸亚汞	
醋酸汞 Mercuric Acetate	醋酸汞	
呋喃丹 Carbofuran	2,3-氢-2,2-二甲基-7-苯并呋喃-甲基氨基甲酸酯	克百威、大扶农
杀虫脒 Chlordimeform	*N*-(2-甲基-4-氯苯基)-*N'*,*N'*-二甲基甲脒盐酸盐	克死螨
双甲脒 Anitraz	1,5-双-(2,4-二甲基苯基)-3-甲基-1,3,5-三氮戊二烯-1,4	二甲苯胺脒
氟氯氰菊酯 Flucythrinate	(*R*,*S*)-α-氰基-3-苯氧苄基-(*R*,*S*)-2-(4-二氟甲氧基)-3-甲基丁酸酯	保好江乌、氟氰菊酯
五氯酚钠 PCP-Na	五氯酚钠	
孔雀石绿 Malachite Green	$C_{23}H_{25}ClN_2$	碱性绿、盐基块绿、孔雀绿
锥虫胂胺 Tryparsamide		
酒石酸锑钾 Anitmonyl Potassium Tartrate	酒石酸锑钾	
磺胺噻唑 Sulfathiazolum ST, Norsultazo	2-(对氨基苯碘酰胺)-噻唑	消治龙
磺胺脒 Sulfaguanidine	N_1-脒基磺胺	磺胺胍
呋喃西林 Furacillinum, Nitrofurazone	5-硝基呋喃醛缩氨基脲	呋喃新
呋喃唑酮 Furazolidonum, Nifulidone	3-(5-硝基糠叉氨基)-2-噁烷酮	痢特灵
呋喃那斯 Furanace, Nifurpirinol	6-羟甲基-2-[-5-硝基-2-呋喃基乙烯基]吡啶	P-7138(实验名)
氯霉素(包括其盐、酯及制剂) Chloramphennicol	由委内瑞拉链霉素生产或合成法制成	
红霉素 Erythromycin	属微生物合成，是 *Streptomyces eyythreus* 生产的抗生素	

续表

药物名称	化学名称(组成)	别名
杆菌肽锌 Zinc Bacitracin Premin	由枯草杆菌 *Bacillus subtilis* 或 *B. leicheniformis* 所产生的抗生素,为一含有噻唑环的多肽化合物	枯草菌肽
泰乐菌素 Tylosin	*S. fradiae* 所产生的抗生素	
环丙沙星 Ciprofloxacin(CIPRO)	为合成的第三代喹诺酮类抗菌药,常用盐酸盐水合物	环丙氟哌酸
阿伏帕星 Avoparcin		阿伏霉素
喹乙醇 Olaquindox	喹乙醇	喹酰胺醇羟乙喹氧
速达肥 Fenbendazole	5-苯硫基-2-苯并咪唑	苯硫哒唑氨甲基甲酯
己烯雌酚(包括雌二醇等其他类似合成等雌性激素) Diethylstilbestrol, Stilbestrol	人工合成的非甾体雌激素	乙烯雌酚,人造求偶素
甲基睾丸酮(包括丙酸睾丸素、去氢甲睾酮以及同化物等雄性激素) Methyltestosterone, Metandren	睾丸素 C_{17} 的甲基衍生物	甲睾酮甲基睾酮

附录四 筛绢网规格对照表

目数(mesh)	各目边长/μm	目数(mesh)	各目边长/μm
2	8000	100	150
3	6700	115	125
4	4750	120	120
5	4000	125	115
6	3350	130	113
7	2800	140	109
8	2360	150	106
10	1700	160	96
12	1400	170	90
14	1180	175	86
16	1000	180	80
18	880	200	75
20	830	230	62
24	700	240	61
28	600	250	58
30	550	270	53
32	500	300	48
35	425	325	45
40	380	400	38
42	355	500	25
45	325	600	23
48	300	800	18
50	270	1000	13
60	250	1340	10
65	230	2000	6.5
70	212	5000	2.6
80	180	8000	1.6
90	160	10000	1.3

参考文献

[1] 蔡英亚，张英，魏若飞. 贝类学概论. 修订版. 上海：上海科学技术出版社，1995：156-198.
[2] 常亚青，相建海，张国范等. 虾夷扇贝三倍体诱导与培育技术的研究. 中国水产科学，2001，8（1）：18-22.
[3] 常亚青，沈和定，钟幼平等. 贝类增养殖学. 北京：中国农业出版社. 2007.
[4] 联合国粮食及农业组织，双壳贝类育苗实用手册. 陈家鑫，常亚青译. 2006.
[5] 大连水产学院. 贝类养殖学. 北京：农业出版社，1980.
[6] 邓陈茂，蔡英亚. 海产经济贝类及其养殖. 北京：中国农业出版社，2007.
[7] 杜琦，卢振彬，戴泉水等. 同安湾贝类的养殖容量. 上海水产大学学报，2000，9（1）：21-26.
[8] 富惠光，李豫红，袁春营等. 贝类标准化生产技术. 北京：中国农业大学出版社，2003.
[9] 吉红九，于志华，高继先. 土池培育大规格文蛤苗种的初步研究. 水产养殖，2000，（3）：31-32.
[10] 江尧森. 海洋贝类加工技术. 北京：农业出版社，1996.
[11] 柯才焕，李少清，李复雪等. 两种东风螺幼虫附着和变态的化学诱导研究. 海洋学报，1996，18（7）：90-95.
[12] 柯才焕，周时强，李复雪. 波部东风螺繁殖生物学和人工育苗技术的研究. 海岸海洋资源与环境学术研讨会. 台湾：高雄中山大学，2000：199-207.
[13] 柯才焕，郑怀平，周时强等. 温度对波部东风螺幼虫存活、生长及变态的影响. 贝类论文集（第Ⅸ辑）. 北京：海洋出版社，2001：70-76.
[14] 柯才焕，李复雪. 台湾东风螺精子发生和精子形态的超微结构研究. 动物学报，1992，38（3）：233-238.
[15] 李碧全，陈武各. 泥蚶促熟技术. 水产科技情报，2001，211（5）：202-204.
[16] 李碧全. 牡蛎、蛤仔、鲍养殖. 福州：福建教育出版社，2002.
[17] 李碧全，宋振荣，钟幼平. 紫外线消毒海水培育九孔鲍苗的研究. 福建水产，2005，106（3）：35-37.
[18] 李明聚，施定. 鲍工厂化育苗设施技术参数的优化选择. 水产学报，1997，21（3）：345-347.
[19] 李晓旭，夏长革，常亚青等. 北方沿海西施舌苗种的人工培育试验. 水产科学，2005（3）：1-3.
[20] 于瑞海，王昭萍，李琪. 栉江珧工厂化育苗技术研究. 中国海洋大学学报（自然科学版），2007，（5）：25-28.
[21] 刘永，梁飞龙，毛勇等. 方斑东风螺的人工育苗高产技术. 水产养殖，2004，25（2）：22-25.
[22] 刘永. 方斑东风螺的养殖技术. 水产养殖，2006，27（1）：22-24.
[23] 刘永兴，秦友义，王世恩等. 虾池混养海湾扇贝实验报告. 齐鲁渔业，1992（4）：15-17.
[24] 廖承义，徐应馥，王远隆. 栉孔扇贝的生殖周期. 水产学报，1983，7（1）：1-13.
[25] 林洪，张瑾，熊正河. 水产品保鲜技术. 北京：中国轻工业出版社，2001：222-234.
[26] 林小玲. 珍珠赏购要诀. 香港：博益出版集团有限公司，1996.
[27] 刘德经，曹象录，谢开恩等. 海水贝类养殖技术. 北京：中国农业出版社，1998.
[28] 罗有声. 贻贝养殖技术. 北京：农业出版社，1984.
[29] 刘世禄，杨爱国. 中国主要海产贝类健康养殖技术. 北京：海洋出版社，2005.
[30] 孟庆显. 海水养殖动物病害学. 北京：中国农业出版社，1996：280-296.
[31] 蒙钊美. 珍珠养殖理论与技术. 北京：科学出版社，1996：118-201.
[32] 缪国荣. 海洋经济动植物发生学图集. 青岛：青岛海洋大学，1990.
[33] 聂宗庆，王素平. 鲍养殖实用技术. 北京：中国农业出版社，2000.
[34] 欧瑞木. 鱿鱼. 北京：海洋出版社，1990：59-70.
[35] 潘炳炎. 珍珠加工技术. 北京：农业出版社，1988.
[36] 全启增. 珍珠贝种苗生物学. 北京：海洋出版社，1992.
[37] 山东海洋学院. 海水养殖手册. 上海：上海科学技术出版社，1985.
[38] 沈和定，张饮江，吴建中等. 双壳贝类净化技术（一）. 中国水产，2001（11）：75，63.
[39] 沈和定，张饮江，吴建中等. 双壳贝类净化技术（二）. 中国水产，2001（12）：78-79.
[40] 沈亦平，马丽君，张锡元等. 合浦珠母贝的配子发生. 动物学报，1992，38（2）：113-117.
[41] 孙振兴. 海水贝类养殖. 北京：中国农业出版社，1995.

[42] 孙振兴，宋志乐，李诺等. 皱纹盘鲍三倍体生长的初步研究. 海洋湖沼通报，1992，(4)：70-75.
[43] 田传远，梁英，王如才等. 6-DMAP诱导太平洋牡蛎三倍体——诱导因素对孵化率和D幼畸形率的影响. 青岛海洋大学学报，1998，28 (3)：421-425.
[44] 王海涛，王世党，姜启平等. 虾夷扇贝育苗综合技术. 科学养鱼，2008，(4)：55-56.
[45] 王如才，王昭萍，张建中. 海水贝类养殖学. 青岛：青岛海洋大学出版社，1993.
[46] 魏利平，常建波，姜海滨等. 海产品养殖加工新技术. 济南：山东科学技术出版社，1995：105-150.
[47] 魏利平，邱盛尧，王宝钢等. 脉红螺繁殖生物学的研究. 水产学报，1999，23 (2)：150-155.
[48] 魏利平，于连君，李碧全等. 贝类养殖学. 北京：中国农业出版社，1995.
[49] 魏贻尧，姜卫国，李刚. 合浦珠母贝、长耳珠母贝和大珠母贝种间人工杂交的研究. 热带海洋，1983，(4)：309-315.
[50] 吴宝铃. 贝类繁殖附着变态生物学. 济南：山东科学技术出版社，1999.
[51] 吴仲庆. 水产生物遗传育种学. 第3版. 厦门：厦门大学出版社，2000：102-114.
[52] 徐应馥，李成林，孙秀俊. 无公害扇贝标准化生产. 北京：中国农业出版社，2006.
[53] 谢忠明. 海水经济贝类养殖技术. 北京：中国农业出版社，2003.
[54] 燕敬平，孙慧玲，方建光等. 日本盘鲍与皱纹盘鲍杂交育种技术研究. 海洋水产研究，1999，20 (1)：35-39.
[55] 杨章武. 几种微藻对方斑东风螺浮游幼虫生长和变态的影响. 台湾海峡，2007，26 (4)：583-589.
[56] 杨章武，郑雅友，李正良等. KCl对方斑东风螺浮游幼虫变态的诱导作用. 海洋科学，2008，(1)：6-9.
[57] 杨章武，李正良，郑雅友等. 低盐度对方斑东风螺摄食与生长的影响. 台湾海峡，2006，25 (1)：36-40.
[58] 杨红生，张福绥. 浅海筏式养殖系统贝类养殖容量研究进展. 水产学报，1999，23 (1)：84-90.
[59] 于志华. 文蛤人工育苗技术. 水产养殖，1997，2：30-32.
[60] 尤仲杰，王一农，于瑞海. 贝类养殖高产技术. 北京：中国农业出版社，1999.
[61] 于瑞海，王如才，邢克敏等. 海产贝类的苗种生产. 青岛：青岛海洋大学出版社，1993.
[62] 喻子牛，孔晓瑜，杨锐等. 魁蚶等位基因酶遗传变异研究. 青岛海洋大学学报，1998，28 (1)：51-58.
[63] 翟林香，徐亚超. 虾夷扇贝人工育苗试验总结. 科学养鱼，2006，(11)：38-39.
[64] 詹力扬，郑爱榕，陈祖峰. 厦门同安湾牡蛎养殖容量的估算. 厦门大学学报，2003，42 (5)：644-647.
[65] 张国范，刘晓，阙华勇等. 贝类杂交及杂种优势理论和技术研究进展. 海洋科学，2004，28 (7)：54-60.
[66] 赵厚钧，魏邦福，胡明等. 金乌贼受精卵孵化及不同材料附着基附卵效果的初步研究. 海洋湖沼通报，2004，3：64-68.
[67] 中国标准出版社第一编辑室. 无公害食品标准汇编：水产品卷. 北京：中国标准出版社，2003.
[68] 钟幼平，陈昌生. 九孔鲍人工配合饵料的初步研究. 台湾海峡，1998，17 (A_{12})：117-124.
[69] Laing I. The use of artificial diets in rearing bivalve spat. Aquaculture，1987，65：243-249.
[70] Yoshihara T. Population studies on the Japanese ivory shell，Babylonia japonica (Reeve) [J]. Journal of Tokyo University Fishery，1957，43：207-248.
[71] FAO. 贝类养殖手册.